计算机技术
开发与应用丛书

云原生构建与运维

微课视频版

贾中山 ◎ 编著

清华大学出版社

北京

内 容 简 介

本书以企业实战项目为主线，以理论基础为核心，引导读者渐进式地学习云原生运维的相关知识。从容器虚拟化技术 Docker 入手，引领读者逐步熟悉企业场景下容器虚拟化技术的应用与运维管理。

本书分为 4 篇共 6 章，Docker 基础篇(第 1 章和第 2 章)详细讲述了云原生的相关核心基础知识。以 Docker 基础知识为切入点，通过实战项目逐步深入容器编排技术的应用；Kubernetes 基础篇(第 3 章)，系统地介绍了 Kubernetes 的核心知识、应用场景及相关企业案例；Kubernetes 运维管理与企业实践篇(第 4 章和第 5 章)，系统地介绍了当前主流的运维思想、运维技术路线和相关关键技术点，并通过企业真实案例全面展示了 Kubernetes 的应用与管理要点；辅助编程技术篇(第 6 章)结合当前流行的辅助编程技术，通过案例的形式展示了云原生技术对生产力的提升。本书案例来源于企业真实应用场景，实践性和系统性较强，并配有相关视频讲解，助力读者快速理解并掌握书中的重点、难点。

本书精心设计的案例适合云原生技术初学者入门，也适合云计算相关行业的从业者，还可作为高等院校和培训机构相关专业的教学参考书。

图书在版编目(CIP)数据

云原生构建与运维：微课视频版 / 贾中山编著. -- 北京：清华大学出版社，
2025. 6. --(计算机技术开发与应用丛书). -- ISBN 978-7-302-69552-3

Ⅰ. TP393.027

中国国家版本馆 CIP 数据核字第 2025GS8789 号

责任编辑：赵佳霓
封面设计：吴　刚
责任校对：时翠兰
责任印制：宋　林

出版发行：清华大学出版社
　　　　　网　　　址：https://www.tup.com.cn，https://www.wqxuetang.com
　　　　　地　　　址：北京清华大学学研大厦 A 座　　　邮　　编：100084
　　　　　社 总 机：010-83470000　　　　　　　　　邮　　购：010-62786544
　　　　　投稿与读者服务：010-62776969，c-service@tup.tsinghua.edu.cn
　　　　　质量反馈：010-62772015，zhiliang@tup.tsinghua.edu.cn
　　　　　课件下载：https://www.tup.com.cn，010-83470236
印 装 者：大厂回族自治县彩虹印刷有限公司
经　　销：全国新华书店
开　　本：186mm×240mm　　**印　张**：26.5　　　　　**字　　数**：594 千字
版　　次：2025 年 8 月第 1 版　　　　　　　　　　　**印　　次**：2025 年 8 月第 1 次印刷
印　　数：1～1500
定　　价：109.00 元

产品编号：109659-01

前言
PREFACE

在数字化转型的浪潮中,云原生技术以其独特的优势正在重塑企业的 IT 架构和运营模式,本书正是在这一技术蓬勃发展的背景下完成的。本书旨在为读者提供一个全面、系统的知识桥梁,引领读者深入探索云原生技术的奥秘,并熟练掌握其在真实企业环境中的实践应用。

作为在互联网行业深耕二十余载的笔者,亲眼见证了云计算技术从萌芽到壮大的全过程。从早期的小规模物理集群到现在的大规模乃至超大规模集群;从传统的虚拟化技术演进到目前的容器虚拟化技术;架构也从单一庞大的单体转变为灵活高效的微服务架构。运维模式与理念也发生了巨大变化,尤其是 DevOps 思想的渗透及人工智能技术的飞跃,彻底颠覆了传统的运维格局,这一变革也对从业者提出了更高的要求,需要从业者具备多学科知识。

本书以云原生在企业内的应用案例为蓝本,遵循由简入繁、由点及面、由单点故障迈向系统高可用的逻辑脉络展开,其中在涉及代码编写时引入了当前流行的智能编程技术,以助力读者快速、高效地编写高质量代码。

阅读建议

本书集基础入门、企业实战、原理剖析于一体,既覆盖了详尽的基础知识讲解,又穿插了丰富的企业实践案例。这些案例涵盖了基础环境规划、部署到验证的全过程,其中所涉及的代码也给出了详尽的注释。云原生技术的入门相对简单,但是涉及容器编排技术、数据持久化存储等技术点时难度较大,因此在学习过程中要保持良好的心态,同时要提高对日志的分析能力,相信经过努力一定可以掌握云原生技术的精髓。

对于缺乏容器虚拟化技术经验的读者,建议从头开始按照顺序详细阅读每章,以确保知识的连贯性。本书的章节设计遵循由浅入深、循序渐进的原则,严格地按照章节顺序阅读可以避免出现知识断层。

而对于有容器虚拟化技术 Docker 使用经验的读者可以快速地浏览第 1 章和第 2 章,从第 3 章开始阅读。从第 3 章开始会从 0 到 1 全面介绍企业级容器编排技术 Kubernetes 所涉及的相关技术点,例如集群的构建、验证、数据的持久化存储等,这一章尤为重要,它是后续知识学习的基础。

第 4 章在第 3 章的基础上增加了 Kubernetes 集群的运维管理,涵盖了典型的 Kubernetes

监控方案、负载均衡技术、日志分析系统等,是运维工作的典型工作场景。

第 5 章是全书的核心,从不同的维度展示了企业环境下云原生的应用场景,是运维工作的核心内容。

第 6 章融合了当前最新的辅助编程技术,为运维工作提供了强有力的支持。

资源下载提示

素材(源码)等资源:扫描目录上方的二维码下载。

视频等资源:扫描封底的文泉云盘防盗码,再扫描书中相应章节的二维码,可以在线学习。

致谢

本书的顺利出版,离不开多方力量的支持与协作。在此,谨向广东财贸职业学院联想新 IT 学院致以诚挚谢意,感谢贵司在教材组编工作中给予的全程协助和专业支持,为本书的体系化、标准化奠定了重要基础。特别感谢广东财贸职业学院林斌副校长、云计算教研室郑俊海老师对本书的悉心指导。两位专家以深厚的学术积淀和前瞻性视角,对内容架构与知识模块的优化提出了宝贵建议,使本书更加贴合职业教育的发展需求。同时,衷心感谢联想新 IT 学院团队王兴院长及其团队的鼎力支持,联想教育团队在产教融合领域的实践经验与创新洞见,为本书注入了鲜明的技术应用特色与产业前沿视角。

参与专家介绍

林斌:广东财贸职业学院党委委员、副校长、计算机专业副教授,研究方向为计算机软件技术与云计算。

王兴:广东财贸职业学院联想新 IT 学院院长、高级工程师、博士学位,研究方向为教育改革与发展。

郑俊海:广东财贸职业学院云计算教研室讲师、高级工程师,主要研究方向为计算机应用与职业教育。

笔者虽竭力倾注心血,但书中难免存在不足之处,恳请读者不吝赐教,提出宝贵意见,在此深表感谢。特别感谢深圳信息职业技术学院人工智能学院副院长程东升教授、广州大学冯元勇博士、广东开放大学周奇教授、广东邮电职业技术学院彭之军教授对本书做出的评价,感谢各位同人的大力支持!

贾中山

2025 年 5 月

本书概述

目 录
CONTENTS

教学课件（PPT）　　　本书源码

Docker 基础篇

第 1 章　容器虚拟化技术 Docker 基础（▶ 82min） ···································· 3

1.1　Docker 容器虚拟化技术 ··· 3

   1.1.1　Docker 的发展 ·· 3

   1.1.2　Docker 容器虚拟化技术与传统虚拟化技术的区别 ···················· 4

   1.1.3　Docker 架构 ·· 5

   1.1.4　Docker 环境部署实战 ·· 7

1.2　Docker 基础命令 ··· 11

   1.2.1　Docker 服务管理 ··· 11

   1.2.2　Docker 镜像管理 ··· 12

   1.2.3　Docker 容器管理 ··· 20

   1.2.4　Docker 资源管理 ··· 26

   1.2.5　Docker 命令综合运用实战 ··· 28

1.3　构建镜像 ··· 31

   1.3.1　构建镜像的典型方案介绍 ··· 31

   1.3.2　Dockerfile 典型指令 ··· 31

   1.3.3　构建镜像方案实战：基于 commit 命令 ···································· 38

   1.3.4　构建镜像方案实战：基于 Dockerfile 文件 ································· 39

1.4　Docker 容器数据存储管理 ·· 40

   1.4.1　容器数据存储类型 ··· 40

   1.4.2　容器数据存储综合实战：网络存储 ··· 49

1.5　Docker 虚拟化网络管理 ··· 53

   1.5.1　Docker 虚拟化网络驱动类型 ·· 57

   1.5.2　Docker 虚拟化网络工作原理 ·· 57

   1.5.3　Docker 虚拟化网络综合应用实战 ··· 60

1.6　私有镜像仓库 ··· 63

   1.6.1　镜像仓库是什么 ··· 63

   1.6.2　私有镜像仓库构建实战：基于官方 registry 镜像 ·························· 64

1.7 本章小结 ……………………………………………………………………………… 68

第2章 **Docker 容器编排技术**(▶28min) ………………………………………… 69

2.1 Docker Compose ……………………………………………………………………… 70

2.1.1 Docker Compose 工作流程 ………………………………………………… 71

2.1.2 Docker Compose 管理命令 ………………………………………………… 72

2.1.3 YAML 语言介绍 ……………………………………………………………… 73

2.1.4 Docker Compose 部署实战 ………………………………………………… 75

2.1.5 Docker Compose 应用实战：部署企业级镜像仓库 Harbor ………………… 76

2.2 Docker Swarm ……………………………………………………………………… 92

2.2.1 Docker Swarm 的基础架构 ………………………………………………… 93

2.2.2 Docker Swarm 管理命令 …………………………………………………… 94

2.2.3 Docker Stack 介绍 ………………………………………………………… 96

2.2.4 部署实战：Docker Swarm 环境部署 ……………………………………… 97

2.3 本章小结 ……………………………………………………………………………… 104

Kubernetes 基础篇

第3章 **企业级容器编排技术 Kubernetes**(▶70min) ……………………………… 107

3.1 Kubernetes 介绍 …………………………………………………………………… 107

3.1.1 Kubernetes 发展 …………………………………………………………… 110

3.1.2 Kubernetes 架构与核心概念 ……………………………………………… 111

3.1.3 Kubernetes 工作流程 ……………………………………………………… 117

3.1.4 Kubernetes 典型命令 ……………………………………………………… 118

3.1.5 Kubernetes 部署实战：基于 Docker 环境 ……………………………… 120

3.1.6 Kubernetes 部署实战：基于 Containerd 环境 ………………………… 144

3.2 基于 Kubernetes 的应用管理 ……………………………………………………… 179

3.2.1 Kubernetes 集群应用生命周期管理 ……………………………………… 180

3.2.2 编写 YAML 文件的技巧介绍 ……………………………………………… 182

3.2.3 应用发布实战 ……………………………………………………………… 185

3.3 基于 Kubernetes 的数据持久化存储管理 ………………………………………… 209

3.3.1 数据持久化存储方案介绍 ………………………………………………… 211

3.3.2 持久卷介绍 ………………………………………………………………… 213

3.3.3 存储类(StorageClass)介绍 ……………………………………………… 217

3.3.4 数据持久化应用实战 ……………………………………………………… 218

3.4 本章小结 ……………………………………………………………………………… 233

Kubernetes 运维管理与企业实践篇

第4章 **Kubernetes 集群运维管理**(▶36min) …………………………………… 237

4.1 图形化监控系统(Prometheus＋Grafana) ………………………………………… 238

4.1.1 Prometheus 工作流程 ……………………………………………………… 242

　　　　4.1.2　Grafana 工作流程 ·· 243
　　　　4.1.3　部署实战 ·· 245
　　4.2　Kubernetes 负载均衡 ·· 265
　　　　4.2.1　Ingress 介绍 ·· 267
　　　　4.2.2　部署实战 ·· 269
　　4.3　日志分析系统 ·· 317
　　　　4.3.1　ELK 介绍 ·· 319
　　　　4.3.2　部署实战 ·· 321
　　4.4　本章小结 ··· 339

第 5 章　典型企业案例（▶ 39min） ··· 340
　　5.1　Jenkins 在 Kubernetes 集群中的应用案例 ························ 341
　　　　5.1.1　Jenkins 介绍 ·· 341
　　　　5.1.2　企业案例应用部署实战 ······································ 342
　　5.2　KubeVirt 在 Kubernetes 集群中的应用案例 ······················ 374
　　　　5.2.1　KubeVirt 介绍 ··· 374
　　　　5.2.2　企业案例应用部署实战 ······································ 376
　　5.3　HPA 功能在 Kubernetes 集群中的应用案例 ······················ 381
　　　　5.3.1　HPA 介绍 ·· 381
　　　　5.3.2　企业案例应用部署实战 ······································ 382
　　5.4　本章小结 ··· 390

辅助编程技术篇

第 6 章　辅助编程技术（▶ 11min） ··· 393
　　6.1　辅助编程技术带来的变革 ·· 393
　　　　6.1.1　辅助编程技术的发展 ·· 394
　　　　6.1.2　辅助编程工具介绍 ·· 394
　　　　6.1.3　辅助编程技术应用实战 ······································ 395
　　6.2　本章小结 ··· 412

Docker基础篇

## 第 1 章

容器虚拟化技术 Docker 基础

随着云计算技术的快速发展和微服务架构的兴起,基于传统架构的应用开发交付方式越来越显示出其局限性,尤其是在交付环节,企业需要花费大量的时间和精力重新为用户适配开发环境。容器虚拟化技术的出现解决了应用与依赖环境适配的问题。Docker 是代表产品之一,它将应用与依赖环境打包到一个独立的容器内运行,做到了开箱即用,免除了应用环境适配等烦琐的工作步骤,减少了操作失误发生的概率,提升了开发和交付效率。

Docker 作为目前使最广泛的容器虚拟化产品,有其显著的特点,本章将从 Docker 的基础知识展开,涵盖 Docker 的发展历程、Docker 容器虚拟化技术与传统虚拟化技术的对比、Docker 的架构及 Docker 的基础管理命令等。带领读者从零基础学习 Docker 知识,并通过相关实战演示加深对 Docker 知识的理解。

1.1 Docker 容器虚拟化技术

在云计算技术高速发展和技术迭代的当下,Docker 作为容器虚拟化技术产品的代表被广泛地应用于各个行业,它除了具有容器虚拟化所具备的特性外,还有其自身的优势,例如广泛的用户、良好的生态等。真正实现了"一次构建,到处运行"的目标。

1.1.1 Docker 的发展

2008 年,一家默默无闻的 dotCloud 公司成立,公司总部位于美国的旧金山,它就是后期大名鼎鼎的 Docker 公司的前身。该公司最初提供的服务是基于云计算的平台即服务(Platform as a Service,PaaS),公司的目标是利用容器技术创建一种大规模的创新工具。在 2010 年,dotCloud 公司获得了创业孵化器 Y Combinator 的支持,在接下来的 3 年内,公司孵化了 Docker 产品。2013 年,dotCloud 公司迎来了最重要时刻,公司创始人之一的 Solomon Hykes 发起了 Docker 的开源项目,该项目基于 Go 语言并遵从 Apache 2.0 协议开源,并将其源代码托管于 GitHub。随着 Docker 项目的开源,越来越多的开发者参与其中,Docker 以其"一次封装,到处运行"的理念火爆整个计算机行业,dotCloud 公司也随之正式更名为 Docker 公司,同时 Docker 产品也迎来高速发展阶段。

在 2016 年至 2018 年期间,Docker 开始着手重建其生态系统。在此期间 Docker 发布了一系列工具和相关服务,例如容器编排工具 Docker Compose、镜像仓库 Docker Hub 等,从而推动了 Docker 的进一步发展。尤其是在 2017 年 Docker 将 Containerd 项目捐赠给 Cloud Native Computing Foundation (CNCF),使 Containerd 成为一个行业标准的容器运行时,它利用 runc 创建,注重简单性、稳健性和可移植性。

从 2019 年开始,其重心从容器技术转移至开发者工具和服务领域。此后 Docker 公司推出了一系列新的工具及相关服务,例如 Docker Desktop、Docker Enterprise 等,这些工具和服务旨在帮助开发者更加高效地构建、测试和部署应用程序。同时 Docker 公司也在积极地推动 Docker 的开放标准化,以促进 Docker 生态系统的进一步健康有序发展。

1.1.2 Docker 容器虚拟化技术与传统虚拟化技术的区别

Docker 容器虚拟化技术与传统虚拟化技术有着显著的区别,首先是两种虚拟化技术的架构不同。Docker 容器是应用层的一个抽象,它将代码和依赖关系打包在一起。多个容器可以在同一台宿主机上运行,并与其他容器共享操作系统内核,每个容器都作为用户空间中的独立进程运行。容器比虚拟机占用更少的空间,可以处理更多的应用程序,并且需要更少的虚拟机和操作系统,其架构图如图 1-1 所示。

而传统虚拟化技术则是通过虚拟化技术将一台服务器虚拟化为多台逻辑服务器,每台逻辑服务器可以运行不同的操作系统,这样便可将这些逻辑服务器当作真实的物理服务器使用。应用程序可以在相互独立的虚拟主机内运行,彼此不受影响,从而提升服务器的使用率,其架构图如图 1-2 所示。

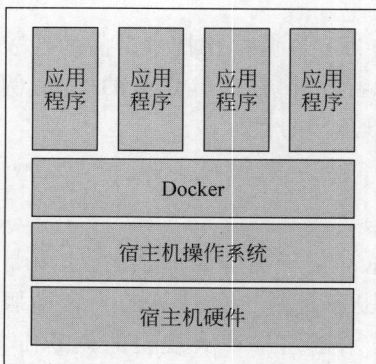

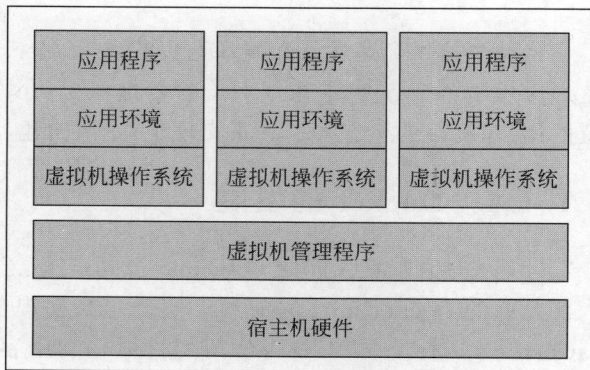

图 1-1　Docker 容器虚拟化技术架构图　　　　图 1-2　传统虚拟化技术架构图

其次,两者性能有差异。在传统虚拟化技术下,每台虚拟机均需要分配内存、CPU、磁盘等资源后才可以运行,并且这些资源在虚拟机主机内相互独立,不能共享。由于虚拟机需要具备完整的操作系统才能运行,因此虚拟化的开销大,而 Docker 容器虚拟化技术则采用的是共享主机资源,多个容器可以共享同一个操作系统内核和硬件资源,中间省去了传统虚拟化技术所需的 Hypervisor 层,性能更接近物理服务器,因此性能更好。

再次,两者的部署方式和启动速度不同。在传统虚拟化技术下,当用户需要部署应用时首先要满足应用的必要条件,例如根据需求部署相对应的操作系统、部署软件运行所需的依赖环境等,这就会造成部署周期长等其他状况,而采用容器技术则不需要考虑这些因素,通过镜像的方式直接运行容器即可完成应用的部署,部署速度可以达到秒级。在启动速度上的差异就更加明显了,由于传统虚拟机运行时需要运行完整的操作系统,因此系统及相关应用启动时间长,而采用 Docker 容器虚拟化技术后,由于应用在容器内,直接就是底层系统的一个进程,当用户启动容器时相当于启动本机的一个进程,因此可以做到秒级启动,速度非常快。

最后,两者的安全性有差异。Docker 容器采用共享宿主机内核,主要通过 Linux 命名空间实现隔离进程树、网络接口、挂载点、进程间通信及用户资源等,因此 Docker 容器的安全性相对于传统虚拟化技术下的虚拟机而言,存在一定的天然安全问题和缺陷,但是随着对容器安全的研究不断取得成果,相信其安全性会越来越高。

1.1.3　Docker 架构

Docker 的基础架构采用的是客户端-服务器端(Client-Server)架构,Docker 客户端与 Docker 守护进程(Docker Daemon)通信,其中 Docker 守护进程负责构建、运行和管理 Docker 容器。需要注意的是 Docker 客户端和 Docker 守护进程既可以运行在同一主机上,也可以将 Docker 客户端连接到远程的 Docker 守护进程,Docker 官方提供的架构图如图 1-3 所示。

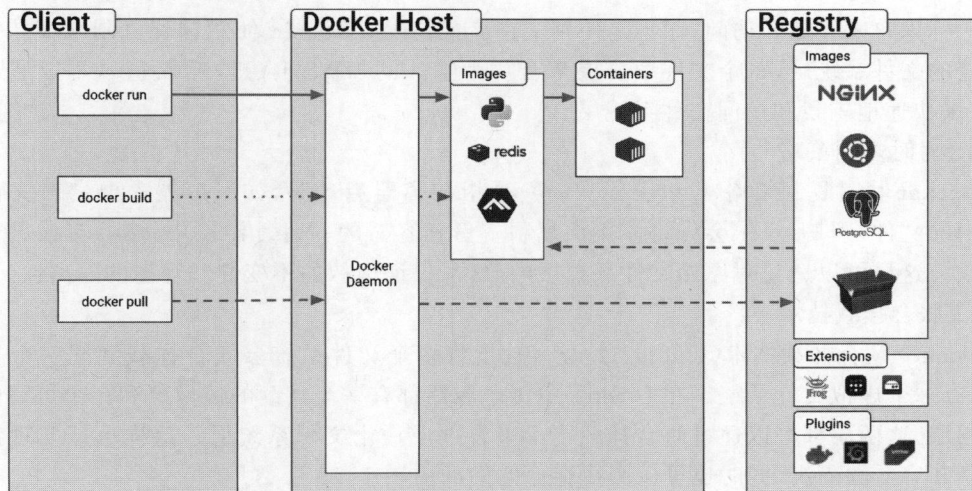

图 1-3　Docker 架构图

在架构图中不难发现其核心组件,例如 Docker 客户端(Client)、Docker 守护进程 (Docker Daemon)、Docker 镜像(Image)、容器(Container)、镜像仓库(Registry)。

1. Docker 客户端

Docker 客户端是 Docker 用户与 Docker 服务交互的主要方式。当用户执行 Docker 相关命令时会调用 Docker API,进而可以与多个 Docker 守护进程进行通信。

2. Docker 守护进程

Docker 守护进程的主要功能是侦听 Docker API 的请求,并管理 Docker 的相关对象,例如镜像、容器、网络和数据卷。同时一个守护进程还可以与其他守护进程通信以达到管理 Docker 服务的能力。

3. 镜像

Docker 镜像是启动 Docker 容器的基础,它是一个带有创建容器说明的只读模板,由多个只读的文件系统叠加在一起形成。当用户启动一个容器时,Docker 会加载这些只读层并在这些只读层的最上面增加一个读写层,如果修改了正在运行的容器中的文件,则这个文件将会从只读层复制到读写层,而原有的只读层仍然存在,只是被该文件的副本隐藏。一旦用户删除 Docker 容器,之前的修改就会随之消失,而镜像依然保持不变。Docker 镜像的关键技术如下。

1) 分层技术

Docker 镜像采用分层存储结构,每层都是只读的,可以被共享和重用。这种存储方式可以减少镜像的大小,提高镜像的可重用性和可维护性。

2) 内容寻址存储机制

Docker 内容寻址存储机制(Content-addressable Storage)是指将文件或数据的内容作为唯一标识符来存储和访问,而不是使用文件名或路径。Docker 使用这种机制来存储镜像和容器的文件系统层,每个文件系统层都有一个唯一的 ID(SHA256 哈希值),可以通过这个 ID 来快速地查找和访问文件系统层。

3) 写时复制策略

Docker 写时复制策略(Copy-on-Write)是指在容器启动时,如果容器需要修改文件系统层中的文件,则 Docker 会先将该文件复制一份到容器的写时复制层中,然后在该层中进行修改。这样可以避免对原始文件系统层的修改,保证镜像的不变性和容器的隔离性。

4) 联合挂载技术

Docker 联合挂载技术(Union Mount)是指将多个文件系统层联合挂载到同一个目录下,形成一个虚拟文件系统。在 Docker 中每个容器都有一个只读的镜像层和一个可写的写时复制层,这两层都可以通过联合挂载技术来合并成一个文件系统层。这样可以实现镜像的共享和容器的隔离,同时也可以减少存储空间的占用。

4. 容器

Docker 容器是镜像的运行实例,用户可以通过 Docker API 或者命令行模式管理容器,例如创建、启动、停止、移动或删除容器。容器与容器之间相互隔离,保持相对独立。当然也可以将容器连接到一个或多个网络中,同时也可以将存储连接至容器,甚至还可以基于当前的容器运行状态创建一个新镜像。

5. 镜像仓库

镜像仓库是存储和管理镜像的平台,可以提供镜像的共享、分发、搜索和版本管理等功能。镜像仓库按照服务对象的不同可以分为公共镜像仓库和私有镜像仓库,通过镜像仓库提高镜像的可发现性和可重复性,同时也促进镜像的共享和协作。在实际应用中,功能相同的镜像可以通过不同的标签来区分,例如 Ubuntu 镜像的标签有 jammy、jammy-20240808、latest 等,这些标签用于区分不同的版本。

1.1.4　Docker 环境部署实战

"纸上得来终觉浅,绝知此事要躬行",接下来开始动手部署 Docker 环境。在部署 Docker 环境之前需要先明确操作系统环境、版本要求等信息,在企业内部最广泛的需求是基于 Linux 系统部署 Docker Engine 最新稳定版。为了保持本书的一致性,实战内容的操作系统采用 Ubuntu 22.04 LTS,Docker 版本为 Docker Engine v27。Docker 环境的部署方式可以分为在线和离线两种方式,下面将详细展示部署的关键步骤及相关代码,演示服务器的相关信息见表 1-1。

表 1-1　演示服务器的相关信息

主　机　名	IP 地址	说　　明
node01	ens33:192.168.79.181 ens34:192.168.172.181	Ubuntu 22.04 LTS

注意:被国内广泛使用的 CentOS 7 系统官方支持和更新在 2024 年 6 月 30 日结束,后续版本以 CentOS Stream(滚动发行)的形式发布。目前各大厂商纷纷转向 Linux 其他发行版本,例如 Red Hat Enterprise Linux、Ubuntu、Debian、麒麟、欧拉等操作系统。

1. Docker 在线部署

Docker 在线部署需要服务器能够访问互联网,因此首先需要完成网络配置,同时由于国内直接访问 Docker 官方源速度很慢,还经常出现超时连接等错误提示,所以建议更换为国内软件源,例如中科大源、阿里云源等。

1)配置主机网络与主机名

(1)配置主机网络。

首先登录 Ubuntu 系统,然后执行 Shell 命令,命令如下:

```
sudo vi /etc/netplan/00-installer-config.yaml
```

根据提示输入登录用户的密码,开始编辑该配置文件,代码如下:

```
# This is the network config written by 'subiquity'
network:
```

```
      ethernets:
        ens33:
          dhcp4: false                              ♯关闭通过 DHCP 方式获取 IP 地址
          addresses:
            - 192.168.79.181/24                     ♯配置 IP 地址
          routes:
            - to: default
              via: 192.168.79.2                     ♯配置网关地址
          nameservers:
            addresses: [114.114.114.114]            ♯配置 DNS 服务器地址
        ens34:
          dhcp4: false
          addresses:
            - 192.168.172.181/24
    version: 2:
```

配置文件修改完成后,保存并退出,加载配置文件使其生效,命令如下:

```
sudo netplan apply
```

如果命令执行后有如图 1-4 所示的警告提示,则需要依据警告提示启动 ovsdb-server. service 服务。

```
** (generate:1007): WARNING **: 09:30:48.405: Permissions for /etc/netplan/00-installer-config.yaml are too open. Netplan configuration should NO
T be accessible by others.
WARNING:root:Cannot call Open vSwitch: ovsdb-server.service is not running.

** (process:1005): WARNING **: 09:30:48.723: Permissions for /etc/netplan/00-installer-config.yaml are too open. Netplan configuration should NOT
 be accessible by others.
```

图 1-4 警告提示

如果宿主机上没有该服务,则需要安装 openvswitch-switch 软件并修改网卡配置文件的权限,命令如下:

```
♯安装 openvswitch - switch 软件包
sudo apt install openvswitch - switch
♯修改网卡配置文件权限
sudo chmod 600 /etc/netplan/00 - installer - config.yaml
```

然后重新执行命令使配置生效,命令如下:

```
sudo netplan apply
```

接着,可以使用相关网络命令,查看网络配置生效情况,命令如下:

```
ip addr
```

命令执行后,如果展示的 IP 地址与配置文件内定义的 IP 地址一致,则表明 IP 地址配置成功。最后测试主机是否可以访问互联网,命令如下:

```
ping - c3 www.baidu.com
```

如果显示如图 1-5 所示,则表示主机可以正常访问互联网。

```
PING www.a.shifen.com (157.148.69.74) 56(84) bytes of data.
64 bytes from 157.148.69.74 (157.148.69.74): icmp_seq=1 ttl=128 time=16.4 ms
64 bytes from 157.148.69.74 (157.148.69.74): icmp_seq=2 ttl=128 time=15.4 ms
64 bytes from 157.148.69.74 (157.148.69.74): icmp_seq=3 ttl=128 time=14.8 ms

--- www.a.shifen.com ping statistics ---
3 packets transmitted, 3 received, 0% packet loss, time 2003ms
rtt min/avg/max/mdev = 14.795/15.534/16.409/0.665 ms
```

图 1-5　ping 命令执行结果

（2）配置主机名。

在集群中，一般情况下每个节点有其唯一的主机名，配置主机名的命令如下：

```
sudo hostnamectl -- static set - hostname node01
```

如果想立即看到修改后的效果，则可执行的命令如下：

```
bash
```

2）部署 Docker

首先配置 Docker 官方软件源，命令如下：

```
# 添加 Docker 官方 GPG key
sudo apt - get update
sudo apt - get install ca - certificates curl
sudo install - m 0755 - d /etc/apt/keyrings
sudo curl - fsSL https://download. docker. com/linux/ubuntu/gpg - o /etc/apt/keyrings/
docker. asc
sudo chmod a + r /etc/apt/keyrings/docker. asc

# 增加 APT 软件源
echo \
  "deb [arch = $ (dpkg -- print - architecture) signed - by = /etc/apt/keyrings/docker. asc]
https://download.docker.com/linux/ubuntu \
  $ (. /etc/os - release && echo " $ VERSION_CODENAME") stable" | \
  sudo tee /etc/apt/sources. list. d/docker. list > /dev/null
sudo apt - get update
```

由于国内访问 Docker 官网体验效果差，因此可以直接替换为国内源，命令如下：

```
sudo sed - i 's/download. docker. com/mirrors. tuna. tsinghua. edu. cn\/docker - ce/g' /etc/apt/
sources. list. d/docker. list
```

修改完成后，再次执行更新命令即可。修改成功后 docker. list 文件中的代码如下：

```
deb [arch = amd64 signed - by = /etc/apt/keyrings/docker. asc] https://mirrors. tuna. tsinghua.
edu. cn/docker - ce/linux/ubuntu jammy stable
```

注意：如果在执行 sed -i 命令时提示参数错误，则需要查看当前 Ubuntu 系统的 Shell 类型是否为 bash，在默认情况下 Ubuntu 系统的 Shell 类型为 dash。修改方法是在 Ubuntu 系统的终端，输入命令 sudo dpkg-reconfigure dash，然后在信息提示时，输入 no 并按 Enter

键即可完成系统默认 Shell 类型的修改。修改完成后执行 ll /bin/sh ,如果显示 bash,则表示修改成功,再次执行国内源的替换命令就不会出现错误提示了。

接着基于 Ubuntu 系统部署 Docker 环境,命令如下:

```
sudo apt - get install docker - ce docker - ce - cli containerd. io docker - buildx - plugin docker - compose - plugin - y
```

3) 验证 Docker 服务

Docker 应用部署完成后需要做相关验证工作,首先启动 Docker 服务,命令如下:

```
sudo systemctl start docker
```

接着查看 Docker 应用的服务状态,命令如下:

```
sudo systemctl status docker
```

如果输出信息如图 1-6 所示,则表示 Docker 服务运行正常。

```
user01@node01:/etc/apt$ sudo systemctl status docker
● docker.service - Docker Application Container Engine
     Loaded: loaded (/lib/systemd/system/docker.service; enabled; vendor preset: enabled)
     Active: active (running) since Wed 2024-08-28 08:51:28 UTC; 10min ago
TriggeredBy: ● docker.socket
       Docs: https://docs.docker.com
   Main PID: 28189 (dockerd)
      Tasks: 9
     Memory: 28.7M
        CPU: 540ms
     CGroup: /system.slice/docker.service
             └─28189 /usr/bin/dockerd -H fd:// --containerd=/run/containerd/containerd.sock

Aug 28 08:51:27 node01 systemd[1]: Starting Docker Application Container Engine...
Aug 28 08:51:27 node01 dockerd[28189]: time="2024-08-28T08:51:27.505094088Z" level=info msg="Starting up"
Aug 28 08:51:27 node01 dockerd[28189]: time="2024-08-28T08:51:27.506677723Z" level=info msg="detected 127.0.0.53 nameserver, assuming systemd-re
Aug 28 08:51:27 node01 dockerd[28189]: time="2024-08-28T08:51:27.677657544Z" level=info msg="Loading containers: start."
Aug 28 08:51:28 node01 dockerd[28189]: time="2024-08-28T08:51:28.339157817Z" level=info msg="Loading containers: done."
Aug 28 08:51:28 node01 dockerd[28189]: time="2024-08-28T08:51:28.358006435Z" level=info msg="Docker daemon commit=f9522e5 containerd-snapshotte
Aug 28 08:51:28 node01 dockerd[28189]: time="2024-08-28T08:51:28.358241689Z" level=info msg="Daemon has completed initialization"
Aug 28 08:51:28 node01 dockerd[28189]: time="2024-08-28T08:51:28.404226355Z" level=info msg="API listen on /run/docker.sock"
Aug 28 08:51:28 node01 systemd[1]: Started Docker Application Container Engine.
```

图 1-6　Docker 服务状态

此时可以查看已经部署并运行的 Docker 应用版本信息,命令如下:

```
sudo docker version
```

2. Docker 离线部署

在离线环境下,无法直接从软件仓库下载并安装 Docker 应用,Docker 官方提供了完整的安装包,手动下载并安装即可。

1) 下载软件包

手动访问国内 Docker 镜像站点,下载 Docker 应用所需软件包,命令如下:

```
# 下载 containerd. io_1.7.20 - 1_amd64. deb 软件包
curl - O https://mirrors. tuna. tsinghua. edu. cn/docker - ce/linux/ubuntu/dists/jammy/pool/
stable/amd64/containerd. io_1.7.20 - 1_amd64. deb

# 下载 docker - ce_27.1.2 - 1~ubuntu.22.04~jammy_amd64. deb 软件包
curl - O https://mirrors. tuna. tsinghua. edu. cn/docker - ce/linux/ubuntu/dists/jammy/pool/
stable/amd64/docker - ce_27.1.2 - 1~ubuntu.22.04~jammy_amd64. deb
```

```
#下载 docker - ce - cli_27.1.2 - 1～ubuntu.22.04～jammy_amd64.deb 软件包
curl - O https://mirrors.tuna.tsinghua.edu.cn/docker - ce/linux/ubuntu/dists/jammy/pool/
stable/amd64/docker - ce - cli_27.1.2 - 1～ubuntu.22.04～jammy_amd64.deb

#下载 docker - buildx - plugin_0.16.2 - 1～ubuntu.22.04～jammy_amd64.deb 软件包
curl - O https://mirrors.tuna.tsinghua.edu.cn/docker - ce/linux/ubuntu/dists/jammy/pool/
stable/amd64/docker - buildx - plugin_0.16.2 - 1～ubuntu.22.04～jammy_amd64.deb

#下载 docker - compose - plugin_2.29.1 - 1～ubuntu.22.04～jammy_amd64.deb 软件包
curl - O https://mirrors.tuna.tsinghua.edu.cn/docker - ce/linux/ubuntu/dists/jammy/pool/
stable/amd64/docker - compose - plugin_2.29.1 - 1～ubuntu.22.04～jammy_amd64.deb
```

2）部署 Docker 应用

软件下载完成后即可开始部署 Docker 应用，命令如下：

```
sudo dpkg - i ./containerd.io_1.7.20 - 1_amd64.deb \
./docker - ce_27.1.2 - 1～ubuntu.22.04～jammy_amd64.deb \
./docker - ce - cli_27.1.2 - 1～ubuntu.22.04～jammy_amd64.deb \
./docker - buildx - plugin_0.16.2 - 1～ubuntu.22.04～jammy_amd64.deb \
./docker - compose - plugin_2.29.1 - 1～ubuntu.22.04～jammy_amd64.deb
```

安装部署完成后，启动 Docker 服务查看服务状态，并执行 docker version 命令查看
Docker 应用服务的版本信息，命令如下：

```
#启动 Docker 服务
sudo systemctl start docker
#查看 Docker 服务状态
sudo systemctl status docker
#查看已部署的 Docker 版本信息
sudo docker version
```

1.2　Docker 基础命令

▶15min

要熟练掌握并灵活运用 Docker，首先要掌握其基础命令。Docker 的基础命令涵盖了
Docker 服务管理、Docker 镜像管理、Docker 容器管理、Docker 资源管理等相关内容。

1.2.1　Docker 服务管理

Docker 应用部署完成后，如何管理 Docker 服务，是每个初学者必须面对的问题。
Docker 服务管理通常是指管理和维护 Docker 组件的过程，常见的 Docker 服务管理主要涉
及以下内容。

（1）启动 Docker 服务,命令如下:

```
sudo systemctl start docker
```

（2）重启 Docker 服务,命令如下:

```
sudo systemctl restart docker
```

（3）停止 Docker 服务,命令如下:

```
sudo systemctl stop docker
```

（4）设置 Docker 服务自启动,命令如下:

```
sudo systemctl enable docker
```

（5）查看 Docker 服务状态,命令如下:

```
sudo systemctl status docker
```

（6）禁止 Docker 服务自启动,命令如下:

```
sudo systemctl disable docker
```

注意:禁止 Docker 服务自启动选项需要谨慎使用。因为设置 Docker 服务禁止自启动后,一旦服务器重启,有很大的可能性会影响该服务器内基于 Docker 服务运行的应用。

1.2.2　Docker 镜像管理

镜像是 Docker 最核心的组件之一,它是由多层构成的一个轻量级、可移植的并以只读格式封装应用及其依赖环境的文件系统。Docker 镜像中的每个镜像层都是对上层的增量修改,这种分层结构使镜像在存储和传输时更高效,因为相同的基础层可以被不同的镜像共享,从而减少了对存储空间的占用。当容器被创建时,Docker 镜像会通过写时复制技术为容器提供一个可写层,以便在容器中修改文件而不影响基础镜像。需要特别注意的是,写时复制技术只有在进行写操作时,Docker 才会复制原始数据,而其他操作则无须复制底层只读层,从而提高了性能,使资源的利用更加高效。Docker 镜像还采用了内容寻址存储机制,即对镜像中每层的内容运用哈希值(例如 SHA256)进行唯一标识,这使 Docker 在存储和检索镜像层时更加高效,还确保了镜像无论是共享或重新使用,数据始终保持一致。同时为了确保只读层与可写层之间进行有效交互,还采用了联合文件系统(Union File System,UnionFS),即将多个文件系统层叠加在一起,形成一个统一的视图。每层在系统中都是只读的,只有最上层(可写层)是可读写的,实现了对已有文件系统结构的复用,还保持了文件系统的整洁与高效。镜像管理所涉及的内容包含镜像搜索、镜像下载、镜像存储、镜像构建与维护等管理内容。

1．镜像搜索

目前最活跃的 Docker 镜像站点是 Docker Hub，可以通过命令行的方式或者访问 https://docker.hub.com 进行镜像搜索。

如果使用命令模式搜索镜像，则需要登录 Docker 服务器，并在终端执行命令搜索镜像，命令如下：

```
docker search [OPTIONS] TERM
```

docker search 命令中的 OPTIONS 可选参数见表 1-2。

表 1-2　docker search 命令中的 OPTIONS 可选参数

参　　　数	功　能　说　明
--filter, -f	按照给定的条件进行过滤
--format	自定义打印格式
--limit	显示搜索结果（显示搜索结果的最大数量或条目），默认值为 25
--no-trunc	显示镜像完整描述

例如，需要搜索典型应用 Nginx 镜像的最新版本，命令如下：

```
sudo docker search nginx
```

执行结果如图 1-7 所示。

```
root@node01:/home/user01# docker search nginx
NAME                            DESCRIPTION                              STARS    OFFICIAL
nginx                           Official build of Nginx.                 20126    [OK]
nginx/nginx-quic-qns            NGINX QUIC interop                       1
nginx/nginx-ingress             NGINX and  NGINX Plus Ingress Controllers fo…   94
nginx/nginx-ingress-operator    NGINX Ingress Operator for NGINX and NGINX P…   2
nginx/nginx-prometheus-exporter NGINX Prometheus Exporter for NGINX and NGIN…   43
nginx/unit                      This repository is retired, use the Docker o…  63
nginx/unit-preview              Unit preview features                    0
bitnami/nginx                   Bitnami container image for NGINX        193
rapidfort/nginx                 RapidFort optimized, hardened image for NGINX   15
kasmweb/nginx                   An Nginx image based off nginx:alpine and in…   8
ubuntu/nginx                    Nginx, a high-performance reverse proxy & we…   116
chainguard/nginx                Minimal Wolfi-based nginx HTTP, reverse prox…   2
dockette/nginx                  Nginx SSL / HSTS / HTTP2                  3
jitesoft/nginx                  Nginx on alpine linux                    0
docksal/nginx                   Nginx service image for Docksal          0
geokrety/nginx                  Our customized nginx image               0
gluufederation/nginx             A customized NGINX image containing a consu…   1
okteto/nginx                                                             0
objectscale/nginx                                                        0
intel/nginx                                                              0
circleci/nginx                  This image is for internal use           2
bitnamicharts/nginx                                                      0
vmware/nginx                                                             2
rancher/nginx                                                            2
redash/nginx                    Pre-configured nginx to proxy linked contain…   2
```

图 1-7　镜像 Nginx 搜索信息

其中：NAME 字段表示镜像名称；DESCRIPTION 字段是对该镜像的描述；STARS 字段表示受欢迎的程度，类似于 GitHub 里面的 star，数值越大，表示越受用户喜欢；OFFICIAL

字段表示是否为官方发布,如果该镜像标识值为 OK,则表示为官方发布。在实际工作中,为了安全,强烈建议使用官方发布的镜像。

如果在搜索的过程中以 STARS 作为参考值,例如筛选出 STARS 值不少于 20 的镜像,则命令如下:

```
sudo docker search nginx -- filter = stars = 20
```

执行结果如图 1-8 所示。

```
root@node01:/home/user01# docker search nginx --filter=stars=20
NAME                             DESCRIPTION                           STARS    OFFICIAL
nginx                            Official build of Nginx.              20126    [OK]
nginx/nginx-ingress              NGINX and  NGINX Plus Ingress Controllers fo…   94
nginx/nginx-prometheus-exporter  NGINX Prometheus Exporter for NGINX and NGIN…   43
nginx/unit                       This repository is retired, use the Docker o…   63
bitnami/nginx                    Bitnami container image for NGINX     193
ubuntu/nginx                     Nginx, a high-performance reverse proxy & we…   116
linuxserver/nginx                An Nginx container, brought to you by LinuxS…   217
```

图 1-8　镜像搜索使用过滤条件

Docker 镜像搜索命令不支持搜索特定版本的镜像,如果需要查看镜像的其他版本,则需要访问 https://docker.hub.com 进行镜像搜索,继续以 Nginx 镜像为例来展示镜像搜索的详细过程。

首先,访问 Docker Hub 官方站点 hub.docker.com,在搜索栏内输入 Nginx,如图 1-9 所示。

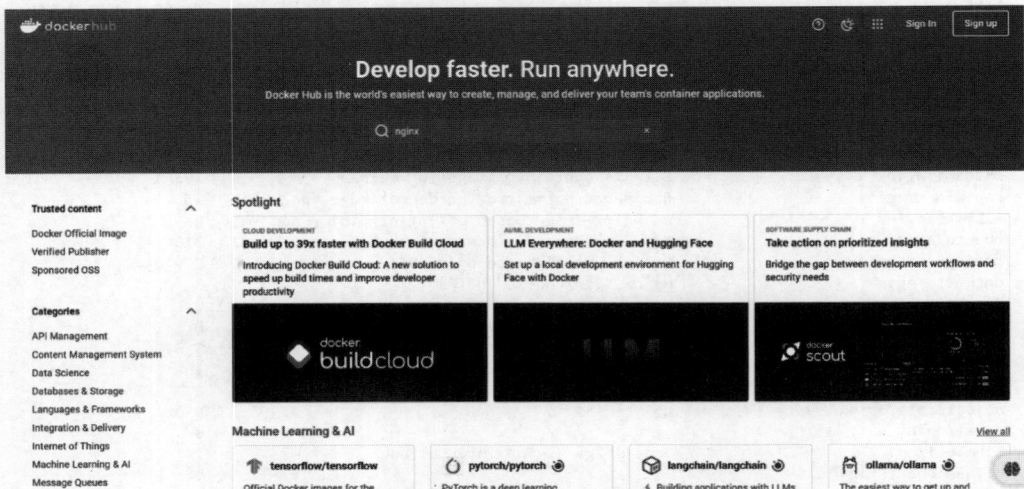

图 1-9　Docker Hub 站点搜索 Nginx 镜像

输入 Nginx 后按 Enter 键会出现如图 1-10 所示的搜索结果。

在搜索显示页面,单击标识 Docker Official Image 的搜索结果,进入 Nginx 官方镜像仓库,如图 1-11 所示。

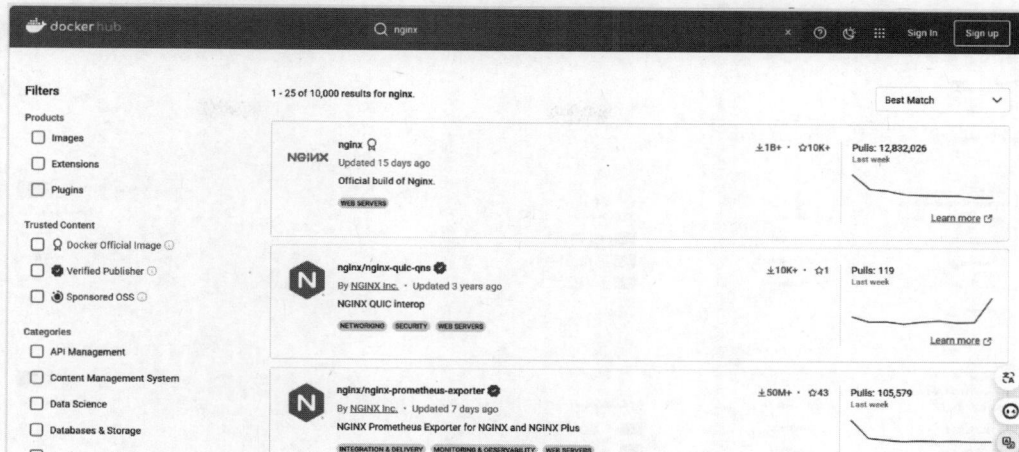

图 1-10 Nginx 镜像搜索结果

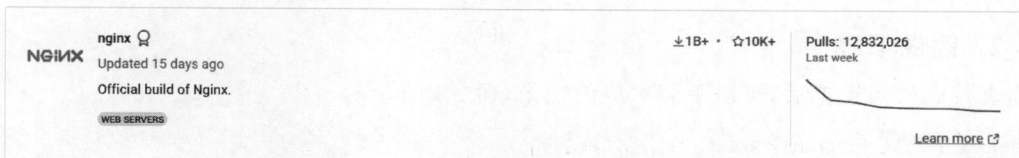

图 1-11 选择 Nginx 官方镜像仓库

进入 Nginx 官方镜像仓库后,可以看到关于 Nginx 镜像的相关信息,例如官方镜像仓库内可以下载的镜像版本等信息,如图 1-12 所示。

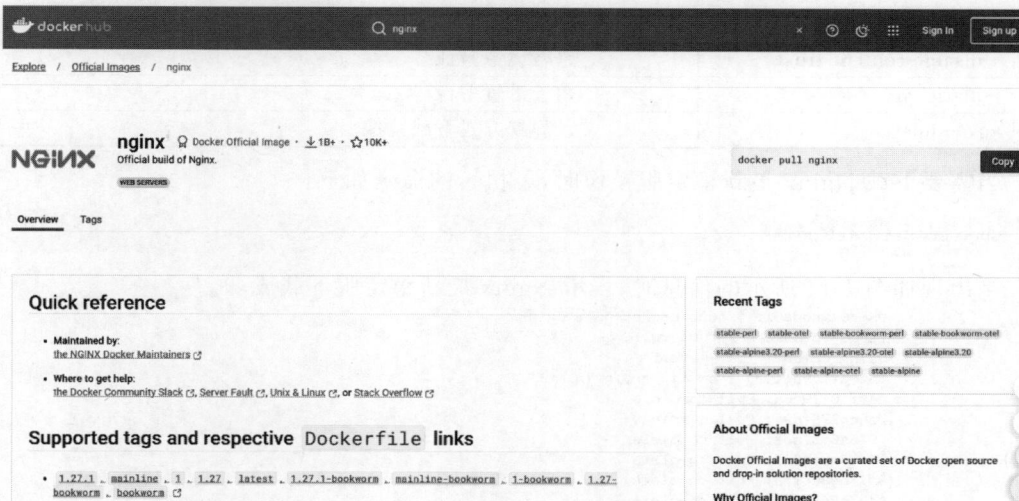

图 1-12 Nginx 官方仓库支持的镜像版本信息

在该页面,如果需要查看详细的镜像版本信息,则可选择 Tags,如图 1-13 所示。

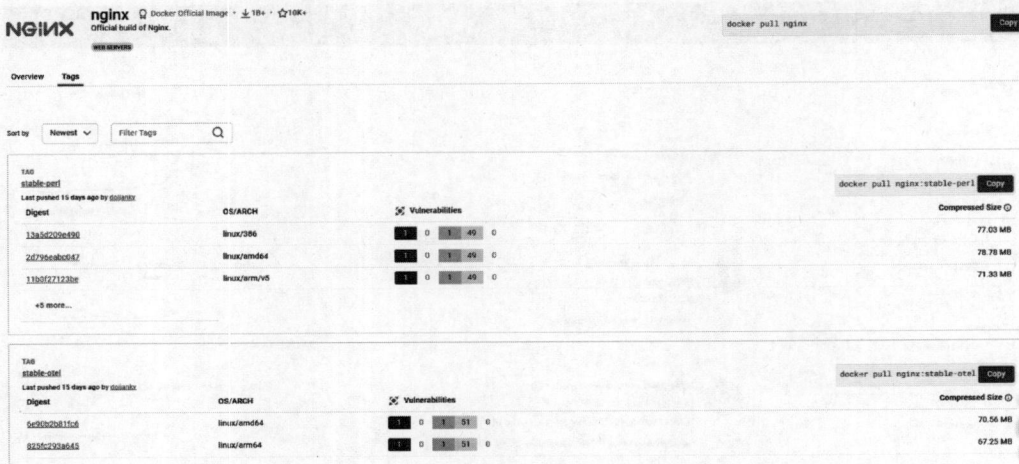

图 1-13   Nginx 版本信息列表

2. 镜像下载

查找到所需镜像后,可以下载对应的镜像,命令如下:

```
docker pull [OPTIONS] NAME[:TAG|@DIGEST]
```

docker pull 命令中的 OPTIONS 可选参数见表 1-3。

表 1-3   docker pull 命令中的 OPTIONS 可选参数

参　　　数	功　能　说　明
-a, --all-tags	下载当前存储库内具有不同标签的所有镜像
--disable-content-trust	忽略镜像验证
--platform	用于设置平台
-q, --quiet	以静默方式下载镜像

当需要下载 Nginx 最新稳定版镜像时,可执行的命令如下:

```
sudo docker pull nginx
```

当出现如图 1-14 所示的信息时,表示 Nginx 最新稳定版下载成功。

```
user01@node01:~$ sudo docker pull nginx
[sudo] password for user01:
Using default tag: latest
latest: Pulling from library/nginx
e4fff0779e6d: Pull complete
2a0cb278fd9f: Pull complete
7045d6c32ae2: Pull complete
03de31afb035: Pull complete
0f17be8dcff2: Pull complete
14b7e5e8f394: Pull complete
23fa5a7b99a6: Pull complete
Digest: sha256:447a8665cc1dab95b1ca778e162215839ccbb9189104c79d7ec3a81e14577add
Status: Downloaded newer image for nginx:latest
docker.io/library/nginx:latest
```

图 1-14   Nginx 下载成功

当需要下载版本标签是 stable-perl 特定版本的 Nginx 镜像时,可执行的命令如下:

```
sudo docker pull nginx:stable-perl
```

3. 查看本地镜像

查看本地已下载的镜像,命令如下:

```
sudo docker images [OPTIONS] [REPOSITORY[:TAG]]
# 或者
sudo docker image ls [OPTIONS] [REPOSITORY[:TAG]]
```

docker images 命令中的 OPTIONS 可选参数见表 1-4。

表 1-4　docker images 命令中的 OPTIONS 可选参数

参　数	功 能 说 明
-a, --all	列出本地所有镜像
-q, --quiet	只显示镜像 ID
f, --filter	按照给定的条件进行过滤
--digests	显示镜像的摘要信息
--format	自定义输出格式
--no-trunc	显示镜像的完整 IO 信息

在默认情况下,不输入任何选项参数,命令执行后显示本地已存在的所有镜像如图 1-15 所示。

```
user01@node01:~$ sudo docker images
REPOSITORY    TAG             IMAGE ID        CREATED          SIZE
nginx         stable-perl     9d186acf3ba4    2 weeks ago      236MB
nginx         latest          5ef79149e0ec    2 weeks ago      188MB
httpd         alpine          28e567224c2c    6 weeks ago      62.9MB
busybox       latest          65ad0d468eb1    15 months ago    4.26MB
user01@node01:~$ sudo docker image ls
REPOSITORY    TAG             IMAGE ID        CREATED          SIZE
nginx         latest          5ef79149e0ec    2 weeks ago      188MB
nginx         stable-perl     9d186acf3ba4    2 weeks ago      236MB
httpd         alpine          28e567224c2c    6 weeks ago      62.9MB
busybox       latest          65ad0d468eb1    15 months ago    4.26MB
```

图 1-15　查看本地镜像

其中 REPOSITORY 表示镜像的仓库源;TAG 表示镜像的标签,latest 是指当前最新版本;IMAGE ID 表示镜像的 ID,是唯一值;CREATED 表示镜像创建的时间;SIZE 表示镜像的大小。

4. 镜像上传

在默认情况下,镜像仓库指的是 Docker 官方镜像仓库,命令如下:

```
docker push [OPTIONS] NAME[:TAG]
```

docker push 命令中的 OPTIONS 可选参数见表 1-5。

表 1-5 docker push 命令中的 OPTIONS 可选参数

参　　数	功　能　说　明
-a，--all-tags	上传包含所有标签的指定镜像
--disable-content-trust	忽略镜像验证
-q，--quiet	静默传输

将镜像上传至镜像仓库,镜像就具有了备份和可以分享的特性,例如将本地个性化定制镜像 mynginx:v1 上传至镜像仓库,命令如下:

```
#myapps 是用户在 Docker Hub 上自定义的镜像仓库名称
sudo docker push myapps/mynginx:v1
```

5. 修改镜像标签

为了区分同一镜像的不同版本,需要为每个不同的镜像版本添加标签(tag),命令如下:

```
docker tag SOURCE_IMAGE[:TAG] TARGET_IMAGE[:TAG]
```

例如将本地 Nginx 镜像标签设置为 nginx:v1,命令如下:

```
sudo docker tag nginx nginx:v1
```

命令执行的过程如图 1-16 所示。

```
user01@node01:~$ sudo docker tag nginx nginx:v1
user01@node01:~$ sudo docker image ls nginx
REPOSITORY     TAG          IMAGE ID        CREATED       SIZE
nginx          latest       5ef79149e0ec    2 weeks ago   188MB
nginx          v1           5ef79149e0ec    2 weeks ago   188MB
nginx          stable-perl  9d186acf3ba4    2 weeks ago   236MB
```

图 1-16 修改 Nginx 镜像的标签

6. 删除镜像

定期删除失效镜像是运维工作的重要内容之一,不仅可以提升资源的利用率,还可以有效地减少人为事故的发生,命令如下:

```
docker rmi [OPTIONS] IMAGE [IMAGE...]
```

docker rmi 命令中的 OPTIONS 可选参数见表 1-6。

表 1-6 docker rmi 命令中的 OPTIONS 可选参数

参　　数	功　能　说　明
-f，--force	强制删除镜像,一般情况下不建议使用该参数
--no-prune	不移除该镜像的过程镜像,默认移除

如果本地镜像 nginx:v1 确认需要删除,则可执行的命令如下:

```
sudo docker rmi nginx:v1
```

命令执行的过程如图 1-17 所示。

```
user01@node01:~$ sudo docker rmi nginx:v1
Untagged: nginx:v1
user01@node01:~$ sudo docker images
REPOSITORY      TAG            IMAGE ID         CREATED          SIZE
nginx           stable-perl    9d186acf3ba4     2 weeks ago      236MB
nginx           latest         5ef79149e0ec     2 weeks ago      188MB
httpd           alpine         28e567224c2c     6 weeks ago      62.9MB
busybox         latest         65ad0d468eb1     15 months ago    4.26MB
```

图 1-17 删除镜像 nginx:v1

7. 备份镜像

将镜像推送至镜像仓库,可以视为在线备份,在实际应用过程中往往还会采用离线的方式备份镜像,命令如下:

```
docker save [OPTIONS] IMAGE [IMAGE...]
```

docker save 命令中的 OPTIONS 可选参数见表 1-7。

表 1-7 docker save 命令中的 OPTIONS 可选参数

参　　数	功　能　说　明
-o, --output	输出的文件

将 nginx:v1 镜像备份至当前目录,命令如下:

```
# nginx:v1 镜像备份后的文件名称为 image - nginx - bak20240831.tar
sudo docker save - o image - nginx - bak20240831.tar nginx:v1
```

命令执行的过程如图 1-18 所示。

```
user01@node01:~$ sudo docker save -o image-nginx-bak20240831.tar nginx:v1
user01@node01:~$ ls
image-nginx-bak20240831.tar
```

图 1-18 备份 Nginx 镜像

镜像备份后就可以像普通文件一样根据需要进行分享或传输了。

8. 还原镜像

如果需要启用某个镜像的备份,则可以直接从备份文件中还原,命令如下:

```
docker load [OPTIONS]
```

docker load 命令中的 OPTIONS 可选参数见表 1-8。

表 1-8 docker load 命令中的 OPTIONS 可选参数

参　　数	功　能　说　明
-i, --input	指定读取的 tar 文件
-q, --quiet	精简输出信息

在 Docker 服务器上还原 nginx:v1 镜像,命令如下:

```
sudo docker load -i image-nginx-bak20240831.tar
```

命令执行的过程如图 1-19 所示。

```
user01@node01:~$ sudo docker images
REPOSITORY     TAG       IMAGE ID       CREATED         SIZE
busybox        latest    65ad0d468eb1   15 months ago   4.26MB
user01@node01:~$ sudo docker load -i image-nginx-bak20240831.tar
72db5db515fd: Loading layer [=========================================>]   114MB/114MB
8b87c0c66524: Loading layer [=========================================>]   3.584kB/3.584kB
ec1a2ca4ac87: Loading layer [=========================================>]   4.608kB/4.608kB
55e54df86207: Loading layer [=========================================>]   2.56kB/2.56kB
f4f00eaedec7: Loading layer [=========================================>]   5.12kB/5.12kB
5f0272c6e96d: Loading layer [=========================================>]   7.168kB/7.168kB
Loaded image: nginx:v1
user01@node01:~$ sudo docker images
REPOSITORY     TAG       IMAGE ID       CREATED         SIZE
nginx          v1        5ef79149e0ec   2 weeks ago     188MB
busybox        latest    65ad0d468eb1   15 months ago   4.26MB
```

图 1-19　还原镜像 nginx:v1

注意:在默认情况下执行 docker search、docker pull、docker push、docker login 等操作命令,均指访问 Docker 官方镜像仓库,用户自己也可以自定义镜像仓库地址。当使用 docker push 命令上传镜像仓库时,出于安全认证方面的要求,一般情况下需要先登录镜像仓库,然后进行镜像上传。在镜像标识时,默认标签值是 latest,可以省略,即镜像 nginx 与镜像 nginx:latest 是相同的。

1.2.3　Docker 容器管理

Docker 容器是基于镜像启动运行的,为了保证每个容器都有属于自己独立的网络、进程和文件系统等,Docker 容器使用 Linux 命名空间(Namespace)将系统资源隔离在不同的容器中,实现了在同一宿主机上共享同一个内核。同时为了实现对进程资源的细颗粒度控制与监控,还采用了控制组(Cgroup)技术,它允许 Docker 限制、记录和隔离容器所使用的物理资源(例如 CPU、内存、磁盘 I/O 等),通过这种手段可以确保容器不会过多地消耗系统资源,进而影响宿主机或其他容器的性能。Docker 容器管理是对容器生命周期的管理,例如容器创建、容器停止、容器重启、容器删除等与生命周期相关的一系列操作。下面的命令演示将带领大家熟悉并掌握容器生命周期管理的全过程。

1. 创建容器

创建容器有两个不同的命令,它们分别是 docker create 和 docker run。接下来分别使用这两个命令创建基于 Nginx 镜像的容器,首先使用 docker create 命令创建容器,命令如下:

```
docker create [OPTIONS] IMAGE [COMMAND] [ARG...]
```

docker create 命令中的 OPTIONS 可选参数见表 1-9。

表1-9　docker create 命令中的 OPTIONS 可选参数

参　　数	功 能 说 明
--cpu-shares	设置共享 CPU 的权重值
--env	设置容器环境变量
--expose	开放一个或一组端口
--hostname	设置容器名称（会写入/etc/hosts 文件内）
-i, --interactive	保持标准输入打开，默认值为 false，通常情况下与-t 组合使用
--link	将链接添加到其他容器
--memory	设置容器内存限制
--mount	将文件系统挂载至容器
--name	设置容器名称
--network	设置链接容器的网络
--privileged	赋予容器可扩展的权限
--publish	设置容器与宿主机的端口映射
--publish-all	映射容器所有端口
--restart	设置容器的启动策略，其主要参数包括 no（默认值）、on-failure（最大失败次数）、always、unless-stopped 等
-t, --tty	是否分配伪终端，默认值为 false
-v --volume	挂载数据卷

创建容器的命令如下：

```
sudo docker create – it – p 80:80 nginx
```

命令执行的过程如图 1-20 所示。

```
user01@node01:~$ sudo docker create -it -p 80:80 nginx
42cd4cca297ad828bc81175bd8eca0034e3563c3aaa246293d51a3ec7d8d7f45
```

图 1-20　docker create 命令创建容器

此时，可以查看刚刚创建的容器状态如图 1-21 所示。

```
user01@node01:~$ sudo docker ps -a
CONTAINER ID   IMAGE     COMMAND              CREATED          STATUS     PORTS     NAMES
42cd4cca297a   nginx     "/docker-entrypoint.…"   10 seconds ago   Created               naughty_proskuriakova
```

图 1-21　容器状态

docker ps 命令可以查看当前宿主机上的容器状态，其中-a 参数表示查看所有容器状态，例如停止、运行、失败、创建等状态。此时容器处于已创建完成状态但未运行，可以执行容器启动命令让容器运行起来，并使用 docker ps 命令查看此时容器的状态，命令如下：

```
# 容器 ID 与容器名称是一一对应的关系，并且唯一
sudo docker start 42cd4cca297a
```

命令执行的过程如图 1-22 所示。

其次，使用 docker run 命令创建容器，命令如下：

```
user01@node01:~$ sudo docker start 42cd4cca297a
42cd4cca297a
user01@node01:~$ sudo docker ps -a
CONTAINER ID   IMAGE    COMMAND             CREATED          STATUS           PORTS                                    NAMES
42cd4cca297a   nginx    "/docker-entrypoint…"   About an hour ago   Up 12 seconds    0.0.0.0:80->80/tcp, :::80->80/tcp        naughty_proskuriakova
```

图 1-22　启动容器并查看容器状态

```
docker run [OPTIONS] IMAGE [COMMAND] [ARG...]
```

docker run 命令中的 OPTIONS 可选参数见表 1-10。

表 1-10　docker run 命令中的 OPTIONS 可选参数

参　　数	功　能　说　明
--cpu-shares	设置共享 CPU 的权重值
--env	设置容器环境变量
--expose	开放一个或一组端口
-d --detach	后台运行容器并显示容器 ID
--hostname	设置容器名称(会写入/etc/hosts 文件内)
-i，--interactive	保持标准输入打开,默认值为 false。通常情况下与-t 组合使用
--link	将链接添加到其他容器
--memory	设置容器内存限制
--mount	将文件系统挂载至容器
--name	设置容器名称
--network	设置链接容器的网络
--privileged	赋予容器可扩展的权限
--publish	设置容器与宿主机的端口映射
--publish-all	映射容器所有端口
--restart	设置容器的启动策略,其主要参数包括 no(默认值)、on-failure(最大失败次数)、always、unless-stopped 等
-t，--tty	是否分配伪终端,默认值为 false
-v --volume	挂载数据卷

基于 Nginx 镜像创建容器 web01,命令如下:

```
sudo docker run - it - d -- name web01 - p 8080:80 nginx
```

命令执行的过程及容器状态如图 1-23 所示。

```
user01@node01:~$ sudo docker run -it -d --name web01 -p 8080:80 nginx
6deacb36ba88156b2f2df4e3a258c6f3ffb70dad369a05a5b6a45df1b731bf96
user01@node01:~$ sudo docker ps -a
CONTAINER ID   IMAGE    COMMAND             CREATED         STATUS          PORTS                                    NAMES
6deacb36ba88   nginx    "/docker-entrypoint…"   6 seconds ago   Up 5 seconds    0.0.0.0:8080->80/tcp, :::8080->80/tcp    web01
42cd4cca297a   nginx    "/docker-entrypoint…"   2 hours ago     Up 45 minutes   0.0.0.0:80->80/tcp, :::80->80/tcp        naughty_proskuriakova
```

图 1-23　docker run 命令运行结果

从命令执行后的容器状态可以发现,当 docker create 命令执行后容器状态为 Created,而 docker run 命令执行后容器状态为 Up,即 docker run 命令的特点是创建容器并且启动容器。

最后,当执行 docker create 或 docker run 命令时,如果本地没有与之适配的镜像,则容器是否能够被创建、启动? 验证命令如下:

```
# 查看本地镜像
sudo docker images
```

```
♯基于 httpd:alpine 镜像创建容器 test01
sudo docker create – it –– name test01 httpd:alpine
♯基于 busybox 镜像创建并运行容器 test02
sudo docker run – it – d –– name test02 busybox
♯查看本地镜像
sudo docker images
♯查看容器状态
sudo docker ps – a
```

命令执行的过程如图 1-24 所示。

```
user01@node01:~$ sudo docker images
REPOSITORY   TAG        IMAGE ID   CREATED   SIZE
user01@node01:~$ sudo docker create -it --name test01 httpd:alpine
Unable to find image 'httpd:alpine' locally
alpine: Pulling from library/httpd
c6a83fedfae6: Pull complete
bbe919991dd6: Pull complete
a90fe20396e5: Pull complete
4f4fb700ef54: Pull complete
9a81e64d2320: Pull complete
96e5c634e34d: Pull complete
882a7e68a8e1: Pull complete
Digest: sha256:741553a657df26d0adb4e6403c0da1700fbb0dd4e0544a8e01eeea3e7a4c592b
Status: Downloaded newer image for httpd:alpine
2c5fc793d5c295ff0f9007c570f9c144dd8cb47ec8030424339e62f92afaaf86
user01@node01:~$ sudo docker run -it -d --name test02 busybox
Unable to find image 'busybox:latest' locally
latest: Pulling from library/busybox
3d1a87f2317d: Pull complete
Digest: sha256:82742949a3709938cbeb9cec79f5eaf3e48b255389f2dcedf2de29ef96fd841c
Status: Downloaded newer image for busybox:latest
d279b58ab4d5fa4cda1060137eb7d634ca9097983a1fa7653d4000f49f3358a7
user01@node01:~$ sudo docker images
REPOSITORY   TAG        IMAGE ID      CREATED         SIZE
httpd        alpine     28e567224c2c  6 weeks ago     62.9MB
busybox      latest     87ff76f62d36  15 months ago   4.26MB
user01@node01:~$
user01@node01:~$ sudo docker ps -a
CONTAINER ID   IMAGE          COMMAND              CREATED         STATUS         PORTS      NAMES
d279b58ab4d5   busybox        "sh"                 3 minutes ago   Up 3 minutes              test02
2c5fc793d5c2   httpd:alpine   "httpd-foreground"   3 minutes ago   Created                   test01
```

图 1-24　本地无镜像表示创建容器

从命令执行后的信息可以看到,当创建容器时系统首先会查找本地是否有与之适配的镜像,如果有就立即启用该镜像,如果没有,则先从镜像仓库中下载与之适配的镜像,然后基于该镜像启动容器。以 docker run 为例,命令执行后的工作流程如图 1-25 所示。

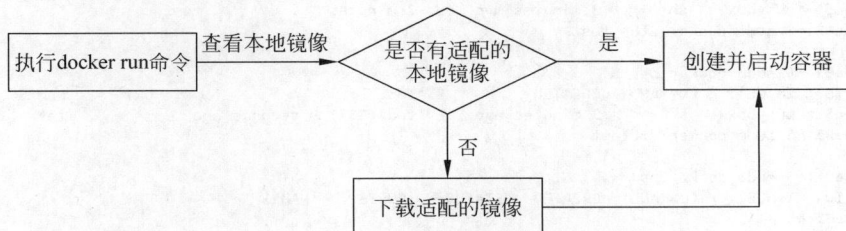

图 1-25　docker run 工作流程

注意：在容器创建时,如果没有使用参数--name设置容器名称,则系统会自动随机生成一个唯一的容器名称。如果需要暴露端口,则特别需要注意端口是唯一的,不能冲突,否则会导致容器启动失败。

2. 容器其他状态管理

容器的生命周期管理除了容器创建,还包含容器启动、停止、挂起、重启、删除等操作,命令如下:

```
#基于镜像 busybox 创建容器 test
sudo docker create - it -- name test busybox
#查看容器状态
sudo docker ps - a
#启动容器 test
sudo docker start test
#挂起容器 test
sudo docker pause test
#恢复容器 test
sudo docker unpause test
#停止容器 test
sudo docker stop test
#删除容器 test
sudo docker rm test
```

命令执行的过程如图 1-26 所示。

```
user01@node01:~$ sudo docker create -it --name test busybox
8ce7c1810ec58b7e89b551a8e92481aba67b30a697b72aa6e37d6d3b9d596d6b
user01@node01:~$ sudo docker ps -a
CONTAINER ID   IMAGE      COMMAND      CREATED          STATUS      PORTS      NAMES
8ce7c1810ec5   busybox    "sh"         5 seconds ago    Created                test
user01@node01:~$ sudo docker start test
test
user01@node01:~$ sudo docker ps -a
CONTAINER ID   IMAGE      COMMAND      CREATED          STATUS         PORTS      NAMES
8ce7c1810ec5   busybox    "sh"         27 seconds ago   Up 7 seconds              test
user01@node01:~$ sudo docker pause test
test
user01@node01:~$ sudo docker ps -a
CONTAINER ID   IMAGE      COMMAND      CREATED          STATUS                  PORTS      NAMES
8ce7c1810ec5   busybox    "sh"         2 minutes ago    Up 2 minutes (Paused)              test
user01@node01:~$ sudo docker unpause test
test
user01@node01:~$ sudo docker ps -a
CONTAINER ID   IMAGE      COMMAND      CREATED          STATUS         PORTS      NAMES
8ce7c1810ec5   busybox    "sh"         3 minutes ago    Up 2 minutes              test
user01@node01:~$ sudo docker stop test
test
user01@node01:~$ sudo docker ps -a
CONTAINER ID   IMAGE      COMMAND      CREATED          STATUS                    PORTS      NAMES
8ce7c1810ec5   busybox    "sh"         3 minutes ago    Exited (137) 9 seconds ago           test
user01@node01:~$ sudo docker rm test
test
user01@node01:~$ sudo docker ps -a
CONTAINER ID   IMAGE      COMMAND      CREATED     STATUS     PORTS      NAMES
user01@node01:~$
```

图 1-26　容器生命管理命令

注意：在学习容器生命周期管理命令时，建议命令输入后使用 docker ps 命令查看其容器状态，以便于加深对命令功能的理解。

3. 登录与退出容器

在容器管理过程中，还有一个重要的环节就是可以登录容器，命令如下：

```
docker exec [OPTIONS] CONTAINER COMMAND [ARG...]
```

docker exec 命令中的 OPTIONS 可选参数见表 1-11。

表 1-11　docker exec 命令中的 OPTIONS 可选参数

参　　数	功　能　说　明
-d, --detach	分离模式，命令会在后台运行
-e, --env	设置环境变量
-i, --interactive	保持标准输入（STDIN）打开
-t, --tty	分配一个伪终端
-u, --user	设置用户名或 UID
-w, --workdir	设置容器内的工作目录

首先，基于镜像 busybox 创建并生成容器 bx01，命令如下：

```
sudo docker run - it - d -- name bx01 busybox
```

其次，查看容器 bx01 的状态，确保容器处于运行状态，命令如下：

```
sudo docker ps - a
```

最后，可以登录容器 bx01，命令如下：

```
sudo docker exec - it bx01 /bin/sh
```

登录成功后会出现 Shell 命令行提示符，此时可以输入 ip addr、ifconfig、hostname 等命令，如图 1-27 所示。

```
user01@node01:~$ sudo docker exec -it bx01 /bin/sh
/ # ip addr
1: lo: <LOOPBACK,UP,LOWER_UP> mtu 65536 qdisc noqueue qlen 1000
    link/loopback 00:00:00:00:00:00 brd 00:00:00:00:00:00
    inet 127.0.0.1/8 scope host lo
       valid_lft forever preferred_lft forever
    inet6 ::1/128 scope host
       valid_lft forever preferred_lft forever
13: eth0@if14: <BROADCAST,MULTICAST,UP,LOWER_UP,M-DOWN> mtu 1500 qdisc noqueue
    link/ether 02:42:ac:11:00:02 brd ff:ff:ff:ff:ff:ff
    inet 172.17.0.2/16 brd 172.17.255.255 scope global eth0
       valid_lft forever preferred_lft forever
/ # hostname
b4c617ff708a
/ #
```

图 1-27　登录容器 bx01

如果要退出容器,则只需执行 exit 命令。

4. 容器与宿主机之间的文件传输

随着对 Docker 基础命令学习的深入,在很多场景下需要在容器和宿主机之间进行数据传输。传输的方式多种多样,其中最快捷的方式是使用 Docker 命令进行数据的双向传输。

首先,在当前用户目录下创建测试文件 index.html,代码如下:

```
<!DOCTYPE html>
<html>
    <head>
        <meta charset = "utf - 8">
        <title>测试</title>
    </head>
    <body>
        <h1>测试 docker cp 命令!</h1>
    </body>
</html>
```

其次,基于 httpd:alpine 镜像启动并运行容器 test,命令如下:

```
sudo docker run - it - d - p 80:80 -- name test httpd:alpine
```

再次,执行复制命令,将 index.html 文件传输至容器 test 内的指定目录/usr/local/apache2/htdocs/ 下,命令如下:

```
sudo docker cp index.html test:/usr/local/apache2/htdocs/
```

命令执行后如果显示 Successfully 关键字,则表明文件传输成功。当然也可以登录容器 test 进行查询,命令如下:

```
#登录容器 test
sudo docker exec - it test /bin/sh
#查询文件
cat /usr/local/apache2/htdocs/index.html
```

与传输前的文件进行比对,如果文件相同,则表明文件传输成功。

最后,当需要将容器内的文件传输至宿主机时,只需在 docker cp 主命令后紧跟容器内的路径。例如,将容器 test 内的/usr/local/apache2/htdocs/index.html 文件传输至宿主机/tmp 目录,命令如下:

```
sudo docker cp test:/usr/local/apache2/htdocs/index.html /tmp
```

同样,命令执行后如果显示 Successfully 关键字,则表明文件传输成功,也可以通过对比文件内容或使用命令 md5sum 对比文件的 md5 校验码,如果数据相同,则表明文件一致。

1.2.4 Docker 资源管理

Docker 对资源的管理主要是基于 Linux 内核的控制组和命名空间技术,它们有着不同的技术特性。控制组是通过将一组进程绑定到一个控制组中,并对该进程组的资源使用情况进行限制和控制,例如容器所需的 CPU、内存、存储、网络等资源。它最大的特性是通过对系统资源的分割管理,实现了宿主机对容器资源更为精细的管理和控制,从而确保了在同一宿主机上能够稳定运行多个容器而不被互相影响。而命名空间技术则是对系统资源的封装隔离,使处于不同命名空间的进程拥有独立的系统资源,从而实现了限制一个命名空间中的资源使用量只会影响当前命名空间内的进程,而其他命名空间内的进程不受影响。在实际的容器技术应用中,控制组和命名空间经常被同时使用,共同实现对容器资源的隔离和精细化管理。下面将通过示例展示 Docker 对资源的管理,例如典型的容器内存配额和 CPU 配额。

在实际应用中,为了保证同一宿主机上运行的容器都可以稳定地运行,往往会对不同的应用容器做出相关资源需求的限制,而对内存和 CPU 的限制最常用。例如,基于镜像 busybox 创建并运行容器 mem,将该容器的内存配额配置为 256MB,内存与交换分区的最大值为 512MB,命令如下:

```
sudo docker run – it – d – – name mem – m 256m – – memory – swap = 512m busybox
```

命令执行完成后,可以通过查看容器信息确认配置生效,命令如下:

```
sudo docker inspect mem | grep Memory
```

命令执行的过程如图 1-28 所示。

```
user01@node01:~$ sudo docker ps -a
CONTAINER ID    IMAGE       COMMAND     CREATED         STATUS          PORTS       NAMES
74267ebb5480    busybox     "sh"        6 minutes ago   Up 6 minutes                mem
user01@node01:~$ sudo docker inspect mem | grep Memory
            "Memory": 268435456,
            "MemoryReservation": 0,
            "MemorySwap": 536870912,
            "MemorySwappiness": null,
```

图 1-28　配置容器内存-交换分区大小

在实际工作中还经常遇到同时有多个容器在运行的情况,部分容器应用属于计算密集型,而另一部分容器应用属于轻量级计算型。在这种情况下,可以通过参数--cpu-shares 配置不同容器的权重比,从而实现资源的有效利用。容器的权重值越大,表明该容器可以获得越多的 CPU 资源,默认的权重值是 1024,一般情况下设置的权重值是 1024 的倍数。例如,基于 busybox 镜像分别创建 share01、share02 容器,并且 share01 获取的 CPU 资源是 share02 的两倍,命令如下:

```
sudo docker run – it – d – – name share01 – – cpu – shares 2048 busybox
sudo docker run – it – d – – name share02 – – cpu – shares 1048 busybox
```

容器成功运行后,可以通过以下命令查看配置生效情况,命令如下:

```
sudo docker inspect share01 | grep CpuShares
sudo docker inspect share02 | grep CpuShares
```

命令执行的过程如图 1-29 所示。

```
user01@node01:~$ sudo docker inspect share01 | grep CpuShares
            "CpuShares": 2048,
user01@node01:~$ sudo docker inspect share02 | grep CpuShares
            "CpuShares": 1048,
```

图 1-29　配置容器 CPU 权重

注意：--cpu-shares 参数需要至少两个或两个以上数量的容器运行时才有作用,如果宿主机上只运行了一个容器,即使设置了权重,由于无其他高权重值的容器参与资源竞争,容器资源配额也是不受限制的。

1.2.5　Docker 命令综合运用实战

在企业基于 Docker 技术开发应用的过程中,通常会在其内部测试环境进行先期测试。这就首先需要一个稳定的 Docker 应用运行环境,通过 Docker 命令进行 Docker 容器全生命周期管理,在这一过程中,需要确认 Docker 服务处于启动状态,并且需要设置为自动,同时通过基于 alpine 镜像创建测试容器 alpine01 完成 Docker 基础功能的验证,例如 Docker 容器生命周期管理、数据传输等,详细命令如下：

```
#确认 Docker 服务状态
sudo systemctl status docker
#确认 Docker 服务开机自启动
sudo systemctl is-enabled docker
```

上述命令执行后,如果输出的信息如图 1-30 所示,则表明 Docker 服务配置满足测试的基本前提条件。

```
user01@node01:~$ sudo systemctl status docker
● docker.service - Docker Application Container Engine
     Loaded: loaded (/lib/systemd/system/docker.service; enabled; vendor preset: enabled)
     Active: active (running) since Wed 2024-09-04 06:13:05 UTC; 12min ago
TriggeredBy: ● docker.socket
       Docs: https://docs.docker.com
   Main PID: 53609 (dockerd)
      Tasks: 8
     Memory: 21.8M
        CPU: 458ms
     CGroup: /system.slice/docker.service
             └─53609 /usr/bin/dockerd -H fd:// --containerd=/run/containerd/containerd.sock

Sep 04 06:13:03 node01 dockerd[53609]: time="2024-09-04T06:13:03.926458147Z" level=info msg="Starting up"
Sep 04 06:13:03 node01 dockerd[53609]: time="2024-09-04T06:13:03.929096350Z" level=info msg="detected 127.0.0.53 nameserver, assuming systemd-re
Sep 04 06:13:03 node01 dockerd[53609]: time="2024-09-04T06:13:03.985126826Z" level=info msg="[graphdriver] using prior storage driver: overlay2"
Sep 04 06:13:04 node01 dockerd[53609]: time="2024-09-04T06:13:04.006451812Z" level=info msg="Loading containers: start."
Sep 04 06:13:05 node01 dockerd[53609]: time="2024-09-04T06:13:05.310259076Z" level=info msg="Default bridge (docker0) is assigned with an IP add
Sep 04 06:13:05 node01 dockerd[53609]: time="2024-09-04T06:13:05.434994920Z" level=info msg="Loading containers: done."
Sep 04 06:13:05 node01 dockerd[53609]: time="2024-09-04T06:13:05.461775710Z" level=info msg="Docker daemon" commit=cc13f95 containerd-snapshotte
Sep 04 06:13:05 node01 dockerd[53609]: time="2024-09-04T06:13:05.462043564Z" level=info msg="Daemon has completed initialization"
Sep 04 06:13:05 node01 systemd[1]: Started Docker Application Container Engine.
Sep 04 06:13:05 node01 dockerd[53609]: time="2024-09-04T06:13:05.504855292Z" level=info msg="API listen on /run/docker.sock"

user01@node01:~$ sudo systemctl is-enabled docker
enabled
```

图 1-30　查看 Docker 服务状态

接着,创建 alpine01 容器对容器生命周期管理功能与数据传输功能进行测试,命令如下:

```
＃创建并运行容器 alpine01
sudo docker run - it - d -- name alpine01 alpine
＃创建测试文件 test.txt
echo "test docker cp" > test.txt
＃宿主机与容器 apline01 数据传输
sudo docker cp test.txt alpine01:/tmp/
＃查看传输结果
sudo docker exec - it alpine01 sh - c "ls /tmp/;cat /tmp/test.txt"
＃停止并删除容器 alpine01
sudo docker stop alpine01
sudo docker rm alpine01
```

上述命令执行过程及信息输出,如图 1-31 所示。

```
user01@node01:~$ sudo docker run -it -d --name alpine01 alpine
afa508bb62baac854f8f6b15deaff7ea52be0bee78dfe54e8750546b66afc031
user01@node01:~$ echo "test docker cp" > test.txt
user01@node01:~$ sudo docker cp test.txt alpine01:/tmp/
Successfully copied 2.05kB to alpine01:/tmp/
user01@node01:~$ sudo docker exec -it alpine01 sh -c "ls /tmp/;cat /tmp/test.txt"
test.txt
test docker cp
user01@node01:~$ sudo docker stop alpine01
alpine01
user01@node01:~$ sudo docker rm alpine01
alpine01
user01@node01:~$ sudo docker ps -a
CONTAINER ID   IMAGE    COMMAND   CREATED   STATUS   PORTS   NAMES
```

图 1-31 容器管理与数据传输

其次,容器需要具备自启动功能,即除非容器被手动停止,否则一直保持运行状态,即使 Docker 服务重启或者宿主机重启。继续以镜像 alpine 为基础,创建并运行容器 alpine02 进行功能验证,命令如下:

```
＃以镜像 alpine 为基础,创建并运行容器 alpine02
sudo docker run - it - d -- name alpine02 -- restart = always alpine
＃查看容器 alpine02 的状态
sudo docker ps - a
＃重启 Docker 服务后再次查看容器 alpine02 的状态
sudo systemctl stop docker
sudo systemctl start docker
sudo docker ps - a
```

上述命名的执行过程和信息输出如图 1-32 所示。

再次,需要通过限制部分应用容器的内存值,测试当前环境对应用参数的响应,继续以镜像 alpine 为基础,创建并运行容器 alpine03 进行功能测试,命令如下:

```
user01@node01:~$ sudo docker run -it -d --name alpine02 --restart=always alpine
eab0c3e708ec17338a3581804ef5ed19391babd9effd8e3508cdccf0c0d35ad8
user01@node01:~$ sudo docker ps -a
CONTAINER ID    IMAGE       COMMAND        CREATED         STATUS           PORTS        NAMES
eab0c3e708ec    alpine      "/bin/sh"      12 seconds ago  Up 11 seconds                 alpine02
user01@node01:~$ sudo systemctl stop docker
Warning: Stopping docker.service, but it can still be activated by:
  docker.socket
user01@node01:~$ sudo systemctl start docker
user01@node01:~$ sudo docker ps -a
CONTAINER ID    IMAGE       COMMAND        CREATED            STATUS           PORTS       NAMES
eab0c3e708ec    alpine      "/bin/sh"      About a minute ago Up 16 seconds                alpine02
```

图 1-32　设置容器自启动

```
# 创建容器 alpine03,内存的最大值为 512MB,交换分区可以使用 512MB
sudo docker run - it - d -- name alpine03 - m 512m -- memory - swap = 1g alpine
# 查看内存限制
sudo docker stats alpine03
```

命令执行后,配置生效如图 1-33 所示。

```
CONTAINER ID    NAME       CPU %     MEM USAGE / LIMIT    MEM %    NET I/O        BLOCK I/O    PIDS
587c2703fd79    alpine03   0.00%     916KiB / 512MiB      0.17%    1.01kB / 0B    0B / 0B      1
```

图 1-33　限制容器内存

注意:在默认情况下,如果对内存不进行限制,则容器可以使用当前宿主机所有的内存和交换分区。当需要限制容器使用交换分区(swap)的大小时,则必须与限制内存的参数一起使用,例如 -m 512m --memory-swap＝1g 联合使用。

最后,由于当前应用的多样性和复杂性,对应用容器 CPU 资源的使用量进行限制是非常有必要的,避免在实际应用过程中,个别容器超负荷,以及长时间占用 CPU 资源。通常情况下使用测试工具 stress 进行压力测试,为此可以基于 Ubuntu 镜像运行设置了 CPU 限额的容器 ub01 和 ub02,并且分别在容器内安装 stress 软件包后执行压力测试命令,命令如下:

```
# 创建容器设置 CPU 配额的容器 ub01 和 ub02
sudo docker run - itd -- name ub01 -- cpu - shares 1024 Ubuntu
sudo docker run - itd -- name ub02 -- cpu - shares 2048 Ubuntu
# 分别登录容器 ub01 和 ub02 安装 stress 工具包(以容器 ub01 为例,容器 ub02 执行相同的操作)
sudo docker exec - it ub01 /bin/bash
# 登录成功后安装 stress 工具包(以容器 ub01 为例,容器 ub02 执行相同的操作)
apt update
apt install stress
```

工具包软件 stress 部署完成,分别对容器 ub01 和 ub02 进行压力测试,命令如下:

```
sudo docker exec - it ub01 /bin/bash - c "stress - c 4" &
sudo docker exec - it ub02 /bin/bash - c "stress - c 4" &
sudo docker stats
```

通过查看容器 ub01、ub02 的容器状态信息,可以很清晰地发现在同一宿主机环境下,容器 ub02 获得的 CPU 资源几乎是 ub01 的两倍,如图 1-34 所示。

```
CONTAINER ID   NAME    CPU %     MEM USAGE / LIMIT    MEM %   NET I/O     BLOCK I/O   PIDS
74df12dd3620   ub02    212.49%   1.977MiB / 1.883GiB  0.10%   1.01kB / 0B  0B / 0B     6
6151c85c1ef7   ub01    105.86%   1.926MiB / 1.883GiB  0.10%   1.01kB / 0B  0B / 0B     6
```

图 1-34 容器 CPU 使用率对比

注意: 命令 stress -c 4 表示生成 4 个工作线程,并且每个线程将尽可能多地消耗 CPU 资源。

至此,企业 Docker 应用开发所需的最基本的环境功能测试便完成了。

1.3 构建镜像

随着微服务架构的进一步发展,应用组件也随之增加,这就需要更多的具有个性化的镜像。制作与之对应的个性化镜像的过程称为构建镜像,即对应用或组件所需的环境进行封装的过程。它确保了应用在不同环境中的一致性和可靠性,是云原生技术中的核心。

1.3.1 构建镜像的典型方案介绍

在云原生领域内,构建镜像最典型的方案分别是采用 Dockerfile 文件和使用 docker commit 命令,在实际应用过程中,推荐使用 Dockerfile 的方式构建镜像。

1. Dockerfile 文件是什么

Dockerfile 是一种被 Docker 程序解释的脚本,它是一个文本文件,其中包含一系列指令和说明,它可以用这些指令自动地构建 Docker 镜像,例如执行安装软件、配置环境变量、下载文件等相关操作,从而可以快速地生成个性化的自定义 Docker 镜像。

2. Dockerfile 的优势

Dockerfile 文件由于采用的是文本格式,所以不仅易于编写和维护,还可以在不同的 Docker 主机上使用,这就使开发人员可以轻松地在开发、测试和生产环境中部署应用和管理应用的依赖关系。尤其是 Dockerfile 是文本文件这一特性,使它可以存储在代码仓库中,有效地进行版本管理,避免了版本不一致的问题出现,从而实现了对 Docker 镜像的持续集成和交付。

1.3.2 Dockerfile 典型指令

Dockerfile 文件是由多条指令构成的,Dockerfile 典型指令与功能说明见表 1-12。

表 1-12　Dockerfile 典型指令与功能说明

指　　令	功　能　说　明
FROM 指令	指定构建镜像时的基础镜像,必须是可执行的第 1 条指令
LABEL 指令	在镜像中添加元数据标签信息
RUN 指令	运行镜像支持的任何指令
COPY 指令	将文件或目录复制到新构建镜像的指定路径
CMD 指令	启动容器时运行的指定指令,在 Dockerfile 文件内有且只能有一条 CMD 指令行
ADD 指令	将文件、目录或远程文件复制至新构建镜像的指定路径
ENTRYPOINT 指令	指定容器运行时的默认程序
EXPOSE 指令	指定容器运行时监控的端口,可以是 UDP 协议、TCP 协议,默认为 TCP 协议
ENV 指令	设置环境变量
WORKDIR 指令	设置工作目录
VOLUME 指令	创建挂载点,主要用于数据持久化存储

注意：CMD 指令与 ENTRYPOINT 指令的相同点都是在容器运行时才会执行,并且在 Dockerfile 文件内有且只能有一条指令,如果写了多条指令,那么只有最后一条指令生效。它们的不同点是,ENTRYPOINT 指令不会被运行的指令覆盖,而 CMD 指令则会被覆盖。

Dockerfile 文件在编写时,为了后期易于维护和管理,应遵循一定的语法规则。第 1 行指令必须是 FROM 指令,用于指定构建镜像的基础镜像,然后使用 LABEL 指令添加镜像的维护信息等,接着就可以使用其他指令,用于镜像的构建,例如使用 WORKDIR 指令设置容器内的工作目录,使用 RUN 指令安装依赖环境等,最后使用 CMD 指令指定容器启动时需要执行的命令。

注意：Dockerfile 文件应该尽量简洁,例如 RUN 指令,它每执行一次就会在原有镜像层的基础上添加一层,如果在构建镜像时使用过多的 RUN 指令,则镜像就会很臃肿,因此需要对 Dockerfile 文件内指令的使用进行优化。

下面将详细介绍 Dockerfile 中指令的语法格式及使用规范。

1. FROM 指令

FROM 指令有 3 种语法格式,命令如下：

```
#语法格式 1
FROM [--platform=<platform>] <image> [AS <name>]
#语法格式 2
FROM [--platform=<platform>] <image>[:<tag>] [AS <name>]
#语法格式 3
FROM [--platform=<platform>] <image>[@<digest>] [AS <name>]
```

注意：--platform 表示指定平台架构，例如 linux/amd64、linux/arm64 或者 windows/amd64，tag 表示指定引用镜像的标签，@digest 表示指定引用镜像的摘要。

FROM 指令所指定的基础镜像既可以是本地镜像，也可以是本地或远程镜像仓库内的镜像，如果对基础镜像的版本有要求，则需要明确镜像的标签，否则系统默认为当前最新版本，而 AS 参数则在 Dockerfile 中用于为中间镜像指定一个别名，这个别名可以在后续步骤中引用该中间镜像。典型的 FROM 指令在 Dockerfile 文件中应用的示例代码如下：

```
FROM ubuntu
#或者
FROM ubuntu:jammy
```

2. LABEL 指令

LABEL 指令用于为镜像添加元数据，这些元数据可以用键-值对的方式为镜像添加标签，以便镜像在构建、运行或分发时使用，语法格式如下：

```
LABEL <key1>=<value1> <key2>=<value2> ...
```

其中 key 表示键名称，value 表示键值。LABEL 指令在 Dockerfile 文件中的应用，示例代码如下：

```
LABEL version="1.0"
LABEL author="Mike"
```

3. RUN 指令

RUN 指令后的命令必须与指定的基础镜像相匹配，如果基础镜像是 Ubuntu 系统，则默认的软件包管理命令为 apt，如果基础镜像是 alpine 系统，则默认的软件包管理命令为 apk。RUN 指令的语法格式有两种，分别如下：

```
#语法格式 1: shell 格式
RUN <command>
#语法格式 2: exec 格式
RUN ["executable", "param1", "param2"]
```

在语法格式 1 中，<command>命令以 Shell 形式运行，Linux 默认为/bin/sh -c。

在语法格式 2 中，参数是一个 JSON 格式的数组，其中 executable 为运行的命令，param 为需要传递的参数或命令选项。

上述两种语法格式在 Dockerfile 文件中的应用，示例代码如下：

```
#语法格式 1 示例
RUN apt install apache2 -y
#语法格式 2 示例
RUN ["/bin/bash", "-c", "echo hello"]
```

由于每条 RUN 指令都会提交一个镜像层，为了使构建的镜像尽可能地最小化，通常的做法是将多条命令合并到一条 RUN 指令中执行,使用 && 连接多条命令,使用\进行分行。当使用 && 时,一旦其中任何一条命令执行失败,后续命令就不会再被执行,示例代码如下:

```
FROM ubuntu
RUN apt update && \
    apt install net - tools apache2 - y && \
    apt clean
```

4. COPY 指令

COPY 指令用于将文件或目录复制至新构建镜像的指定路径。COPY 指令的语法格式有两种,命令如下:

```
#语法格式 1
COPY [OPTIONS] < src > ... < dest >
#语法格式 2
COPY [OPTIONS] ["< src >", ... "< dest >"]
```

其中,COPY 命令中的 OPTIONS 可选项支持的参数见表 1-13。

表 1-13 COPY 命令中的 OPTIONS 可选参数

参 数	功 能 说 明
--from	在默认情况下,COPY 指令允许从镜像、构建上下文中复制文件
--chown	仅在构建 Linux 容器时起作用,用于设置文件的所属用户及所属组
--chmod	仅在构建 Linux 容器时起作用,用于设置文件的读、写、可执行等权限
--link	用于重用在镜像构建过程中生成的层,提升了镜像构建效率
< src >	表示需要复制文件或目录的源地址
< dest >	表示目的地址路径(新创建的镜像文件系统)

COPY 指令在 Dockerfile 文件中的应用,示例代码如下:

```
#将 file1.txt、file2.txt 文件复制至新构建镜像/home 目录
COPY file1.txt file2.txt /home
#将目录内所有以.txt 结尾的文件复制至新构建镜像/home 目录
COPY *.txt /home
#复制 app 目录内的所有文件及子目录
COPY app /home/app
```

注意:在使用 COPY 指令时,源文件或源目录可以使用通配符表达式,但必须满足 Go 的 filepath. Match 规则,使用 * 匹配任意字符,使用? 匹配单个字符。当原路径是目录时,COPY 指令会以递归的方式复制目录内的文件及子目录,但不会复制源目录。如果此时目的目录不存在,则在复制文件时会自动创建。

5. CMD 指令

CMD 指令用于设置容器启动时运行的指定命令,它的语法格式有 3 种,分别如下:

```
# 语法格式 1: exec 格式
CMD ["executable","param1","param2"]
# 语法格式 2: exec 格式
CMD ["param1","param2"]
# 语法格式 3: shell 格式
CMD command param1 param2
```

在语法格式 1 中,executable 为可执行文件,param1 和 param2 为参数。需要注意的是可执行文件和参数必须使用英文的双引号。

在语法格式 2 中,param1 和 param2 为 ENTRYPOINT 的指定参数。

在语法格式 3 中,执行 Shell 命令,即以 /bin/sh -c 方式执行的命令。

CMD 指令在 Dockerfile 文件中的应用,示例代码如下:

```
# 语法格式 1 示例
CMD ["nginx", "-g", "daemon off;"]
# 语法格式 3 示例
CMD echo "This is a test." | wc -c
```

注意:在使用 CMD 指令时,推荐使用 exec 格式,由于这类格式在实际执行中会被解析为 JSON 数组,因此需要使用双引号。如果 Dockerfile 文件内有多条 CMD 指令行,则只有最后一条 CMD 指令行生效。

6. ADD 指令

ADD 指令与 COPY 指令的语法格式基本一样,可以理解为在 COPY 指令的基础上增加一些功能。例如支持将压缩格式为 gzip、bzip2、xz 的压缩包直接解压到目标路径中。另外支持将网络文件复制到镜像内。CMD 指令在 Dockerfile 文件中的应用,示例代码如下:

```
# 将文件自解压至镜像指定路径
ADD app.tar.gz /home
# 将网络文件复制到镜像内
ADD http://example.com/myapp /home
# 将在 Git 仓库下载资源
ADD https://github.com/user/repo.git /myapp/
ADD git@github.com:moby/buildkit.git#v0.14.1:docs /buildkit-docs
```

注意:在实际应用中,如果源文件是远程 URL 文件,则文件被成功下载后的权限默认值为 600,如果是直接从 Git 仓库下载源文件,则被成功下载后的文件的权限默认值为 644,需要根据实际情况修改源文件的权限。同时需要注意,当使用 ADD 指令从远程 URL 获取文件时会令镜像构建缓存失效,从而可能会影响镜像的构建效率,因此 ADD 指令最适合自解压的工作场景。

7. ENTRYPOINT 指令

ENTRYPOINT 指令与 RUN 指令的格式一样,分别是 exec 格式和 shell 格式,如下所示:

```
# 语法格式 1: exec 格式
ENTRYPOINT ["executable", "param1", "param2"]
# 语法格式 2: shell 格式
ENTRYPOINT command param1 param2
```

ENTRYPOINT 指令与 CMD 指令类似,它们都用于指定容器启动时需要执行的命令。当 ENTRYPOINT 与 CMD 联合使用时,一旦指定了 ENTRYPOINT,CMD 的含义就发生了改变,不再是直接运行的命令,而是将命令的内容作为参数传递给 ENTRYPOINT 指令。ENTRYPOINT 指令在 Dockerfile 文件中的应用示例代码如下:

```
FROM ubuntu
ENTRYPOINT ["top", "-b"]
CMD ["-c"]
```

如果基于该 Dockerfile 生成的镜像为 mytest,那么基于 mytest 镜像启动容器,命令如下:

```
sudo docker run -it --name test mytest -H
```

命令执行后,如图 1-35 所示,命令会批次展示容器内运行的 top 进程。

```
user01@node01:~/Dockerfile$ sudo docker run -it --rm --name test mytest -H
top - 01:52:49 up 22 min,  0 user,  load average: 0.02, 0.06, 0.02
Threads:   1 total,   1 running,   0 sleeping,   0 stopped,   0 zombie
%Cpu(s): 10.0 us, 90.0 sy,  0.0 ni,  0.0 id,  0.0 wa,  0.0 hi,  0.0 si,  0.0 st
MiB Mem :  1927.7 total,  1119.4 free,   526.6 used,   442.9 buff/cache
MiB Swap:  2048.0 total,  2048.0 free,     0.0 used.  1401.1 avail Mem

    PID USER      PR  NI    VIRT    RES    SHR S  %CPU  %MEM     TIME- COMMAND
      1 root      20   0    8872   4664   2792 R   0.0   0.2   0:00.03 top

top - 01:52:52 up 22 min,  0 user,  load average: 0.02, 0.06, 0.02
Threads:   1 total,   1 running,   0 sleeping,   0 stopped,   0 zombie
%Cpu(s):  0.7 us,  8.0 sy,  0.0 ni, 91.4 id,  0.0 wa,  0.0 hi,  0.0 si,  0.0 st
MiB Mem :  1927.7 total,  1118.7 free,   527.3 used,   443.1 buff/cache
MiB Swap:  2048.0 total,  2048.0 free,     0.0 used.  1400.4 avail Mem

    PID USER      PR  NI    VIRT    RES    SHR S  %CPU  %MEM     TIME+ COMMAND
      1 root      20   0    8840   5036   2980 R   0.0   0.3   0:00.03 top
```

图 1-35 测试 ENTRYPOINT 指令

注意:-b 参数表示以批次的方式执行 top 命令。CMD 指令内的-c 参数表示使用 Shell 命令运行后续的命令。同时还需要注意,对于 CMD 指令指定的命令,不可以通过 Docker run 命令行实现参数传递,因为 CMD 指令的命令、参数会被 docker run 命令行参数中指定的命令、参数覆盖,而 ENTRYPOINT 指令所指定的命令、参数默认不可被 docker run 命令行参数覆盖,除非使用--entrypoint 选项。

8. EXPOSE 指令

EXPOSE 指令是指定容器运行时监听的特定网络端口,端口协议既可以是 TCP 协议,也可以是 UDP 协议,如果未指定协议类型,则默认类型为 TCP 协议。EXPOSE 指令在 Dockerfile 文件中的应用示例代码如下:

```
EXPOSE 10000/tcp
EXPOSE 10000/udp
```

在应用中,如果需要将端口 10000/tcp 暴露给其他程序或用户使用,则需要在启动容器时使用-p 参数进行映射。

注意:EXPOSE 指令只是表明在容器运行时发布了哪些端口,它实际上并不会发布端口,例如 EXPOSE 10000/tcp,表示容器运行时会发布 10000/tcp 端口,至于该端口是否处于存活状态,则由容器内相关应用程序决定。

9. ENV 指令

ENV 指令用于设置容器的环境变量,该指令的语法格式简单,命令如下:

```
EXPOSE < port > [< port >/< protocol >...]
```

在该语法中,port 为声明的端口,protocol 为协议类型。ENV 指令在 Dockerfile 文件中的应用示例代码如下:

```
ENV NAME01 = user01
ENV NAME02 = user02
```

注意:在 Dockerfile 文件中可以有多条 ENV 指令,通常情况下环境变量的值不需要使用双引号,但是如果变量值中包含空格,则可以使用双引号,或者使用转义字符\对其进行转义。

10. WORKDIR 指令

WORKDIR 指令用于为 Dockerfile 文件内的指令,如 RUN、CMD、ENTRYPOINT、COPY、ADD 等指定工作目录。它在 Dockerfile 文件中的应用示例代码如下:

```
WORKDIR /app
RUN wget http://example.com/config
```

11. VOLUME 指令

VOLUME 指令用于创建一个指定名称的挂载点,并将其标记为来自本地主机或者其

他容器的外部挂载点,主要用于实现数据的持久化存储。它在 Dockerfile 文件中的应用示例代码如下:

```
FROM ubuntu
RUN mkdir /myvolume
RUN echo "hello world" > /myvolume/test
VOLUME /myvolume
```

1.3.3 构建镜像方案实战:基于 commit 命令

在工作和学习过程中,有时需要保存当前容器的状态以便后续学习或分析问题,在这种情况下就非常适合使用 commit 命令保存当前容器状态。现通过以下案列来展示 commit 命令适用的场景及相关操作过程,例如,用户需要学习 alpine 系统的软件包管理命令,最快捷的方式是可以基于 alpine 镜像先启动容器 myalpine,然后登录容器 myalpine 进行软件包管理命令的学习,在此过程中可以尝试安装典型的 Web 应用程序 Apache http,同时也可以对 Apache http 服务进行相关配置,如果此时想保留当前的容器状态,则可以使用 commit 命令将当前的容器状态保存为镜像 myalpine:v1,当需要恢复到当前状态时,只需基于镜像 myalpine:v1 启动容器,详细的操作步骤如下。

第 1 步,基于 alpine 镜像创建并运行容器 myalpine,命令如下:

```
sudo docker run - it - d -- name myalpine alpine
```

第 2 步,登录容器 myalpine,命令如下:

```
sudo docker exec - it myalpine /bin/sh
```

第 3 步,部署 Apache http,命令如下:

```
apk update
apk add apache2
```

第 4 步,如果想保留当前的容器状态,则可以退出当前容器并使用 commit 命令进行镜像提交,命令如下:

```
sudo docker commit myalpine myalpine:v1
```

第 5 步,基于 myalpine:v1 镜像启动容器,验证 commit 命令提交镜像的可用性,命令如下:

```
# 创建容器并登录
sudo docker run - it -- rm myalpine:v1
# 启动 Apache http 服务
/usr/sbin/httpd - k start
# 查看 Apache http 服务状态
netstat - tlnp | grep http
```

命令执行的过程如图 1-36 所示。

```
user01@node01:~$ sudo docker run -it --rm myalpine:v1
/ # /usr/sbin/httpd -k start
AH00558: httpd: Could not reliably determine the server's fully qualified domain name, using 172.17.0.2. Set the 'ServerName' directive globally
to suppress this message
/ # netstat -tlnp | grep http
tcp        0      0 :::80                   :::*                    LISTEN      8/httpd
/ #
```

图 1-36　验证 commit 命令保存的镜像

1.3.4　构建镜像方案实战：基于 Dockerfile 文件

基于 Dockerfile 文件构建镜像是最常用的方式，最大的优点是直观，非常有利于后期对镜像进行维护和管理。例如，基于 alpine 镜像构建新镜像 myalpine:v2，要求在新镜像 myalpine:v2 内部署 Apache http 服务，服务器端口采用默认的 80/tcp，并设置 Apache http 服务自启动，即当基于 myalpine:v2 镜像启动容器时，Apache http 服务随着容器的启动而自动启动。通常情况下主要步骤如下。

第 1 步，创建 Dockerfile 文件存储目录，命令如下：

```
sudo mkdir mydockerfile
```

第 2 步，在 mydockerfile 目录内创建 Dockerfile 文件，代码如下：

```
FROM alpine
LABEL maintainer = "user01,user01@name.com"
RUN apk update
RUN apk add apache2
EXPOSE 80
CMD ["/usr/sbin/httpd", "-D", "FOREGROUND"]
```

第 3 步，构建镜像 myalpine:v2，命令如下：

```
sudo docker build -t myalpine:v2 .
```

构建过程中的信息输出如图 1-37 所示，如果能看到完整的镜像名称，则表示镜像构建成功。

```
user01@node01:~/mydockerfile$ sudo docker build -t myalpine:v2 .
[+] Building 267.1s (7/7) FINISHED                                                    docker:default
 => [internal] load build definition from Dockerfile                                          0.0s
 => => transferring dockerfile: 182B                                                          0.0s
 => [internal] load metadata for docker.io/library/alpine:latest                             0.0s
 => [internal] load .dockerignore                                                             0.0s
 => => transferring context: 2B                                                               0.0s
 => [1/3] FROM docker.io/library/alpine:latest                                                0.0s
 => [2/3] RUN apk update                                                                      5.0s
 => [3/3] RUN apk add apache2                                                               261.9s
 => exporting to image                                                                        0.1s
 => => exporting layers                                                                       0.0s
 => => writing image sha256:a32b99e0829dbec492030676ddc8ebe4801c7c947424efe0db406ad0e0bbf732  0.0s
 => => naming to docker.io/library/myalpine:v2                                                0.0s
```

图 1-37　镜像构建过程

第 4 步，测试镜像 myalpine:v2，命令如下：

```
#基于镜像 myalpine:v2,启动容器 test
sudo docker run -it -d --name test myalpine:v2
#查看容器 test 内的 Apache http 服务是否随着容器一起启动
sudo docker exec -it test /bin/sh -c ps -ef | grep httpd
```

测试命令执行的结果如图 1-38 所示,如果执行 ps 命令后能够看到 Apache http 运行进程,则表示服务运行正常。

```
user01@node01:~/mydockerfile$ sudo docker run -it -d --name test myalpine:v2
50b5dab98e1d95a06dfd2a86019c2e62561098770c79b2647b13530c549376c8
user01@node01:~/mydockerfile$ sudo docker exec -it test /bin/sh -c ps -ef | grep httpd
    1 root        0:00 /usr/sbin/httpd -D FOREGROUND
    7 apache      0:00 /usr/sbin/httpd -D FOREGROUND
    8 apache      0:00 /usr/sbin/httpd -D FOREGROUND
    9 apache      0:00 /usr/sbin/httpd -D FOREGROUND
   10 apache      0:00 /usr/sbin/httpd -D FOREGROUND
   11 apache      0:00 /usr/sbin/httpd -D FOREGROUND
```

图 1-38　验证 Apache http 服务运行状态

1.4　Docker 容器数据存储管理

在默认情况下,在容器内创建的所有文件都保留并存储在可写的容器层。这就意味着如果用户删除了容器,那么容器内保存的数据也会随之删除。由于容器的可写层是与主机紧密耦合的,这就导致用户很难轻易地把容器内的数据迁移及备份至其他主机。同时写入容器的可写层需要存储驱动来管理文件系统,而存储驱动是由 Linux 系统提供的联合文件系统提供的,这就导致与直接写入主机文件系统的数据卷相比,在一定程度上降低了数据的读写性能,增加了数据管理的复杂性。

1.4.1　容器数据存储类型

为了满足容器数据存储的需求,Docker 官方提供了 3 种数据存储的类型,分别是卷(volume)、绑定挂载(bind mount)和 tmpfs 挂载(tmpfs mount),它们与宿主机、文件系统、内存之间的关系如图 1-39 所示。

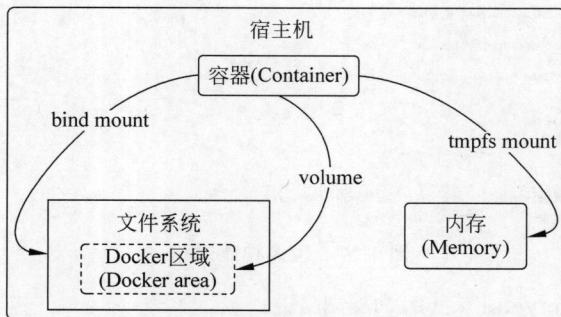

图 1-39　存储类型-宿主机-内存之间的关系图

从图中可以很清晰地发现 3 种数据存储类型的特点,首先使用卷(volume)类型存储数据时,数据存储在由 Docker 管理的文件系统中,只有 Docker 进程才能修改这部分数据,该方式是使用最广泛的数据持久化存储方案。其次绑定挂载(bind mount)类型是直接将宿主机上的文件系统或目录挂载至容器中,容器可以直接访问宿主机上的数据,需要注意的是在这种模式下,宿主机上除了Docker容器可以修改存储数据外,其他进程也可以修改该数据。最后tmpfs挂载类型是将数据存储在内存中,不会写入宿主机的文件系统。显而易见,在使用tmpfs挂载类型时,数据不会被永久存储,数据会随着宿主机内存的清除而被删除,并且不可恢复。下面将详细介绍这3种存储类型的工作原理、使用方法、管理命令等。

1. 卷(volume)

卷是由Docker创建并管理的,它是一个可供一个或多个容器使用的位于宿主机上的特殊目录,同时允许卷在容器间共享。通常情况下,当启动一个容器时,Docker会加载镜像的只读层并在其顶层创建一个可读可写层。当删除容器时,与容器相关的数据将全部丢失。此时,持久化存储数据的推荐方式是采用卷模式,将数据卷挂载至容器内的指定目录,从而实现数据的持久化存储。使用卷的流程一般情况下分两步,首先是创建卷,然后是使用参数-v或--mount将数据卷挂载至容器指定目录。

卷同样有属于自己的生命周期管理命令,例如创建卷、查看卷信息、删除卷等,详细的语法格式、命令如下。

1)创建卷

创建卷的语法命令如下:

```
docker volume create [OPTIONS] [VOLUME]
```

docker volume create命令中的OPTIONS可选参数见表1-14。

表1-14 docker volume create命令中的OPTIONS可选参数

参 数	功 能 说 明
-d, --driver	设置卷的驱动器的类型,默认为local
-o, --opt	设置卷自定义选项

例如,创建卷volume01的命令如下:

```
sudo docker volume create volume01
```

在创建卷时可以使用-o参数,指定卷类型、卷大小等相关设置,例如创建卷volume02,将卷类型指定为tmpfs,将卷大小指定为100MB,命令如下:

```
sudo docker volume create - d local \
  - o type = tmpfs \
  - o device = tmpfs \
  - o o = size = 100m \
  volume02
```

同时还可以创建基于nfs的共享卷,例如nfs服务器的地址为192.168.0.100,共享目录为/nfs-share,以读写模式创建卷volume03,命令如下:

```
docker volume create -- driver local \
  -- opt type = nfs \
  -- opt o = addr = 192.168.0.100,rw \
  -- opt device = :/nfs - share \
  volume03
```

注意：创建卷时 -d local 可以省略,--driver 可以简写为-d,--opt 可以简写为-o。

2) 查看卷信息

卷一旦被创建成功,就可以使用以下命令参数查看所创建卷的相关信息,语法如下:

```
docker volume inspect [OPTIONS] VOLUME [VOLUME...]
```

docker volume inspect 命令中的 OPTIONS 可选参数见表 1-15。

表 1-15　docker volume inspect 命令中的 OPTIONS 可选参数

参　　数	功　能　说　明
-f, --format	按照指定的模板格式输出相关信息

例如,查看创建的 volume01 卷,命令如下:

```
# 以默认格式显示卷 volume01 信息
sudo docker volume inspect volume01
# 以 JSON 格式显示卷 volume01 信息
sudo docker volume inspect - f json volume01
```

注意：-f 参数只是对信息的输出进行格式处理。

3) 列出节点上的卷

当需要查看节点上有何种类型的卷或卷的名称时,可以使用以下命令:

```
docker volume ls [OPTIONS]
```

docker volume ls 命令中的 OPTIONS 可选参数见表 1-16。

表 1-16　docker volume ls 命令中的 OPTIONS 可选参数

参　　数	功　能　说　明
-f, --filter	设置过滤条件
--format	按照指定的模板格式输出相关信息
-q, --quiet	只显示卷名称

例如,列出所有卷,命令如下:

```
sudo docker volume ls
```

例如,只列出未被使用的卷,命令如下:

```
sudo docker volume ls -f dangling = true
```

如果只需简单地列出卷名称,则执行的命令如下:

```
sudo docker volume ls -q
```

4)删除卷

在删除卷前,一定要确认卷内的数据是否已经备份或者确认数据无须保留后再执行删除命令,数据一旦被删除,就很难再恢复。删除卷时有两种情况,其一是删除未使用的卷,语法如下:

```
docker volume prune [OPTIONS]
```

docker volume prune 命令中的 OPTIONS 可选参数见表 1-17。

表 1-17 docker volume prune 命令中的 OPTIONS 可选参数

参　　数	功　能　说　明
-a, --all	移除所有未使用的数据卷
--filter	设置条件
-f, --force	无提示信息,强制删除

例如,删除所有未被使用的卷,命令如下:

```
sudo docker volume prune -a
```

其二是直接删除指定名称的卷,语法如下:

```
docker volume rm [OPTIONS] VOLUME [VOLUME...]
```

docker volume rm 命令中的 OPTIONS 可选参数见表 1-18。

表 1-18 docker volume rm 命令中的 OPTIONS 可选参数

参　　数	功　能　说　明
-f, --force	强制删除卷

例如,删除卷 volume01 和 volume02,命令如下:

```
sudo docker volume rm volume01 volume02
```

注意:在实际使用中,一定要谨慎使用参数-f,--force,一旦使用该参数,命令就直接执行,无提示确认环节。

以应用非常广泛的 Nginx 服务为示例,展示通过卷的方式如何实现数据的持久化存储,其关键步骤如下。

首先,创建卷 data-nginx,命令如下:

```
sudo docker volume create data-nginx01
```

其次,基于 Nginx 镜像启动容器 myweb01,并将本地卷 data-nginx 挂载至容器指定目录/usr/share/nginx/html,命令如下:

```
#以下两种方式均可实现,可以任选其一
#方式 1,使用参数 -- mount 实现挂载
sudo docker run - it - d - p 80:80 \
  -- name myweb01 \
  -- mount source = data - nginx01,destination = /usr/share/nginx/html \
  nginx
#方式 2,使用参数-v 实现挂载
sudo docker run - it - d - p 80:80 \
  -- name myweb01 \
  - v data - nginx01:/usr/share/nginx/html \
  nginx
```

注意:卷存储路径为特定目录/var/lib/docker/volumes。

最后,在使用卷存储类型时,如果卷不存在,则系统会自动创建。例如,基于 Nginx 镜像启动容器 myweb02,并将本地卷 data-nginx02(注意,此时本地卷 data-nginx02 不存在)挂载至容器指定目录/usr/share/nginx/html,命令如下:

```
sudo docker run - it - d - p 8080:80 \
  -- name myweb02 \
  - v data - nginx02:/usr/share/nginx/html \
  nginx
```

命令执行后,可执行以下命令确认卷 data-nginx02 的创建情况,以及容器 myweb02 的卷挂载信息,命令如下:

```
#查看容器 myweb02 的运行状态
sudo docker ps - a - f name = myweb02
#查看卷 data - nginx02 是否已被创建
sudo docker volume ls
#查看容器 myweb02 的卷挂载信息
sudo docker inspect myweb02 | grep volume
```

命令执行的过程如图 1-40 所示。

```
user01@node01:~$ sudo docker volume ls
DRIVER      VOLUME NAME
user01@node01:~$
user01@node01:~$ sudo docker run -it -d -p 8080:80 \
  --name myweb02 \
  -v data-nginx02:/usr/share/nginx/html \
  nginx
29949032e6f8ce3c1c2e77ad4da145d67383b1be05bed7814844c0d7e018a57a
user01@node01:~$ sudo docker ps -a -f name=myweb02
CONTAINER ID   IMAGE    COMMAND              CREATED          STATUS          PORTS                                           NAMES
29949032e6f8   nginx    "/docker-entrypoint.."   13 seconds ago   Up 13 seconds   0.0.0.0:8080->80/tcp, :::8080->80/tcp           myweb02
user01@node01:~$ sudo docker volume ls
DRIVER      VOLUME NAME
local       data-nginx02
user01@node01:~$ sudo docker inspect myweb02 | grep volume
            "Type": "volume",
            "Source": "/var/lib/docker/volumes/data-nginx02/_data",
```

图 1-40 自动创建卷

卷 data-nginx02 一旦成功创建并挂载至容器 myweb02 指定目录/usr/share/nginx/html,那么位于宿主机上卷 data-nginx02 内的数据就与容器 myweb02 内目录/usr/share/nginx/html 下的数据完全一致,可以理解为是映射关系,并可以通过简单的命令验证数据的一致性,命令如下:

```
♯查看宿主机卷 data-nginx02 内 index.html 文件的 md5 校验码
sudo md5sum /var/lib/docker/volumes/data-nginx02/_data/index.html

♯查看容器 myweb02 内挂载目录内的 index.html 文件的 md5 校验码
sudo docker exec -it myweb02 /bin/sh -c "md5sum /usr/share/nginx/html/index.html"
```

命令执行的过程如图 1-41 所示。

```
user01@node01:~$ sudo md5sum /var/lib/docker/volumes/data-nginx02/_data/index.html
7df3d7cf3358af3f470ac7229387ef94  /var/lib/docker/volumes/data-nginx02/_data/index.html
user01@node01:~$ sudo docker exec -it myweb02 /bin/sh -c "md5sum /usr/share/nginx/html/index.html"
7df3d7cf3358af3f470ac7229387ef94  /usr/share/nginx/html/index.html
```

图 1-41 对比文件的 md5 校验码

继续验证其他文件的 md5 校验码会发现所有文件是一致的。此时,向卷 data-nginx02 内添加测试 mytest.html 文件,用于模拟在实际应用中的数据变化,代码如下:

```
<!DOCTYPE html>
<html>
        <head>
                <title>test page!</title>
        </head>
        <body>
                <h1>test page!</h1>
        </body>
</html>
```

注意:如果使用卷方式持久化数据,则数据存储的路径为卷名下的_data 子目录内,如果向卷 data-nginx02 内添加测试文件 mytest.html,则 mytest.html 文件的绝对路径为/var/lib/docker/volumes/data-nginx02/_data/mytest.html。

文件添加成功后在宿主机上访问容器 myweb02 内的测试文件,命令如下:

```
curl http://127.0.0.1:8080/mytest.html
```

命令执行的过程如图 1-42 所示。

从命令执行后展示的信息可以看到当在数据卷内修改数据时,容器内的数据也相应地发生变化,反之亦然。卷的另外一个特性是具有共享性,可以被其他容器挂载使用,例如,基于 Nginx 镜像创建并运行容器 myweb03,同时挂载卷 data-nginx02,命令如下:

```
sudo docker run -it -d -p 8090:80 \
  -- name myweb03 \
```

```
user01@node01:~$ curl http://127.0.0.1:8080/mytest.html
<!DOCTYPE html>
<html>
<head>
<title>test page!</title>
</head>
<body>
<h1>test page!</h1>
</body>
</html>
```

图 1-42　测试数据一致性

```
- v data－nginx02:/usr/share/nginx/html \
 nginx
```

容器 myweb03 运行成功后,查看该容器内/usr/share/nginx/html/mytest.html 文件
的内容,相关命令如下:

```
# 访问测试文件 mytest.html
curl http://127.0.0.1:8090/mytest.html
# 获取宿主机上 mytest.html 文件的 md5 校验码
sudo md5sum /var/lib/docker/volumes/data－nginx02/_data/mytest.html
# 获取容器 myweb03 内 mytest.html 文件的 md5 校验码
sudo docker exec － it myweb03 /bin/sh － c "md5sum /usr/share/nginx/html/mytest.html"
```

命令执行的过程如图 1-43 所示。

```
user01@node01:~$ sudo docker run -it -d -p 8090:80 \
 --name myweb03 \
 -v data-nginx02:/usr/share/nginx/html \
 nginx
88d4de292230776cd145f28548e96fe498b1d320dad423652db904c1de8d68b7
user01@node01:~$ curl http://127.0.0.1:8090/mytest.html
<!DOCTYPE html>
<html>
<head>
<title>test page!</title>
</head>
<body>
<h1>test page!</h1>
</body>
</html>
user01@node01:~$ sudo md5sum /var/lib/docker/volumes/data-nginx02/_data/mytest.html
f44071ac664bf814219f23a72b40f36a   /var/lib/docker/volumes/data-nginx02/_data/mytest.html
user01@node01:~$ sudo docker exec -it myweb03 /bin/sh -c "md5sum /usr/share/nginx/html/mytest.html"
f44071ac664bf814219f23a72b40f36a   /usr/share/nginx/html/mytest.html
```

图 1-43　容器共享卷

由此可见,卷可以很容易地在容器间共享和重用,若用户删除对应的容器 myweb02 和
myweb03,则只会影响容器内的数据,而存储在卷内的数据不会受到影响,验证命令如下:

```
# 删除容器 myweb02 和 myweb03
sudo docker stop myweb02 myweb03
sudo docker rm myweb02 myweb03
# 查看卷 data－nginx02
```

```
sudo docker volume ls
＃查看卷 data－nginx02 内的数据
sudo ls －l /var/lib/docker/volumes/data－nginx02/_data
```

命令执行的过程如图 1-44 所示。

```
user01@node01:~$ sudo docker stop myweb02 myweb03
myweb02
myweb03
user01@node01:~$ sudo docker rm myweb02 myweb03
myweb02
myweb03
user01@node01:~$ sudo docker volume ls
DRIVER    VOLUME NAME
local     data-nginx02
user01@node01:~$ sudo ls -l /var/lib/docker/volumes/data-nginx02/_data
total 12
-rw-r--r-- 1 root root 497 Aug 12 14:21 50x.html
-rw-r--r-- 1 root root 615 Aug 12 14:21 index.html
-rw-r--r-- 1 root root 107 Sep 13 02:50 mytest.html
```

图 1-44　卷数据持久化存储

从而实现了数据的持久化存储,除非人为删除卷 data-nginx02,否则卷及卷内存储的数据会一直持久化存储在该主机节点。

2. 绑定挂载(bind mount)

绑定挂载在 Docker 持久化存储中也被广泛使用,它最大特点是可以将宿主机的任意目录挂载至容器内的目录,而卷存储的路径是特定的(/var/lib/docker/volumes/)。需要特别注意的是,如果挂载的宿主机目录为空,则该目录内的文件为容器内指定目录内的文件。如果挂载的宿主机的目录为非空,则该目录内的数据会覆盖容器内指定目录内的文件。

在实际应用过程中,可以通过-v 或者--mount 参数实现数据持久化存储。当使用-v 或者--volume 时需要用到冒号(:)作为分隔符。冒号(:)前的路径为宿主机路径,冒号(:)后面的路径为容器内的路径,例如当把宿主机/data 目录挂载至容器(基础镜像为 Nginx)内的/usr/share/nginx/html 目录,登录容器并在该目录下创建测试文件 test.txt,命令如下:

```
＃创建容器并登录容器
sudo docker run － it －－ rm \
－v /data:/usr/share/nginx/html \
nginx \
/bin/bash
＃在容器内创建测试文件
echo "test" > /usr/share/nginx/html/test.txt
```

测试文件 test.txt 创建完成后退出容器,此时容器会被自动清除,如果查看宿主机/data 目录,则会发现测试文件 test.txt 依然存在,并没有随着容器的删除而被删除,从而通过-v 参数实现了数据的持久化存储。

注意:--rm 参数常用于简单地进行测试,其功能是当容器退出时自动清除容器。如果本地没有/data 目录,则在执行命令后系统会自动创建/data 目录,并且在删除容器后/data

目录不会被删除,即数据被持久化存储。

当使用--mount 实现挂载时,需要注意它的一些使用规范。首先需要用 type 参数指定挂载的类型,例如 bind、volume 或者 tmpfs,其次需要使用 source 参数指定主机的挂载目录,最后需要使用 destination 参数指定容器内的目标路径。上述示例使用--mount 参数实现挂载时的命令如下:

```
# 主机节点创建/data 目录
sudo mkdir /data
# 使用 -- mount 挂载
sudo docker run - it -- rm \
-- mount type = bind, source = /data, destination = /usr/share/nginx/html \
nginx \
/bin/bash
```

注意:在使用--mount 实现挂载时,source 可以简写为 src,destination 可以简写为 dst 或者使用 target。同时主机节点/data 目录必须存在,否则会报错。

当使用--mount 挂载的主机目录不存时,系统错误提示如图 1-45 所示。

```
user01@node01:~$ sudo docker run -it --rm \
--mount type=bind,source=/data01,destination=/usr/share/nginx/html \
nginx \
/bin/bash
docker: Error response from daemon: invalid mount config for type "bind": bind source path does not exist: /data01.
See 'docker run --help'.
```

图 1-45　目录不存在时的错误提示

注意:当使用 bind mount 方式时,-v 参数与--mount 参数存在差异,如果使用-v 参数,当主机节点的挂载路径不存在时,系统会自动创建,但是当使用--mount 参数时,若主机节点路径不存在,则容器启动时会报错,错误提示如图 1-45 所示。

3. tmpfs 挂载(tmpfs mount)

tmpfs 挂载方式的显著特点是将数据临时存储在内存中,不能在容器之间共享存储的数据,并且随着容器的停止,tmpfs 挂载会被移除,因此 tmpfs 挂载特别适合临时存储敏感文件,例如密钥等。tmpfs mounts 挂载有两种实现方式,分别是--tmpfs 参数和--mount 参数。主要的差异在于--tmpfs 参数标记不能用于集群服务,对于集群服务必须采用--mount 参数实现。例如使用 tmpfs 挂载 Nginx 容器内的指定目录/app,命令如下:

```
docker run - d \
  - it \
  -- name tmptest \
  -- tmpfs /app \
 nginx:latest
```

或者使用--mount 参数实现,命令如下:

```
docker run - d \
  - it \
  -- name tmptest \
  -- mount type = tmpfs,destination = /app \
 nginx:latest
```

1.4.2 容器数据存储综合实战：网络存储

在企业的实际生产活动中，将数据存储在网络中是一种非常普遍的方式，下面将以企业常用的网络存储服务 NFS 为例，演示如何将 Docker 容器的数据持久化存储在 NFS 共享目录内，演示环境节点服务器信息见表 1-19，详细的实战步骤如下。

表 1-19 演示环境节点服务器信息

主 机 名	IP 地 址	说 明
node01	192.168.79.181	Docker 节点服务器
nfs-server	192.168.79.190	NFS Server 服务器 共享目录/nfs-share

1. 部署 nfs 服务器

首先，登录节点 nfs-server 服务器(IP:192.168.79.190)创建共享目录，命令如下：

```
♯创建目录/nfs - share
sudo mkdir /nfs - share
♯将共享目录的权限修改为任何用户可读可写
sudo chmod 777 /nfs - share
```

其次，安装 nfs server 相关组件，命令如下：

```
sudo apt install nfs - kernel - server - y
```

再次，编辑 nfs server 配置文件(/etc/exports)，添加的代码如下：

```
/nfs - share * (rw,sync,no_root_squash,no_subtree_check)
```

然后，修改 nfs server 配置文件(/etc/nfs.conf)，开启对 v2 版本的支持，代码如下：

```
♯修改 vers2 = y
vers2 = y
```

最后，重启 nfs server 并简单地进行验证，命令如下：

```
♯重启 nfs server 服务
sudo systemctl restart nfs - kernel - server
♯查看 nfs server 服务状态
sudo systemctl status nfs - kernel - server
♯设置 nfs server 服务自启动
sudo systemctl enable nfs - kernel - server
```

```
#查看共享目录
sudo showmount - e 192.168.79.190
```

如果命令执行信息如图 1-46 所示,则标志着 nfs server 配置成功,目录/nfs-share 已开启共享。

```
user01@nfs-server:~$ sudo systemctl restart nfs-kernel-server
user01@nfs-server:~$ sudo systemctl status nfs-kernel-server
● nfs-server.service - NFS server and services
     Loaded: loaded (/lib/systemd/system/nfs-server.service; enabled; vendor preset: enabled)
     Active: active (exited) since Sat 2024-09-14 15:52:55 UTC; 12s ago
    Process: 5181 ExecStartPre=/usr/sbin/exportfs -r (code=exited, status=0/SUCCESS)
    Process: 5182 ExecStart=/usr/sbin/rpc.nfsd (code=exited, status=0/SUCCESS)
   Main PID: 5182 (code=exited, status=0/SUCCESS)
        CPU: 8ms

Sep 14 15:52:55 nfs-server systemd[1]: Starting NFS server and services...
Sep 14 15:52:55 nfs-server systemd[1]: Finished NFS server and services.
user01@nfs-server:~$ sudo systemctl enable nfs-kernel-server
Synchronizing state of nfs-kernel-server.service with SysV service script with /lib/systemd/systemd-sysv-install.
Executing: /lib/systemd/systemd-sysv-install enable nfs-kernel-server
user01@nfs-server:~$ sudo showmount -e 192.168.79.190
Export list for 192.168.79.190:
/nfs-share *
```

图 1-46 nfs server 服务器配置与测试

注意:如果 nfs server 服务器开启了防火墙,则需要开放 nfs server 服务相关端口,如 20048/udp,20048/tcp,2049/tcp 等。同时还需要注意,如果需要向共享目录内写入数据,则需要使用 Shell 命令 chmod 对共享目录权限进行配置。

2. 配置 Docker 节点服务器

首先,需要在 Docker 节点服务器部署 nfs 客户端,命令如下:

```
sudo apt install nfs - common - y
```

然后,测试与 nfs 服务器端的通信,命令如下:

```
sudo showmount - e 192.168.79.190
```

Docker 节点服务器与 nfs-server 通信正常的标识如图 1-47 所示。

```
user01@node01:~$ sudo showmount -e 192.168.79.190
Export list for 192.168.79.190:
/nfs-share *
```

图 1-47 测试与 nfs server 的通信

3. 发布应用挂载 nfs 共享存储

首先,基于 nfs 共享存储创建卷 volume-nfs,命令如下:

```
sudo docker volume create -- driver local \
  -- opt type = nfs \
  -- opt o = addr = 192.168.79.190,rw \
  -- opt device = :/nfs - share \
 volume - nfs
```

其次,查看卷 volume-nfs 信息,命令如下:

```
sudo docker inspect volume - nfs
```

创建成功的信息如图 1-48 所示。

```
user01@node01:~$ sudo docker inspect volume-nfs
[
    {
        "CreatedAt": "2024-09-14T16:18:06Z",
        "Driver": "local",
        "Labels": null,
        "Mountpoint": "/var/lib/docker/volumes/volume-nfs/_data",
        "Name": "volume-nfs",
        "Options": {
            "device": ":/nfs-share",
            "o": "addr=192.168.79.190,rw",
            "type": "nfs"
        },
        "Scope": "local"
    }
]
```

图 1-48 卷信息展示

再次,基于 Nginx 镜像创建容器 test-nfs 并挂载数据卷 volume-nfs,命令如下:

```
sudo docker run - it - d - p 8080:80 \
  - - name test - nfs \
  - v volume - nfs:/usr/share/nginx/html \
 nginx
```

此时查看容器 test-nfs 的运行状态,如果如图 1-49 所示,则表明容器挂载卷 volume-nfs
成功。

```
user01@node01:~$ sudo docker run -it -d -p 8080:80 \
  --name test-nfs \
  -v volume-nfs:/usr/share/nginx/html \
  nginx
162a9d478b7b75a1648695f7fd2c67f0228eed80068cb7ef02d207a8a8aabf92
user01@node01:~$ sudo docker ps -a
CONTAINER ID   IMAGE   COMMAND              CREATED         STATUS         PORTS                                         NAMES
162a9d478b7b   nginx   "/docker-entrypoint…"   10 seconds ago   Up 10 seconds   0.0.0.0:8080->80/tcp, :::8080->80/tcp   test-nfs
```

图 1-49 共享卷挂载成功

4. 验证基于 nfs 的数据持久化存储

首先,登录 nfs-server 节点,在共享目录/nfs-share 内创建测试文件 test.html(测试文
件路径为/nfs-share/test.html),代码如下:

```
<! DOCTYPE html >
< html >
     < head >
               < meta charset = "utf - 8">
               < title >测试页面</title>
     </head>
     < body >
               < center >
```

```
                    <h1>基于 nfs 的数据持久化存储测试页面!</h1>
              </center>
        </body>
</html>
```

其次,使用浏览器或者命令行模式访问测试文件 test.html,如图 1-50 所示。

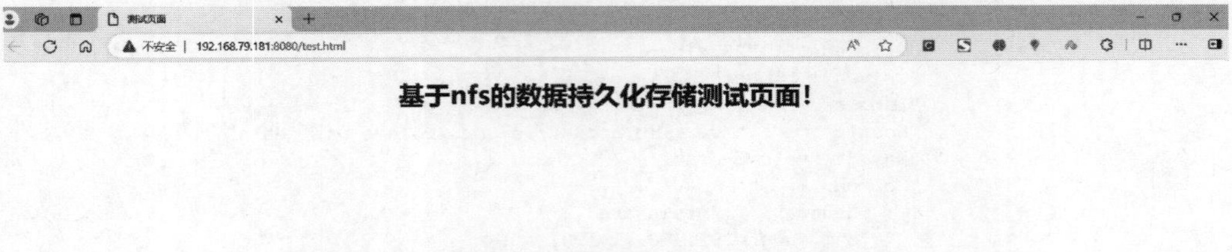

基于nfs的数据持久化存储测试页面!

图 1-50　以浏览器模式访问测试页面

在实际工作时,由于安全等其他因素的限制,可能没有图形化界面,这时可以采用命令行的模式进行测试,命令如下:

```
curl http://192.168.79.181:8080/test.html
```

命令执行的过程如图 1-51 所示。

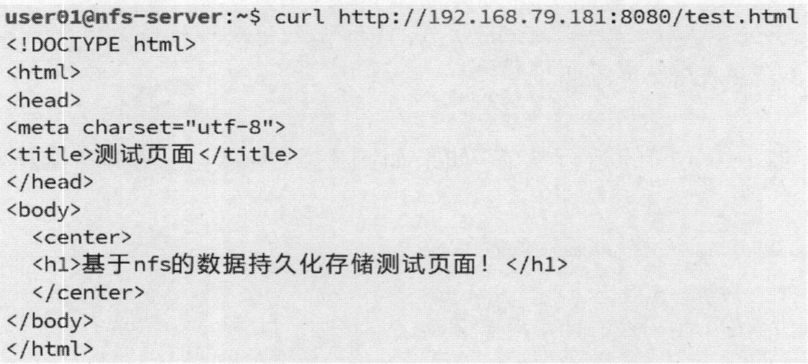

```
user01@nfs-server:~$ curl http://192.168.79.181:8080/test.html
<!DOCTYPE html>
<html>
<head>
<meta charset="utf-8">
<title>测试页面</title>
</head>
<body>
  <center>
  <h1>基于nfs的数据持久化存储测试页面! </h1>
  </center>
</body>
</html>
```

图 1-51　以命令行模式访问测试页面

最后,先删除容器 test-nfs,再删除卷 volume-nfs,然后查看/nfs-share 内的数据是否被删除,命令如下:

```
# 删除容器 test-nfs
sudo docker stop test-nfs
sudo docker rm test-nf
# 删除卷 volume-nfs
sudo docker volume rm volume-nfs
# 检查/nfs-share/test.html 文件
ls /nfs-share/
```

毋庸置疑,网络存储的数据保持不变,除非手动删除该目录内的文件,否则文件会一直存储于该目录内。

1.5　Docker 虚拟化网络管理

在 Docker 容器虚拟化技术应用中,虚拟化网络是核心技术之一。它为容器提供了相互独立且隔离的网络环境,使容器与容器之间,容器与宿主机之间,以及于容器与外部网络之间能够高效、安全地进行网络通信。在默认情况下一个容器的网络信息包括 IP 地址、网关地址、路由表、DNS 服务等相关网络信息,除非该容器没有应用网络驱动,否则一个容器均会获取上述虚拟网络信息。

Docker 虚拟化网络管理的内容涵盖了虚拟化网络的创建、应用、删除等整个生命周期的管理。

1. 创建自定义网络

在部署应用时,很多情况下会采用自定义网络的方式,用于区分不同应用间所处的网络环境,自定义网络的命令如下:

```
docker network create [OPTIONS] NETWORK
```

docker network create 命令中的 OPTIONS 可选典型参数见表 1-20。

表 1-20　docker network create 命令中的 OPTIONS 可选参数

参　　数	功　能　说　明
-d, --driver	管理网络驱动程序,默认值为 bridge
--gateway	设置主子网的网关(IPv4/IPv6)
--ingress	创建 swarm 服务的 routing-mesh 网络
--ip-range	设置容器获取 IP 地址的范围
--subnet	配置 CRID 格式的子网

例如,创建默认值为桥接网络(bridge)类型的网络 net-bg01,命令如下:

```
sudo docker network create - d bridge net - bg01
# 或者
sudo docker network create net - bg01
```

当需要自定义特殊的子网范围时,例如创建指定子网范围为 172.25.0.0/24 的桥接网络 net-bg02,命令如下:

```
sudo docker network create -- subnet 172.25.0.0/24 net - bg02
```

注意:当使用 docker network create 命令创建自定义桥接网络时,可以省略-d 参数,因为默认网络类型是 bridge。

2. 显示网络信息

显示指定网络的配置信息,命令如下:

```
docker network inspect [OPTIONS] NETWORK [NETWORK...]
```

docker network inspect 命令中的 OPTIONS 可选典型参数见表 1-21。

表 1-21　docker network inspect 命令中的 OPTIONS 可选参数

参　数	功 能 说 明
-f，--format	自定义输出格式，默认为 JSON 格式
-v，--verbose	提供详细的网络信息输出

例如，展示已经创建的 net-bg02 网络信息，命令如下：

```
sudo docker network inspect net-bg02
```

自定义网络 net-bg02 的网络信息如图 1-52 所示。

```
user01@node01:~$ sudo docker network inspect net-bg02
[
    {
        "Name": "net-bg02",
        "Id": "a4a1cead9e38093d35046a6a7c290350ff65b19f4362e0eae533eb13e58d93af",
        "Created": "2024-09-16T15:26:15.558760414Z",
        "Scope": "local",
        "Driver": "bridge",
        "EnableIPv6": false,
        "IPAM": {
            "Driver": "default",
            "Options": {},
            "Config": [
                {
                    "Subnet": "172.25.0.0/24"
                }
            ]
        },
        "Internal": false,
        "Attachable": false,
        "Ingress": false,
        "ConfigFrom": {
            "Network": ""
        },
        "ConfigOnly": false,
        "Containers": {},
        "Options": {},
        "Labels": {}
    }
]
```

图 1-52　自定义网络 net-bg02

3．列出当前网络

列出当前 Docker 主机节点上的虚拟网络，命令如下：

```
docker network ls [OPTIONS]
```

docker network ls 命令中的 OPTIONS 可选典型参数见表 1-22。

表 1-22　docker network ls 命令中的 OPTIONS 可选参数

参　　数	功 能 说 明
-f，--filter	依据设置的过滤条件显示网络
--format	自定义输出格式
-q，--quiet	仅显示网络 ID

例如，列出当前主机节点上的所有网络，命令如下：

```
sudo docker network ls
```

同时还可以使用-f 参数对显示结果按条件进行过滤，支持模糊查询，命令如下：

```
# 显示以 net 开始的网络名称
sudo docker network ls - f name = net
# 显示 net - bg01 网络
sudo docker network ls - f name = net - bg01
```

执行命令后显示的结果如图 1-53 所示。

```
user01@node01:~$ sudo docker network ls -f name=net
NETWORK ID      NAME        DRIVER     SCOPE
485ba96f4ad6    net-bg01    bridge     local
37466e4f1ab2    net-bg02    bridge     local
user01@node01:~$ sudo docker network ls -f name=net-bg01
NETWORK ID      NAME        DRIVER     SCOPE
485ba96f4ad6    net-bg01    bridge     local
```

图 1-53　条件查询

4. 应用网络

网络创建成功后，方可在新容器中使用该网络，命令如下：

```
sudo docker run - it - d -- name test01 -- network net - bg02 busybox
```

登录成功运行的容器 test01，使用 ifconfig 命令查看容器的 IP 信息，命令如下：

```
sudo docker exec - it test01 /bin/sh - c ifconfig
```

此时可以看到容器 test01 获取的 IP 范围在自定义网络 net-bg02 指定的范围内，如图 1-54 所示。

在实际应用管理过程中，还可以将自定义的网络添加到已经运行的其他容器内，命令如下：

```
# 创建容器 test02 基于 busybox
sudo docker run - it - d -- name test02 busybox
# 将自定义网络 net - bg02 添加到容器 test02 内
sudo docker network connect net - bg02 test02
```

添加完成后，可以登录容器 test02 查看其 IP 信息，此时可以发现在容器 test02 内多了一个虚拟网络，并且虚拟化网络的子网范围属于自定义网络 net-bg02，如图 1-55 所示。

```
user01@node01:~$ sudo docker run -it -d --name test01 --network net-bg02 busybox
464c7da594ae5f3578492c3184e14c60070cd1dff2dd203c9374d93b02330ccc
user01@node01:~$ sudo docker exec -it test01 /bin/sh -c ifconfig
eth0      Link encap:Ethernet  HWaddr 02:42:AC:19:00:02
          inet addr:172.25.0.2  Bcast:172.25.0.255  Mask:255.255.255.0
          UP BROADCAST RUNNING MULTICAST  MTU:1500  Metric:1
          RX packets:9 errors:0 dropped:0 overruns:0 frame:0
          TX packets:0 errors:0 dropped:0 overruns:0 carrier:0
          collisions:0 txqueuelen:0
          RX bytes:806 (806.0 B)  TX bytes:0 (0.0 B)

lo        Link encap:Local Loopback
          inet addr:127.0.0.1  Mask:255.0.0.0
          inet6 addr: ::1/128 Scope:Host
          UP LOOPBACK RUNNING  MTU:65536  Metric:1
          RX packets:0 errors:0 dropped:0 overruns:0 frame:0
          TX packets:0 errors:0 dropped:0 overruns:0 carrier:0
          collisions:0 txqueuelen:1000
          RX bytes:0 (0.0 B)  TX bytes:0 (0.0 B)

user01@node01:~$ sudo docker network inspect net-bg02 | grep -E "Subnet|Address"
              "Subnet": "172.25.0.0/24"
            "MacAddress": "02:42:ac:19:00:02",
            "IPv4Address": "172.25.0.2/24",
            "IPv6Address": ""
```

图 1-54   应用自定义网络

```
user01@node01:~$ sudo docker run -it -d --name test02 busybox
40b92a3cd87eff162e6206b0453c4d59549b911b743bb528a5985d93eaa46f07
user01@node01:~$ sudo docker network connect net-bg02 test02
user01@node01:~$ sudo docker exec -it test02 /bin/sh -c ifconfig
eth0      Link encap:Ethernet  HWaddr 02:42:AC:11:00:02
          inet addr:172.17.0.2  Bcast:172.17.255.255  Mask:255.255.0.0
          UP BROADCAST RUNNING MULTICAST  MTU:1500  Metric:1
          RX packets:18 errors:0 dropped:0 overruns:0 frame:0
          TX packets:0 errors:0 dropped:0 overruns:0 carrier:0
          collisions:0 txqueuelen:0
          RX bytes:1532 (1.4 KiB)  TX bytes:0 (0.0 B)

eth1      Link encap:Ethernet  HWaddr 02:42:AC:19:00:02
          inet addr:172.25.0.2  Bcast:172.25.0.255  Mask:255.255.255.0
          UP BROADCAST RUNNING MULTICAST  MTU:1500  Metric:1
          RX packets:18 errors:0 dropped:0 overruns:0 frame:0
          TX packets:0 errors:0 dropped:0 overruns:0 carrier:0
          collisions:0 txqueuelen:0
          RX bytes:1532 (1.4 KiB)  TX bytes:0 (0.0 B)

lo        Link encap:Local Loopback
          inet addr:127.0.0.1  Mask:255.0.0.0
          inet6 addr: ::1/128 Scope:Host
          UP LOOPBACK RUNNING  MTU:65536  Metric:1
          RX packets:0 errors:0 dropped:0 overruns:0 frame:0
          TX packets:0 errors:0 dropped:0 overruns:0 carrier:0
          collisions:0 txqueuelen:1000
          RX bytes:0 (0.0 B)  TX bytes:0 (0.0 B)
```

图 1-55   连接到其他容器

通过这种方式可以很方便地实现不同容器之间的数据传输。

5. 删除网络。

删除网络的方式有两种,其一是使用命令一次性删除未被使用的所有网络,其二是删除指定名称的网络,语法命令如下:

```
# 删除未使用的网络
docker network prune
# 删除指定的网络
docker network rm NETWORK [NETWORK...]
```

删除自定义网络 net-bg01,命令如下:

```
sudo docker network rm net-bg01
```

注意:当自定义网络正在被使用时,此网络是无法被删除的。

1.5.1　Docker 虚拟化网络驱动类型

Docker 虚拟化网络的驱动类型包含 bridge、host、none、overlay、ipvlan、macvlan 和第三方的网络插件,它们之间的功能差异见表 1-23。

表 1-23　网络驱动功能特点

驱 动 类 型	功 能 特 点
bridge	桥接模式(默认驱动),用于同一宿主机上容器间的通信,同时网络直接连接至网桥
host	容器直接使用宿主机网络,不会创建任何隔离网络
none	容器没有网络接口,只保留本地回环网络
overlay	用于创建跨主机通信网络
ipvlan	用于在一台主机接口虚拟出多个虚拟网络接口,并且虚拟接口共享 MAC 地址
macvlan	用于在主机物理网卡上虚拟出多个子网卡,通过不同的 MAC 地址在数据链路层进行网络数据转发

1.5.2　Docker 虚拟化网络工作原理

不同的网络驱动类型其工作原理各不相同,下面将展示典型的网络驱动类型 bridge、host、none 的工作原理,具体如下。

首先展示应用最广泛的桥接(bridge)驱动类型,它的最大特点是容器网络直接连接至网桥,这就为容器网络直接访问互联网资源提供了可能,该驱动类型的架构如图 1-56 所示。

它的工作原理主要包含以下关键步骤:

(1)Docker 守护进程启动时会自动创建 docker0 虚拟网桥设备。

(2)当 Docker 启动一个新容器时会利用 veth pair(Virtual Ethernet Pair)技术在宿主机上创建一对对等的虚拟网络接口设备,假设为 veth0 和 veth1。由于 veth pair 创建的是

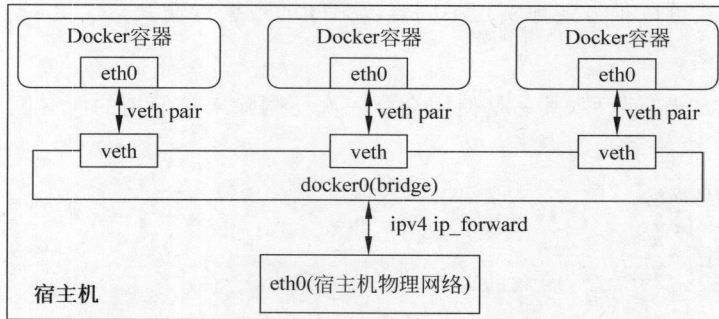

图 1-56   bridge 网络架构

对等网络,因此无论是哪个端口接收的网络报文都会将报文传输给另一个端口。

（3）Docker 进程会将 veth0 附加到由 Docker 进程创建的 docker0 网桥上,确保宿主机的网络报文可以发往 veth0。

（4）与此同时 Docker 进程还会将 veth1 添加到容器所属的命名空间(namespace)下,并被改名为 eth0,因此就实现了宿主机的网络报文在发往 veth0 时会立即被容器的 eth0 接收,从而实现了宿主机到容器的网络通信。

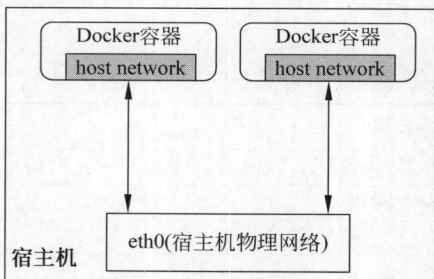

图 1-57   host 网络架构

其次展示主机(host)驱动类型,它的最大特点是容器直接使用宿主机的 IP 地址与外界进行通信,同时容器内服务的端口也可以使用宿主机的端口,无须额外地进行 NAT 转换。该类型的架构如图 1-57 所示。

在使用 host 网络类型时需要在创建容器时通过参数--net host 或者--network host 指定,该类型的好处是外部主机与容器直接通信,但是容器的网络缺少隔离性,例如,首先获取当前主机节点的 IP 信息,命令如下:

```
user01@node01:~ $ ip addr
1: lo: <LOOPBACK,UP,LOWER_UP> mtu 65536 qdisc noqueue state UNKNOWN group default qlen 1000
    link/loopback 00:00:00:00:00:00 brd 00:00:00:00:00:00
    inet 127.0.0.1/8 scope host lo
       valid_lft forever preferred_lft forever
    inet6 ::1/128 scope host
       valid_lft forever preferred_lft forever
2: ens33: <BROADCAST,MULTICAST,UP,LOWER_UP> mtu 1500 qdisc fq_codel state UP group default
qlen 1000
    link/ether 00:0c:29:59:87:33 brd ff:ff:ff:ff:ff:ff
    altname enp2s1
    inet 192.168.79.181/24 brd 192.168.79.255 scope global ens33
       valid_lft forever preferred_lft forever
```

```
        inet6 fe80::20c:29ff:fe59:8733/64 scope link
            valid_lft forever preferred_lft forever
3: ens34: <BROADCAST,MULTICAST,UP,LOWER_UP> mtu 1500 qdisc fq_codel state UP group default
qlen 1000
        link/ether 00:0c:29:59:87:3d brd ff:ff:ff:ff:ff:ff
        altname enp2s2
        inet 192.168.172.181/24 brd 192.168.172.255 scope global ens34
            valid_lft forever preferred_lft forever
        inet6 fe80::20c:29ff:fe59:873d/64 scope link
            valid_lft forever preferred_lft forever
4: br-37466e4f1ab2: <NO-CARRIER,BROADCAST,MULTICAST,UP> mtu 1500 qdisc noqueue state DOWN
group default
        link/ether 02:42:10:a3:ad:53 brd ff:ff:ff:ff:ff:ff
        inet 172.25.0.1/24 brd 172.25.0.255 scope global br-37466e4f1ab2
            valid_lft forever preferred_lft forever
5: docker0: <NO-CARRIER, BROADCAST, MULTICAST, UP> mtu 1500 qdisc noqueue state DOWN
group default
        link/ether 02:42:d2:24:84:68 brd ff:ff:ff:ff:ff:ff
        inet 172.17.0.1/16 brd 172.17.255.255 scope global docker0
            valid_lft forever preferred_lft forever
```

然后创建网络驱动模式为 host 的测试容器，并查看容器的 IP 信息，命令如下：

```
user01@node01:~ $ sudo docker run -it --rm --net=host busybox
/ # ip addr
1: lo: <LOOPBACK,UP,LOWER_UP> mtu 65536 qdisc noqueue qlen 1000
        link/loopback 00:00:00:00:00:00 brd 00:00:00:00:00:00
        inet 127.0.0.1/8 scope host lo
            valid_lft forever preferred_lft forever
        inet6 ::1/128 scope host
            valid_lft forever preferred_lft forever
2: ens33: <BROADCAST,MULTICAST,UP,LOWER_UP> mtu 1500 qdisc fq_codel qlen 1000
        link/ether 00:0c:29:59:87:33 brd ff:ff:ff:ff:ff:ff
        inet 192.168.79.181/24 brd 192.168.79.255 scope global ens33
            valid_lft forever preferred_lft forever
        inet6 fe80::20c:29ff:fe59:8733/64 scope link
            valid_lft forever preferred_lft forever
3: ens34: <BROADCAST,MULTICAST,UP,LOWER_UP> mtu 1500 qdisc fq_codel qlen 1000
        link/ether 00:0c:29:59:87:3d brd ff:ff:ff:ff:ff:ff
        inet 192.168.172.181/24 brd 192.168.172.255 scope global ens34
            valid_lft forever preferred_lft forever
        inet6 fe80::20c:29ff:fe59:873d/64 scope link
            valid_lft forever preferred_lft forever
4: br-37466e4f1ab2: <NO-CARRIER,BROADCAST,MULTICAST,UP> mtu 1500 qdisc noqueue
        link/ether 02:42:10:a3:ad:53 brd ff:ff:ff:ff:ff:ff
        inet 172.25.0.1/24 brd 172.25.0.255 scope global br-37466e4f1ab2
            valid_lft forever preferred_lft forever
5: docker0: <NO-CARRIER,BROADCAST,MULTICAST,UP> mtu 1500 qdisc noqueue
        link/ether 02:42:d2:24:84:68 brd ff:ff:ff:ff:ff:ff
        inet 172.17.0.1/16 brd 172.17.255.255 scope global docker0
            valid_lft forever preferred_lft forever
```

最后对比它们的 IP 地址信息,容器此时获取的 IP 地址信息与宿主 IP 地址信息完全一

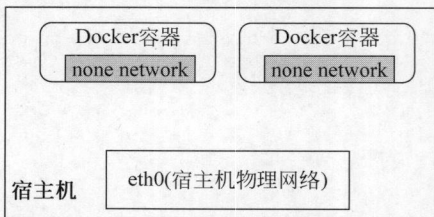

图 1-58　none 网络架构

致,即在 host 模式下,容器共享宿主机网络,在使用过程中要避免容器内应用端口冲突的问题。

最后展示的是一种特殊的网络类型 none 模式,在该模式下容器具有独立的 namespace,但容器不会获取任何网络配置信息,只保留本地回环网络。host 模式的架构如图 1-58 所示。

例如,创建 none 模式的测试容器并查看容器的 IP 信息,命令如下:

```
user01@node01:~ $ sudo docker run - it -- rm -- net = none busybox
/ # ip addr
1: lo: < LOOPBACK,UP,LOWER_UP > mtu 65536 qdisc noqueue qlen 1000
    link/loopback 00:00:00:00:00:00 brd 00:00:00:00:00:00
    inet 127.0.0.1/8 scope host lo
      valid_lft forever preferred_lft forever
    inet6 ::1/128 scope host
      valid_lft forever preferred_lft forever
```

此时,在 none 模式下容器仅有本地回环网络,与其他容器完全隔离。

1.5.3　Docker 虚拟化网络综合应用实战

虚拟化网络作为 Docker 技术的核心知识,它直接关系到后期章节的学习,下面将以企业真实的场景案例来展示 Docker 典型网络驱动的应用。为了更直观地展示案例中所涉及的网络信息,测试容器所采用的镜像均为 busybox。

在企业的实际生产环境中往往是多种网络驱动模式混合使用,一般情况下如果容器需要网络隔离,则通常会采用 bridge 模式,在该模式下每个容器都会有独立的网络接口,并连接至 Docker0。这样就实现了容器之间的网络可以正常通信,但是与外部网络保持隔离,而 host 模式则更适应于容器应用对网络性能要求较高的场景,尤其是需要最大限度地利用宿主机网络资源的情况。因为 host 模式共享宿主机网络,无须额外的端口映射。none 模式则更适合无须联网的应用,例如处理离线任务等。

首先,创建自定义桥接模式网络 app-net01,设置子网范围 172.19.0.0/16,容器获取 IP 的范围 172.19.19.0/24,命令如下:

```
sudo docker network create -- subnet 172.19.0.0/16 \
 -- ip - range 172.19.19.0/24 \
 -- driver bridge \
 app - net01
```

其次,创建自定义桥接模式网络 app-net02,设置子网范围 172.29.0.0/16,容器获取 IP 的范围 172.29.29.0/24,命令如下:

```
sudo docker network create -- subnet 172.29.0.0/16 \
 -- ip - range 172.29.29.0/24 \
 -- driver bridge \
 app - net02
```

再次,分别基于自定义网络 app-net01 和 app-net02 创建并运行容器 app01 和 app02,命令如下:

```
# 创建并运行容器 app01
sudo docker run - it - d -- name app01 -- network app - net01 busybox
# 创建并运行容器 app02
sudo docker run - it - d -- name app02 -- network app - net02 busybox
```

登录容器 app01 和 app02 获取两个容器的 IP 地址信息,命令如下:

```
# 获取容器 app01 的 IP 地址信息
user01@node01:~ $ sudo docker exec - it app01 /bin/sh - c "ip addr"
1: lo: < LOOPBACK, UP, LOWER_UP > mtu 65536 qdisc noqueue qlen 1000
    link/loopback 00:00:00:00:00:00 brd 00:00:00:00:00:00
    inet 127.0.0.1/8 scope host lo
      valid_lft forever preferred_lft forever
    inet6 ::1/128 scope host
      valid_lft forever preferred_lft forever
9: eth0@if10: < BROADCAST, MULTICAST, UP, LOWER_UP, M - DOWN > mtu 1500 qdisc noqueue
    link/ether 02:42:ac:13:13:01 brd ff:ff:ff:ff:ff:ff
    inet 172.19.19.1/16 brd 172.19.255.255 scope global eth0
      valid_lft forever preferred_lft forever
# 获取容器 app02 的 IP 地址信息
user01@node01:~ $ sudo docker exec - it app02 /bin/sh - c "ip addr"
1: lo: < LOOPBACK, UP, LOWER_UP > mtu 65536 qdisc noqueue qlen 1000
    link/loopback 00:00:00:00:00:00 brd 00:00:00:00:00:00
    inet 127.0.0.1/8 scope host lo
      valid_lft forever preferred_lft forever
    inet6 ::1/128 scope host
      valid_lft forever preferred_lft forever
11: eth0@if12: < BROADCAST, MULTICAST, UP, LOWER_UP, M - DOWN > mtu 1500 qdisc noqueue
    link/ether 02:42:ac:1d:1d:01 brd ff:ff:ff:ff:ff:ff
    inet 172.29.29.1/16 brd 172.29.255.255 scope global eth0
      valid_lft forever preferred_lft forever
```

然后在任意一个容器内使用 ping 命令测试容器 app01 与 app02 之间的通信,例如在容器 app01 内测试到容器 app02 的网络通信,命令如下:

```
user01@node01:~ $ sudo docker exec - it app01 /bin/sh - c "ping - c5 172.29.29.1"
PING 172.29.29.1 (172.29.29.1): 56 data bytes

--- 172.29.29.1 ping statistics ---
5 packets transmitted, 0 packets received, 100 % packet loss
```

显然,容器 app01 与容器 app02 是无法通信的,这是由于网络是相互隔离的。如果需要

在这两个容器之间进行数据传输,则解决方法是将彼此自定义的网络添加至容器,命令如下:

```
# 将自定义网络 app - net01 添加至容器 app02
user01@node01:~ $ sudo docker network connect app - net01 app02
# 登录容器 app02 测试与 app01 的网络通信
user01@node01:~ $ sudo docker exec - it app02 /bin/sh
/ # ip addr
1: lo: < LOOPBACK, UP, LOWER_UP > mtu 65536 qdisc noqueue qlen 1000
   link/loopback 00:00:00:00:00:00 brd 00:00:00:00:00:00
   inet 127.0.0.1/8 scope host lo
     valid_lft forever preferred_lft forever
   inet6 ::1/128 scope host
     valid_lft forever preferred_lft forever
11: eth0@if12: < BROADCAST, MULTICAST, UP, LOWER_UP, M - DOWN > mtu 1500 qdisc noqueue
   link/ether 02:42:ac:1d:1d:01 brd ff:ff:ff:ff:ff:ff
   inet 172.29.29.1/16 brd 172.29.255.255 scope global eth0
     valid_lft forever preferred_lft forever
13: eth1@if14: < BROADCAST, MULTICAST, UP, LOWER_UP, M - DOWN > mtu 1500 qdisc noqueue
   link/ether 02:42:ac:13:13:02 brd ff:ff:ff:ff:ff:ff
   inet 172.19.19.2/16 brd 172.19.255.255 scope global eth1
     valid_lft forever preferred_lft forever
/ # ping - c5 172.19.19.1
PING 172.19.19.1 (172.19.19.1): 56 data bytes
64 bytes from 172.19.19.1: seq = 0 ttl = 64 time = 0.540 ms
64 bytes from 172.19.19.1: seq = 1 ttl = 64 time = 0.209 ms
64 bytes from 172.19.19.1: seq = 2 ttl = 64 time = 0.115 ms
64 bytes from 172.19.19.1: seq = 3 ttl = 64 time = 0.233 ms
64 bytes from 172.19.19.1: seq = 4 ttl = 64 time = 0.210 ms

--- 172.19.19.1 ping statistics ---
5 packets transmitted, 5 packets received, 0 % packet loss
round - trip min/avg/max = 0.115/0.261/0.540 ms
```

通过上述 docker network connect 命令实现了不同子网内的容器间通信。当两个容器之间的数据传输完成后可以使用 docker network disconnect 命令断开网络连接,命令如下:

```
sudo docker network disconnect app - net01 app02
```

最后,再次查看容器 app02 内的 IP 信息,命令如下:

```
user01@node01:~ $ sudo docker exec - it app02 /bin/sh - c "ip addr"
1: lo: < LOOPBACK, UP, LOWER_UP > mtu 65536 qdisc noqueue qlen 1000
   link/loopback 00:00:00:00:00:00 brd 00:00:00:00:00:00
   inet 127.0.0.1/8 scope host lo
     valid_lft forever preferred_lft forever
   inet6 ::1/128 scope host
     valid_lft forever preferred_lft forever
9: eth0@if10: < BROADCAST, MULTICAST, UP, LOWER_UP, M - DOWN > mtu 1500 qdisc noqueue
   link/ether 02:42:ac:1d:1d:01 brd ff:ff:ff:ff:ff:ff
```

```
inet 172.29.29.1/16 brd 172.29.255.255 scope global eth0
    valid_lft forever preferred_lft forever
```

此时,从容器 app02 的 IP 信息可以发现用于和 app01 进行数据通信的网络消失,因此该方法被广泛地应用于解决容器间的数据传输问题。

1.6　私有镜像仓库

1.6.1　镜像仓库是什么

Docker 镜像仓库是一个用于存储、分发和管理 Docker 镜像的集中式存储库,类似于代码仓库,它是 Docker 生态的重要组成部分。镜像仓库的主要功能包括存储和管理镜像文件,提供镜像索引信息,以及支持用户通过认证登录的方式来上传和下载镜像。在 Docker 生态系统中,镜像仓库扮演着至关重要的角色。它不仅是开发者分享和获取镜像的平台,同时也是企业进行软件部署和版本控制的重要工具。按其服务对象的范围可以分为公共镜像仓库和私有镜像仓库。

公共镜像仓库是由 Docker 官方提供的,其中最著名的是 Docker Hub。在公共镜像仓库中开发者可以分享自己创建的 Docker 镜像,供其他人搜索、下载和使用这些镜像。同时,公共镜像仓库是一个很好的资源库,可以在其中找到各种各样的 Docker 镜像,例如操作系统、应用程序和开发工具等。

私有镜像仓库是由组织或个人搭建的,并用于存储和管理自己创建的 Docker 镜像。它既可以在内部网络中使用,也可以通过 Internet 访问。由于私有镜像仓库具有私有属性,因此可以提供更高的安全性,用于确保只有授权用户才可以使用和共享镜像。

注意:

(1) 国内用户在使用 Docker 公共镜像仓库时,有一些注意事项。

① 速度问题:由于国内网络环境的限制,从国外的 Docker Hub 下载镜像可能会很慢。这可能会导致构建和部署过程变慢,因此建议使用国内的镜像仓库,例如阿里云容器镜像服务、腾讯云镜像仓库等。

② 版本同步问题:国内的镜像仓库可能无法及时同步国外的镜像更新。这意味着某些最新版本的镜像可能无法在国内镜像仓库中找到。如果需要使用最新版本的镜像,可以考虑手动从国外镜像仓库拉取,并上传到国内镜像仓库。

③ 镜像可信度问题:在使用公共镜像仓库时,需要注意镜像的可信度。强烈建议使用官方维护的镜像,或者通过查看镜像的下载次数、评分和评论等信息来判断其可信度。

(2) 对于国内使用 Docker 公共镜像仓库的推荐方法。

① 使用国内镜像仓库:选择一个可靠的国内镜像仓库,例如阿里云容器镜像服务、腾讯云镜像仓库等。这些镜像仓库通常提供了更好的下载速度和稳定性。

② 配置加速器:在使用 Docker 时,可以配置加速器来提高下载速度。加速器可以将国内的镜像请求转发到国内镜像仓库,从而加快下载速度。常用的加速器有阿里云加速器、DaoCloud 加速器等。

③ 自建镜像仓库:如果有特殊需求或对镜像的可控性有更高要求,则可以考虑自建镜像仓库。这样可以完全控制镜像的上传、下载和访问权限。

1.6.2　私有镜像仓库构建实战:基于官方 registry 镜像

私有镜像仓库以其独有性、安全性而被企业广泛使用,最典型的场景是将私有镜像仓库部署在容器集群环境内,仅供特定的集群使用,其中官方提供的 registry 镜像方案以其具有部署快捷、使用简单等特点,被广泛地应用于集群内部。下面将详细展示私有镜像仓库的部署与应用,演示环境见表 1-24。

表 1-24　演示节点信息

主　机　名	IP 地址	说　　明
node01	192.168.79.181	Docker 服务节点
registry	192.168.79.190	私有镜像仓库

1. 登录 registry 节点部署私有镜像仓库

首先登录 registry 节点,检查网络状态并确保网络能够访问互联网,然后执行命令部署,命令如下:

```
sudo docker run - it - d -- name myregistry \
- p 5000:5000 \
- v myregistry:/var/lib/registry \
-- restart = always \
registry:2
```

注意:上述命令的参数说明如下。

-p 参数用于将私有仓库 myregistry 对外提供的服务器端口设置为 5000/TCP。

-v 参数用于设置数据卷 myregistry,用于数据化存储。

--restart 参数用于设置容器 myregistry 的运行方式,always 表示总是运行,除非用户手动停止该容器。

由于本机节点或其他客户端有上传、下载镜像的需求,因此需要在私有仓库本机节点和有需求的客户端主机做配置,只需在配置文件/etc/docker/daemon.json 内添加以下代码(如果该文件不存在,则需要手动创建),详细的代码如下:

```
"insecure - registries": ["http://192.168.79.190:5000"]
```

配置修改成功后,重新加载 Docker 服务,命令如下:

```
♯重新加载 Docker 配置
sudo systemctl daemon - reload
♯重启 Docker 服务
sudo systemctl restart docker
```

Docker 服务器重启后，查看容器 myregistry 的运行状态，命令如下：

```
♯查看容器 myregistry 的状态
sudo docker ps - a - f name = myregistry
```

命令执行的过程如图 1-59 所示。

```
user01@registry:~$ sudo systemctl daemon-reload
user01@registry:~$ sudo systemctl restart docker
user01@registry:~$ sudo docker ps -a -f name=myregistry
CONTAINER ID    IMAGE       COMMAND           CREATED            STATUS          PORTS                                         NAMES
ede58ce9ca54    registry:2  "/entrypoint.sh /etc…"  About a minute ago  Up 15 seconds   0.0.0.0:5000->5000/tcp, :::5000->5000/tcp   myregistry
```

图 1-59　容器 myregistry 的运行状态

在确保容器 myregistry 正常运行后，将测试镜像上传至镜像仓库进行基本功能验证，命令如下：

```
♯下载测试镜像 busybox
sudo docker pull busybox
♯修改测试镜像 busybox 的标签(tag)
sudo docker tag busybox 192.168.79.190:5000/busybox
♯将测试镜像上传至镜像仓库
sudo docker push 192.168.79.190:5000/busybox
♯查询镜像仓库中的镜像
sudo curl - X GET http://192.168.79.190:5000/v2/_catalog
♯查看镜像仓库中的测试镜像 busybox 的 tag 列表
sudo curl - X GET http://192.168.79.190:5000/v2/busybox/tags/list
```

命令执行的过程如图 1-60 所示。

```
user01@registry:~$ sudo docker pull busybox
Using default tag: latest
latest: Pulling from library/busybox
2fce1e0cdfc5: Pull complete
Digest: sha256:c230832bd3b0be59a6c47ed64294f9ce71e91b327957920b6929a0caa8353140
Status: Downloaded newer image for busybox:latest
docker.io/library/busybox:latest
user01@registry:~$ sudo docker tag busybox 192.168.79.190:5000/busybox
user01@registry:~$ sudo docker images | grep busybox
192.168.79.190:5000/busybox    latest    6fd955f66c23    16 months ago    4.26MB
busybox                        latest    6fd955f66c23    16 months ago    4.26MB
user01@registry:~$ sudo docker push 192.168.79.190:5000/busybox
Using default tag: latest
The push refers to repository [192.168.79.190:5000/busybox]
49b3a50a2039: Pushed
latest: digest: sha256:401719cc3ec67aedaedfed7fb304e97fb605bdcfae29972eaeb59a98708fe066 size: 527
user01@registry:~$ sudo curl -X GET http://192.168.79.190:5000/v2/_catalog
{"repositories":["busybox"]}
user01@registry:~$ sudo curl -X GET http://192.168.79.190:5000/v2/busybox/tags/list
{"name":"busybox","tags":["latest"]}
```

图 1-60　验证私有仓库

注意：如果主机节点开启了防火墙，则需要开放 5000/tcp 端口，否则其他 Docker 主机节点将无法访问该私有仓库。

至此，具有基本功能的私有镜像仓库部署完成，从上述的使用操作中不难发现该私有仓库的安全性低，但是它非常适合集群内部使用。如果想增强其安全性，例如增强用户授权认证等，则具体的操作步骤如下。

1）删除容器 myregistry

删除容器 myregistry 的命令如下：

```
sudo docker stop myregistry
sudo docker rm myregistry
```

注意：删除正在运行的容器的一般流程是先停止容器，然后删除容器。当然也可以使用-f 或者--force 强制删除正在运行的容器，但是该方法一般不建议使用。

2）创建用于认证的用户名和对应的密码

首先创建用户信息文件存储目录，例如/auth-myregistry，命令如下：

```
sudo mkdir /auth - myregistry
```

然后创建用户信息存储文件，例如用户名为 test，密码为 password，命令如下：

```
#提升用户权限
sudo - s
#生成授权加密文件
docker run \
-- entrypoint htpasswd \
httpd:2 - Bbn test password > /auth - myregistry/htpasswd
```

需要注意的是该文件采用的是部分加密，只对用户密码进行了加密处理，如图 1-61 所示。

```
user01@registry:~$ sudo mkdir /auth-myregistry
user01@registry:~$ sudo -s
root@registry:/home/user01# docker run \
--entrypoint htpasswd \
httpd:2 -Bbn test password > /auth-myregistry/htpasswd
Unable to find image 'httpd:2' locally
2: Pulling from library/httpd
Digest: sha256:ae1124b8d23ee3fc35d49da35d5c748a2fce318d1f55ce59ccab889d612f8be8
Status: Downloaded newer image for httpd:2
root@registry:/home/user01# cat /auth-myregistry/htpasswd
test:$2y$05$Pm4c7wu0rj5HoCnUM2new.2vFK150dEIKrNmDHvYKGfUibDIoj.7y
```

图 1-61　生成授权文件

3）部署私有仓库

在新部署仓库时使用-v 参数挂载原始的数据卷 myregistry，并使用-e 参数加载用户认证文件，命令如下：

```
sudo docker run - it - d -- name myregistry \
- p 5000:5000 \
- v myregistry:/var/lib/registry \
- v /auth - myregistry:/auth - registry \
- e "REGISTRY_AUTH = htpasswd" \
- e "REGISTRY_AUTH_HTPASSWD_REALM = Registry Realm" \
- e REGISTRY_AUTH_HTPASSWD_PATH = /auth - registry/htpasswd \
-- restart = always \
registry:2
```

容器 myregistry 运行成功后,使用授权用户进行权限验证,命令如下:

```
# 登录私有镜像仓库
sudo docker login http://192.168.79.190:5000
```

命令执行的过程如图 1-62 所示。

```
user01@registry:~$ sudo docker login http://192.168.79.190:5000
Username: test
Password:
WARNING! Your password will be stored unencrypted in /root/.docker/config.json.
Configure a credential helper to remove this warning. See
https://docs.docker.com/engine/reference/commandline/login/#credential-stores

Login Succeeded
```

图 1-62　登录私有镜像仓库

2. 登录 node01 节点验证镜像仓库

Docker 节点服务使用私有镜像仓库首先需要指定镜像仓库的地址,既可以是域名,也可以是 IP 地址。只需在配置文件/etc/docker/daemon.json 内添加以下代码(如果该文件不存在,则需要手动创建),详细的代码如下:

```
"insecure - registries": ["http://192.168.79.190:5000"]
```

配置修改成功后,重新加载 Docker 服务,命令如下:

```
# 重新加载 Docker 配置
sudo systemctl daemon - reload
# 重启 Docker 服务
sudo systemctl restart docker
```

注意:在/etc/docker/daemon.json 配置文件内添加私有镜像仓库的地址,既可以是域名,也可以是 IP 地址。

当 Docker 服务重启成功后登录镜像仓库,命令如下:

```
sudo docker login http://192.168.79.190:5000
```

登录成功后可以上传、查询、下载镜像仓库内的镜像,命令如下:

```
♯上传测试镜像 192.168.79.190:5000/ubuntu:v1
sudo docker tag Ubuntu 192.168.79.190:5000/ubuntu:v1
sudo docker push 192.168.79.190:5000/ubuntu:v1
```

测试镜像上传成功后,可以查看私有镜像仓库内的镜像,命令如下:

```
♯查询镜像信息
sudo curl -utest -X GET http://192.168.79.190:5000/v2/_catalog
♯查询镜像私有仓库内 Ubuntu、busybox 的标签(tag)
sudo curl -utest -X GET http://192.168.79.190:5000/v2/ubuntu/tags/list
sudo curl -utest -X GET http://192.168.79.190:5000/v2/busybox/tags/list
```

命令执行的过程如图 1-63 所示。

```
user01@node01:~$ sudo curl -utest -X GET http://192.168.79.190:5000/v2/_catalog
Enter host password for user 'test':
{"repositories":["busybox","ubuntu"]}
user01@node01:~$ sudo curl -utest -X GET http://192.168.79.190:5000/v2/ubuntu/tags/list
Enter host password for user 'test':
{"name":"ubuntu","tags":["v1"]}
user01@node01:~$
user01@node01:~$ sudo curl -utest -X GET http://192.168.79.190:5000/v2/busybox/tags/list
Enter host password for user 'test':
{"name":"busybox","tags":["latest"]}
```

图 1-63 客户端查询镜像

注意:基于安全方面的考虑,建议在使用 curl 命令时密码不用明文显示。使用-u指定用户名,建立连接后系统会提示输入密码,这样便在一定程度上提升了安全性。

如果客户端需要从私有镜像仓库内下载镜像,例如下载 192.168.79.190:5000/busybox 镜像,则可执行的命令如下:

```
sudo docker pull 192.168.79.190:5000/busybox
```

从上述实战案例的演示过程不难发现,一旦在集群内部部署了私有镜像仓库,它就可以高效地响应相关请求,避免了由于互联网网络延迟造成的镜像下载缓慢的情况发生,并且私有镜像仓库的镜像是完全可控的。

1.7 本章小结

本章从容器虚拟化技术的发展及容器虚拟化技术与传统虚拟化技术的差异开始讲解,通过实际案例介绍了 Docker 容器虚拟化技术的架构、工作流程,进而通过实际案例操作讲解并演示了 Docker 的服务管理、Docker 容器管理、自定义镜像、数据持久化等相关知识点,最后通过部署私有镜像仓库的实战案例,对所学知识进行了综合应用。本章内容是后续知识学习与运用的基础,第 2 章将进入容器编排技术的学习。

Docker 容器编排技术

Docker 容器编排技术是一种用于管理和协调多个容器的工具和方法,它可以帮助用户快速高效地部署、管理和扩展容器化应用。简单来讲,它有点类似于一个大型乐队的指挥,负责协调各种乐器的演奏,还可以依据现场的实际情况灵活地调整演奏策略,让整个乐队运行得高效而又和谐。

尤其是当容器化应用越来越复杂,需要管理成百上千个容器时,手动管理这些容器显然是不现实的。容器编排技术可以帮助用户解决以下最关切的问题。

1. 容器调度

容器编排技术可以根据容器对资源的需求和资源可用性来自动调度容器,用于确保容器运行在合适的节点上。

2. 服务发现与负载均衡

容器编排技术可以自动发现和注册容器化服务,并提供负载均衡功能,用于确保流量在容器之间均匀分布。

3. 弹性伸缩

容器编排技术可以依据负载和实际需求自动扩展或缩减容器数量,以达到资源的高效利用。

4. 故障恢复和容错

容器编排技术可以监控容器的状态,并在容器或节点发生故障时自动将容器迁移至可用节点,以确保容器应用的高可用性。

5. 容器间通信与协作

容器编排技术可以实现容器间的网络通信与数据共享,用以确保应用的各组件协同工作。

目前,主流的 Docker 容器编排技术有 Docker Compose、Docker Swarm 和 Kubernetes,其中 Docker Compose 适用于单节点环境,主要适合小规模的容器编排,而 Docker Swarm 和 Kubernetes 适合大规模的集群环境,尤其是 Kubernetes 具有更加强大的编排能力,也是目前企业应用最广泛的编排技术之一。

2.1　Docker Compose

Docker Compose 是 Docker 官方开源的用于单节点的容器编排工具,它通过 YAML 文件配置容器的各种属性和依赖关系,并通过 Docker compose 命令来实现对容器整个生命周期的管理。

项目(project)、服务(service)和容器(container)是 Docker Compose 的核心概念。在 Docker Compose 的应用过程中,它是将一组相关的服务组成一个项目,而一个项目可以定义多个服务。Docker Compose 定义这些服务的方式是通过 docker-compose. yaml 文件来实现的,即在该文件内定义每个服务的专属属性,例如容器启动的基础镜像、端口映射、环境变量、数据卷挂载等相关配置。docker-compose. yaml 的典型示例代码如下:

```
services:
  ♯定义前端服务
  frontend:
    image: example/webapp ♯指定前端服务所使用的镜像
    ports:
      - "443:8043" ♯定义端口映射,将主机的 443 端口映射到容器的 8043 端口
    ♯指定连接的网络
    networks:
      - front - tier
      - back - tier
    ♯定义配置文件
    configs:
      - httpd - config
    secrets:
      - server - certificate
  ♯定义后端服务
  backend:
    image: example/database
    ♯定义挂载卷
    volumes:
      - db - data:/etc/data
    ♯指定连接的网络
    networks:
      - back - tier

♯定义数据卷
volumes:
  db - data:
    driver: flocker
    driver_opts:
      size: "10GiB"

configs:
```

```
httpd – config:
    external: true

secrets:
 server – certificate:
    external: true

# 定义网络
networks:
 front – tier: {}
 back – tier: {}
```

在上述代码中,定义了 frontend、backend 两个服务。在服务 frontend 内使用字段
ports 定义了端口映射,即将宿主机的 443/tcp 端口映射到容器内的 8043/tcp 端口,使用字
段 networks 定义容器所使用的网络,使用 configs 字段定义服务的配置文件,使用 secrets
字段定义服务所使用的证书。在服务 backend 内使用 volumes 定义数据持久化存储,其中
数据卷 db-data 的具体属性在单独的 volumes 字段内定义,在该字段可以定义卷的驱动器
类型、卷的大小等参数。

注意:docker-compose. yaml 文件使用的是 YAML 语言,它有自己的语法要求,例如不
支持使用 Tab 键的方式进行缩进,只可以使用空格键,并且对大小写敏感、使用缩进表示等
级关系等。

2.1.1 Docker Compose 工作流程

大家常讲"谋定而后动",接下来了解一下 Docker Compose 的工作流程,关键步骤
如下。

1. 定义服务

首先创建一个 docker-compose. yaml 文件,用于定义应用发布所需服务的相关配置。
例如,容器启动时的基础镜像、端口映射、环境变量、数据持久化存储方式等众多配置。

2. 启动服务

一旦 docker-compose. yaml 文件定义完成,就可基于该配置文件启动服务。在默认情
况下 docker compose 指令会自动加载已经定义的 docker-compose. yaml 文件,并按照文件
内定义的相关配置参数启动容器。

3. 管理服务

服务启动后可以使用相关管理命令对服务进行有效管理,例如,查看服务日志、对服务
实例进行扩缩、停止、删除、更新等。

2.1.2 Docker Compose 管理命令

Docker Compose 的管理命令涵盖了应用整个生命周期的管理,典型的管理命令见表 2-1。

表 2-1 Docker Compose 的典型命令

命　　令	功　能　说　明
docker compose build	构建或者重新构建服务
docker compose config	验证、查看配置文件内容,可添加参数-q,仅在配置错误时才输出错误信息
docker compose cp	在宿主机与应用容器之间复制文件或目录
docker compose create	为服务创建容器
docker compose down	停止并删除 Compose 中所有服务容器、网络、数据卷
docker compose events	获取容器事件信息
docker compose exec	在运行的容器内执行命令
docker compose images	列出容器运行时所依赖的镜像
docker compose kill	强制停止服务容器
docker compose logs	查看容器输出信息
docker compose ls	列出运行的项目
docker compose pause	暂停服务
docker compose port	打印服务容器内部端口所映射的公共端口
docker compose ps	列出服务容器
docker compose pull	拉取服务依赖镜像
docker compose push	将服务依赖镜像推送至镜像仓库
docker compose restart	重启服务容器
docker compose rm	删除停止状态的服务容器
docker compose run	在指定服务上运行一条命令
docker compose start	启动停止状态的服务
docker compose stop	停止运行状态的服务
docker compose top	显示服务容器运行的进程
docker compose unpause	恢复处于暂停状态的服务
docker compose up	创建并启动 Compose 文件中定义的所有服务

在实际应用这些命令时,需要特别关注它们的应用场景和各命令之间的细微差异,最好的方式是在使用命令前先在命令后使用--help 参数获取命令的官方详细解释,然后结合实际应用场景使用,典型命令差异见表 2-2。

表 2-2 典型命令差异

命　　令	应　用　场　景　差　异
docker compose start docker compose up	docker compose start 命令仅适应于恢复已经创建但处于停止状态的服务,而 docker compose up 命令则用于创建并启动 docker-compose. yaml 文件中定义的所有服务

续表

命 令	应用场景差异
docker compose stop docker compose down	docker compose stop 命令仅适应于停止正在运行的服务,而 docker compose down 命令不仅停止服务还同时删除容器及相关联的网络
docker compose events docker compose logs	docker compose events 命令用于显示与 Docker Compose 相关的实时事件信息,而 docker compose logs 命令则主要用于查看容器的日志信息

2.1.3 YAML 语言介绍

YAML 是 YAML Ain't Markup Language(YAML 不是一种标记语言)的缩写,但是在开发该语言时,YAML 的意思是 Yet Another Markup Language(仍是一种标记语言)。与其他语言相比 YAML 是一种以数据为中心的标记语言,它通过数据形态表达清单、哈希表、标量等,比大家所熟悉的 XML 和 JSON 更适合作为配置文件使用,YAML 文件的扩展名为".yml"或".yaml"。

每种计算机语言都有自身的特点,YAML 语言也不例外。首先 YAML 语言对大小写敏感,其次使用缩进表示层级关系,但是缩进不支持 Tab 键,只允许使用空格键。需要注意的是缩进的空格数量不重要,但是相同层次的元素必须左对齐,为了保持代码的美观和一致性,通常情况下均使用两个空格,最后 YAML 文档内使用井号(♯)表示注释。总体来讲,YAML 语言相对于其他标记语言还是比较容易掌握的,下面将通过相关代码示例进行演示讲解。

1)支持的数据类型

YAML 语言支持的数据类型分为三类,分别是对象、数组和纯量。首先,对象是键-值对的集合,又被称为映射(mapping)/哈希(hashes)/字典(dictionary),其次,数组是一组按照次序排列的值,又被称为序列(sequence)/列表(list)。最后纯量(Scalar)是指单个的不可分割的值,包含字符串、布尔值、整数、浮点数、空值(Null)、时间、日期。

2)书写格式

YAML 文件中使用 3 个短横线(-)表示新的 YAML 文件开始,如果一个 YAML 文件内包含了多个 YAML 文档,每个文档之间用 3 个短横线进行分割,但如果 YAML 文件中只包含一个文档,则 3 个短横线可以省略。例如,在下面的示例代码中,符合规范的 YAML 解释器会自动识别新文档的开始部分,代码如下:

```
♯第 1 个文档
---
name: user01
id: 20240001
```

```
#第 2 个文档
---
db: test
description: a test project
```

第 1 个文档中定义了 name 和 id 的值,第 2 个文档定义了 db 并对其进行了说明,解释器会独立解析和处理这两个文档。在 YAML 文件中,对象键值用冒号(:)分隔键和值(key: value),并且在冒号后面必须有一个空格,代码如下:

```
#示例 1
key: value
#示例 2
key:
  key1: value1
  key2: value2
```

注意:示例 2 中使用了层级嵌套数据,使用缩进表示层级关系,示例中键 key1、key2 前有两个空格。示例 2 中的代码也可以采用类似 JSON 的表示方式书写,即采用逗号(,)+空格方式分隔键与值,key: { key1: value1, key2: value2 }。

数组在 YAML 文件中是用一个短横线(-)开始的,后面是一个空格和数组值,这个值可以是任意类型,代码如下:

```
languages:
  - php
  - python
  - java
```

纯量在 YAML 文件中的使用最为广泛,例如定义用户名和密码,代码如下:

```
username: user01
password: "1qaz@@WSX"
```

通常情况下字符串不需要使用单引号或双引号,但如果字符串中包含空格或特殊字符,则需要使用引号,其他纯量的书写格式的示例代码如下:

```
#布尔值用 true 或者 false 表示
unset: true
#整数
number: 101
#浮点数
number: 3.1416
#null 空值用~表示
port: ~
#日期采用 ISO 8601 格式
cdate: 2024 - 09 - 26
#时间采用 ISO 8601 格式,日期和时间之间使用 t 连接,最后使用 + 代表时区
cdate: 2024 - 09 - 26t17:10:30 + 08:00
```

此外，YAML 文件中还有一些其他纯量的用法，例如，如果有多行字符串，并且需要保留换行符，则可以使用"|"号保留字符串的换行符，代码如下：

```
#保留换行符
telegraf.conf: |+
  [[outputs.influxdb_v2]]
    urls = ["http://influxdb2:8086"]
```

注意：代码中使用"＋"表示保留块末尾的换行符，"－"表示删除字符串末尾的换行符。

如果在 YAML 文件中出现多个重复的内容，则可以通过锚点(&)和引用(*)实现引用锚点处内容的功能，后期只需维护锚点处的内容，便可在所有引用处生效，示例代码如下：

```
#用 & 定义锚点
mysql: &dbconfig
  username: dba01
  password: yourpassword
#用 * 号引入锚点内容
mysqldb01:
  port: 3309
  <<: *dbconfig

mysqldb02:
  port: 3310
  <<: *dbconfig
```

注意：在使用锚点与引入的代码中，还经常用到符号≪，它表示合并到当前数据。

从上面的示例代码不难发现，当代码中需要频繁引用某些相同配置时，可以采用这种锚点与引用的方法，既可以提升维护效率，又可以降低维护成本，同时还可以减少错误发生的概率。

以上是 YAML 文件中典型的数据类型的书写格式，更多 YAML 语言的使用技巧可以参看官网文档 https://yaml.org/spec/1.2.2/。

2.1.4　Docker Compose 部署实战

人们常讲"磨刀不误砍柴工"，经过前面 Docker Compose 相关基础知识的学习，下面开始实战练习 Docker Compose 的部署与其相关命令的应用。部署相对简单，目前官方提供的部署方案有 3 种，见表 2-3。

表 2-3　部署方案

方　　案	说　　明
方案 1：安装 Docker 桌面环境	Docker 桌面环境包含 Docker Engine、Docker CLI 和 Docker Compose

续表

方　案	说　明
方案 2：安装 Docker Compose 插件	在已经部署 Docker Engine 和 Docker CLI 的情况下使用命令行的方式安装 Docker Compose 插件
方案 3：独立部署	使用 Docker Compose 源码独立部署

企业环境下采用方案 3 部署 Docker Compose 环境最为广泛,首先登录节点服务器,将 Docker Compose 最新稳定版下载至/usr/local/bin 目录下,代码如下:

```
sudo curl - SL https://github.com/docker/compose/releases/download/v2.29.6/docker - compose -
linux - x86_64 \
- o /usr/local/bin/docker - compose
```

注意:curl 命令是 Linux 系统中用于数据传输的典型命令行工具,它支持多种协议,例如 HTTP、HTTPS、FTP 等。curl 命令不仅可以用来下载文件,还可以上传文件、发送 HTTP 请求等。参数-S 表示显示错误,参数-L 表示自动重定向,参数-o 表示保存为本地文件。

文件下载完成后需要对/usr/local/bin/docker-compose 文件进行授权并创建软链接,命令如下:

```
# 授权
sudo chmod 755 /usr/local/bin/docker - compose
# 创建软链接
sudo ln - s /usr/local/bin/docker - compose /usr/bin/docker - compose
```

然后就可以执行 docker-compose -v 命令查看 Docker Compose 的版本号,如果可以显示版本号,则表明 Docker Compose 部署成功,如图 2-1 所示。

```
user01@node01:~$ sudo docker-compose -v
Docker Compose version v2.29.6
```

图 2-1　Docker Compose 版本

2.1.5　Docker Compose 应用实战:部署企业级镜像仓库 Harbor

随着微服务架构在企业中的广泛应用,构建私有镜像仓库是企业生产活动中的重要组成部分。目前,构建私有镜像仓库的典型方案分别是采用 Docker 官方提供的 Docker Registry 和开源软件 Harbor,这两种方案的差异见表 2-4。

表 2-4　方案差异

对　比　项	官方 Docker Registry	第三方开源 Harbor
部署难度	易	有一定难度
私有镜像仓库的安全性	一般	高

对 比 项	官方 Docker Registry	第三方开源 Harbor
可扩展性	水平扩展能力低	水平扩展能力强
管理方式	命令行方式管理	图形化管理
应用场景	小规模集群环境	大规模集群环境

1. 为什么选择 Harbor

Harbor 是一个为企业提供镜像管理的开源项目,它作为 CNCF 的毕业项目是由 VMware 开发和维护的。Harbor 之所以被企业广泛使用,其原因主要如下:

首先,Harbor 提供了镜像扫描和漏洞检测功能,可以对镜像进行安全性扫描并提出修复建议。此外,还通过策略和基于角色的访问控制来安全地存储和分发容器镜像。

其次,Harbor 后端支持分布式存储或云存储等更可靠的存储后台,进一步确保镜像的持久性和可靠性。同时,Harbor 中的镜像复制服务可以将镜像从一个仓库复制到另外一个仓库,以实现镜像的分发和备份。

再次,Harbor 具有友好的图形化管理界面,用户可以直接通过浏览器的方式管理镜像仓库,例如浏览、搜索、上传、下载和分发镜像等。

最后,Harbor 架构设计具有良好的扩展性,使其能够非常容易满足大规模集群的需求。同时,Harbor 还提供了一组 RESTful API,允许用户通过访问 API 的方式来管理镜像,从而实现与第三方系统的集成。

注意:CNCF 的毕业项目是指那些已经从 CNCF 的孵化项目中成熟并发展出来的项目,这些项目已经证明了其稳定性、安全性和生产就绪性,可以被广泛地应用于实际的生产环境中。需要注意的是,成为 CNCF 的毕业项目是一个重要的里程碑,意味着该项目已经达到了较高的质量和稳定性,可以被广泛采用和信任。

---

2. Harbor 架构

Harbor 作为 CNCF 的毕业项目,它的架构设计有利于水平扩展,架构如图 2-2 所示。

在架构图中,数据访问层(Data Access Layer)的主要功能是用于 Harbor 数据存储,其中键值存储(k-v storage)功能由 Redis 服务提供,用户端基础数据存储由本地或远程存储服务提供,以块存储、文件存储或对象存储的形式存储数据,而 Harbor 应用中所涉及的项目、用户、角色、复制策略、标签保留策略等元数据,则存储在 PostgreSQL 数据库内。

Harbor 系统的基础服务组件(Fundamental services)是系统运行的基础,它包含了用于转发用户请求的代理(Proxy)组件,Harbor 系统的核心(Core)组件、作业服务(Job Service)、日志收集(Log Collector)、用于管理第三方 Helm Chart 仓库的 Chart Museum 等众多组件,其中 Harbor 应用系统的核心组件服务又包含以下功能组件。

(1) API Server 组件,其功能是接受 RESTful API 请求并响应这些请求。

(2) Config Manager 组件,其功能是管理所有的系统配置,例如身份类型设置、邮件地

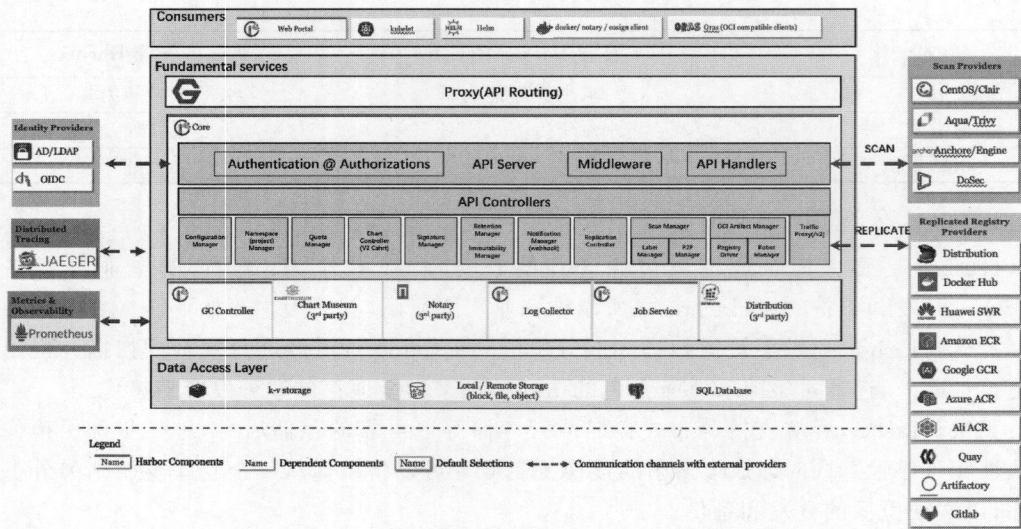

图 2-2　Harbor 架构图

址设置、证书等。

（3）Project Management 组件，其功能是管理和组织 Harbor 中的项目。

（4）Quota Manager 组件，其功能是实现镜像存储的配额管理和限制。

（5）Retention Manager 组件，其功能是管理标记保留策略、执行和监控标记保留进程。

（6）Content Trust 组件，其功能是提供信任功能扩展，目前仅支持对容器镜像进行签名。

（7）Replication Controller 组件，其功能是管理复制策略，监控复制进程等。

（8）Scan Manager 组件，其功能是对 Harbor 中的镜像进行安全扫描和漏洞检测，它能够识别镜像中的已知漏洞和安全问题，并生成相应的扫描报告，帮助用户评估和处理镜像的安全风险。

（9）Notification Manager(Webhook)组件，其功能是通过 Webhook 机制实现事件通知和触发自定义操作管理。

（10）OCI Artifact Manager 组件，其功能是管理和维护 Harbor 中的符合容器开放接口规范（Open Container Initiative，OCI）的标准镜像和相关的 Artifacts（构建产物）的整个生命周期。

（11）Registry Driver 组件，其功能是将镜像仓库与不同的容器镜像注册中心（例如 Docker Registry、Aliyun Registry 等）进行集成和连接。它允许用户在 Harbor 中创建和管理镜像仓库，并通过 Registry Driver 将这些仓库与外部的镜像注册中心进行同步和交互。

3. Harbor 配置需求

为了有更好的体验效果，在部署 Harbor 应用系统时需要满足一定的软硬件环境，以演示环境采用当前最新的 Harbor 2.11.0 稳定版为例，硬件资源环境需求见表 2-5。

表 2-5　硬件资源环境需求

类　型	最 小 配 置	推 荐 配 置
CPU	2 CPU	4 CPU
内存	4GB	8GB
存储	40GB	160GB

Harbor 应用系统正常运行所依赖的软件资源环境需求见表 2-6。

表 2-6　软件资源环境需求

类　型	说　明
DockerEngine	版本不低于 20.10.10-ce
Docker Compose	如果是 v1 版本,则 Docker Compose 版本不低于 v1.18.0 或者使用 v2 版本
OpenSSL	采用最新版本(可以通过软件更新的方式获取最新版本)

最后,运行 Harbor 应用系统的宿主机需要开放的服务器端口,见表 2-7。

表 2-7　开放的服务器端口

端　口	协 议 类 型
443	HTTPS
4443	HTTPS
80	HTTP

注意:随着 Harbor 版本的更新迭代,所需的资源配置也会发生变化,最新的配置需求可参看 Harbor 官方网站 https://goharbor.io/。

4. 部署 Harbor

Harbor 版本与之适配的节点环境准备完成后即可开始部署,演示环境节点信息见表 2-8。

表 2-8　演示环境节点信息

类　型	说　明
主机名	node01
IP 地址	192.168.79.181
Docker Engine	27.3.1
Docker Compose	v2.29.7
OpenSSL	3.0.2-0Ubuntu1.18
Harbor 服务域名	registry.test.com

1) 下载 Harbor 相关软件包

部署 Harbor 前需要先下载离线安装包和公钥,命令如下:

```
# 下载 Harbor 离线安装包
wget https://github.com/goharbor/harbor/releases/download/v2.11.1/harbor-offline-installer-v2.11.1.tgz
```

```
#下载 Harbor 公钥
wget https://github.com/goharbor/harbor/releases/download/v2.11.1/harbor - offline - installer -
v2.11.1.tgz.asc
```

相关软件包下载完成后基于安全原因,需要对 Harbor 离线安装进行验证,防止文件被篡改,命令如下:

```
#从已下载的 * .asc 文件内获取公钥信息
sudo gpg -- keyserver hkps://keyserver.ubuntu.com -- receive - keys 644FF454C0B4115C
sudo gpg - v -- keyserver hkps://keyserver.ubuntu.com -- verify harbor - offline - installer - v2.
11.1.tgz.asc
```

命令执行过程中的信息如图 2-3 所示。

```
user01@node01:~/harbor$ sudo gpg --keyserver hkps://keyserver.ubuntu.com --receive-keys 644FF454C0B4115C
[sudo] password for user01:
gpg: directory '/root/.gnupg' created
gpg: keybox '/root/.gnupg/pubring.kbx' created
gpg: /root/.gnupg/trustdb.gpg: trustdb created
gpg: key 644FF454C0B4115C: public key "Harbor-sign (The key for signing Harbor build) <jiangd@vmware.com>" imported
gpg: Total number processed: 1
gpg:               imported: 1
user01@node01:~/harbor$ sudo gpg -v --keyserver hkps://keyserver.ubuntu.com --verify harbor-offline-installer-v2.11.1.tgz.asc
gpg: assuming signed data in 'harbor-offline-installer-v2.11.1.tgz'
gpg: Signature made Thu Aug 15 10:09:24 2024 UTC
gpg:               using RSA key 7722D168DAEC457806C96FF9644FF454C0B4115C
gpg: using pgp trust model
gpg: Good signature from "Harbor-sign (The key for signing Harbor build) <jiangd@vmware.com>" [unknown]
gpg: WARNING: This key is not certified with a trusted signature!
gpg:          There is no indication that the signature belongs to the owner.
Primary key fingerprint: 7722 D168 DAEC 4578 06C9  6FF9 644F F454 C0B4 115C
gpg: binary signature, digest algorithm SHA512, key algorithm rsa4096
```

图 2-3 验证 Harbor 软件包

2)配置 HTTPS

在默认情况下,访问 Harbor 服务可以直接使用 HTTP 连接,但是在网络安全日益严峻的环境下,这并不是最优的解决方案。当前主流的方案是启用证书,证书既可以是受信任的第三方 CA 签名的证书,也可以使用自签名证书。以下将演示如何创建、配置自签名证书,其关键操作步骤如下。

(1)生成 CA 证书。

例如,域名为 test.com,生成 CA 证书的命令如下:

```
#生成私有证书的密钥
sudo openssl genrsa - out ca.key 4096
#生成 CA 证书
sudo openssl req - x509 - new - nodes - sha512 - days 3650 \
 - subj "/C = CN/ST = Beijing/L = Beijing/O = example/OU = Personal/CN = test.com" \
 - key ca.key \
 - out ca.crt
```

注意:在创建自签名证书时可以依据自身的实际情况修改相关参数信息,例如组织、域名等。

（2）生成服务器证书。

以域名 test.com 为例，生成服务器证书的命令如下：

```
＃生成私钥，其命令如下
sudo openssl genrsa － out test.com.key 4096

＃生成证书签名请求
sudo openssl req － sha512 － new \
－ subj "/C＝CN/ST＝Beijing/L＝Beijing/O＝example/OU＝Personal/CN＝test.com" \
－ key test.com.key \
－ out test.com.csr

＃生成 x509 v3 文件
sudo cat > v3.ext << － EOF
authorityKeyIdentifier＝keyid,issuer
basicConstraints＝CA:FALSE
keyUsage ＝ digitalSignature, nonRepudiation, keyEncipherment, dataEncipherment
extendedKeyUsage ＝ serverAuth
subjectAltName ＝ @alt_names

[alt_names]
DNS.1＝test.com
DNS.2＝test
DNS.3＝hostname
EOF

＃基于 v3.ext 生成 Harbor 主机证书
sudo openssl x509 － req － sha512 － days 3650 \
－ extfile v3.ext \
－ CA ca.crt － CAkey ca.key － CAcreateserial \
－ in test.com.csr \
－ out test.com.crt
```

命令执行的过程如图 2-4 所示。

3）配置 Harbor 启用自签名证书

一旦 CA 证书、自签名证书准备完成，就可以配置 Harbor 启用自签名证书，关键步骤如下。

（1）复制证书文件。

将证书等相关文件复制至节点服务器的/data/cert 目录，命令如下：

```
＃创建/data/cert 目录
sudo mkdir － p /data/cert/
＃复制证书文件
sudo cp test.com.crt /data/cert/
sudo cp test.com.key /data/cert
```

（2）启用证书。

配置、启用证书的命令如下：

```
user01@node01:~$ sudo openssl genrsa -out test.com.key 4096
user01@node01:~$ sudo openssl req -sha512 -new \
-subj "/C=CN/ST=Beijing/L=Beijing/O=example/OU=Personal/CN=test.com" \
-key test.com.key \
-out test.com.csr
user01@node01:~$ sudo cat > v3.ext <<-EOF
authorityKeyIdentifier=keyid,issuer
basicConstraints=CA:FALSE
keyUsage = digitalSignature, nonRepudiation, keyEncipherment, dataEncipherment
extendedKeyUsage = serverAuth
subjectAltName = @alt_names

[alt_names]
DNS.1=test.com
DNS.2=test
DNS.3=hostname
EOF
user01@node01:~$ sudo openssl x509 -req -sha512 -days 3650 \
-extfile v3.ext \
-CA ca.crt -CAkey ca.key -CAcreateserial \
-in test.com.csr \
-out test.com.crt
Certificate request self-signature ok
subject=C = CN, ST = Beijing, L = Beijing, O = example, OU = Personal, CN = test.com
```

图 2-4　生成服务器证书

```
# 证书格式转换
sudo openssl x509 - inform PEM - in test.com.crt - out test.com.cert
# 复制证书文件
sudo mkdir - p /etc/docker/certs.d/test.com/
sudo cp test.com.cert /etc/docker/certs.d/test.com/
sudo cp test.com.key /etc/docker/certs.d/test.com/
sudo cp ca.crt /etc/docker/certs.d/test.com/
# 重启 Docker 服务
sudo systemctl restart docker
```

(3) 编辑 Harbor 配置文件。

Harbor 应用中启用自签名证书还有最关键的一环,即需要在 Harbor 的配置文件中指定启用证书的路径,命令如下:

```
# 解压 Harbor 离线安装包 harbor - offline - installer - v2.11.1.tgz
tar zxvf harbor - offline - installer - v2.11.1.tgz
```

离线安装包解压后的文件存储在当前目录的 harbor 目录下,需要将该目录下的 harbor.yml.tmpl 文件复制或者重命名为 harbor.yml,命令如下:

```
# 复制配置文件
cp harbor.yml.tmpl harbor.yml
```

然后编辑 harbor.yml 文件的内容,关键代码如下:

```
# 配置访问 Harbor 的域名
hostname: registry.test.com
# 配置自签名证书的路径
https:
  # https port for harbor, default is 443
  port: 443
  # The path of cert and key files for nginx
  certificate: /data/cert/test.com.crt
  private_key: /data/cert/test.com.key
# 配置访问密码
harbor_admin_password: Harbor12345
# 配置数据库相关参数
database:
  # The password for the root user of Harbor DB. Change this before any production use.
  password: root123
  # The maximum number of connections in the idle connection pool. If it <= 0, no idle
# connections are retained.
  max_idle_conns: 100
  # The maximum number of open connections to the database. If it <= 0, then there is no limit
# on the number of open connections.
  # Note: the default number of connections is 1024 for postgres of harbor.
  max_open_conns: 900
  # The maximum amount of time a connection may be reused. Expired connections may be closed
# lazily before reuse. If it <= 0, connections are not closed due to a connection's age.
  # The value is a duration string. A duration string is a possibly signed sequence of decimal
# numbers, each with optional fraction and a unit suffix, such as "300ms", " - 1.5h" or "2h45m".
# Valid time units are "ns", "us" (or "?s)", "ms", "s", "m", "h".
  conn_max_lifetime: 5m
  # The maximum amount of time a connection may be idle. Expired connections may be closed lazily
# before reuse. If it <= 0, connections are not closed due to a connection's idle time.
  # The value is a duration string. A duration string is a possibly signed sequence of decimal
# numbers, each with optional fraction and a unit suffix, such as "300ms", " - 1.5h" or "2h45m".
# Valid time units are "ns", "us" (or "?s)", "ms", "s", "m", "h".
  conn_max_idle_time: 0
# 配置数据卷
# The default data volume
data_volume: /data
```

注意：配置文件 harbor.yml 的相关参数选项可以依据自身的实际情况进行修改，例如访问 Harbor 的域名、用户访问的端口、访问密码、数据库授权密码等。

4）部署 Harbor

证书及配置等必要环境准备完成后，可以执行命令进行部署，命令如下：

```
# 切换至离线安装包解压后的 harbor 目录内
cd harbor
# 检查并准备环境
sudo ./prepare
```

利用离线安装包内的 prepare 脚本自动检测本地节点是否具备 Harbor 运行的相关资源,例如镜像等资源,如图 2-5 所示。

```
user01@node01:~/harbor$ sudo ./prepare
[sudo] password for user01:
prepare base dir is set to /home/user01/harbor
Unable to find image 'goharbor/prepare:v2.11.1' locally
v2.11.1: Pulling from goharbor/prepare
21fde6fe7256: Pull complete
e7d411dc7b71: Pull complete
956686c6154d: Pull complete
ccc241b37d9f: Pull complete
3987a6241b04: Pull complete
e5d1bb106ead: Pull complete
ab6fb87032e7: Pull complete
b4af08cd7f0c: Pull complete
55da78465c7e: Pull complete
cccf92d2dec0: Pull complete
Digest: sha256:35dbf7b4293e901e359dbf065ed91d9e4a0de371898da91a3b92c3594030a88c
Status: Downloaded newer image for goharbor/prepare:v2.11.1
Generated configuration file: /config/portal/nginx.conf
Generated configuration file: /config/log/logrotate.conf
Generated configuration file: /config/log/rsyslog_docker.conf
Generated configuration file: /config/nginx/nginx.conf
Generated configuration file: /config/core/env
Generated configuration file: /config/core/app.conf
Generated configuration file: /config/registry/config.yml
Generated configuration file: /config/registryctl/env
Generated configuration file: /config/registryctl/config.yml
Generated configuration file: /config/db/env
Generated configuration file: /config/jobservice/env
Generated configuration file: /config/jobservice/config.yml
Generated and saved secret to file: /data/secret/keys/secretkey
```

图 2-5   运行 prepare 脚本检查环境

prepare 脚本成功运行后,即可执行 harbor 目录下的 install 脚本进行 Harbor 的部署,命令如下:

```
sudo ./install.sh
```

install.sh 脚本的执行内容分为环境检测、镜像加载、加载配置、启动服务等环节,其命令输出信息如下:

```
user01@node01:~/harbor$ sudo ./install.sh

[Step 0]: checking if docker is installed ...

Note: docker version: 27.3.1

[Step 1]: checking docker - compose is installed ...
```

```
Note: Docker Compose version v2.29.7

[Step 2]: loading Harbor images ...
Loaded image: goharbor/prepare:v2.11.1
59cd002b46d2: Loading layer [ ========================================
==>]            21.86MB/21.86MB
2e8f9fa1e5f5: Loading layer [ ========================================
==>]            175MB/175MB
ecd34246c904: Loading layer [ ========================================
==>]            26.04MB/26.04MB
d8b960cafd25: Loading layer [ ========================================
==>]            18.54MB/18.54MB
410dc4347a57: Loading layer [ ========================================
==>]            5.12kB/5.12kB
80921caabb24: Loading layer [ ========================================
==>]            6.144kB/6.144kB
e91542fda4dd: Loading layer [ ========================================
==>]            3.072kB/3.072kB
df3f2e9dd439: Loading layer [ ========================================
==>]            2.048kB/2.048kB
d8facbd2a6c0: Loading layer [ ========================================
==>]            2.56kB/2.56kB
4715dde7127c: Loading layer [ ========================================
==>]            7.68kB/7.68kB
Loaded image: goharbor/harbor-db:v2.11.1
926647c50af4: Loading layer [ ========================================
==>]            17.23MB/17.23MB
99ff9f9dc8ce: Loading layer [ ========================================
==>]            28.75MB/28.75MB
99078c9b3a60: Loading layer [ ========================================
==>]            4.608kB/4.608kB
fe5588cde585: Loading layer [ ========================================
==>]            29.54MB/29.54MB
Loaded image: goharbor/harbor-exporter:v2.11.1
4ec814cdc7b2: Loading layer [ ========================================
==>]            21.86MB/21.86MB
235f2878bf8a: Loading layer [ ========================================
==>]            110.5MB/110.5MB
cdccfb99123c: Loading layer [ ========================================
==>]            3.072kB/3.072kB
c7ea796bb849: Loading layer [ ========================================
==>]            59.9kB/59.9kB
f8a27040ef0d: Loading layer [ ========================================
==>]            61.95kB/61.95kB
Loaded image: goharbor/redis-photon:v2.11.1
7a130cf406bb: Loading layer [ ========================================
==>]            121.1MB/121.1MB
Loaded image: goharbor/nginx-photon:v2.11.1
```

```
7786af5594f6: Loading layer [ ==================================================
==>]                    121.1MB/121.1MB
0c39daf00027: Loading layer [ ==================================================
==>]                    6.703MB/6.703MB
c9af590a487f: Loading layer [ ==================================================
==>]                    251.9kB/251.9kB
9ba79732c750: Loading layer [ ==================================================
==>]                    1.477MB/1.477MB
Loaded image: goharbor/harbor-portal:v2.11.1
2124fec7bf7d: Loading layer [ ==================================================
==>]                    17.23MB/17.23MB
257165566506: Loading layer [ ==================================================
==>]                    3.584kB/3.584kB
71c6cf01ef4c: Loading layer [ ==================================================
==>]                    2.56kB/2.56kB
e6aaf52bc017: Loading layer [ ==================================================
==>]                    67.13MB/67.13MB
ac2b2a90f17c: Loading layer [ ==================================================
==>]                    5.632kB/5.632kB
2deff795bee3: Loading layer [ ==================================================
==>]                    125.4kB/125.4kB
e4bd545de86d: Loading layer [ ==================================================
==>]                    201.7kB/201.7kB
847012124c72: Loading layer [ ==================================================
==>]                    68.25MB/68.25MB
d1601b055891: Loading layer [ ==================================================
==>]                    2.56kB/2.56kB
Loaded image: goharbor/harbor-core:v2.11.1
e4f7bca07127: Loading layer [ ==================================================
==>]                    130.8MB/130.8MB
3d744fdec5a0: Loading layer [ ==================================================
==>]                    3.584kB/3.584kB
e2c98f9cef30: Loading layer [ ==================================================
==>]                    3.072kB/3.072kB
cbe22372d70a: Loading layer [ ==================================================
==>]                    2.56kB/2.56kB
c3cc060f064c: Loading layer [ ==================================================
==>]                    3.072kB/3.072kB
184ad5ccf4f4: Loading layer [ ==================================================
==>]                    3.584kB/3.584kB
4a30d6215ed7: Loading layer [ ==================================================
==>]                    20.48kB/20.48kB
Loaded image: goharbor/harbor-log:v2.11.1
d2e836032dca: Loading layer [ ==================================================
==>]                    17.23MB/17.23MB
6159b9476a38: Loading layer [ ==================================================
==>]                    3.584kB/3.584kB
6cd40121c7f9: Loading layer [ ==================================================
==>]                    2.56kB/2.56kB
```

```
ab578d976e3e: Loading layer [ ==================================================
==>]              54.27MB/54.27MB
74d4b342c232: Loading layer [ ==================================================
==>]              55.06MB/55.06MB
Loaded image: goharbor/harbor-jobservice:v2.11.1
a370043a2cd6: Loading layer [ ==================================================
==>]              14.22MB/14.22MB
068c345c0269: Loading layer [ ==================================================
==>]              4.096kB/4.096kB
24607b1b1b88: Loading layer [ ==================================================
==>]              17.86MB/17.86MB
d460b7320fa0: Loading layer [ ==================================================
==>]              3.072kB/3.072kB
41f6293d43da: Loading layer [ ==================================================
==>]              38.93MB/38.93MB
47c258cefc9f: Loading layer [ ==================================================
==>]              57.57MB/57.57MB
Loaded image: goharbor/harbor-registryctl:v2.11.1
b020161dfc96: Loading layer [ ==================================================
==>]              14.22MB/14.22MB
660cc2bb7fc2: Loading layer [ ==================================================
==>]              4.096kB/4.096kB
093817c1779d: Loading layer [ ==================================================
==>]              3.072kB/3.072kB
baa5b276e894: Loading layer [ ==================================================
==>]              17.86MB/17.86MB
4db5e5303fdc: Loading layer [ ==================================================
==>]              18.65MB/18.65MB
Loaded image: goharbor/registry-photon:v2.11.1
cf045d0bacdb: Loading layer [ ==================================================
==>]              14.73MB/14.73MB
7b3be75d25ec: Loading layer [ ==================================================
==>]              4.096kB/4.096kB
300144cef16c: Loading layer [ ==================================================
==>]              3.072kB/3.072kB
20b0983274b3: Loading layer [ ==================================================
==>]              127.1MB/127.1MB
c64d3b51f3b9: Loading layer [ ==================================================
==>]              14.89MB/14.89MB
ecf40289f004: Loading layer [ ==================================================
==>]              142.7MB/142.7MB
Loaded image: goharbor/trivy-adapter-photon:v2.11.1


[Step 3]: preparing environment ...

[Step 4]: preparing harbor configs ...
prepare base dir is set to /home/user01/harbor
Clearing the configuration file: /config/portal/nginx.conf
```

```
Clearing the configuration file: /config/log/logrotate.conf
Clearing the configuration file: /config/log/rsyslog_docker.conf
Clearing the configuration file: /config/nginx/nginx.conf
Clearing the configuration file: /config/core/env
Clearing the configuration file: /config/core/app.conf
Clearing the configuration file: /config/registry/passwd
Clearing the configuration file: /config/registry/config.yml
Clearing the configuration file: /config/registryctl/env
Clearing the configuration file: /config/registryctl/config.yml
Clearing the configuration file: /config/db/env
Clearing the configuration file: /config/jobservice/env
Clearing the configuration file: /config/jobservice/config.yml
Generated configuration file: /config/portal/nginx.conf
Generated configuration file: /config/log/logrotate.conf
Generated configuration file: /config/log/rsyslog_docker.conf
Generated configuration file: /config/nginx/nginx.conf
Generated configuration file: /config/core/env
Generated configuration file: /config/core/app.conf
Generated configuration file: /config/registry/config.yml
Generated configuration file: /config/registryctl/env
Generated configuration file: /config/registryctl/config.yml
Generated configuration file: /config/db/env
Generated configuration file: /config/jobservice/env
Generated configuration file: /config/jobservice/config.yml
loaded secret from file: /data/secret/keys/secretkey
Generated configuration file: /compose_location/docker-compose.yml
Clean up the input dir


Note: stopping existing Harbor instance ...
WARN[0000] /home/user01/harbor/docker-compose.yml: the attribute `version` is obsolete, it
will be ignored, please remove it to avoid potential confusion


[Step 5]: starting Harbor ...
WARN[0000] /home/user01/harbor/docker-compose.yml: the attribute `version` is obsolete, it
will be ignored, please remove it to avoid potential confusion
[ + ] Running 10/10
 ✓ Network harbor_harbor        Created              0.1s
 ✓ Container harbor-log         Started              0.6s
 ✓ Container registry           Started              1.4s
 ✓ Container harbor-portal      Started              1.3s
 ✓ Container harbor-db          Started              1.6s
 ✓ Container redis              Started              1.2s
 ✓ Container registryctl        Started              1.6s
 ✓ Container harbor-core        Started              1.9s
 ✓ Container nginx              Started              2.6s
 ✓ Container harbor-jobservice  Started              2.5s
 ✓ ----Harbor has been installed and started successfully. ----
```

当显示"Harbor has been installed and started successfully."时,表示 Harbor 已经被成功安装并运行正常,此时就可以通过浏览器的方式访问私有镜像仓库 Harbor。

注意:install. sh 脚本在执行过程中显示的警告信息是由于在新的 Docker Compose v2 版本中弃用了 docker-compose. yaml 内自定义版本号的字段,处理的方法是删除 harbor/docker-compose. yaml 内的首行 version 字段。

5. 验证 Harbor 可用性

Harbor 部署成功后,首先采用浏览器的方式访问 Harbor 私有镜像仓库(https://registry. test. com),如图 2-6 所示。

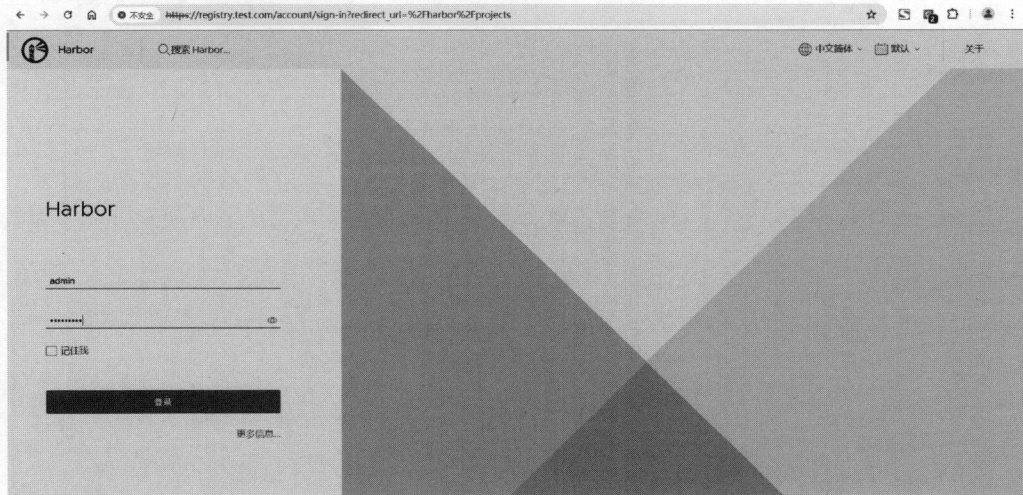

图 2-6 Harbor 登录界面

注意:由于演示环境所使用的 registry. test. com 域名是自定义的,因此在使用该域名访问 Harbor 应用系统时需要在 hosts 文件内添加名称解析(192.168.79.181 registry. test. com)。

在登录界面输入用户名 admin,密码 Harbo12345,单击"登录"按钮完成登录,如图 2-7 所示。

Harbor 部署并运行成功后,系统会默认创建一个公开的 library 项目,在实际生产活动中,可以依据自身需求定义不同的项目并设置对应的访问权限。单击项目 library 可以看到该项目的其他相关选项,例如项目概要、镜像仓库、成员信息等,如果需要查看该项目下的镜像仓库如何推送镜像,则可单击镜像仓库选项下的推送命令选项,如图 2-8 所示。

例如,在 library 项目下推送 Docker 镜像的语法命令如下:

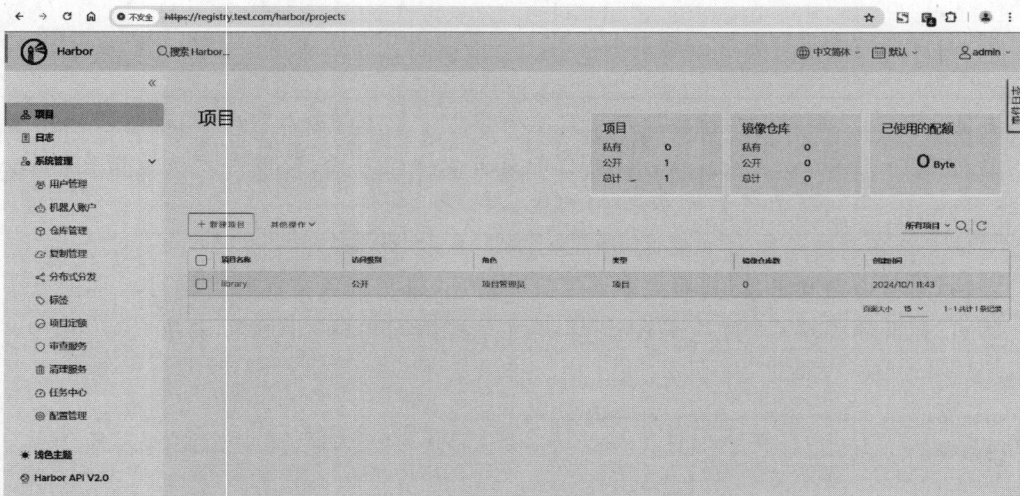

图 2-7 Harbor 管理界面

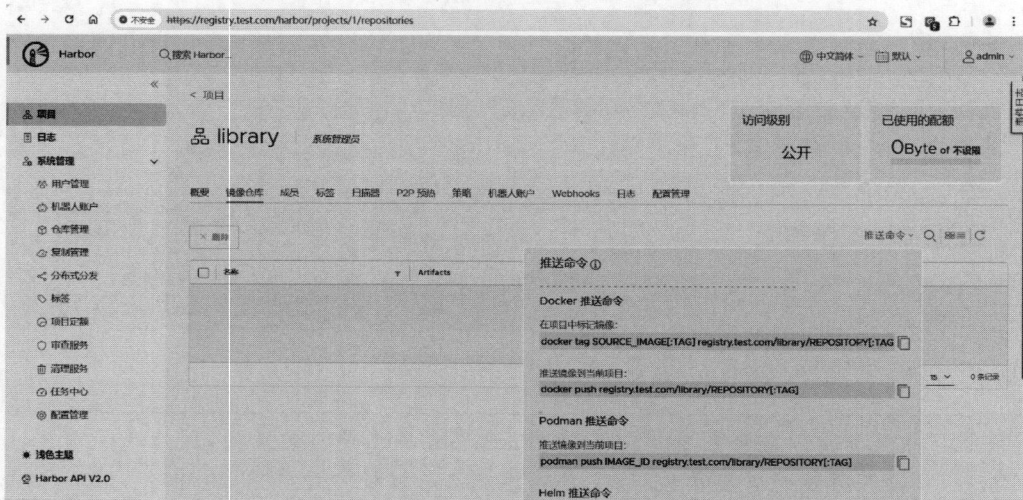

图 2-8 查看镜像仓库的推送命令

```
#在项目中标记镜像
docker tag SOURCE_IMAGE[:TAG] registry.test.com/library/REPOSITORY[:TAG]
#将镜像推送至当前 library 项目
docker push registry.test.com/library/REPOSITORY[:TAG]
```

接下来登录 Harbor 节点服务器,首先在/etc/hosts 文件内配置 registry.test.com 域名解析,代码如下:

```
192.168.79.181 registry.test.com
```

其次,在/etc/docker/daemon.json 配置文件内添加私有镜像仓库信息(如果该文件不

存在,则需要手动创建),代码如下:

```
{
    "insecure - registries": ["https://registry.test.com"]
}
```

代码添加完成后重新加载 Docker 服务、Harbor 服务,命令如下:

```
♯重新加载 Docker 配置,重启 Docker 服务
sudo systemctl daemon - reload
sudo systemctl restart docker
♯切换至 harbor 目录并启动 Harbor 服务
cd harbor
sudo docker compose up - d
```

命令执行的过程如图 2-9 所示。

```
user01@node01:~$ sudo systemctl daemon-reload
user01@node01:~$ sudo systemctl restart docker
user01@node01:~$ cd harbor/
user01@node01:~/harbor$ sudo docker compose up -d
[+] Running 9/7
 ✓ Container harbor-log        Running                                              0.0s
 ✓ Container harbor-db         Running                                              0.0s
 ✓ Container registry          Running                                              0.0s
 ✓ Container harbor-portal     Started                                              0.9s
 ✓ Container registryctl       Started                                              0.9s
 ✓ Container redis             Started                                              1.0s
 ✓ Container harbor-core       Started                                              1.4s
 ✓ Container nginx             Started                                              0.0s
 ✓ Container harbor-jobservice Started                                              0.0s
```

图 2-9　开启 Harbor 服务

再次,在节点服务使用命令行模式登录 Harbor,并上传测试镜像 busybox:20241001,命令如下:

```
♯登录 Harbor
sudo docker login registry.test.com
♯上传测试镜像 busybox:20241001
sudo docker tag busybox registry.test.com/library/busybox:20241010
sudo docker push registry.test.com/library/busybox:20241010
```

命令执行的过程如图 2-10 所示。

```
user01@node01:~/harbor$ sudo docker login registry.test.com
Username: admin
Password:
WARNING! Your password will be stored unencrypted in /root/.docker/config.json.
Configure a credential helper to remove this warning. See
https://docs.docker.com/engine/reference/commandline/login/#credential-stores

Login Succeeded
user01@node01:~/harbor$ sudo docker tag busybox registry.test.com/library/busybox:20241010
user01@node01:~/harbor$ sudo docker push registry.test.com/library/busybox:20241010
The push refers to repository [registry.test.com/library/busybox]
e215fa422c60: Pushed
20241010: digest: sha256:0124622a5e535aa839c9f2d58ae95be4202bbeb2bb32917f4feaef28ab9cff44 size: 527
```

图 2-10　登录镜像仓库并上传镜像

最后,通过浏览器方式登录 Harbor 并查看 library 项目的镜像仓库选项,这样就可以看到上传的测试镜像,如图 2-11 所示。

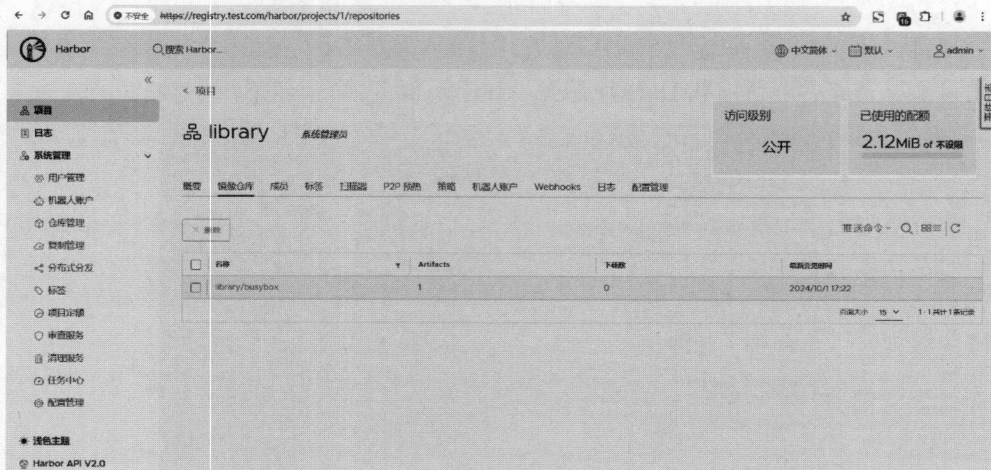

图 2-11　查看测试镜像

注意:客户端使用 registry.test.com 镜像仓库时,只需在节点服务的配置文件/etc/docker/daemon.json 内添加私有镜像网址(配置文件修改后一定要重新加载配置并重启 Docker 服务)。

至此,专属的 Harbor 私有镜像仓库部署并验证完成,接下来可以上传、下载、分享及管理属于自己的镜像和镜像仓库。

2.2　Docker Swarm

Docker Swarm 是 Docker 官方提供的容器编排和管理工具,用于管理跨主机节点的容器化应用。它以部署简单快捷、易管理而受到众多企业的青睐,尤其适合中小规模的项目、快速构建的开发测试环境及以学习为目的的众多应用场景。首先 Docker Engine 集成了集群管理功能,可以直接使用 Docker Engine 的命令行模式创建、管理 Docker Swarm 集群。其次,Docker Swarm 的去中心化设计,即在部署时可以将任意节点作为管理节点初始化集群,使部署变得更简单。由于 Docker Swarm 使用了声明式服务模式,它可以让用户自定义应用堆栈中各种服务的状态,然后是 Docker Swarm 的高可用性和扩展性,是通过在集群中的不同节点上复制服务实例和服务发现机制来提升系统的可用性,它还可以使用简单的命令,例如 docker service scale,快速地对服务实例进行扩缩。Docker Swarm 的多主机网络和负载均衡是通过覆盖网络(Overlay Network)技术实现容器跨主机通信,同时 Docker Swarm 原生支持负载均衡,因此它可以自动地将请求分配到集群的不同节点,避免单个节点过载而导致的服务响应性能降低的情况发生。最后,Docker Swarm 提供了默认的安全规则和滚动更新功能,集群中的各个节点均强制采用传输层加密(Transport Layer Security, TLS)的方式提升节点间的通信安全。与此同时 Docker Swarm 还具有滚动更新功能,它允许用户对服务进行更新或者回滚到特定的版本。

但是 Docker Swarm 的不足也非常明显,虽然 Docker Swarm 简化了容器编排和管理,但在实际应用过程中尤其是在大规模生产集群环境中其配置和管理就相对复杂,另外最重要的一点是,Docker Swarm 的社区支持和生态建设略有不足,这就导致用户在使用过程中遇到问题时难以获得及时有效的帮助和支持。

2.2.1 Docker Swarm 的基础架构

一个典型的 Docker Swarm 集群包含一个或多个管理节点(Manager Node),以及若干工作节点(Worker Node),其典型架构如图 2-12 所示。

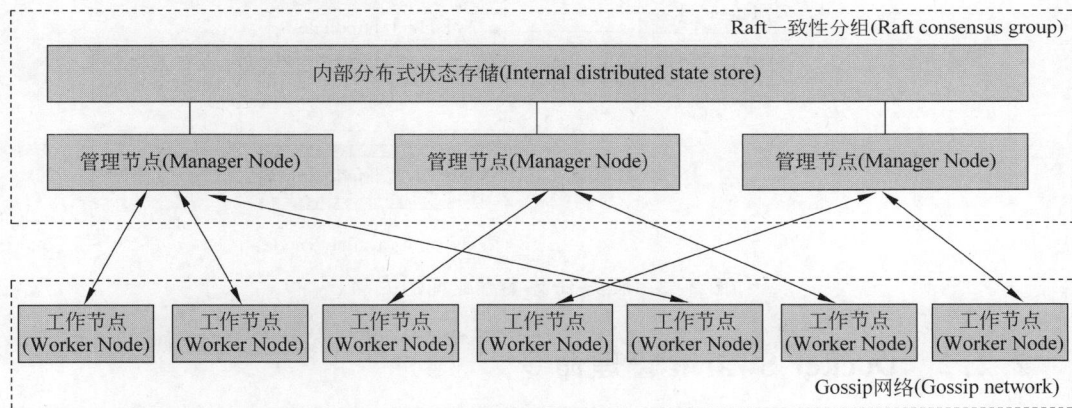

图 2-12 Docker Swarm 典型架构图

其中管理节点的主要功能是负责执行容器编排和集群的管理工作,保持集群可以正常工作,而工作节点用于接受并执行由管理节点分配的任务,在默认情况下管理节点也是一个工作节点,只是由它负责编排和管理工作而已。在企业实际生产环境中,为了增强 Docker Swarm 集群的容错功能,通常情况下会采用部署多管理节点的方案,见表 2-9。

表 2-9 多管理节点的方案

管理节点数量/个	最多容忍管理节点失效的数量/个
3	1
5	2
7	3

注意:在一个 Docker Swarm 集群中,官方给出的建议是管理节点最多有 7 个。

当需要在 Docker Swarm 集群内发布服务时,首先登录管理节点创建服务,一旦服务被创建,集群中的管理节点就会根据已定义的服务配置和集群资源情况,将任务分配置给工作节点执行,工作节点在接收到任务后会根据管理节点下发的任务配置启动相关容器。在整个发布过程中管理节点会持续监控集群中各个任务的状态,以确保所有任务按照预期运行。如果某项任务失败,则 Swarm 会自动尝试将任务重新调度至其他健康节点上继续执行。在上述服务发布过程中涉及服务、任务和容器 3 个关键要素,下面以发布 3 个副本的 httpd 服务为示例,展示服务发布过程中 3 个关键要素之间的关系,如图 2-13 所示。

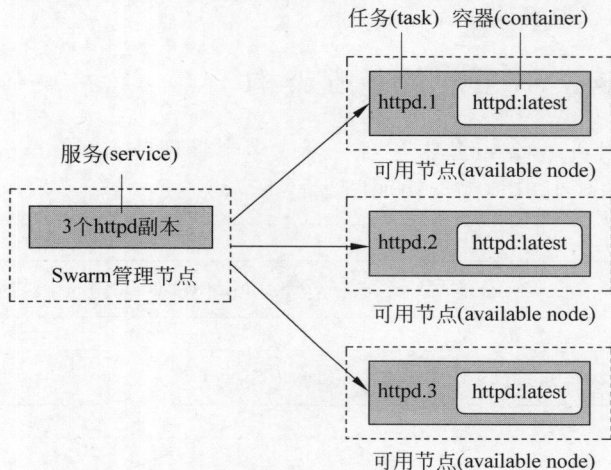

图 2-13　服务-任务-容器之间的关系

2.2.2　Docker Swarm 管理命令

Docker Swarm 的管理命令可以分为集群(Docker Swarm)管理命令、节点(Docker Node)管理命令和服务(Docker Service)管理命令 3 种类型。

首先,集群管理命令 docker swarm 的主要功能是管理 Swarm 集群,例如初始化集群、管理集群令牌、集群节点的添加与删除等,集群管理子命令见表 2-10。

表 2-10　集群管理子命令

命　　令	功 能 说 明
docker swarm init	初始化集群
docker swarm join	将节点加入集群
docker swarm join-token	管理加入令牌
docker swarm leave	从集群中删除某个节点,强制删除需要加参数--force
docker swarm update	更新集群
docker swarm unlock	解锁集群

例如,创建一个集群的语法命令如下:

```
sudo docker swarm init -- advertise - addr < MANAGER - IP >
```

语法命令中的参数--advertise-addr 用于指定管理节点 IP。

其次,集群节点管理命令 docker node 的主要功能是管理集群中的节点,例如显示节点的详细信息、显示节点状态、显示节点上运行的任务、将集群节点的功能提升为管理节点或者将管理节点降级为工作节点等,集群节点管理子命令见表 2-11。

表 2-11　集群节点管理子命令

命　　　令	功　能　说　明
docker node demote	将集群中的一个或多个节点降级
docker node inspect	显示一个或多个节点的详细信息
docker node ls	列出集群中的节点
docker node promote	将一个或多个节点提升为管理节点
docker node rm	从集群中删除停止的节点,--force 为强制删除参数
docker node ps	列出一个或多个节点上运行的任务
docker node update	更新节点

例如,查看集群所有节点,命令如下:

```
sudo docker node ls
```

最后,集群服务管理命令 docker service 的主要功能是管理集群中的服务,例如创建服务、显示服务详细信息、删除服务、更新服务等,集群服务管理子命令见表 2-12。

表 2-12　集群服务管理子命令

命　　　令	功　能　说　明
docker service create	创建一个新的服务
docker service inspect	列出一个或多个服务的详细信息
docker service ps	列出一个或多个服务中的任务信息
docker service ls	列出服务
docker service rm	删除一个或多个服务
docker service scale	缩放一个或多个服务
docker service update	更新服务

例如,创建基于 httpd 镜像的两个副本服务 myweb,对外暴露的端口为 8080,创建服务的命令如下:

```
sudo docker service create \
-- replicas 2 \
-- name myweb \
- p 8080:80 \
httpd
```

从创建服务的命令中不难发现,使用命令行模式发布服务简单,但是不利于后期对服务进行管理。那么有没有便于维护的服务发布方式呢？答案是肯定的。官方提供了 Docker Stack 方式管理完整的应用程序堆栈。

2.2.3　Docker Stack 介绍

Docker Stack 是 Docker 原生的编排工具,在 Docker Swarm 模式下它是通过单个 Docker Compose 文件来定义和管理应用的多个服务,这种方式极大地简化了集群环境中应用的部署与维护工作。当基于 Docker Stack 管理集群中的服务时,它的工作流程如下。

首先,编写自定义服务信息的 Compose 文件,例如镜像、服务器端口、网络、卷等资源,以及它们之间的依赖关系。compose.yaml 文件中的示例代码如下:

```
version: '3.1'
services:
 web01:
   image: httpd:alpine
   ports:
     - "81:80"                        ♯将主机端口 81 映射到容器的 80 端口
   deploy:
     mode: replicated                 ♯将部署模式定义为复制模式
     replicas: 1                      ♯定义副本数

 web02:
   image: nginx
   ports:
     - "82:80"
   deploy:
     mode: replicated
     replicas: 2
```

其次,使用 docker stack deploy 命令创建堆栈(stack),该命令会解析已经定义的 Compose 文件,并根据文件已定义的资源信息创建相应的服务、网络和卷,命令如下:

```
sudo docker stack deploy -- compose - file compose.yml stackdemo
```

其中,参数--compose-file 用于指定 Compose 文件,stackdemo 表示创建堆栈的名称。一旦堆栈被创建,Swarm 集群就会根据定义的服务和资源需求将服务调度到集群的合适节点,此时调度算法会参考节点的可用资源、健康状态、负载情况等相关因素。

然后 Docker Swarm 会为每个服务创建一个虚拟的 DNS 名称,使在同一集群内的其他服务可以通过该域名访问对应的服务。同时 Docker Swarm 还内置了一个负载均衡器,用于将流量分发到不同的服务器节点,以实现负载均衡。

最后,可以用 Docker Stack 的其他相关指令完成对服务的生命周期管理,例如启动、停止、更新、删除应用服务等,典型的 Docker Stack 命令见表 2-13。

表 2-13　Docker Stack 命令

命　　令	功　能　说　明
docker stack config	在进行合并和插值之后,输出最终的配置文件
docker stack deploy	部署或更新 stack
docker stack ls	列出 swarm 集群内已部署的 stack
docker stack ps	列出已部署的 stack 内的任务
docker stack rm	从 swarm 集群内移除一个或多个 stack
docker stack services	列出 stack 内的服务

2.2.4　部署实战：Docker Swarm 环境部署

人们常讲"千学不如一看,千看不如一练",接下来开始动手部署属于自己的 Docker Swarm 集群环境。

1. 开放端口

在企业的实际生产活动中,集群节点间通常会有安全规则的限制,这就需要依据时间情况对服务器节点开放特定的端口。如果在 Docker Swarm 集群环境中启用了防火墙规则,则需要集群节点开放特定端口,见表 2-14。

表 2-14　集群节点开放特定端口

端　　口	说　　明
2377/tcp	用于管理节点之间的通信
7946/tcp,7946/udp	用于覆盖网络节点发现
4789/udp	用于覆盖网络流量

2. 网络规划

集群各节点的网络地址在规划时建议采用静态 IP 地址,同时避免主机节点名称、网络地址冲突。演示环境的网络地址规划见表 2-15。

表 2-15　网络地址规划

主　机　名	IP 地址	说　　明
mg01	ens33:192.168.79.181 ens34:192.168.172.181	管理节点 01
mg02	ens33:192.168.79.182 ens34:192.168.172.182	管理节点 02
mg03	ens33:192.168.79.183 ens34:192.168.172.183	管理节点 03
worker01	ens33:192.168.79.185 ens34:192.168.172.185	工作节点 01
worker02	ens33:192.168.79.186 ens34:192.168.172.186	工作节点 02

3. 节点环境准备

节点环境准备阶段至关重要,它会直接影响后续集群的正常运行。以节点 mg01 的相关配置为例,首先设置主机名,命令如下:

```
#设置主机名
sudo hostnamectl -- static set - hostname mg01
```

其次,编辑配置文件/etc/netplan/00-installer-config.yaml,设置网络 IP,代码如下:

```
# This is the network config written by 'subiquity'
network:
 ethernets:
   ens33:
     dhcp4: false
     addresses:
       - 192.168.79.181/24
     routes:
       - to: default
         via: 192.168.79.2
     nameservers:
       addresses: [114.114.114.114]
   ens34:
     dhcp4: false
     addresses:
       - 192.168.172.181/24
 version: 2
```

配置文件修改完成后保存退出,执行命令使配置生效,命令如下:

```
#配置生效
sudo netplan apply
#查看 IP 地址
ip addr
```

然后集群所有节点需要校验时,既可以采用内部时间服务器,也可以采用互联网时间服务器,其目的是集群各节点时间保持一致。时间同步非常重要,如果各个节点的时间差异过大,则可能会导致集群运行异常。时间同步的命令如下:

```
sudo ntpdate time.windows.com
```

注意:如果执行 ntpdate time.windows.com 提示没有找到 ntpdate 命令,则可执行 sudo apt install ntpdate。

最后,为各个节点安装部署 Docker Engine 环境,启动 Docker 服务并设置 Docker 服务自动,如图 2-14 所示。

4. 初始化集群

基础环境一旦准备完成,就可开始初始化集群。首先,登录管理节点 mg01 执行初始化

```
user01@mg01:~$ sudo systemctl status docker
● docker.service - Docker Application Container Engine
     Loaded: loaded (/lib/systemd/system/docker.service; enabled; vendor preset: enabled)
     Active: active (running) since Fri 2024-10-04 02:39:38 UTC; 39min ago
TriggeredBy: ● docker.socket
       Docs: https://docs.docker.com
   Main PID: 845 (dockerd)
      Tasks: 9
     Memory: 102.0M
        CPU: 1.232s
     CGroup: /system.slice/docker.service
             └─845 /usr/bin/dockerd -H fd:// --containerd=/run/containerd/containerd.sock

Oct 04 02:39:38 mg01 dockerd[845]: time="2024-10-04T02:39:38.045275027Z" level=info msg="[graphdriver] using prior storage driver: overlay2"
Oct 04 02:39:38 mg01 dockerd[845]: time="2024-10-04T02:39:38.056233476Z" level=info msg="Loading containers: start."
Oct 04 02:39:38 mg01 dockerd[845]: time="2024-10-04T02:39:38.709085317Z" level=info msg="Default bridge (docker0) is assigned with an IP address
Oct 04 02:39:38 mg01 dockerd[845]: time="2024-10-04T02:39:38.775829940Z" level=info msg="Loading containers: done."
Oct 04 02:39:38 mg01 dockerd[845]: time="2024-10-04T02:39:38.823133442Z" level=warning msg="WARNING: bridge-nf-call-iptables is disabled"
Oct 04 02:39:38 mg01 dockerd[845]: time="2024-10-04T02:39:38.823197762Z" level=warning msg="WARNING: bridge-nf-call-ip6tables is disabled"
Oct 04 02:39:38 mg01 dockerd[845]: time="2024-10-04T02:39:38.823234551Z" level=info msg="Docker daemon" commit=41ca978 containerd-snapshotter=fa
Oct 04 02:39:38 mg01 dockerd[845]: time="2024-10-04T02:39:38.823323678Z" level=info msg="Daemon has completed initialization"
Oct 04 02:39:38 mg01 systemd[1]: Started Docker Application Container Engine.
Oct 04 02:39:38 mg01 dockerd[845]: time="2024-10-04T02:39:38.907406913Z" level=info msg="API listen on /run/docker.sock"

user01@mg01:~$ sudo systemctl list-unit-files | grep docker
docker.service                                          enabled          enabled
docker.socket                                           enabled          enabled
```

图 2-14　Docker 服务状态

操作,命令如下:

```
sudo docker swarm init -- advertise - addr 192.168.79.181
```

如果命令执行后输出的信息如图 2-15 所示,则表示集群初始化成功。

```
user01@mg01:~$ sudo docker swarm init --advertise-addr 192.168.79.181
Swarm initialized: current node (zj519wc3nyff40xyulih916dt) is now a manager.

To add a worker to this swarm, run the following command:

    docker swarm join --token SWMTKN-1-17vz94cgwl6hphtb1hpkxu09q3j3xtpp8c0a6mztvx4t4m0cek-7aezjfec57remxn2z2462mghr 192.168.79.181:2377

To add a manager to this swarm, run 'docker swarm join-token manager' and follow the instructions.
```

图 2-15　Docker Swarm 集群初始化

复制命令执行后的提示代码,将工作节点 worker01、worker02 加入集群,代码如下:

```
docker swarm join -- token SWMTKN - 1 - 17vz94cgwl6hphtb1hpkxu09q3j3xtpp8c0a6mztvx4t4m0cek -
7aezjfec57remxn2z2462mghr 192.168.79.181:2377
```

将复制的代码分别在工作节点 worker01、worker02 上执行,以工作节点 worker01 为例,如图 2-16 所示。

```
user01@worker01:~$ sudo docker swarm join --token SWMTKN-1-17vz94cgwl6hphtb1hpkxu09q3j3xtpp8c0a6mztvx4t4m0cek-7aezjfec57remxn2z2462mghr 192.168.7
9.181:2377
[sudo] password for user01:
This node joined a swarm as a worker.
```

图 2-16　worker01 节点加入集群

以相同的命令再次在节点 worker02 上执行,命令执行后登录 mg01 节点,查看 Docker Swarm 集群节点状态,命令如下:

```
sudo docker node ls
```

如果命令执行的过程如图 2-17 所示,则表示该集群部署成功。

```
user01@mg01:~$ sudo docker node ls
ID                         HOSTNAME   STATUS   AVAILABILITY   MANAGER STATUS   ENGINE VERSION
zj519wc3nyff40xyulih916dt *  mg01       Ready    Active         Leader           27.3.1
ob60p0wqskj26bhzxbpar98j3    worker01   Ready    Active                          27.3.1
39v1lpuaxpkir2n7muiaa1hpx    worker02   Ready    Active                          27.3.1
```

图 2-17　集群节点状态

注意：当节点可用状态(AVAILABILITY)为活动状态(Active)时,表示该节点可用。如果节点标识为 Leader,则表明该节点为管理节点。

5. 单管理节点集群验证

当集群部署成功后,需要进行相关的功能验证,用于确认集群的可用性,这一步骤非常重要,它会直接影响项目交付及后续集群的应用环节。

登录管理节点 mg01,创建副本数为 1 的 myweb 服务,暴露的端口为 8080/TCP,镜像采用 httpd:alpine,命令如下：

```
sudo docker service create -- replicas 1 -- name myweb - p 8080:80 httpd:alpine
```

命令执行后可以查看集群当前服务列表,命令如下：

```
sudo docker service ls
```

此时,如果访问任意节点 IP 的 8080 端口,则均可看到 httpd 服务运行的测试页面,命令如下：

```
curl http://192.168.79.186:8080
```

当然还可以使用 docker service scale 命令对 myweb 服务的副本数进行扩缩,命令如下：

```
sudo docker service scale myweb = 3
```

副本数增加后,可以使用 docker service ps 命令查看 myweb 服务副本数,命令如下：

```
sudo docker service ps myweb
```

上述命令执行的过程如图 2-18 所示。

注意：命令执行的结果可以验证,Docker Swarm 集群的管理节点不但具有管理功能,同时还是一个工作节点,用于运行集群发布的应用服务。

至此,Docker Swarm 集群部署并验证完成,接下来就可以在该环境中学习并发布专属的服务应用,但是这种单管理节点的架构在企业生产环境下是不推荐的,因为具有高风险的单节点故障,一旦管理节点发生宕机,则会导致整个集群失控。多管理节点的冗余架构才是企业环境下的真实应用场景,下面将展示这种高可用架构的部署与测试过程。

```
user01@mg01:~$ sudo docker service create --replicas 1 --name myweb -p 8080:80 httpd:alpine
0jggcuf8wgo6gpv2y9n3ysa3l
overall progress: 1 out of 1 tasks
1/1: running   [==================================================>]
verify: Service 0jggcuf8wgo6gpv2y9n3ysa3l converged
user01@mg01:~$ sudo docker service ls
ID             NAME      MODE         REPLICAS   IMAGE          PORTS
0jggcuf8wgo6   myweb     replicated   1/1        httpd:alpine   *:8080->80/tcp
user01@mg01:~$ curl http://192.168.79.186:8080
<html><body><h1>It works!</h1></body></html>
user01@mg01:~$ sudo docker service scale myweb=3
myweb scaled to 3
overall progress: 3 out of 3 tasks
1/3: running   [==================================================>]
2/3: running   [==================================================>]
3/3: running   [==================================================>]
verify: Service myweb converged
user01@mg01:~$ sudo docker service ps myweb
ID             NAME      IMAGE          NODE       DESIRED STATE   CURRENT STATE             ERROR   PORTS
qo17l8t340tb   myweb.1   httpd:alpine   worker01   Running        Running 10 minutes ago
sb9tawmhj7y3   myweb.2   httpd:alpine   worker02   Running        Running about a minute ago
t3w3vkqyqbhe   myweb.3   httpd:alpine   mg01       Running        Running about a minute ago
```

图 2-18　服务创建与副本数扩缩

6. 高可用架构部署

Docker Swarm 高可用架构是指采用部署多管理节点的方式提升集群的容错能力,假如在一个 Docker Swarm 集群中管理节点的数量为 N,则管理节点允许最多失效的数量为 $(N-1)/2$。以前面创建的 Docker Swarm 集群为例,在现有的集群中增加 mg02、mg03 管理节点以提升集群的容错性。登录管理节点 mg01 获取添加管理节点所需的 token 值,命令如下:

```
sudo docker swarm join - token manager
```

命令执行的过程如图 2-19 所示。

```
user01@mg01:~$ sudo docker swarm join-token manager
To add a manager to this swarm, run the following command:

    docker swarm join --token SWMTKN-1-17vz94cgwl6hphtb1hpkxu09q3j3xtpp8c0a6mztvx4t4m0cek-bqiq2rpkovoi6suz6mom0zv20 192.168.79.181:2377
```

图 2-19　获取 token 值

复制执行后的提示命令,分别在节点 mg02、mg03 执行,命令如下:

```
sudo docker swarm join -- token SWMTKN - 1 - 17vz94cgwl6hphtb1hpkxu09q3j3xtpp8c0a6mztvx4t4m0cek -
bqiq2rpkovoi6suz6mom0zv20 192.168.79.181:2377
```

命令执行成功后在 mg01 节点执行命令查看集群节点信息,命令如下:

```
sudo docker node ls
```

命令执行过程如图 2-20 所示。

```
user01@mg01:~$ sudo docker node ls
ID                            HOSTNAME   STATUS   AVAILABILITY   MANAGER STATUS   ENGINE VERSION
zj519wc3nyff40xyulih916dt *   mg01       Ready    Active         Leader           27.3.1
bv7zchhj44llj9xc7iv2pk14q     mg02       Ready    Active         Reachable        27.3.1
kw3dcd9tp5b7kmowgcxtb9rn6     mg03       Ready    Active         Reachable        27.3.1
ob60p0wqskj26bhzxbpar98j3     worker01   Ready    Active                          27.3.1
39v1lpuaxpkir2n7muiaa1hpx     worker02   Ready    Active                          27.3.1
```

图 2-20　高可用节点

从集群节点的状态信息可以看到,当前 mg02、mg03 节点已经就绪,一旦节点 mg01 失效,集群就会从现有的 mg02、mg03 节点中重新选举出一个新的管理节点,从而实现了集群的高可用。

7. 高可用架构验证

Docker Swarm 集群高可用架构部署完成后同样需要对相关功能进行验证,首先通过关闭 mg01 节点来模拟该节点故障,然后查看集群是否能够选举出新的管理节点,命令如下:

```
#节点 mg01 关机命令
sudo init 0
#任意管理节点执行查看集群节点命令
sudo docker node ls
```

命令执行的结果如图 2-21 所示。

```
user01@mg03:~$ sudo docker node ls
ID                            HOSTNAME   STATUS  AVAILABILITY  MANAGER STATUS  ENGINE VERSION
zj519wc3nyff40xyulih916dt     mg01       Down    Active        Unreachable     27.3.1
bv7zchhj44llj9xc7iv2pk14q     mg02       Ready   Active        Leader          27.3.1
kw3dcd9tp5b7kmowgcxtb9rn6 *   mg03       Ready   Active        Reachable       27.3.1
ob60p0wqskj26bhzxbpar98j3     worker01   Ready   Active                        27.3.1
39v1lpuaxpkir2n7muiaa1hpx     worker02   Ready   Active                        27.3.1
```

图 2-21 选举新的管理节点

此时,集群中节点 mg01 的状态属于失联状态,选举出的新管理节点为 mg02。节点 mg01 开机以模拟该节点故障恢复,并通过管理节点 mg02 查看当前集群节点状态,如图 2-22 所示。

```
user01@mg02:~$ sudo docker node ls
ID                            HOSTNAME   STATUS  AVAILABILITY  MANAGER STATUS  ENGINE VERSION
zj519wc3nyff40xyulih916dt     mg01       Ready   Active        Reachable       27.3.1
bv7zchhj44llj9xc7iv2pk14q *   mg02       Ready   Active        Leader          27.3.1
kw3dcd9tp5b7kmowgcxtb9rn6     mg03       Ready   Active        Reachable       27.3.1
ob60p0wqskj26bhzxbpar98j3     worker01   Ready   Active                        27.3.1
39v1lpuaxpkir2n7muiaa1hpx     worker02   Ready   Active                        27.3.1
```

图 2-22 管理节点恢复

从集群节点状态可以看到,节点 mg02 的管理节点角色并没有由于节点 mg01 的恢复而改变,相反,原来具有管理功能的节点 mg01 在恢复后处于待机状态。也就是说管理节点的管理角色一旦被选举成功它会一直保持,除非集群重新选举。

查看集群现有服务信息并删除,命令如下:

```
#查看集群服务信息
sudo docker service ls
#删除集群中的 myWeb 服务
sudo docker service rm myweb
```

命令执行的过程如图 2-23 所示。

```
user01@mg02:~$ sudo docker service ls
ID            NAME       MODE         REPLICAS    IMAGE          PORTS
0jggcuf8wgo6  myweb      replicated   3/3         httpd:alpine   *:8080->80/tcp
user01@mg02:~$ sudo docker service rm myweb
myweb
user01@mg02:~$ sudo docker service ls
ID       NAME       MODE       REPLICAS    IMAGE       PORTS
user01@mg02:~$
```

图 2-23 查询并删除服务

接下来的集群功能验证采用发布和维护更为直观的 Docker Stack 方式来进行,首先编写 compose. yaml 文件,代码如下:

```yaml
version: '3.8'
services:
  web01:
    image: httpd:alpine
    ports:
      - "81:80"
    deploy:
      mode: replicated
      replicas: 1

  web02:
    image: nginx:alpine
    ports:
      - "82:80"
    deploy:
      mode: replicated
      replicas: 2
```

创建 mytest 服务堆栈,命令如下:

```
sudo docker stack deploy - c compose. yaml mytest
```

查看当前服务堆栈信息,命令如下:

```
♯列出集群中的服务堆栈
Sudo docker stack ls
♯查看服务堆栈 mytest 的信息
Sudo docker stack ps mytest
```

验证过程中可以将 compose. yaml 文件中 web01 的副本数修改为 2,并使用 docker stack deploy 命令更新 mytest 服务栈,相关命令的执行过程如图 2-24 所示。

从 Docker Stack 对服务堆栈的管理不难发现,采用该方式管理应用服务更直观,非常有利于后期进行维护。

```
user01@mg02:~$ sudo docker stack deploy -c compose.yaml mytest
Since --detach=false was not specified, tasks will be created in the background.
In a future release, --detach=false will become the default.
Creating network mytest_default
Creating service mytest_web02
Creating service mytest_web01
user01@mg02:~$ sudo docker stack ls
NAME       SERVICES
mytest     2
user01@mg02:~$ sudo docker stack ps mytest
ID            NAME             IMAGE          NODE      DESIRED STATE   CURRENT STATE           ERROR     PORTS
xwl9ixn2s376  mytest_web01.1   httpd:alpine   mg03      Running         Running 38 seconds ago
lqyq89ual2sg  mytest_web02.1   nginx:alpine   mg02      Running         Running 58 seconds ago
uqhed1mob21z  mytest_web02.2   nginx:alpine   worker02  Running         Running 43 seconds ago
user01@mg02:~$ sudo vim compose.yaml
user01@mg02:~$ sudo docker stack deploy -c compose.yaml mytest
Since --detach=false was not specified, tasks will be created in the background.
In a future release, --detach=false will become the default.
Updating service mytest_web01 (id: tr6uw4d2knzfkk0gjgm12qgag)
Updating service mytest_web02 (id: xg9rvi5yzgknrluv5jqn2bihc)
user01@mg02:~$ sudo docker stack ps mytest
ID            NAME             IMAGE          NODE      DESIRED STATE   CURRENT STATE           ERROR     PORTS
xwl9ixn2s376  mytest_web01.1   httpd:alpine   mg03      Running         Running 6 minutes ago
w04limo0oho5  mytest_web01.2   httpd:alpine   worker01  Running         Running 36 seconds ago
lqyq89ual2sg  mytest_web02.1   nginx:alpine   mg02      Running         Running 6 minutes ago
uqhed1mob21z  mytest_web02.2   nginx:alpine   worker02  Running         Running 6 minutes ago
```

图 2-24　Docker Stack 管理服务堆栈

2.3　本章小结

本章重点讲解了 Docker 官方提供的容器编排技术 Docker Compose 和 Docker Swarm,它们各自具有自身独特的功能和应用场景。Docker Compose 先使用 YAML 文件来配置应用程序所需的所有相关服务,然后通过 Docker Compose 相关命令管理已定义在 YAML 文件中的所有应用服务。它适用于在单节点上部署和管理服务应用,非常适合在中小环境中部署,尤其是在开发、测试和生产环境中都有不错的表现,而 Docker Swarm 则是一个原生的 Docker 集群管理工具,它将多个 Docker 主机节点组成一个集群,并提供了跨主机通信、负载均衡和自动恢复等功能。Docker Swarm 非常适用于大规模应用部署与管理,尤其是结合 Docker Stack 可以更直观地管理服务栈。在实际应用过程中要依据项目的实际情况和团队的技术储备合理地对容器编排技术进行选择和组合。

Kubernetes基础篇

## 第 3 章

企业级容器编排技术 Kubernetes

3.1 Kubernetes 介绍

随着微服务架构和容器虚拟化技术在企业环境中的深入应用,这种架构风格与技术路线不仅改变了已有应用程序的构建和部署方式,还对企业组织结构与技术关系产生了深远影响。在当前企业技术快速变化的时代,企业面临着前所未有的挑战和机遇,为了保持企业的竞争力,就要不断地优化其 IT 基础设施,以确保应用的高可用性、可扩展性和敏捷性。而 Kubernetes 作为谷歌开源的容器编排平台,逐渐成为行业标准,这也促使更多的企业拥抱 Kubernetes。

1. 企业为什么使用 Kubernetes

首先,Kubernetes 提供了一种高效的容器编排和管理机制,为企业应用部署带来了前所未有的高效性与便捷性。它通过自动化的方式,精准地处理应用容器的部署、扩展、负载均衡等一系列复杂任务,从而极大地减轻了企业在应用管理方面的负担。这就使企业可以更聚焦在应用的开发上,进一步提升开发效率,降低管理成本,为业务的快速发展奠定了坚实的基础。

其次,Kubernetes 在可伸缩性和容错性方面展现出了卓越的能力。它能够根据企业业务的变化,动态地调整资源分配,满足各种负载需求。更重要的是 Kubernetes 内置了多种容错机制,例如自动替换故障节点、数据备份与恢复等,确保系统在任何情况下都能保持高度的稳定性和高可用性。这种强大的容错能力,为企业业务的连续运行提供了有力保障。

此外,Kubernetes 还具备出色的跨平台兼容性。无论是公有云、私有云还是混合云环境,Kubernetes 都能提供一致性的管理和部署体验。这一特性为企业实现跨平台的无缝迁移和集成提供了极大的便利,有助于企业灵活应对市场变化,快速调整业务布局。

最后,Kubernetes 拥有非常庞大的社区支持和丰富的生态系统,这意味着企业在使用 Kubernetes 的过程中,可以轻松地获取来自全球各地的专业支持和技术资源。无论是遇到技术难题,还是希望优化、丰富和改进企业的 IT 基础架构,Kubernetes 社区都能提供强有力的支持。这种强大的社区力量,无疑为企业的发展注入了新的活力。

2. Kubernetes 与 Docker Swarm 的区别

Kubernetes 与 Docker Swarm 都是业界知名的容器编排工具,尽管都致力于提升容器化应用的部署与管理效率,但它们在多个维度上展现出了显著的差异,这些差异深刻地影响着用户的选型决策。

首先,从起源与社区支持的角度来看,Kubernetes 由科技巨头谷歌孕育并慷慨捐赠给云原生计算基金会(CNCF),这一背景赋予了它强大的技术底蕴与广泛的社区基础。相比之下,Docker Swarm 作为 Docker 公司自家的容器编排解决方案,虽然同样拥有一定的市场份额,但在社区活跃度和生态系统丰富度上,显然无法与 Kubernetes 相提并论。Kubernetes 的开源特性吸引了全球范围内的开发者、企业及解决方案提供商的积极参与,形成了一个庞大的知识库与技术支持网络,这对于解决复杂问题、快速迭代升级具有不可估量的价值。

其次,在功能特性与可扩展性方面,Kubernetes 展现出了无与伦比的优势。它不仅支持自动扩缩容、智能负载均衡、动态服务发现等核心功能,还提供了详尽的管理配置、存储编排及强大的安全机制,这些特性使其成为构建复杂微服务架构的理想选择。相比之下,Docker Swarm 虽然也具备基本的容器编排与管理能力,但在面对大型、分布式应用部署时,其功能集显得相对单薄,难以满足高度定制化、高可用性的需求。

在配置管理方面,两者虽都采用了声明式配置方式,但具体实现上却大相径庭。Docker Swarm 依赖于 docker-compose.yaml 文件来定义服务、网络及存储资源,这种方式直观且易于上手,适合小规模或单项目环境,而 Kubernetes 则通过一系列 YAML 文件来精确描述 Pod、服务、存储卷等资源的状态与关系,这种高度模块化的设计使系统更加灵活、易于维护,尤其适合大型、多组件应用的复杂场景。

最后,在兼容性与集成能力上,Kubernetes 凭借其设计之初就确立的开放性与中立性,能够轻松地与多种容器运行时集成,包括但不限于 Docker、Containerd 等,这为企业在容器技术选型上提供了极大的自由度与灵活性,而 Docker Swarm 则与 Docker 深度绑定,虽然这种紧密集成在某些场景下简化了部署流程,但也限制了其跨平台、跨技术的灵活性。

3. Kubernetes 的功能特点

Kubernetes 之所以成为事实上的行业标准,并被企业广泛使用是由其自身的架构特点、优良的生态环境、独特的功能特点等众多因素所决定的,其功能特点主要表现如下。

1)自动化容器编排和调度

Kubernetes 可以自动管理容器的创建、销毁和调度,它会根据资源需求和约束条件将容器分配到合理的可用节点,以实现资源的高效利用和负载均衡。

2)弹性伸缩

Kubernetes 可以根据应用程序的负载情况,自动地对应用进行水平扩展和收缩,以满足应用的实际需求。

3)IPv4/IPv6 双协议栈

Kubernetes 集群中的节点和 Pod 可以具有双栈(IPv4 和 IPv6)地址。这意味着节点和

Pod 可以同时具有 IPv4 和 IPv6 地址,并且可以使用这两种地址进行通信。

4)服务发现和负载均衡

Kubernetes 提供了内建的服务发现机制,可以自动地为应用程序创建服务,并为每个服务分配唯一的 DNS 名称,用于集群内部应用程序间的访问。

5)自我修复

Kubernetes 可以监控容器的健康状态,并在容器失败时自动进行恢复。它可以根据设置的规则,自动重启容器实例或将容器迁移到其他可用的节点上,以确保应用程序的持续可用性。

6)滚动升级和回滚

Kubernetes 可以对应用程序进行滚动升级,即根据设置的策略,逐步启动新版本的容器实例,并在新版本验证通过后,再逐步停止旧版本的容器实例。如果升级失败,Kubernetes 则可以自动回滚到之前的版本。

7)配置和存储管理

Kubernetes 可以为容器提供环境变量、配置文件和密钥等配置信息,并将其注入容器内部。它还可以为容器提供持久化存储卷,以保存应用程序的数据,例如 NFS、iSCSI、Ceph、Cinder 等网络存储系统。

8)多租户支持

Kubernetes 支持多租户架构,可以将集群划分为多个逻辑区域,每个逻辑区域可以由不同的团队或用户独立管理。

9)安全性和权限控制

Kubernetes 提供了多层次的安全性和权限控制机制,以保护容器和集群的安全。它可以为每个容器分配独立的用户和组身份,限制容器的权限和访问范围。它还可以为集群提供身份验证和授权机制,以控制用户对集群资源的访问权限。

10)多云和混合云支持

Kubernetes 可以在不同的云平台上运行,包括公有云、私有云和混合云环境。它可以通过提供统一的 API 和管理界面,简化跨云平台的应用程序部署和管理。

11)社区支持和生态系统

Kubernetes 拥有一个活跃的开源社区,提供了丰富的文档、教程和示例代码。它还有一个庞大的生态系统,包括第三方工具和服务,可以扩展和增强 Kubernetes 的功能。

4. Kubernetes 的主要应用场景

Kubernetes 最初是为了解决云原生应用程序的部署和管理问题而开发的,因此它天然具备强大的工具和工作机制用于自动化部署、管理和扩展云原生应用程序。它可以管理大规模集群中数千个甚至数十万个容器实例,并且能够根据集群的资源和负载情况,自动调度和平衡实例对资源的需求,以实现最优的资源利用和最佳的性能。同时还可以在达到预设的阈值时自动触发并完成容器实例的扩展或缩减,以满足应用服务的实际需求。

随着云计算技术在企业内的广泛应用,Kubernetes 支持在不同的平台上运行,它通过提供统一的 API 和管理界面,满足企业在公有云、私有云和混合云的多场景下跨平台部署和管理应用。尤其是随着开发和运行维护(Development-Operations,DevOps)理念在企业内部的应用,对持续集成和持续交付的需求变得更为强烈,而 Kubernetes 则可以完美地与持续集成和持续交付工具进行集成,实现了代码获取、代码封装、镜像构建、应用发布等全过程的自动化管理,同时还可以根据预设的方案进行滚动升级和回滚,以实现持续交付和快速迭代的目标。

这些只是 Kubernetes 应用场景中的冰山一角,它还在诸多场景中发挥着重要作用,例如 Kubernetes 还可以通过在边缘服务节点上部署和管理容器实例来实现低延迟和高可用性的边缘计算和物联网应用需求等。相信随着容器化技术的进一步普及和发展,Kubernetes 的应用场景会更加丰富,这就需要不断地探索和实践。

3.1.1 Kubernetes 发展

Kubernetes 作为一个开源的容器编排平台,通常被简称为 K8s。它最早可以追溯到谷歌内部用于管理和编排容器化工作负载的 Borg 系统,该系统是谷歌在 2003 年开始开发的一个内部项目,主要是为数百万个容器化应用提供自动化的容器部署、资源调度、服务发现和健康检查等功能,其目的是简化谷歌内部应用程序开发和部署流程。

2014 年 Docker 容器技术正在兴起,在当时技术发展的趋势下,谷歌将其内部使用的容器编排系统 Borg 的经验、技术、理念等相关概念开放给更为广泛的用户和开发者社区,Kubernetes 项目正式诞生。同年 6 月 6 日 Kubernetes 项目第 1 次提交并推送至 GitHub,并迅速引起了业界的广泛关注和认可,它的发布标志着容器编排领域的一个重要里程碑,使容器化应用的部署、扩展和管理变得更加简单和高效,同时也为开发者和企业提供了更好的开发和运维体验。在接下来的一年时间内,一个由主要来自谷歌和红帽(RedHat)等公司的贡献者组成的小型社区的成员经过努力最终在 2015 年 7 月 21 日发布了 1.0 版本。与此同时谷歌宣布将 Kubernetes 捐赠给 Linux 基金会下的一个新成立的分支云原生基金会(Cloud Native Computing Foundation,CNCF)。

自此以后,随着社区的不断扩大,吸引了全球各地的开发者参与其中,这使 Kubernetes 逐渐成为行业事实上的标准,并且发布了一系列具有代表性、里程碑的版本。例如 2016 年 12 月发布的 Kubernetes 1.5 引入了运行时可插拔性,OpenAPI 也首次出现,为客户端能够发现扩展 API 铺平了道路。2018 年 12 月发布的 Kubernetes 1.13 版本中,容器存储接口、用于部署集群的 kubeadm 工具完全稳定可用,并且 CoreDNS 成为集群内部默认的 DNS 服务器。2020 年 12 月发布的 Kubernetes 1.20 版本中 Dockershim 被弃用。在随后的 2022 年 5 月发布的 Kubernetes 1.24 版本中彻底移除 Dockershim。2023 年 4 月发布的 Kubernetes 1.27 版本中将 k8s. gcr. io 重定向到 registry. k8s. io,默认启用安全计算模型(Secure Computing Mode)提高 Pod 容器的安全性等诸多功能,当前最新版本为 Kubernetes 1.31 于 2024 年 9 月发布。相信随着云计算技术的进一步发展和 Kubernetes 生态系统的不断发展壮大,Kubernetes 会以更加简化的用户体验、更强大的扩展性、更强大的生态系统和更全面的安全性服务更多企业项目。

3.1.2 Kubernetes 架构与核心概念

Kubernetes 的架构设计旨在提供一个高效、可扩展和可靠的容器编排平台。首先,通过自动化容器操作让容器部署、扩展、管理和运维变得更智能,尽量减少在这一过程中人工干预的因素,提升开发效率和系统可靠性。其次,通过精细资源调度和分配提升集群资源利用率。同时,通过自动扩展和收缩以应对不同的工作负载需求,进一步提升应用的高可用性和稳定性。最后,内置服务发现和负载均衡机制,确保服务之间可以正常通信。一个典型的Kubernetes 集群架构如图 3-1 所示。

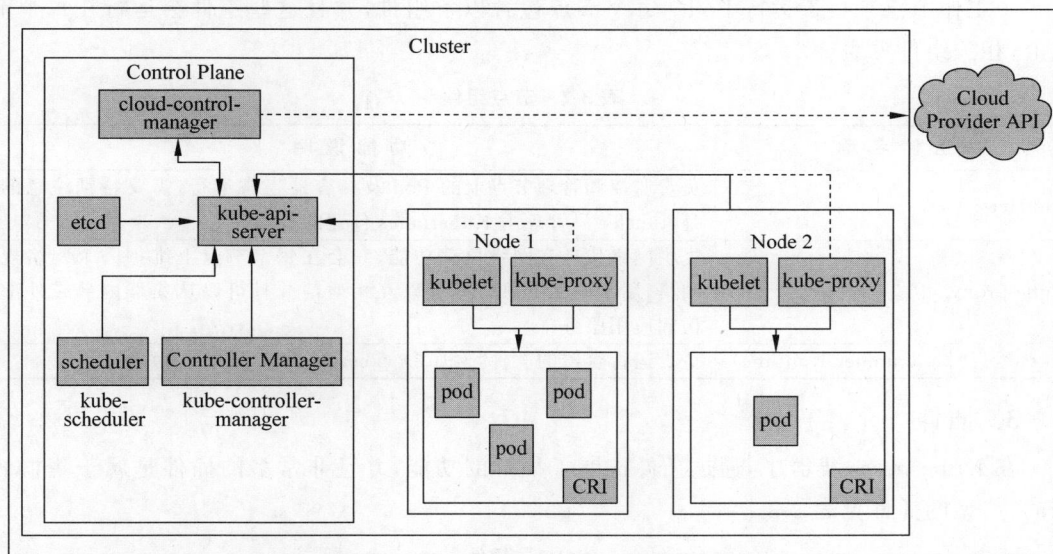

图 3-1 典型的 Kubernetes 集群架构

从架构图中可以清晰地看到一个典型的 Kubernetes 架构包含三部分,分别是控制平面(Control Plane)、节点(Node)、插件(例如网络插件等),这些相关组件的有机协调,支撑了Kubernetes 集群可以高效、稳定地工作。

1. 控制平面

控制平面是集群的全局决策者,例如资源调度、集群监测及集群事件的响应等。在默认情况下控制平面的各组件运行在同一台服务器节点上,控制平面包含的相关组件见表 3-1。

表 3-1 控制平面组件

组 件 名 称	功 能 说 明
kube-api-server	提供 Kubernetes API 的访问接口,用于处理所有的 API 请求,并将请求转发给其他相关组件处理,同时还负责验证和授权请求

续表

组 件 名 称	功 能 说 明
etcd	分布式键值存储系统,用于存储集群的配置数据和状态信息
kube-scheduler	根据相关的调度策略和约束条件,将容器组(Pod)调度至集群内合适的节点。例如,资源需求、软硬件及策略约束、亲和性和反亲和性等调度决策因素
kube-controller-manager	负责管理集群中的各种控制器,例如节点控制器,用于负责在节点出现故障时进行通知和响应等

2. 节点

Kubernetes 集群中节点用于提供集群运行环境并负责维护和运行 Pod,每个集群至少有一个工作节点来负责运行 Pod。每个节点包含以下组件,并且这些组件会运行在每个节点上,相关组件见表 3-2。

表 3-2　节点组件

组 件 名 称	功 能 说 明
kubelet	负责监控和管理节点上的 Pod 及其容器正常运行,需要特别注意的是 kubelet 只管理由 Kubernetes 创建的容器
kube-proxy	提供网络代理和网络负载功能,它会在每个节点上维护一个网络规则集,用于确保 Pod 之间可以互相通信并且可以从集群内部或外部访问应用服务
容器运行时(Container Runtime)	负责运行容器的软件,例如 Docker、Containerd、CRI-O 等

3. 插件

在 Kubernetes 集群中,通过插件扩展了集群的功能,并且非常多的插件是属于集群级别的,典型的插件见表 3-3。

表 3-3　插件

插 件 名 称	功 能 说 明
DNS 插件	用于提供集群范围内的 DNS 解析
仪表盘(Dashboard)	Kubernetes 的 Web 界面,用于集群可视化管理,例如查看和监控集群状态、创建和管理 Pod、服务等
网络插件	用于提供网络连接和通信,典型的网络插件有 Calico、Fannel、Weave Net 等
存储插件	提供数据持久化存储,典型的存储插件有 Cinder、NFS、Ceph RBD 等

4. 核心概念

Kubernetes 的核心概念是构建在容器虚拟化应用程序基础之上的,主要包含以下概念。

1) 节点(Node)

通常是指 Kubernetes 集群中的工作节点,它可以是物理机或虚拟机,用于运行容器化应用程序。每个节点都有属于自己单独的计算资源、存储资源、网络资源和运行的容器环境,并且运行用于和管理节点进行通信的 kubelet 进程,该进程用于 Pod 生命周的管理。

2）管理节点（Master）

管理节点负责管理和调度集群中的所有资源，通常情况下用于部署控制平面组件。例如 API Server 提供了与集群通信的接口，Controller Manager 负责管理集群中的各种控制器，Scheduler 负责将 Pod 调度到合适的节点上运行，etcd 是一个分布式键值存储系统，用于存储集群的状态信息。

3）容器组（Pod）

Pod 是 Kubernetes 集群中最小的可部署单元，它是由一个或多个容器组成的，这些容器共享相同的网络和存储资源。首先 Pod 是通过名称空间进行隔离的，其次 Pod 有自己的运行状态，见表 3-4，掌握并熟悉 Pod 的状态至关重要，直接关系到后续相关内容的深入学习。

表 3-4 Pod 状态

状 态	说 明
挂起（Pending）	表示 Pod 已经被 Kubernetes 系统接管，但是有一个或多个容器既未创建，也未运行。该阶段包含等待 Pod 被调度的时间和镜像通过网络下载的时间
运行中（Running）	表示 Pod 已经被绑定到某个节点，Pod 中所有的容器都已经被创建。至少有一个容器仍在运行，或者正处于启动或重启状态
成功（Succeeded）	表示 Pod 中的所有容器已经成功终止，并且不会再重启
失败（Failed）	表示 Pod 中的所有容器都已终止，并且至少有一个容器是因为失败终止的，即容器以非 0 状态退出或者被系统终止
未知（Unknown）	因为某些原因无法获取 Pod 状态。这种情况通常是因为与 Pod 所在主机通信失败所造成的

注意：当 Pod 反复重启失败时，使用 kubectl 命令在获取 Pod 信息时 status 字段有可能会显示 CrashLoopBackOff。同样，当 Pod 在删除时，使用 kubectl 命令在获取 Pod 信息时 status 字段有可能会显示 Terminating。

在 Kubernetes 集群中定义 Pod 的 YAML 文件的示例代码如下：

```
apiVersion: v1
kind: Pod
metadata:
  name: nginx
spec:
  containers:
  - name: nginx
    image: nginx
    ports:
    - containerPort: 80
```

4）容器状态

当集群中的 Pod 被创建后，Kubernetes 会自动跟踪 Pod 中每个容器的状态。一旦 Pod 被调度至合适的节点，节点上的 kubelet 进程就会通过容器运行时开始为 Pod 创建容器，此时容器的状态见表 3-5。

表 3-5　容器状态

状　　态	说　　明
Waiting	表示容器正在运行它完全启动所需的操作,例如,从某个镜像仓库拉取容器镜像等
Running	表示容器正在运行,并且没有问题发生
Terminated	表示容器已经开始执行或者正常结束或者因为某些原因失败

5) 命名空间(Namespace)

命名空间用于对集群中的资源进行逻辑隔离,通过这种方式可以将集群划分为多个虚拟集群,每个集群又拥有专属的资源配额和访问控制策略。

6) 服务(Service)

服务是对一组 Pod 的抽象,它定义了访问 Pod 的策略。服务可以提供一个稳定的网络地址和端口,使其他应用程序可以通过该地址和端口访问 Pod,同时还具有负载均衡、服务发现和故障恢复等功能。在 Kubernetes 集群中服务类型见表 3-6。

表 3-6　服务类型

类　　型	说　　明
ClusterIP	用于将服务暴露在集群内部,它会为服务分配一个虚拟的 ClusterIP 地址,允许集群内的其他 Pod 中使用该地址来访问服务。 (1) 内部服务暴露:ClusterIP 允许在集群内部将服务暴露给其他 Pod,这些 Pod 可以使用该地址来访问服务,这样可以方便地在集群内部实现服务之间的通信。 (2) 负载均衡:ClusterIP 会自动在集群内部进行负载均衡,将请求分发到后端 Pod 上,这样可以确保服务的高可用性和性能。 (3) 自动服务发现:Kubernetes 会为每个 Service 创建一个 DNS 记录,该记录将 ClusterIP 与服务名称关联起来。这样其他 Pod 可以通过服务名称来解析 ClusterIP 地址,而无须手动配置 IP 地址。 (4) 无须暴露到外部:ClusterIP 只在集群内部可访问,不会暴露到集群外部,确保只有集群内部的 Pod 可以访问服务
NodePort	它允许将集群内部的服务暴露到集群外部的节点上。 (1) 外部访问:NodePort 允许外部用户通过节点的 IP 地址和指定的端口访问集群内部的服务。 (2) 端口映射:NodePort 会将指定的端口映射到服务的端口上,以便外部用户可以通过该端口访问服务,例如,如果将 NodePort 设置为 30 000,那么外部用户可以通过节点的 IP 地址和端口 30 000 访问服务。 (3) 负载均衡:NodePort 可以与 Kubernetes 的负载均衡器结合使用,以便将请求分发到集群中的多个节点上,从而实现了高可用性和负载均衡。 (4) 安全性:NodePort 可以通过网络策略来限制访问,例如,可以配置网络策略以允许或禁止特定的 IP 地址或 IP 范围访问 NodePort。 (5) 端口范围:NodePort 使用的端口范围是 30 000~32 767,在默认情况下,Kubernetes 会自动分配一个未使用的端口作为 NodePort

续表

类　　型	说　　明
LoadBalancer	（1）自动负载均衡：LoadBalancer 会自动地将流量分发到集群中的多个 Pod 实例上，以实现负载均衡。它可以根据每个 Pod 的资源使用情况来动态地分配流量，确保每个 Pod 都能够平均地处理请求。 （2）外部访问：LoadBalancer 可以将集群内部的服务暴露给外部网络，使外部用户可以通过公共网络访问集群中的服务。它会为服务分配一个公共 IP 地址，并将流量从该 IP 地址转发到服务的 Pod 实例上。 （3）高可用性：LoadBalancer 会监控集群中的 Pod 实例，并自动检测故障或不可用的实例。当发现故障时，它会将流量重新分发到其他可用的实例上，以确保服务的高可用性。 （4）灵活配置：LoadBalancer 可以根据需要进行灵活配置。管理员可以指定负载均衡算法、会话保持策略、健康检查参数等，以满足不同的需求。 （5）与云平台集成：Kubernetes 的 LoadBalancer 可以与各种云平台进行集成，以利用云平台提供的负载均衡服务。它可以与云平台的负载均衡器进行通信，以便动态地调整负载均衡策略和配置

在 Kubernetes 集群中定义 service 的 YAML 文件的示例代码如下：

```
apiVersion: v1
kind: Service
metadata:
  name: my-clusterip
spec:
  selector:
    app: nginx
  ports:
    - protocol: TCP
    port: 80
    targetPort: 8080
  type: ClusterIP
```

7）副本数（ReplicaSet）与标签（Label）

副本数是用来设置 Pod 在 Kubernetes 中运行的数量，在 Pod 发生故障或被删除时，ReplicaSet 会自动创建新的 Pod 副本数来替代故障 Pod。标签是 Kubernetes 中对资源进行标记和分类的一种方式，采用键-值对的形式定义。在 Kubernetes 集群中定义副本数、定义标签的 YAML 文件的示例代码如下：

```
apiVersion: apps/v1
kind: ReplicaSet
metadata:
  name: frontend
  labels:
    app: guestbook
    tier: frontend
spec:
  replicas: 3
```

```
selector:
  matchLabels:
    tier: frontend
template:
  metadata:
    labels:
      tier: frontend
  spec:
    containers:
    - name: php - redis
      image: us - docker. pkg. dev/google - samples/containers/gke/gb - frontend:v5
```

8) 部署(Deployment)

它定义了应用部署的策略,例如应用程序的副本数量、升级策略等参数,YAML 文件的示例代码如下:

```
apiVersion: apps/v1
kind: Deployment
metadata:
  name: nginx - deployment
  labels:
    app: nginx
spec:
  replicas: 3
  selector:
    matchLabels:
      app: nginx
  template:
    metadata:
      labels:
        app: nginx
    spec:
      containers:
      - name: nginx
        image: nginx
        ports:
        - containerPort: 80
```

9) 存储卷(Volume)

存储卷是一种抽象的存储设备,通过将存储设备(例如磁盘、网络存储等)挂载到 Pod 中的容器内,实现数据的持久化存储。在 Kubernetes 集群中定义存储卷的 YAML 文件的示例代码如下;

```
apiVersion: v1
kind: Pod
metadata:
  name: configmap - pod
spec:
```

```
containers:
  - name: test
    image: busybox:1.28
    command: ['sh', '-c', 'echo "The app is running!" && tail -f /dev/null']
    volumeMounts:
      - name: config-vol
        mountPath: /etc/config
volumes:
  - name: config-vol
    configMap:
    name: log-config
    items:
      - key: log_level
        path: log_level
```

10）端口（Port）

Kubernetes 集群在应用与管理过程中的常见端口类型见表 3-7。

表 3-7　端口类型

类　　型	功　能　说　明
节点端口（NodePort）	允许用户从集群外部访问 Kubernetes 服务，当用户创建一个 NodePort 类型的服务时，Kubernetes 会为该服务在每个节点上分配一个端口，并将流量转发到该端口上的服务，端口范围为 30 000～32 767。如果用户没有自定义服务器端口，则 Kubernetes 会在该范围内自动分配端口
目标端口（TargetPort）	Pod 中容器的监听端口，定义了容器中正在运行的应用程序所侦听的端口号。当流量到达 Port 时 Kubernetes 将其转发到 Pod 中的 TargetPort
服务器端口	服务监听端口，用于接受来自集群内部其他服务的流量，它是服务的入口，可以自动地将流量转发到后端 Pod 的 TargetPort
容器端口（ContainerPort）	容器中应用程序实际监听的端口，是容器内应用程序与容器外部之间的通信端口，也是 TargetPort 的一部分

3.1.3　Kubernetes 工作流程

Kubernetes 的工作流程是一个高度自动化和动态的过程，从应用的容器化开始，到配置、部署、运行和管理，形成了一套完整的闭环。它通过声明式 API、自动调度、自愈机制及良好的扩展性，为开发者提供了强大的支持，使容器化应用的管理变得轻松而高效。这一流程不仅提升了应用的可靠性，还大幅降低了运维成本，使 Kubernetes 成为现代云原生应用不可或缺的核心组件，其关键工作流程主要包含以下环节。

1. 应用程序容器虚拟化

在部署应用程序之前，首先需要将应用打包成容器镜像，这一过程的典型方案是基于 Dockerfile 文件构建镜像。镜像构建完成后可以将镜像推送至镜像仓库，以备应用部署时下载调用或者将镜像分享给其他使用者。

2. 定义应用配置

接下来,通过 YAML 文件定义应用部署所需的各类资源,例如设置 Pod 的副本数、更新策略、对外暴露的端口、数据持久化存储及对敏感数据的处理方式等。

3. 将配置提交至 Kubernetes 集群

一旦配置文件准备完成,就可以使用 kubectl 命令将这些配置提交至 Kubernetes 集群。由 Kubernetes 集群中的 API Server 将所有请求转发至其他核心组件,例如调度器等。

4. 任务调度

调度器会根据集群节点的资源情况来决定由哪些节点来运行相关 Pod,以确保其能够合理、高效地运行。

5. 容器启动

节点调度位置一旦确定,节点中的 kubelet 就会在该节点创建 Pod,这一过程涉及依赖镜像的下载,以及容器的启动。

6. 服务发现与负载均衡

当 Pod 启动成功后,Kubernetes 集群会自动为 Pod 创建和配置服务对象,同时集群还会通过负载均衡机制将网络流量均匀地分发到后端 Pod 中,以确保服务的可用性。

7. 状态监控与自愈能力

集群节点中的 kubelet 会定期地向 API Server 报告 Pod 的状态,一旦发现某个 Pod 失败或不健康,Kubernetes 集群控制器就会自动尝试重新创建 Pod,用于替换故障实例,确保应用状态的预期值不变。

8. 扩缩与更新

通过修改应用配置文件中的副本数或者使用 kubectl 命令均可方便地对运行的 Pod 进行扩缩,同时 Kubernetes 集群还支持多种更新策略,例如滚动更新和蓝绿发布,用于满足企业在不同场景下的业务需求。

9. 数据持久化存储

对于 Kubernetes 集群中的数据则可以采用持久卷(Persistent Volume,PV)和持久卷申领(Persistent Volume Claim,PVC)的方式实现,确保数据的完整性和可用性。

10. 监控与日志管理

为了保证集群的健康和高效,Kubernetes 集群通常会集成监控和日志管理系统,用于时时监控集群状态、应用性能和错误日志等。

3.1.4 Kubernetes 典型命令

在 Kubernetes 集群管理过程中命令行工具的运用是必备的技能,典型的命令行工具包括 kubeadm 和 kubectl。

kubeadm 命令用于 Kubernetes 集群初始化及节点管理，典型的 kubeadm 子命令见表 3-8。

表 3-8　kubeadm 子命令

命　　令	功　能　说　明
kubeadm init	用于初始化新的 Kubernetes 控制平面节点
kubeadm join	将一个新的节点加入现有的 Kubernetes 集群中
kubeadm upgrade	用于升级 Kubernetes 集群的版本
kubeadm token	用于管理集群的加入令牌
kubeadm reset	用于重置 Kubernetes 集群
kubeadm certs	用于管理 Kubernetes 集群证书
kubeadm version	显示 kubeadm 的版本信息

集群的交互工具 kubectl 命令，它的主要功能是通过与集群的交互执行各种操作，例如应用部署、查看集群状态、管理集群资源等，典型的 kubectl 命令见表 3-9。

表 3-9　kubectl 命令

功　　能	命　　令	命　令　说　明
获取集群信息	kubectl cluster-info	显示集群的概要信息
	kubectl version	显示客户端和服务器端的版本信息
管理命名空间	kubectl create namespace < namespace >	创建新的命名空间
	kubectl get namespaces	列出集群内的所有命名空间
	kubectl delete namespace < namespace >	删除指定的命名空间
管理 Deployment	kubectl create deployment < name > --image=< image >	创建一个新的 Deployment
	kubectl get deployments	列出当前命名空间中的所有 Deployment
	kubectl scale deployment < name > --replicas=< number >	调整 Deployment 的副本数量
	kubectl delete deployment < name >	删除一个 Deployment
管理 Pod	kubectl get pods	列出当前命名空间中的所有 Pod
	kubectl describe pod < pod-name >	显示指定 Pod 的详细信息
	kubectl logs < pod-name >	查看指定 Pod 的日志
	kubectl exec < pod-name > --command	在 Pod 中执行命令
管理 Service	kubectl create service < type > < name > --tcp=< port >:< targetPort >	创建一个新的 Service
	kubectl get services	列出当前命名空间中的所有 Service
	kubectl delete service < name >	删除指定的 Service

续表

功　能	命　令	命令说明
管理 Ingress	kubectl create ingress < name > --rule ＝ < host > ＝< service >:< port >	创建一个新的 Ingress 规则
	kubectl get ingresses	获取当前命名空间中的所有 Ingress 规则
	kubectl delete ingress < name >	删除指定的 Ingress 规则
其他常用命令	kubectl apply -f < file >	用于将配置应用于资源
	kubectl config view	查看当前的 kubeconfig 文件
	kubectl cp	用于在主机与 Pod 之间传输文件和目录
	kubectl drain	用于安全地驱离节点上的所有 Pod
	kubectl edit	用于编辑资源配置
	kubectl event	用于获取与资源相关的事件信息
	kubectl taint	用于管理节点上的污点

表中列出的只是 kubectl 的部分命令,更多命令可以通过执行 kubectl --help 命令来获取。

3.1.5　Kubernetes 部署实战:基于 Docker 环境

当前企业环境中采用 Docker 作为 Kubernetes 集群的容器运行时仍然是一个最常见的选择,主要原因是 Docker 在企业内使用广泛,并且它完全符合开放容器标准(Open Container Initiative,OCI)。在这种组合方案中,Docker 主要负责构建、运行和分发容器,而 Kubernetes 则负责调度多个容器在集群内的运行,并为它们提供服务发现、负载均衡、弹性伸缩等高级功能。下面将演示该方案的部署过程,具体如下。

1. 节点资源需求

在部署 Kubernetes 环境过程中,节点资源需要满足一定的条件才可以部署集群,官方推荐的节点资源需求见表 3-10。

表 3-10　节点资源需求

类　型	说　明
操作系统	Linux 操作系统
内存	最小 2GB
CPU	控制节点最少 2vCPU
网络	节点间网络通信正常,若需要基于互联网安装相关依赖包、镜像等,则需要保持访问互联网通畅
交换分区	关闭

类　　型	说　　明
主机名	唯一
MAC 地址	唯一
product_uuid	唯一

当企业基于安全因素在集群内配置了防火墙，则需要开放以下相关端口，端口开放范围见表 3-11。

表 3-11　端口开放范围

类　　型	协　　议	数据流方向	端口范围	对应组件	服务范围
管理节点 （控制平面）	TCP	入站	6433	Kubernetes API Server	所有组件
	TCP	入站	2379～2380	etcd 服务器客户端 API	kube-apiserver、etcd
	TCP	入站	10 250	kubelet API	自身、管理节点
	TCP	入站	10 257	kube-controller-manager	自身
	TCP	入站	10 259	kube-scheduler	自身
工作节点	TCP	入站	10 250	kubelet API	自身、管理节点
	TCP	入站	10 256	kube-proxy	自身、负载均衡器
	TCP	入站	30 000～32 767	NodePort	所有节点

注意：在演示环境中各节点防火墙处于关闭状态，企业实际生产环境应根据实际情况决定是否开启防火墙。

2. 节点环境准备

首先依据集群配置需求完成集群节点的创建，然后就可以对节点进行相关配置。节点配置的关键步骤和操作命令如下。

1）演示环境集群信息

演示环境采用 3 节点集群，即 1 个管理节点和两个工作节点，集群节点信息见表 3-12。

表 3-12　集群节点信息

主　机　名	IP 地址	说　　明
node01	192.168.79.181	管理节点
node02	192.168.79.182	工作节点
node03	192.168.79.183	工作节点

2）检查节点的 Shell 类型

由于演示环境采用的是 Ubuntu 22.04 系统，该系统默认的 Shell 类型为 dash 而非 bash，为了后续运行 bash 脚本，因此建议将其 Shell 类型修改为 bash。

首先查看系统的 Shell 类型，命令如下：

```
ll /bin/sh
```

命令执行的结果如图 3-2 所示。

```
user01@node01:~$ ll /bin/sh
lrwxrwxrwx 1 root root 4 Mar 23  2022 /bin/sh -> dash*
```

图 3-2　查看 Shell 类型

然后在确认本地 Shell 类型为 dash 后,执行命令以便将 Shell 类型修改为 bash,命令如下:

```
sudo dpkg - reconfigure dash
```

命令执行后在提示信息 Use dash as the default system shell (/bin/sh)?［yes/no]后输入 no,然后按 Enter 键即可完成修改,记得再次确认是否修改成功,命令执行的过程如图 3-3 所示。

```
user01@node01:~$ sudo dpkg-reconfigure dash
[sudo] password for user01:
debconf: unable to initialize frontend: Dialog
debconf: (No usable dialog-like program is installed, so the dialog based frontend cannot be used. at /usr/share/perl5/Debconf/FrontEnd/Dialog.pm
 line 78.)
debconf: falling back to frontend: Readline
Configuring dash
-----------------

The system shell is the default command interpreter for shell scripts.

Using dash as the system shell will improve the system's overall performance. It does not alter the shell presented to interactive users.

Use dash as the default system shell (/bin/sh)? [yes/no] no

Removing 'diversion of /bin/sh to /bin/sh.distrib by dash'
Adding 'diversion of /bin/sh to /bin/sh.distrib by bash'
Removing 'diversion of /usr/share/man/man1/sh.1.gz to /usr/share/man/man1/sh.distrib.1.gz by dash'
Adding 'diversion of /usr/share/man/man1/sh.1.gz to /usr/share/man/man1/sh.distrib.1.gz by bash'
user01@node01:~$ ll /bin/sh
lrwxrwxrwx 1 root root 4 Oct  8 06:44 /bin/sh -> bash*
```

图 3-3　将 Shell 类型修改为 bash

3) 配置主机名、主机 IP

Kubernetes 集群要求主机名和 IP 地址唯一,以节点 node01 为例演示配置过程。首先配置主机名,命令如下:

```
# 配置主机名
sudo hostnamectl -- static set - hostname node01
# 当前连接立即生效
bash
```

然后配置主机 IP,在这一过程中配置 IP 的方式有很多种,推荐使用编辑配置文件的方式设置 IP 地址。Ubuntu 系统中网络配置文件路径为/etc/netplan/0C-installer-config.yaml,节点 node01 的网络配置文件的示例代码如下:

```
# This is the network config written by 'subiquity'
network:
  ethernets:
    ens33:
      dhcp4: false
      addresses:
```

```
      - 192.168.79.181/24
    routes:
      - to: default
        via: 192.168.79.2
    nameservers:
      addresses: [114.114.114.114]
    ens34:
      dhcp4: false
      addresses:
        - 192.168.172.181/24
  version: 2
```

当配置文件编辑成功后,保存并退出编辑器,然后执行命令让配置生效,命令如下:

```
sudo netplan apply
```

4)校时与名称解析

Kubernetes 集群内各节点要保持时间一致,在企业生产环境内建议采用计划任务的方式进行校时。对于时间服务器的选择既可以是互联网上的时间服务器,也可以是企业内部的时间服务器。

首先使用 ntpdate 命令进行校时,命令如下:

```
sudo ntpdate time.windows.com
```

然后配置计划任务,命令如下:

```
sudo crontab - e
```

命令执行后会进入编辑界面,例如,设置每天凌晨 1 点校时,代码如下:

```
0 1 * * * /sbin/ntpdate time.windows.com >> /var/log/contab.log 2 > &1
```

代码编辑完成后保存并退出,重新重启 cron 服务,命令如下:

```
sudo systemctl restart cron
```

注意:在默认情况下 Ubuntu 系统中计划任务是没有日志文件输出的,需要自定义日志文件的路径。

最后,在集群节点配置文件/etc/hosts 内配置主机名解析,代码如下:

```
192.168.79.181 node01
192.168.79.182 node02
192.168.79.183 node03
```

5)关闭交换分区

交换分区的关闭方法有两种,分别是临时关闭和永久关闭。在实际应用过程中往往将这两种方法结合使用,先使用命令方式临时关闭交换分区,然后在配置文件内修改参数永久关闭交换分区,但需要特别注意的是如果是永久性关闭,则需要重启操作系统才能生效,因此采用命令和配置文件组合的方式可以有效地减少服务器节点的维护时间,并且在服务器进行到下一个维护周期时再加载配置并使其永久生效。

首先,使用命令暂时关闭交换分区,命令如下:

```
sudo swapoff - a
```

然后,编辑/etc/fstab 配置文件内的 swap 选项,代码如下:

```
/dev/disk/by - uuid/56b62c41 - 58f7 - 45a5 - beaf - 0b9cea1b91fe none swap sw.noauto 0 0
```

配置文件编辑完成后,保存并退出即可,此时交换分区处于关闭状态,除非使用命令再次开启交换分区,否则一直会处于关闭状态。

6) 开启流量转发

集群各节点均要开启流量转发等相关操作,首先编辑/etc/modules-load.d/k8s.conf 配置,命令如下:

```
cat << EOF | sudo tee /etc/modules - load.d/k8s.conf
overlay
br_netfilter
EOF
```

然后加载配置文件/etc/modules-load.d/k8s.conf 中定义的参数,命令如下:

```
sudo modprobe overlay
sudo modprobe br_netfilter
```

接着,在配置文件/etc/sysctl.d/k8s.conf 内设置内核参数,命令如下:

```
cat << EOF | sudo tee /etc/sysctl.d/k8s.conf
net.bridge.bridge - nf - call - iptables = 1
net.bridge.bridge - nf - call - ip6tables = 1
net.ipv4.ip_forward                = 1
EOF
```

最后,应用内核参数,命令如下:

```
sudo sysctl -- system
```

7) 节点支持 IP 虚拟服务器(IP Virtual Server,IPVS)

Kubernetes 集群节点需要 IPVS 的相关功能,首先为各节点安装相关依赖包,命令如下:

```
sudo apt install ipset ipvsadm
```

然后编辑配置文件/etc/modules-load.d/ipvs.modules,代码如下:

```
#!/bin/bash
modprobe -- ip_vs
```

```
modprobe -- ip_vs_rr
modprobe -- ip_vs_wrr
modprobe -- ip_vs_sh
modprobe -- nf_conntrack
```

接着修改配置文件/etc/modules-load.d/ipvs.modules 的文件操作权限并加载相关配置,命令如下:

```
sudo chmod 755 /etc/modules-load.d/ipvs.modules && \
sudo bash /etc/modules-load.d/ipvs.modules && \
sudo lsmod | grep -e ip_vs -e nf_conntrack
```

命令执行的状态如图 3-4 所示。

```
user01@node01:~$ sudo chmod 755 /etc/modules-load.d/ipvs.modules && \
sudo bash /etc/modules-load.d/ipvs.modules && \
sudo lsmod | grep -e ip_vs -e nf_conntrack
ip_vs_sh              16384  0
ip_vs_wrr             16384  0
ip_vs_rr              16384  0
ip_vs                176128  6 ip_vs_rr,ip_vs_sh,ip_vs_wrr
nf_conntrack_netlink  49152  0
nfnetlink             20480  4 nft_compat,nf_conntrack_netlink,nf_tables
nf_conntrack         172032  7 xt_conntrack,nf_nat,openvswitch,nf_conntrack_netlink,nf_conncount,xt_MASQUERADE,ip_vs
nf_defrag_ipv6        24576  3 nf_conntrack,openvswitch,ip_vs
nf_defrag_ipv4        16384  1 nf_conntrack
libcrc32c             16384  8 nf_conntrack,nf_nat,openvswitch,btrfs,nf_tables,xfs,raid456,ip_vs
```

图 3-4   加载 IPVS 相关配置参数

8)部署 Docker Engine 环境

相信经过前面的学习和练习,Docker Engine 环境的部署应该轻松完成。需要注意的是如果在安装 Docker Engine 相关依赖包时速度慢或者出现网络访问超时的情况,则可以将官方的软件源地址修改为国内的清华源、中科大源等,下面展示如何使用清华源进行 Docker Engine 的环境部署。

首先安装依赖包,命令如下:

```
sudo apt-get update
sudo apt-get install ca-certificates curl gnupg
```

其次,信任 Docker 的 GPG 公钥并添加仓库,命令如下:

```
# 设置权限
sudo install -m 0755 -d /etc/apt/keyrings
curl -fsSL https://download.docker.com/linux/ubuntu/gpg | gpg --dearmor -o /etc/apt/
keyrings/docker.gpg
sudo chmod a+r /etc/apt/keyrings/docker.gpg
# 修改软件源地址
echo \
  "deb [arch=$(dpkg --print-architecture) signed-by=/etc/apt/keyrings/docker.gpg]
https://mirrors.tuna.tsinghua.edu.cn/docker-ce/linux/ubuntu \
  "$(. /etc/os-release && echo "$VERSION_CODENAME")" stable" | \
  tee /etc/apt/sources.list.d/docker.list > /dev/null
```

接着,安装 Docker Engine 相关依赖包,命令如下:

```
sudo apt - get update
sudo apt - get install docker - ce docker - ce - cli containerd. io docker - buildx - plugin docker -
compose - plugin
```

最后,也是非常关键的一步,启动、检查并设置 Docker 服务自启动,命令如下:

```
sudo systemctl enable docker
sudo systemctl start docker
sudo systemctl status docker
sudo docker version
```

9) 部署 cri-dockered

首先在各节点下载 cri-dockered 最新稳定版,命令如下:

```
wget https://github.com/Mirantis/cri - dockerd/releases/download/v0.3.15/cri - dockerd_0.3.
15.3 - 0.Ubuntu - jammy_amd64.deb
```

其次安装 cri-dockered,命令如下:

```
sudo dpkg - i cri - dockerd_0.3.15.3 - 0.Ubuntu - jammy_amd64.deb
```

由于 cri-docker 服务运行时需要用到二进制工具包 conntrack,因此需要手动安装该工具包,命令如下:

```
sudo apt - get install conntrack
```

然后启动 cri-docker 服务,并设置服务自启动完成 cri-docker 服务的安装与配置,命令如下:

```
sudo systemctl start cri - docker
sudo systemctl enable cri - docker
sudo systemctl status cri - docker
```

接着修改 cri-docker 服务的配置文件/usr/lib/systemd/system/cri-docker. service,将 sandbox 镜像源修改为国内源,代码如下:

```
[Service]
Type = notify
# ExecStart = /usr/bin/cri - dockerd -- container - runtime - endpoint fd://
ExecStart = /usr/bin/cri - dockerd -- pod - infra - container - image = registry.cn - hangzhou.
aliyuncs.com/google_containers/pause:3.10 -- container - runtime - endpoint fd://
ExecReload = /bin/kill - s HUP $ MAINPID
TimeoutSec = 0
RestartSec = 2
Restart = always
```

最后重新加载 cri-docker 服务配置,并重启服务,命令如下:

```
sudo systemctl daemon - reload
sudo systemctl restart cri - docker
sudo systemctl status cri - docker
```

10) 安装 Kubernetes 相关组件

集群各节点均需安装 Kubernetes 相关组件,例如 kubeadm、kubelet、kubectl 等,命令如下:

```
# 更新索引、安装依赖包
sudo apt - get update
sudo apt - get install apt - transport - https ca - certificates curl gpg - y
# 下载 Kubernetes 软件包仓库的公共签名密钥
curl - fsSL https://pkgs.k8s.io/core:/stable:/v1.31/deb/Release.key | sudo gpg -- dearmor -
o /etc/apt/keyrings/kubernetes - apt - keyring.gpg
# 添加 Kubernetes 仓库
echo 'deb [signed - by = /etc/apt/keyrings/kubernetes - apt - keyring.gpg] https://pkgs.k8s.io/
core:/stable:/v1.31/deb/ /' | sudo tee /etc/apt/sources.list.d/kubernetes.list
# 再次更新索引,安装 kubelet、kubeadm 和 kubectl,并锁定其版本
sudo apt - get update
sudo apt - get install kubelet kubeadm kubectl socat
sudo apt - mark hold kubelet kubeadm kubectl
```

注意:Kubernetes 相关软件包安装完成后,kubelet 服务此时会每隔几秒重启一次,因为它在等待 kubeadm 的指令,直到集群初始化完成,集群加入节点。

11) 配置 cgroup

将 kubelet 服务的 cgroup 驱动修改为 systemd,使其与容器运行时所使用的 cgroup 驱动保持一致,需要在配置文件/usr/lib/systemd/system/kubelet.service.d/10-kubeadm.conf 内添加相关配置,代码如下:

```
# 编辑配置文件/usr/lib/systemd/system/kubelet.service.d/10 - kubeadm.conf
Environment = "KUBELET_CGROUP_ARGS = -- cgroup - driver = systemd"
```

配置文件修改完成后需要重启 kubelet 服务,命令如下:

```
sudo systemctl daemon - reload
sudo systemctl restart kubelet
```

3. Kubernetes 集群部署

1) 初始化集群

节点的相关配置完成后就可以开始着手初始化 Kubernetes 集群了,首先登录节点 node01 获取初始化集群的默认配置文件,命令如下:

```
sudo kubeadm config print init - defaults > kubeadm - init.yaml
```

其次编辑配置文件 kubeadm-init.yaml,修改相关配置,代码如下:

```
apiVersion: kubeadm.k8s.io/v1beta4
BootstrapTokens:
- groups:
  - system:Bootstrappers:kubeadm:default - node - token
  token: abcdef.0123456789abcdef
```

```
    ttl: 24h0m0s
    usages:
    - signing
    - authentication
kind: InitConfiguration
localAPIEndpoint:
  #设置管理节点地址
    advertiseAddress: 192.168.79.181
    bindPort: 6443
nodeRegistration:
  #设置criSocket的路径
    criSocket: unix:///var/run/cri-dockerd.sock
    imagePullPolicy: IfNotPresent
    imagePullSerial: true
  #设置节点名称
    name: node01
    taints: null
timeouts:
    controlPlaneComponentHealthCheck: 4m0s
    discovery: 5m0s
    etcdAPICall: 2m0s
    kubeletHealthCheck: 4m0s
    kubernetesAPICall: 1m0s
    tlsBootstrap: 5m0s
    upgradeManifests: 5m0s
---
apiServer: {}
apiVersion: kubeadm.k8s.io/v1beta4
caCertificateValidityPeriod: 87600h0m0s
certificateValidityPeriod: 8760h0m0s
certificatesDir: /etc/kubernetes/pki
clusterName: kubernetes
controllerManager: {}
dns: {}
encryptionAlgorithm: RSA-2048
etcd:
    local:
        dataDir: /var/lib/etcd
#修改为国内镜像源
imageRepository: registry.cn-hangzhou.aliyuncs.com/google_containers
kind: ClusterConfiguration
kubernetesVersion: 1.31.0
networking:
    dnsDomain: cluster.local
    serviceSubnet: 10.96.0.0/12
  #设置Pod的子网范围
    podSubnet: 10.244.0.0/16
proxy: {}
scheduler: {}
```

然后基于修改后的 kubeadm-init.yaml 文件测试国内镜像源是否可用,命令如下:

```
sudo kubeadm config images list -- config kubeadm - init.yaml
```

如果命令执行后如图 3-5 所示,则说明国内镜像源可用。

```
user01@node01:~$ sudo kubeadm config images list --config kubeadm-init.yaml
registry.cn-hangzhou.aliyuncs.com/google_containers/kube-apiserver:v1.31.0
registry.cn-hangzhou.aliyuncs.com/google_containers/kube-controller-manager:v1.31.0
registry.cn-hangzhou.aliyuncs.com/google_containers/kube-scheduler:v1.31.0
registry.cn-hangzhou.aliyuncs.com/google_containers/kube-proxy:v1.31.0
registry.cn-hangzhou.aliyuncs.com/google_containers/coredns:v1.11.3
registry.cn-hangzhou.aliyuncs.com/google_containers/pause:3.10
registry.cn-hangzhou.aliyuncs.com/google_containers/etcd:3.5.15-0
```

图 3-5 Kubernetes 国内镜像源

最后在 node01 节点执行命令开始初始化集群,命令如下:

```
# 提升权限
sudo - s
# 基于 kubeadm - init.yaml 文件初始化集群
kubeadm init -- config kubeadm - init.yaml
```

初始化命令执行的过程及信息输出如下:

```
user01@node01:~ $ sudo - s
root@node01:/home/user01# kubeadm init -- config kubeadm - init.yaml
[init] Using Kubernetes version: v1.31.0
[preflight] Running pre - flight checks
[preflight] Pulling images required for setting up a Kubernetes cluster
[preflight] This might take a minute or two, depending on the speed of your internet connection
[preflight] You can also perform this action beforehand using 'kubeadm config images pull'
[certs] Using certificateDir folder "/etc/kubernetes/pki"
[certs] Generating "ca" certificate and key
[certs] Generating "apiserver" certificate and key
[certs] apiserver serving cert is signed for DNS names [ kubernetes kubernetes. default
kubernetes.default.svc kubernetes.default.svc.cluster.local node01] and IPs [10.96.0.1 192.
168.79.181]
[certs] Generating "apiserver - kubelet - client" certificate and key
[certs] Generating "front - proxy - ca" certificate and key
[certs] Generating "front - proxy - client" certificate and key
[certs] Generating "etcd/ca" certificate and key
[certs] Generating "etcd/server" certificate and key
[certs] etcd/server serving cert is signed for DNS names [localhost node01] and IPs [192.168.
79.181 127.0.0.1 ::1]
[certs] Generating "etcd/peer" certificate and key
[certs] etcd/peer serving cert is signed for DNS names [localhost node01] and IPs [192.168.79.
181 127.0.0.1 ::1]
[certs] Generating "etcd/healthcheck - client" certificate and key
[certs] Generating "apiserver - etcd - client" certificate and key
[certs] Generating "sa" key and public key
[kubeconfig] Using kubeconfig folder "/etc/kubernetes"
[kubeconfig] Writing "admin.conf" kubeconfig file
[kubeconfig] Writing "super - admin.conf" kubeconfig file
```

```
[kubeconfig] Writing "kubelet.conf" kubeconfig file
[kubeconfig] Writing "controller - manager.conf" kubeconfig file
[kubeconfig] Writing "scheduler.conf" kubeconfig file
[etcd] Creating static Pod manifest for local etcd in "/etc/kubernetes/manifests"
[control - plane] Using manifest folder "/etc/kubernetes/manifests"
[control - plane] Creating static Pod manifest for "kube - apiserver"
[control - plane] Creating static Pod manifest for "kube - controller - manager"
[control - plane] Creating static Pod manifest for "kube - scheduler"
[kubelet - start] Writing kubelet environment file with flags to file "/var/lib/kubelet/
kubeadm - flags.env"
[kubelet - start] Writing kubelet configuration to file "/var/lib/kubelet/config.yaml"
[kubelet - start] Starting the kubelet
[wait - control - plane] Waiting for the kubelet to boot up the control plane as static Pods from
directory "/etc/kubernetes/manifests"
[kubelet - check] Waiting for a healthy kubelet at http://127.0.0.1:10248/healthz. This can
take up to 4m0s
[kubelet - check] The kubelet is healthy after 502.251153ms
[api - check] Waiting for a healthy API server. This can take up to 4m0s
[api - check] The API server is healthy after 11.002503536s
[upload - config] Storing the configuration used in ConfigMap "kubeadm - config" in the "kube -
system" Namespace
[kubelet] Creating a ConfigMap "kubelet - config" in namespace kube - system with the
configuration for the kubelets in the cluster
[upload - certs] Skipping phase. Please see -- upload - certs
[mark - control - plane] Marking the node node01 as control - plane by adding the labels: [node -
role.kubernetes.io/control - plane node.kubernetes.io/exclude - from - external - load -
balancers]
[mark - control - plane] Marking the node node01 as control - plane by adding the taints [node -
role.kubernetes.io/control - plane:NoSchedule]
[Bootstrap - token] Using token: abcdef.0123456789abcdef
[Bootstrap - token] Configuring Bootstrap tokens, cluster - info ConfigMap, RBAC Roles
[Bootstrap - token] Configured RBAC rules to allow Node Bootstrap tokens to get nodes
[Bootstrap - token] Configured RBAC rules to allow Node Bootstrap tokens to post CSRs in order
for nodes to get long term certificate credentials
[Bootstrap - token] Configured RBAC rules to allow the csrapprover controller automatically
approve CSRs from a Node Bootstrap Token
[Bootstrap - token] Configured RBAC rules to allow certificate rotation for all node client
certificates in the cluster
[Bootstrap - token] Creating the "cluster - info" ConfigMap in the "kube - public" namespace
[kubelet - finalize] Updating "/etc/kubernetes/kubelet.conf" to point to a rotatable kubelet
client certificate and key
[addons] Applied essential addon: CoreDNS
[addons] Applied essential addon: kube - proxy

Your Kubernetes control - plane has initialized successfully!

To start using your cluster, you need to run the following as a regular user:

  mkdir - p $ HOME/.kube
  sudo cp - i /etc/kubernetes/admin.conf $ HOME/.kube/config
  sudo chown $ (id - u):$ (id - g) $ HOME/.kube/config
```

```
Alternatively, if you are the root user, you can run:

    export KUBECONFIG = /etc/kubernetes/admin.conf

You should now deploy a pod network to the cluster.
Run "kubectl apply - f [podnetwork].yaml" with one of the options listed at:
    https://kubernetes.io/docs/concepts/cluster-administration/addons/

Then you can join any number of worker nodes by running the following on each as root:

kubeadm join 192.168.79.181:6443 -- token abcdef.0123456789abcdef \
    -- discovery-token-ca-cert-hash sha256:
a68453d7701e825c480fb84776d0b04dfbe8f2f552088e465421f04cfcdd1414
```

当显示以上初始化成功的信息后,可以根据信息提示执行相关操作,命令如下:

```
mkdir - p $ HOME/.kube
sudo cp - i /etc/kubernetes/admin.conf $ HOME/.kube/config
sudo chown $ (id - u): $ (id - g) $ HOME/.kube/config
```

2) 部署网络插件 Calico

Calico 是目前开源的最成熟、使用最广泛的纯三层网络架构之一,它摆脱了如 flannel
类型插件要求集群节点必须在同一个二层网络的限制,极大地扩展了网络规模和边界。
Calico 的工作原理是通过修改集群主机节点上的 iptables 和路由表规则,实现容器间数据
通信和访问控制,并通过 etcd 协调节点配置信息,尤其是在基于边界网关协议(Border
Gateway Protocol,BGP)下,它能够适应大型网络规模,其架构如图 3-6 所示。

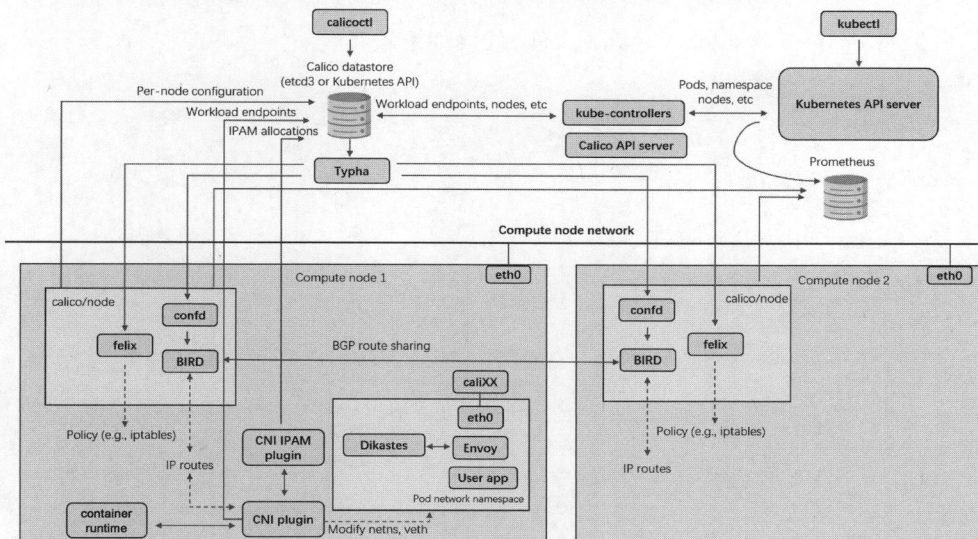

图 3-6 Calico 架构图

架构图内所涉及的 Calico 网络插件的主要组件及其功能,见表 3-13。

表 3-13　Calico 网络插件的主要组件及其功能

组 件 名 称	功 能 说 明
Calico API server	允许用户使用 kubectl 命令管理 Calico 资源
Felix	负责路由配置和 ACL 规则的配置及下发,它运行在所有节点上
BIRD	从 Felix 获取路由,并使用 BGP 协议对各节点的容器网络进行路由交换
confd	监控 BGP 配置和全局默认配置的变化,例如 AS 号、日志记录级别等信息
Dikastes	强制执行 Istio 服务网络策略,作为 Istio Envoy 的 sidecar 代理在集群上运行
CNI plugin	提供 Kubernetes 集群的网络服务
Datastore plugin	通过减少每个节点对数据存储的影响来增加规模
IPAM plugin	基于 Calico 的 IP 资源池分配集群内 Pod IP 地址
kube-controllers	监控 Kubernetes API 并根据集群状态执行相关操作
Typha	通过减少每个节点对数据存储的影响来增加规模,并作为守护进程在数据存储和 Felix 实例之间运行
calicoctl	命令行管理工具,用于创建、读取、更新和删除 Calico 对象

集群内部署 Calico 网络插件时,首先需要下载 Calico 网络插件的配置文件,命令如下:

```
#下载 tigera - operator. yaml 文件
curl - O https://raw.githubusercontent.com/projectcalico/calico/v3.28.2/manifests/tigera -
operator. yaml
#下载 custom - resources. yaml 文件
curl - O https://raw.githubusercontent.com/projectcalico/calico/v3.28.2/manifests/custom -
resources. yaml
```

然后编辑 custom-resources. yaml 文件,代码如下:

```
apiVersion: operator.tigera.io/v1
kind: Installation
metadata:
  name: default
spec:
  #Configures Calico networking.
  calicoNetwork:
    #定义 IP 地址池
    ipPools:
    - name: default - ipv4 - ippool
      blockSize: 26 #定义子网的大小
      cidr: 10.244.0.0/16 #指定 IP 地址池的 CIDR 范围
      encapsulation: VXLANCrossSubnet #定义跨子网封装模式
      natOutgoing: Enabled #启用网络地址转换(NAT)
      nodeSelector: all() #选择所有节点

---

#This section configures the Calico API server.
```

```
# For more information, see: https://docs.tigera.io/calico/latest/reference/installation/
api#operator.tigera.io/v1.APIServer
apiVersion: operator.tigera.io/v1
kind: APIServer
metadata:
  name: default
spec: {}
```

配置修改完成后保存并退出。

注意：custom-resources.yaml 文件定义的子网范围 10.244.0.0/16 要与初始化集群 kubeadm-init.yaml 文件定义的 Pod 子网范围保持一致。

最后，在 node01 节点部署 Calico 网络插件，命令如下：

```
sudo kubectl create - f tigera - operator.yaml
sudo kubectl create - f custom - resources.yaml
```

命令执行过程的信息输出如下：

```
user01@node01:~ $ sudo kubectl create - f tigera - operator.yaml
[sudo] password for user01:
namespace/tigera - operator created
customresourcedefinition.apiextensions.k8s.io/bgpconfigurations.crd.projectcalico.org created
customresourcedefinition.apiextensions.k8s.io/bgpfilters.crd.projectcalico.org created
customresourcedefinition.apiextensions.k8s.io/bgppeers.crd.projectcalico.org created
customresourcedefinition.apiextensions.k8s.io/blockaffinities.crd.projectcalico.org created
customresourcedefinition.apiextensions.k8s.io/caliconodestatuses.crd.projectcalico.org created
customresourcedefinition.apiextensions.k8s.io/clusterinformations.crd.projectcalico.org created
customresourcedefinition.apiextensions.k8s.io/felixconfigurations.crd.projectcalico.org created
customresourcedefinition.apiextensions.k8s.io/globalnetworkpolicies.crd.projectcalico.org created
customresourcedefinition.apiextensions.k8s.io/globalnetworksets.crd.projectcalico.org created
customresourcedefinition.apiextensions.k8s.io/hostendpoints.crd.projectcalico.org created
customresourcedefinition.apiextensions.k8s.io/ipamblocks.crd.projectcalico.org created
customresourcedefinition.apiextensions.k8s.io/ipamconfigs.crd.projectcalico.org created
customresourcedefinition.apiextensions.k8s.io/ipamhandles.crd.projectcalico.org created
customresourcedefinition.apiextensions.k8s.io/ippools.crd.projectcalico.org created
customresourcedefinition.apiextensions.k8s.io/ipreservations.crd.projectcalico.org created
customresourcedefinition.apiextensions.k8s.io/kubecontrollersconfigurations.crd.projectcalico.org created
customresourcedefinition.apiextensions.k8s.io/networkpolicies.crd.projectcalico.org created
customresourcedefinition.apiextensions.k8s.io/networksets.crd.projectcalico.org created
customresourcedefinition.apiextensions.k8s.io/apiservers.operator.tigera.io created
customresourcedefinition.apiextensions.k8s.io/imagesets.operator.tigera.io created
customresourcedefinition.apiextensions.k8s.io/installations.operator.tigera.io created
customresourcedefinition.apiextensions.k8s.io/tigerastatuses.operator.tigera.io created
serviceaccount/tigera - operator created
clusterrole.rbac.authorization.k8s.io/tigera - operator created
clusterrolebinding.rbac.authorization.k8s.io/tigera - operator created
```

```
deployment.apps/tigera-operator created
user01@node01:~ $ sudo kubectl create - f custom-resources.yaml
installation.operator.tigera.io/default created
apiserver.operator.tigera.io/default created
```

此时,可以在 node01 节点查看 Calico 插件的运行情况,命令如下:

```
sudo kubectl get pods - A
```

如果命令执行后的输出信息如图 3-7 所示,则表明 Calico 插件运行成功。

```
user01@node01:~$ sudo kubectl get pods -A
NAMESPACE         NAME                                        READY   STATUS    RESTARTS   AGE
calico-apiserver  calico-apiserver-d5966b84d-ffxqj            1/1     Running   0          57s
calico-apiserver  calico-apiserver-d5966b84d-mrhtq            1/1     Running   0          57s
calico-system     calico-kube-controllers-5885b45f59-ptxm6    1/1     Running   0          2m51s
calico-system     calico-node-tw6q4                           1/1     Running   0          2m52s
calico-system     calico-typha-77bf8d5c9d-wxblw               1/1     Running   0          2m52s
calico-system     csi-node-driver-kmshg                       2/2     Running   0          2m51s
kube-system       coredns-fcd6c9c4-7sf9r                      1/1     Running   0          44m
kube-system       coredns-fcd6c9c4-k6g8v                      1/1     Running   0          44m
kube-system       etcd-node01                                 1/1     Running   0          44m
kube-system       kube-apiserver-node01                       1/1     Running   0          44m
kube-system       kube-controller-manager-node01              1/1     Running   0          44m
kube-system       kube-proxy-z55hz                            1/1     Running   0          44m
kube-system       kube-scheduler-node01                       1/1     Running   0          44m
tigera-operator   tigera-operator-89c775547-f97rf             1/1     Running   0          3m9s
```

图 3-7 管理节点 Calico 插件运行成功

3) 工作节点加入集群

首先复制初始化集群时生成的命令提示并分别在 node02、node03 节点上运行,命令如下:

```
# 提升权限
sudo - s
# 加入节点
kubeadm join 192.168.79.181:6443 -- token abcdef.0123456789abcdef \
-- discovery-token-ca-cert-hash sha256:a68453d7701e825c480fb84776d0b04dfbe8f2f552088
e465421f04cfcdd1414 \
-- cri-socket unix://var/run/cri-dockerd.sock
```

命令执行的过程如图 3-8 所示。

```
root@node02:/home/user01# kubeadm join 192.168.79.181:6443 --token abcdef.0123456789abcdef \
--discovery-token-ca-cert-hash sha256:a68453d7701e825c480fb84776d0b04dfbe8f2f552088e465421f04cfcdd1414 \
--cri-socket unix:///var/run/cri-dockerd.sock
[preflight] Running pre-flight checks
[preflight] Reading configuration from the cluster...
[preflight] FYI: You can look at this config file with 'kubectl -n kube-system get cm kubeadm-config -o yaml'
[kubelet-start] Writing kubelet configuration to file "/var/lib/kubelet/config.yaml"
[kubelet-start] Writing kubelet environment file with flags to file "/var/lib/kubelet/kubeadm-flags.env"
[kubelet-start] Starting the kubelet
[kubelet-check] Waiting for a healthy kubelet at http://127.0.0.1:10248/healthz. This can take up to 4m0s
[kubelet-check] The kubelet is healthy after 1.002541869s
[kubelet-start] Waiting for the kubelet to perform the TLS Bootstrap

This node has joined the cluster:
* Certificate signing request was sent to apiserver and a response was received.
* The Kubelet was informed of the new secure connection details.

Run 'kubectl get nodes' on the control-plane to see this node join the cluster.
```

图 3-8 节点加入集群

然后在管理节点 node01 上查看节点状态,命令如下:

```
sudo kubectl get nodes
```

当看到集群中节点的状态为 Ready 时,表明集群节点工作正常,如图 3-9 所示。

```
user01@node01:~$ sudo kubectl get nodes
NAME      STATUS    ROLES           AGE     VERSION
node01    Ready     control-plane   57m     v1.31.1
node02    Ready     <none>          2m47s   v1.31.1
node03    Ready     <none>          2m19s   v1.31.1
```

图 3-9 集群节点状态

如果此时再去查看 Calico 插件的 Pod 状态,就会发现 Calico 网络插件会运行在集群中的各个节点,如图 3-10 所示。

```
user01@node01:~$ sudo kubectl get pods -A
NAMESPACE         NAME                                            READY   STATUS    RESTARTS   AGE
calico-apiserver  calico-apiserver-d5966b84d-ffxqj                1/1     Running   0          23m
calico-apiserver  calico-apiserver-d5966b84d-mrhtq                1/1     Running   0          23m
calico-system     calico-kube-controllers-5885b45f59-ptxm6        1/1     Running   0          25m
calico-system     calico-node-rfc62                               1/1     Running   0          12m
calico-system     calico-node-rnrp9                               1/1     Running   0          11m
calico-system     calico-node-tw6q4                               1/1     Running   0          25m
calico-system     calico-typha-77bf8d5c9d-2t67n                   1/1     Running   0          11m
calico-system     calico-typha-77bf8d5c9d-wxblw                   1/1     Running   0          25m
calico-system     csi-node-driver-kmshg                           2/2     Running   0          25m
calico-system     csi-node-driver-rmmlv                           2/2     Running   0          12m
calico-system     csi-node-driver-v5q2m                           2/2     Running   0          11m
```

图 3-10 集群中 Calico 插件的运行状态

注意:如果发现某个节点网络连接有问题,则可以首先查看 Calico 网络插件的 Pod 运行状态。

---

4. 部署仪表盘(Dashboard)

Dashboard 是 Kubernetes 一个基于 Web 的图形化管理界面,用户可以通过这个简单、直观的管理界面轻松地管理和监控 Kubernetes 集群中的资源和应用程序。例如,既可以通过 Dashboard 查看和搜索集群中的各种资源,包括节点、命名空间、Pod、服务、副本集等。还可以通过它创建、编辑和删除资源,例如创建和删除 Pod、服务和副本集等。同时还支持应用程序的扩容、滚动更新和回滚、集群资源和应用资源的监控、用户认证和授权等众多功能。

1)部署 Dashboard

登录管理节点 node01 下载官方提供的 Dashboard 配置文件,命令如下:

```
sudo curl -o dashboard-v2.7.yaml \
https://raw.githubusercontent.com/kubernetes/dashboard/v2.7.0/aio/deploy/recommended.yaml
```

文件下载完成后,只需修改配置文件 dashboard-v2.7.yaml 内服务对外开放的端口,定义服务器端口信息的代码如下:

```
---

kind: Service
apiVersion: v1
metadata:
  labels:
    k8s-app: kubernetes-dashboard
  name: kubernetes-dashboard
  namespace: kubernetes-dashboard
spec:
  ports:
    - port: 443
      targetPort: 8443
      #将对外暴露的端口定义为 31000/tcp
      nodePort: 31000
  selector:
    k8s-app: kubernetes-dashboard
  #将类型指定为 NodePort
  type: NodePort

---
```

配置文件 dashboard-v2.7.yaml 修改完成后保存并退出编辑器，然后执行命令部署 Dashboard，命令如下：

```
sudo kubectl apply -f dashboard-v2.7.yaml
```

命令执行后，可以查看 Dashboard 对应的 Pod 状态、服务状态等，命令如下：

```
#查看 Pod 状态
sudo kubectl get pods -n kubernetes-dashboard
#或者
sudo kubectl get pods -n kubernetes-dashboard -o wide
#查看服务状态
sudo kubectl get svc -n kubernetes-dashboard
#或者
sudo kubectl get svc -n kubernetes-dashboard -o wide
```

Dashboard 运行成功的标识如图 3-11 所示。

```
user01@node01:~$ sudo kubectl get pods -n kubernetes-dashboard
NAME                                         READY   STATUS    RESTARTS   AGE
dashboard-metrics-scraper-6b96ff7878-cn6qh   1/1     Running   0          25m
kubernetes-dashboard-8696f5f494-44ll8        1/1     Running   0          25m
user01@node01:~$ sudo kubectl get svc -n kubernetes-dashboard
NAME                        TYPE        CLUSTER-IP       EXTERNAL-IP   PORT(S)         AGE
dashboard-metrics-scraper   ClusterIP   10.98.202.219    <none>        8000/TCP        25m
kubernetes-dashboard        NodePort    10.109.250.249   <none>        443:31000/TCP   25m
user01@node01:~$
user01@node01:~$ sudo kubectl get pods -n kubernetes-dashboard -o wide
NAME                                         READY   STATUS    RESTARTS   AGE   IP               NODE     NOMINATED NODE   READINESS GATES
dashboard-metrics-scraper-6b96ff7878-cn6qh   1/1     Running   0          25m   10.244.186.195   node03   <none>           <none>
kubernetes-dashboard-8696f5f494-44ll8        1/1     Running   0          25m   10.244.186.196   node03   <none>           <none>
user01@node01:~$ sudo kubectl get svc -n kubernetes-dashboard -o wide
NAME                        TYPE        CLUSTER-IP       EXTERNAL-IP   PORT(S)         AGE   SELECTOR
dashboard-metrics-scraper   ClusterIP   10.98.202.219    <none>        8000/TCP        25m   k8s-app=dashboard-metrics-scraper
kubernetes-dashboard        NodePort    10.109.250.249   <none>        443:31000/TCP   25m   k8s-app=kubernetes-dashboard
```

图 3-11　Dashboard 的 Pod 与 Service 状态

此时如果需要访问部署的 Kubernetes Dashboard 控制台,则只需通过浏览器方式访问集群任意节点 IP 的 31000/TCP 端口。

注意:在执行完 Dashboard 部署命令后,如果通过命令查看 Pod 时发现其状态为 ImagePullBackOff,则表明镜像下载失败,在这种情况下需要检查网络环境。

---

2) 登录 Dashboard

登录 Dashboard 可以通过两种方式实现,分别是 Token 或者 kubeconfig。演示环境采用配置 Token 的方式访问 Dashboard,相关步骤如下。

首先配置访问 Dashboard 管理平台的权限文件 dashboard-admin-user.yaml,代码如下:

```
# 创建管理账号 admin-user,域名空间为 kubernetes-dashboard
apiVersion: v1
kind: ServiceAccount
metadata:
  name: admin-user
  namespace: kubernetes-dashboard
---
# 创建 ClusterRoleBinding
apiVersion: rbac.authorization.k8s.io/v1
kind: ClusterRoleBinding
metadata:
  name: admin-user
roleRef:
  apiGroup: rbac.authorization.k8s.io
  kind: ClusterRole
  name: cluster-admin
subjects:
- kind: ServiceAccount
  name: admin-user
  namespace: kubernetes-dashboard
---
# 创建 admin-user 的 Bearer Token
apiVersion: v1
kind: Secret
metadata:
  name: admin-user
  namespace: kubernetes-dashboard
  annotations:
    kubernetes.io/service-account.name: "admin-user"
type: kubernetes.io/service-account-token
```

然后在集群内发布,命令如下:

```
sudo kubectl apply -f dashboard-admin-user.yaml
```

接着获取 admin-user 访问 Dashboard 管理平台的 Token 值,命令如下:

```
sudo kubectl get secret admin-user -n kubernetes-dashboard -o jsonpath={".data.token"} |
base64 -d
```

命令执行后输出的信息如下:

user01@node01:~ $ sudo kubectl get secret admin-user -n kubernetes-dashboard -o jsonpath=
{".data.token"} | base64 -d
eyJhbGciOiJSUzI1NiIsImtpZCI6IlAxMERIb28tS3Zwd3pIbmN3OFkxcjFBQmY1a2Nod21PNkM2VVJjelJ4ThMifQ.eyJpc
3MiOiJrdWJlcm5ldGGVzL3NlcnZpY2VhY2NvdW50Iiwia3ViZXJuZXRlcy5pby9zZXJ2aWNlYWNjb3VudC9uYW1lc3
BhY2UiOiJrdWJlcm5ldGGVzLWRhc2hib2FyZCIsImt1YmVybmV0ZXMuaW8vc2VydmljZWFjY291bnQvc2VjcmV0Lm5
hbWUiOiJhZG1pbi11c2VyIiwia3ViZXJuZXRlcy5pby9zZXJ2aWNlYWNjb3VudC9zZXJ2aWNlYWNjb3VudC5uYW1lIjoi
YWRtaW4tdXNlciIsImt1YmVybmV0ZXMuaW8vc2VydmljZWFjY291bnQvc2VydmljZS11aWQiOiI4MjlmYTJhYy03MzEx
LTQ3YTMtYjhiMS0xOTgwNmNkNTNhZjgiLCJzdWIiOiJzeXN0ZW06c2VydmljZWFjY291bnQ6a3ViZXJuZXRlcy1kYXNoY
m9hcmQ6YWRtaW4tdXNlciJ9.aW_MXLsTD3kHrd3o-ry_G13SshFiSz2EY33M7pu_
wRsYvNgMUs6APkZmqz4oWes4hs7jZ_Hqo6fKWOJR5Y2SJvCv7qIghHBXtYMELO5AOpD_l-uNUnFbwunQA4aCoAi1
Ggx9A0dZTo-XfFDO6HcxM0_5S8wONB_WfOoStmsh8ubmD5Q4E7Ci49kDgmIZm4XLU2c_eRXcQKdqnDjAzC481eg
77SGXJ7gZgC2U0vRDLX6cnkLqYGw_Bp6vHzK4EPiek_zG7HpR3b4NmJQdl3IekVu_Oo5HtG2IbrmwruKG2mFPX
W70tlsZ7jvEo_tPJOwgYuTM6cwRYfu2RRynN9gQ

最后,浏览器访问集群内任意节点 IP 的 31000 端口,输入获取的 Token 值,如图 3-12 所示。

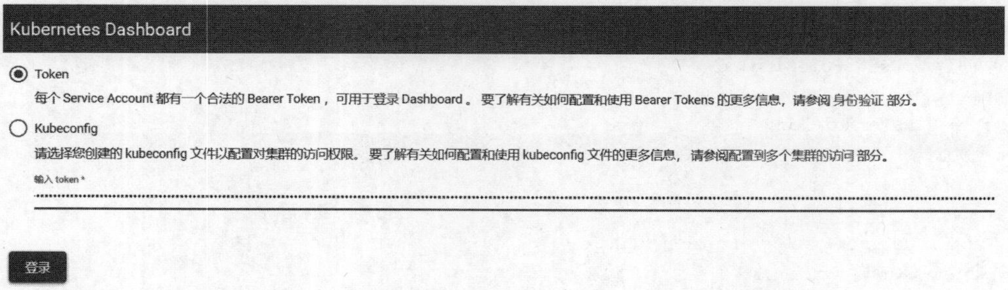

图 3-12　Dashboard 登录界面

在输入获取的 Token 值后,单击"登录"按钮即可完成登录。在登录后的界面内单击"工作负载"选项,系统会显示当前集群的工作负载情况,如图 3-13 所示。

Dashboard 的更多功能等待着你慢慢探索。

5. Kubernetes 集群功能验证

集群功能验证的方式有很多种,常见的方式是基于图形化管理工具(例如 Dashboard)、基于命令行模式和 YAML 文件管理应用。对于使用者来讲图形化界面下操作更直观,使用命令行模式时则需要对命令的熟练程度有一定要求。而使用 YAML 文件的方式是最常见的管理方式,但是该方式需要对 Kubernetes 集群中各种资源的参数非常熟悉,此方式的主要优点是后期维护方便。

1) 基于图形化 Dashboard 管理应用

在 Dashboard 管理平台,单击页面右上角的加号(+)标识符创建新资源,在弹出的页面内选择"从表单创建",如图 3-14 所示。

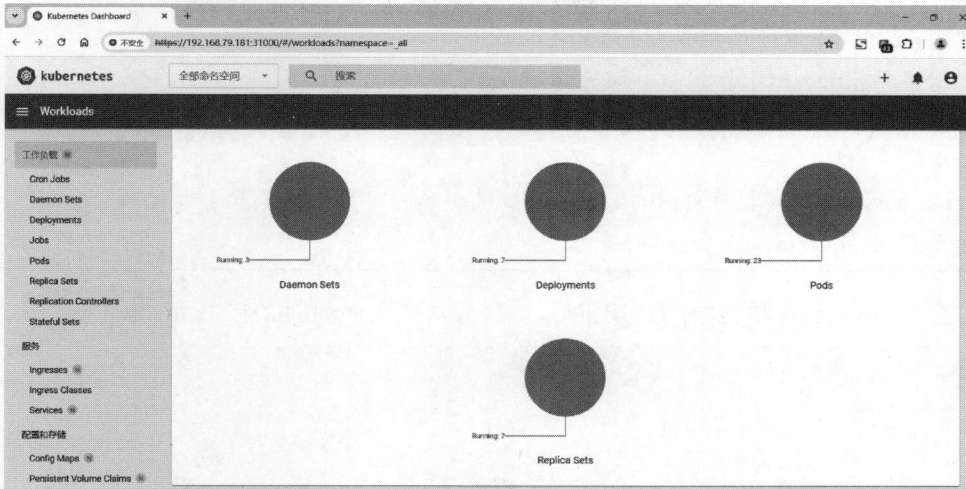

图 3-13 Dashboard 展示集群工作负载情况

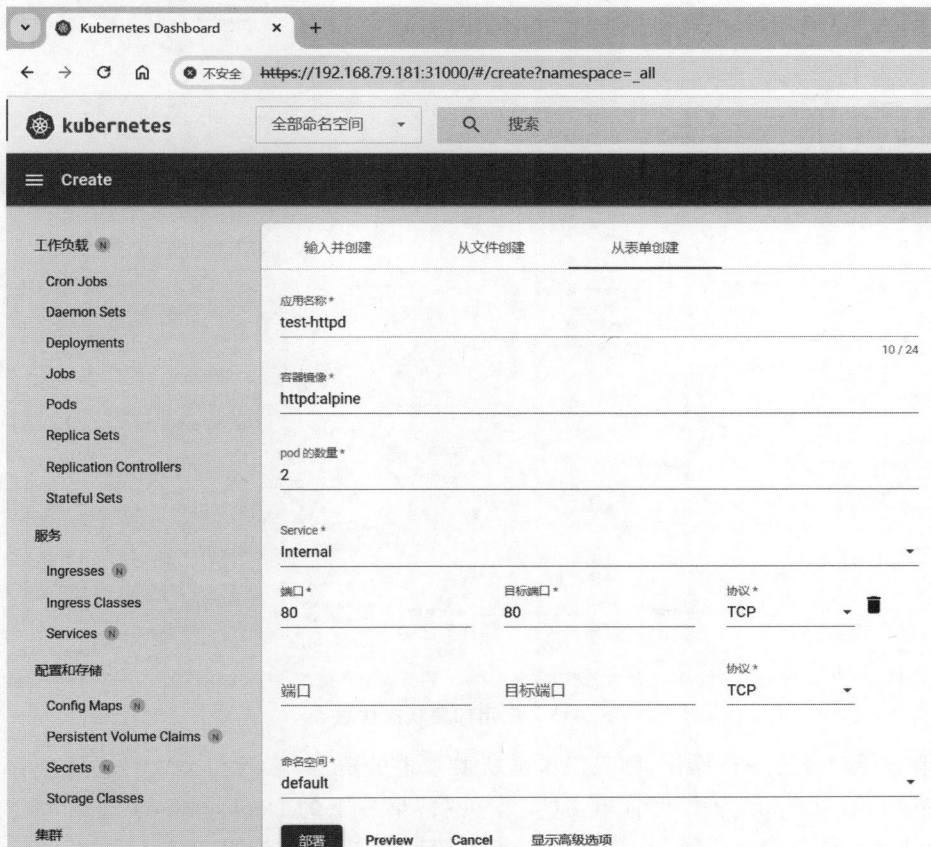

图 3-14 基于 Dashboard 创建资源

注意：图 3-14 内的选项说明如下。

应用名称：test-httpd

容器镜像：httpd:alpine

Pod 数量：2

Service：Internal(表示内网)

命名空间：default

内容填写完成后，单击"部署"按钮后，部署成功的页面如图 3-15 所示。

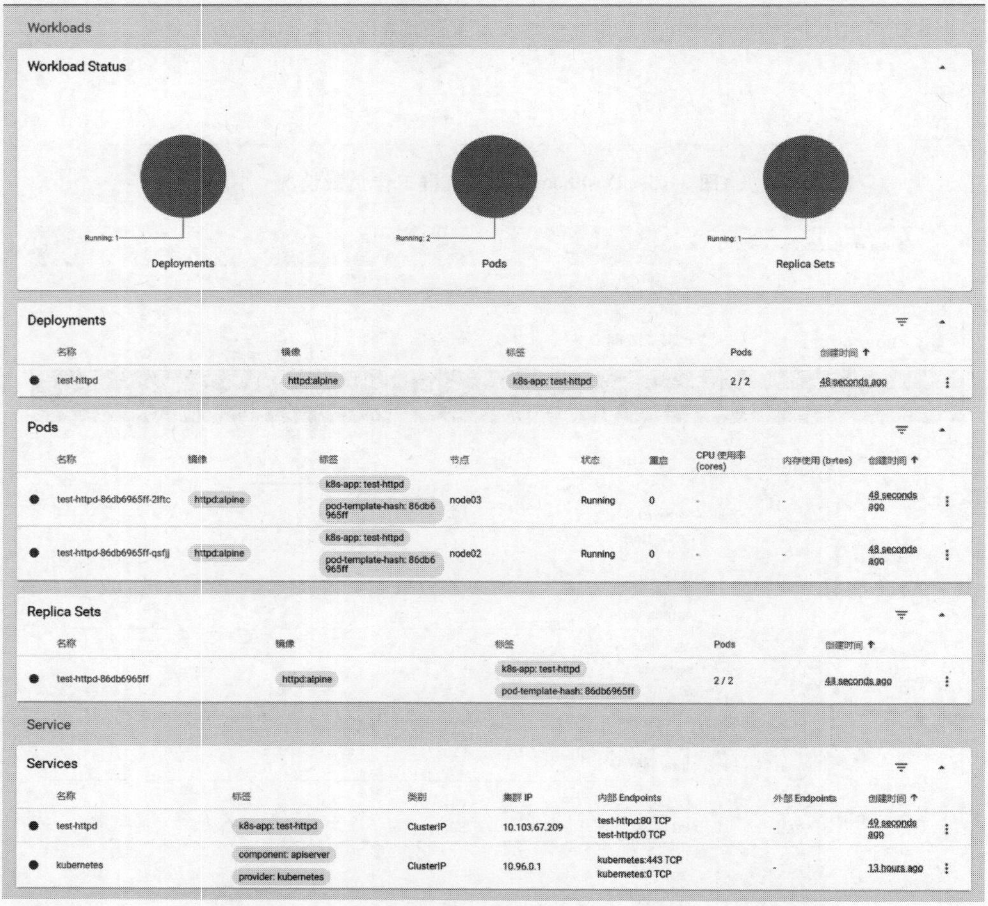

图 3-15　应用部署状态信息

如果需要对资源进行操作，则只需单击所要管理的资源，然后在菜单栏选择操作类型。以刚发布的 test-httpd 示例为例，单击"工作负载"菜单下的 Deployments 选项，在对应的 test-httpd 名称后单击操作选项(3 个竖点)即可选择操作类型，如图 3-16 所示。

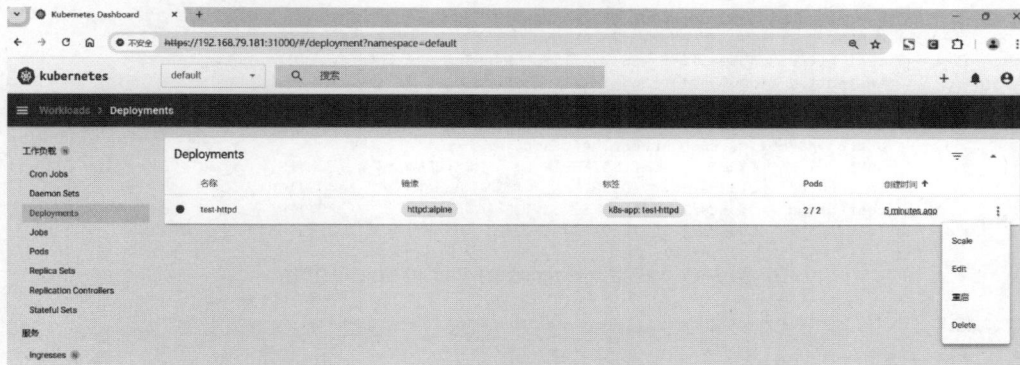

图 3-16　管理 Deployments

以同样的操作方式，单击 Services 选项，可以对服务资源进行编辑等操作，从而实现了 Kubernetes 集群中各种资源的图形化管理，使资源管理变得更简单。

2）基于命令行模式管理应用

在 Kubernetes 实际的运行管理过程中，使用命令行模式是非常普遍及高效的管理方式，例如，创建一个名称为 test-nginx 的 Deployment，镜像为 nginx：alpine，Pod 副本数为 2，命名空间为默认的 default，创建的命令如下：

```
sudo kubectl create deployment test-nginx \
-- image = nginx:alpine \
-- replicas = 2 \
-n default
```

然后就可以创建对应的服务，例如将 NodePort 的端口设置为 30080/TCP，命令如下：

```
sudo kubectl create service nodeport test-nginx -- tcp = 80:80 -- node-port = 30080
```

最后，查看创建的 Pod 和 Service 状态，命令如下：

```
#查看 Pod 状态
sudo kubectl get pods -n default
#或者
sudo kubectl get pods
#查 Service 状态
sudo kubectl get svc -n default
#或者
sudo kubectl get svc
```

命令执行的过程如图 3-17 所示。

使用浏览器访问集群任意节点 IP 的 30080/TCP 端口测试其可用性，端口可用的标识如图 3-18 所示。

如果此时需要将 test-nginx 的 Pod 副本数由原来的 2 扩展为 3，则命令如下：

```
user01@node01:~$ sudo kubectl get pods -n default
NAME                          READY   STATUS    RESTARTS   AGE
test-httpd-86db6965ff-7sm86   1/1     Running   0          100m
test-httpd-86db6965ff-rk2p8   1/1     Running   0          100m
test-nginx-7d884887ff-n2bsh   1/1     Running   0          30m
test-nginx-7d884887ff-vz4cf   1/1     Running   0          30m
user01@node01:~$ sudo kubectl get svc
NAME         TYPE        CLUSTER-IP      EXTERNAL-IP   PORT(S)        AGE
kubernetes   ClusterIP   10.96.0.1       <none>        443/TCP        24h
test-httpd   ClusterIP   10.101.212.115  <none>        80/TCP         100m
test-nginx   NodePort    10.97.135.217   <none>        80:30080/TCP   25s
```

图 3-17 应用 test-nginx 的 Pod 和 Service 状态

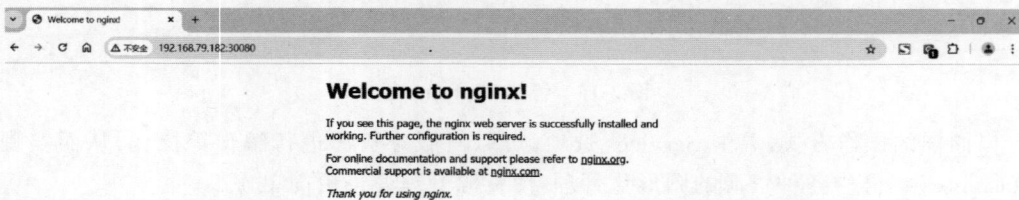

图 3-18 测试端口 30080/TCP 可用

```
# 查看当前 test-nginx 的副本数
sudo kubectl get deployment test-nginx
# 副本数由现在的 2 扩展到 3
sudo kubectl scale --current-replicas=2 --replicas=3 deployment/test-nginx
# 确认当前 test-nginx 的副本数
sudo kubectl get deployment test-nginx
```

命令执行的过程如图 3-19 所示。

```
user01@node01:~$ sudo kubectl get deployment test-nginx
NAME         READY   UP-TO-DATE   AVAILABLE   AGE
test-nginx   2/2     2            2           50m
user01@node01:~$ sudo kubectl scale --current-replicas=2 --replicas=3 deployment/test-nginx
deployment.apps/test-nginx scaled
user01@node01:~$ sudo kubectl get deployment test-nginx
NAME         READY   UP-TO-DATE   AVAILABLE   AGE
test-nginx   3/3     3            3           50m
```

图 3-19 Pod 扩展

3) 基于 YAML 文件

首先编写测试文件 test-apache.yaml,代码如下:

```
---
apiVersion: apps/v1
kind: Deployment
metadata:
  name: test-apache
  labels:
    app: test-apache
spec:
```

```
  replicas: 2
  selector:
    matchLabels:
      app: test - apache
  template:
    metadata:
      labels:
        app: test - apache
      spec:
        containers:
        - name: test - apache
          image: httpd:alpine
          ports:
          - containerPort: 80
---
apiVersion: v1
kind: Service
metadata:
  name: test - apache
  labels:
    app: test - apache
spec:
  ports:
  - port: 80
    targetPort: 80
    nodePort: 30002
  selector:
    app: test - apache
  type: NodePort
```

然后在管理节点上发布对应的服务,命令如下:

```
#发布应用
sudo kubectl apply - f test - apache.yaml
#查看 Pod、Service 信息
sudo kubectl get deployment test - apache - o wide
sudo kubectl get service test - apache - o wide
```

命令执行后的输出信息如图 3-20 所示。

```
user01@node01:~$ sudo kubectl apply -f test-apache.yaml
deployment.apps/test-apache created
service/test-apache created
user01@node01:~$ sudo kubectl get deployment test-apache -o wide
NAME          READY   UP-TO-DATE   AVAILABLE   AGE     CONTAINERS    IMAGES         SELECTOR
test-apache   2/2     2            2           4m27s   test-apache   httpd:alpine   app=test-apache
user01@node01:~$  sudo kubectl get service test-apache -o wide
NAME          TYPE       CLUSTER-IP      EXTERNAL-IP   PORT(S)        AGE     SELECTOR
test-apache   NodePort   10.99.237.187   <none>        80:30002/TCP   4m40s   app=test-apache
```

图 3-20　部署应用 test-apache

由于应用的发布基于 YAML 文件,因此后续的维护非常简单,例如,如果需要扩展 Pod 的副本数,则只需在对应的 replicas 字段内修改所需值,再执行 kubectl apply 命令应用配置文件使变更生效即可实现 Pod 扩缩。

注意:关于应用发布 YAML 文件编写的方法和技巧会在后续章节内详细讲解。

通过上述简单的功能验证,基本可以确认构建的 Kubernetes 集群是可用的。在企业实际应用场景中会有更多的验证内容,例如数据的持久化存储、负载均衡等,这些内容会在后续的章节中详细讲解。

3.1.6 Kubernetes 部署实战:基于 Containerd 环境

Containerd 是一个开源的容器运行引擎,最初是 Docker 项目的一部分,在 2017 年时 Docker 将拆分后的 Containerd 项目捐赠给云原生计算基金会(CNCF)。自此 Containerd 获得了更多的社区支持和代码贡献,使其得到了快速发展。

1. 弃用 dockershim

dockershim 是一个与 Docker 运行时接口进行交互的组件,它是 Kubernetes 与 Docker 容器运行时通信的桥梁,负责容器生命周期的管理和资源调度等相关操作。在 Kubernetes 集群中由于 dockershim 的存在,增加了 kubelet 自身管理的复杂性,因此从 Kubernetes 1.24 开始正式弃用 dockershim,默认的容器引擎也从 Docker 变更为 Containerd。

2. Containerd 与 Docker 的差异

首先,Docker 是一个完整的容器虚拟化平台,它提供了全栈解决方案,包括构建、打包、分发和运行容器等功能,而 Containerd 则是一个专注于底层容器生命周期管理的轻量级容器管理工具,它旨在为容器运行时提供核心功能,例如镜像下载与推送、容器创建、容器启动、容器停止等容器生命周期管理工作。

其次,由于 Docker 提供了内置的网络和存储解决方案,因此在容器之间通信和数据传输更轻松,而 Containerd 则不包含这些功能,它的网络通信是通过集成 CNI 插件实现的。

最后,Docker 采用客户端与服务器端架构,是通过 Docker 守护进程(dockerd)和 RESTful API 来管理和创建容器的,而 Containerd 则是作为守护进程直接负责管理容器的生命周期,例如容器创建、启动、停止等相关操作,Containerd 架构如图 3-21 所示。

3. Containerd 的优势

Containerd 被企业广泛地应用于大规模生产环境中是由其自身的优势所决定的,主要表现在以下方面。

首先,Containerd 的轻量级设计架构与代码优化,使 Containerd 不仅能以守护进程的形式存在还使其专注于容器生命周期的管理,还可以用最小的资源消耗高效运行。这对于企业大规模生产环境来讲尤为重要,因为它可以显著地提升系统的响应速度和处理能力。

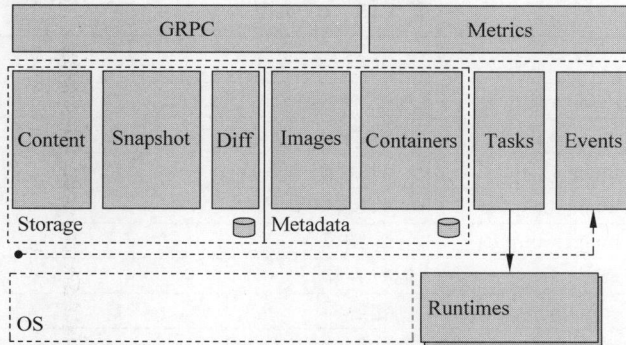

图 3-21　Containerd 架构

其次,支持插件机制,允许使用者根据自身需求扩展其核心功能。例如,可以通过集成不同的网络和存储方案来满足特定场景下的网络通信与数据持久化需求,使企业能够灵活地变化技术路线和业务需求。同时还支持 OCI 标准,使它与其他符合 OCI 标准的容器工具和平台兼容。

最后,Containerd 拥有丰富的生态系统,通过集成众多的工具和插件来增强它的功能。同时,它与 Kubernetes 的紧密集成对应用容器化提供了强有力的支撑,有利于容器虚拟化技术的进一步发展。

4. Containerd 典型管理命令

Containerd 常用的管理命令行工具有两种,分别是 ctr 和 crictl,但是它们之间有一定的差异。ctr 命令提供了更底层的容器操作,是针对容器运行时的,例如 Containerd,而 crictl命令则提供了更高层次的容器管理功能,是针对 CRI 的。ctr 与 crictl 命令的功能特点见表 3-14。

表 3-14　ctr 与 crictl 命令的功能特点

ctr 命令	crictl 命令
(1) ctr 是 Containerd 的官方命令行工具,用于与 Containerd 进行交互和管理容器 (2) ctr 支持多种命令,包括创建、启动、停止、删除和查看容器等 (3) ctr 可以直接与 Containerd 通信,通过 gRPC 接口进行操作 (4) ctr 提供了更底层的容器管理功能,可以直接操作 containerd 的 API	(1) crictl 是 CRI(容器运行时接口)的官方命令行工具,用于与 CRI 兼容的容器运行时进行交互和管理容器 (2) crictl 支持多种命令,包括创建、启动、停止、删除和查看容器等 (3) crictl 通过 CRI 接口与容器运行时进行通信,可以与不同的容器运行时(例如 Docker、Containerd、rkt 等)进行交互 (4) crictl 提供了更高层的容器管理功能,对于使用 CRI 的容器运行时来讲更加方便

1) ctr 典型命令

在 Containerd 的管理过程中如果使用 ctr 命令,则典型的命令见表 3-15。

表 3-15　ctr 典型命令

类　　型	命　　令	说　　明
镜像管理	ctr images list	列出本地镜像
	ctr images pull	下载镜像
	ctr images delete	删除镜像(参数 delete、del、remove、rm 的功能相同,均可使用)
	ctr images export	导出镜像
	ctr images import	导入镜像
容器管理	ctr run	运行容器
	ctr containers create	创建容器
	ctr containers delete	删除容器(参数 delete、del、remove、rm 的功能相同,均可使用)
	ctr containers info	获取容器信息
	ctr containers list	列出容器
	ctr containers label	设置和清除容器标签
任务管理	ctr task create	创建新任务
	ctr task delete	删除任务
	ctr task list	列出所有任务
	ctr task update	更新任务的配置
	ctr task exec	在任务中执行一个命令
	ctr task kill	终止任务
	ctr task pause	暂停任务
	ctr task resume	恢复任务
	ctr task logs	查看任务的日志
	ctr task inspect	查看任务的详细信息

2) crictl 典型命令

在 Containerd 的管理过程中如果使用 crictl 命令,则典型的命令见表 3-16。

表 3-16　crictl 典型命令

类　　型	命　　令	说　　明
镜像管理	crictl images	列出镜像(参数 images、image、img 的功能相同,均可使用)
	crictl pull	下载镜像
	crictl rmi	删除镜像
容器管理	crictl create	创建一个新的容器
	crictl exec	在运行的容器中执行命令
	crictl inspect	查看容器的详细信息
	crictl logs	获取容器的日志
	crictl start	启动已经创建的容器
	crictl stop	停止容器
	crictl ps	列出容器
	crictl update	更新运行中的容器

续表

类　　型	命　　令	说　　明
Pod 管理	crictl pods	列出所有的 Pod
	crictl stopp	停止运行中的 Pod
	crictl rmp	删除 Pod
	crictl statsp	列出 Pod 资源的使用情况

5. 节点环境准备

在部署基于 Containerd 环境的 Kubernetes 集群时,必要的节点基础配置是必不可少的,例如,配置主机名、IP 地址、时间同步、关闭交换分区、开启流量转发和部署 IPVS 相关组件等,相关环节的配置方法可以参看 3.1.5 节内容(3.1.5 Kubernetes 部署实战:基于 Docker 环境)。演示环境节点服务器信息见表 3-17。

表 3-17　节点服务器信息

主　机　名	IP 地址	说　　明
node01	192.168.79.191	管理节点
node02	192.168.79.192	管理节点
node03	192.168.79.193	工作节点
node04	192.168.79.194	工作节点
负载均衡器	192.168.79.200	虚拟 IP 地址(VIP)

1) 部署 Containerd

集群所有节点均需部署 Containerd,命令如下:

```
# 更新索引、安装依赖组件
sudo apt - get update
sudo apt - get install ca - certificates curl gnupg - y
# 添加 Docker 官方 GPG key
sudo install - m 0755 - d /etc/apt/keyrings

curl - fsSL https://download.docker.com/linux/ubuntu/gpg | sudo gpg -- dearmor - o /etc/apt/keyrings/docker.gpg

sudo chmod a + r /etc/apt/keyrings/docker.gpg
# 配置 Docker 官方源
echo \
"deb [arch = " $ (dpkg -- print - architecture)" signed - by = /etc/apt/keyrings/docker.gpg]
https://download.docker.com/linux/ubuntu \
" $ (. /etc/os - release && echo " $ VERSION_CODENAME")" stable" | \
sudo tee /etc/apt/sources.list.d/docker.list > /dev/null
# 更新索引
sudo apt - get update
# 安装 Containerd
sudo apt - get install containerd.io - y
```

Containerd 部署完成后需要将 sandbox 镜像仓库地址修改为国内镜像源地址,首先生

成 Containerd 的默认配置文件,命令如下:

```
#先提升权限
sudo - s
#生成默认的配置文件
containerd config default > /etc/containerd/config.toml
```

然后编辑配置文件/etc/containerd/config.toml 修改 sandbox_image 字段和 SystemdCgroup 字段对应的值,代码如下:

```
sandbox_image = "registry.cn - hangzhou.aliyuncs.com/google_containers/pause:3.10"
SystemdCgroup = true
```

接着,配置/etc/crictl.yaml 配置文件,命令如下:

```
cat > /etc/crictl.yaml << EOF
runtime - endpoint: unix://run/containerd/containerd.sock
image - endpoint: unix://run/containerd/containerd.sock
timeout: 10
debug: false
EOF
```

最后重启 Containerd 服务、设置服务自动并查看服务状态,命令如下:

```
sudo systemctl enable containerd
sudo systemctl start containerd
sudo systemctl status containerd
sudo containerd - v
```

命令执行后可以看到 containerd 服务运行正常,并且使用 containerd -v 命令可以显示当前版本,表示 Containerd 部署成功。

2) 安装 Kubernetes 相关组件

集群各节点均需安装 Kubernetes 相关组件,例如 kubeadm、kubelet、kubectl 等,命令如下:

```
#更新索引、安装依赖包
sudo apt - get update
sudo apt - get install apt - transport - https ca - certificates curl gpg - y
#下载 Kubernetes 软件包仓库的公共签名密钥
curl - fsSL https://pkgs.k8s.io/core:/stable:/v1.31/deb/Release.key | sudo gpg -- dearmor -
o /etc/apt/keyrings/kubernetes - apt - keyring.gpg
#添加 Kubernetes 仓库
echo 'deb [signed - by = /etc/apt/keyrings/kubernetes - apt - keyring.gpg] https://pkgs.k8s.io/
core:/stable:/v1.31/deb/ /' | sudo tee /etc/apt/sources.list.d/kubernetes.list
#再次更新索引,安装 kubelet、kubeadm 和 kubectl,并锁定其版本
sudo apt - get update
sudo apt - get install kubelet kubeadm kubectl socat
sudo apt - mark hold kubelet kubeadm kubectl
```

6. Kubernetes 集群部署

Kubernetes 集群节点配置完成后,即可开始初始化集群。

首先，集群初始化之前需要将 kubelet 服务的 cgroup 驱动修改为 systemd，在配置文件/usr/lib/systemd/system/kubelet.service.d/10-kubeadm.conf 内添加以下参数，代码如下：

```
Environment = "KUBELET_CGROUP_ARGS = -- cgroup - driver = systemd"
```

配置文件修改完成后保存，退出并重启 kubelet 服务，命令如下：

```
sudo systemctl daemon - reload
sudo systemctl restart kubelet
```

其次，获取初始化配置文件 kubeadm-init.yaml，命令如下：

```
sudo kubeadm config print init - defaults > kubeadm - init.yml
```

配置文件生成后编辑 kubeadm-init.yml 文件，代码如下：

```
apiVersion: kubeadm.k8s.io/v1beta4
BootstrapTokens:
- groups:
  - system:Bootstrappers:kubeadm:default - node - token
  token: abcdef.0123456789abcdef
  ttl: 24h0m0s
  usages:
  - signing
  - authentication
kind: InitConfiguration
localAPIEndpoint:
  advertiseAddress: 192.168.79.191
  bindPort: 6443
nodeRegistration:
  criSocket: unix://var/run/containerd/containerd.sock
  imagePullPolicy: IfNotPresent
  imagePullSerial: true
  name: node01
  taints: null
timeouts:
  controlPlaneComponentHealthCheck: 4m0s
  discovery: 5m0s
  etcdAPICall: 2m0s
  kubeletHealthCheck: 4m0s
  kubernetesAPICall: 1m0s
  tlsBootstrap: 5m0s
  upgradeManifests: 5m0s
---
apiServer: {}
apiVersion: kubeadm.k8s.io/v1beta4
caCertificateValidityPeriod: 87600h0m0s
certificateValidityPeriod: 8760h0m0s
certificatesDir: /etc/kubernetes/pki
```

```
clusterName: kubernetes
controllerManager: {}
dns: {}
encryptionAlgorithm: RSA - 2048
etcd:
  local:
    dataDir: /var/lib/etcd
imageRepository: registry.cn - hangzhou.aliyuncs.com/google_containers
kind: ClusterConfiguration
kubernetesVersion: 1.31.0
networking:
  dnsDomain: cluster.local
  serviceSubnet: 10.96.0.0/12
  podSubnet: 10.244.0.0/16
proxy: {}
scheduler: {}
```

基于修改后的 kubeadm-init.yaml 文件测试国内镜像源是否可用,命令如下:

```
sudo kubeadm config images list -- config kubeadm - init.yml
```

如果命令执行后如图 3-22 所示,则说明国内镜像源可用。

```
user01@node01:~$ sudo kubeadm config images list --config kubeadm-init.yml
registry.cn-hangzhou.aliyuncs.com/google_containers/kube-apiserver:v1.31.0
registry.cn-hangzhou.aliyuncs.com/google_containers/kube-controller-manager:v1.31.0
registry.cn-hangzhou.aliyuncs.com/google_containers/kube-scheduler:v1.31.0
registry.cn-hangzhou.aliyuncs.com/google_containers/kube-proxy:v1.31.0
registry.cn-hangzhou.aliyuncs.com/google_containers/coredns:v1.11.3
registry.cn-hangzhou.aliyuncs.com/google_containers/pause:3.10
registry.cn-hangzhou.aliyuncs.com/google_containers/etcd:3.5.15-0
```

图 3-22   测试 Kubernetes 国内镜像源

然后初始化 Kubernetes 集群管理节点,命令如下:

```
♯提升权限
sudo - s
♯基于配置文件 kubeadm - init.yaml 初始化集群
kubeadm init -- config kubeadm - init.yml
```

如果命令执行后输出的信息如下,则表示初始化成功:

```
user01@node01:~ $ sudo - s
[sudo] password for user01:
root@node01:/home/user01♯kubeadm init -- config kubeadm - init.yml
[init] Using Kubernetes version: v1.31.0
[preflight] Running pre - flight checks
        [WARNING FileExisting - socat]: socat not found in system path
[preflight] Pulling images required for setting up a Kubernetes cluster
[preflight] This might take a minute or two, depending on the speed of your internet connection
[preflight] You can also perform this action beforehand using 'kubeadm config images pull'
[certs] Using certificateDir folder "/etc/kubernetes/pki"
[certs] Generating "ca" certificate and key
```

```
[certs] Generating "apiserver" certificate and key
[certs] apiserver serving cert is signed for DNS names [kubernetes kubernetes. default
kubernetes. default. svc kubernetes. default. svc. cluster. local node01] and IPs [10.96.0.1 192.
168.79.191]
[certs] Generating "apiserver-kubelet-client" certificate and key
[certs] Generating "front-proxy-ca" certificate and key
[certs] Generating "front-proxy-client" certificate and key
[certs] Generating "etcd/ca" certificate and key
[certs] Generating "etcd/server" certificate and key
[certs] etcd/server serving cert is signed for DNS names [localhost node01] and IPs [192.168.
79.191 127.0.0.1 ::1]
[certs] Generating "etcd/peer" certificate and key
[certs] etcd/peer serving cert is signed for DNS names [localhost node01] and IPs [192.168.79.
191 127.0.0.1 ::1]
[certs] Generating "etcd/healthcheck-client" certificate and key
[certs] Generating "apiserver-etcd-client" certificate and key
[certs] Generating "sa" key and public key
[kubeconfig] Using kubeconfig folder "/etc/kubernetes"
[kubeconfig] Writing "admin.conf" kubeconfig file
[kubeconfig] Writing "super-admin.conf" kubeconfig file
[kubeconfig] Writing "kubelet.conf" kubeconfig file
[kubeconfig] Writing "controller-manager.conf" kubeconfig file
[kubeconfig] Writing "scheduler.conf" kubeconfig file
[etcd] Creating static Pod manifest for local etcd in "/etc/kubernetes/manifests"
[control-plane] Using manifest folder "/etc/kubernetes/manifests"
[control-plane] Creating static Pod manifest for "kube-apiserver"
[control-plane] Creating static Pod manifest for "kube-controller-manager"
[control-plane] Creating static Pod manifest for "kube-scheduler"
[kubelet-start] Writing kubelet environment file with flags to file "/var/lib/kubelet/
kubeadm-flags.env"
[kubelet-start] Writing kubelet configuration to file "/var/lib/kubelet/config.yaml"
[kubelet-start] Starting the kubelet
[wait-control-plane] Waiting for the kubelet to boot up the control plane as static Pods from
directory "/etc/kubernetes/manifests"
[kubelet-check] Waiting for a healthy kubelet at http://127.0.0.1:10248/healthz. This can
take up to 4m0s
[kubelet-check] The kubelet is healthy after 1.002354069s
[api-check] Waiting for a healthy API server. This can take up to 4m0s
[api-check] The API server is healthy after 7.00210864s
[upload-config] Storing the configuration used in ConfigMap "kubeadm-config" in the "kube-
system" Namespace
[kubelet] Creating a ConfigMap "kubelet-config" in namespace kube-system with the
configuration for the kubelets in the cluster
[upload-certs] Skipping phase. Please see --upload-certs
[mark-control-plane] Marking the node node01 as control-plane by adding the labels: [node-
role. kubernetes. io/control-plane node. kubernetes. io/exclude-from-external-load-
balancers]
[mark-control-plane] Marking the node node01 as control-plane by adding the taints [node-
role. kubernetes. io/control-plane:NoSchedule]
```

```
[Bootstrap-token] Using token: abcdef.0123456789abcdef
[Bootstrap-token] Configuring Bootstrap tokens, cluster-info ConfigMap, RBAC Roles
[Bootstrap-token] Configured RBAC rules to allow Node Bootstrap tokens to get nodes
[Bootstrap-token] Configured RBAC rules to allow Node Bootstrap tokens to post CSRs in order
for nodes to get long term certificate credentials
[Bootstrap-token] Configured RBAC rules to allow the csrapprover controller automatically
approve CSRs from a Node Bootstrap Token
[Bootstrap-token] Configured RBAC rules to allow certificate rotation for all node client
certificates in the cluster
[Bootstrap-token] Creating the "cluster-info" ConfigMap in the "kube-public" namespace
[kubelet-finalize] Updating "/etc/kubernetes/kubelet.conf" to point to a rotatable kubelet
client certificate and key
[addons] Applied essential addon: CoreDNS
[addons] Applied essential addon: kube-proxy

Your Kubernetes control-plane has initialized successfully!

To start using your cluster, you need to run the following as a regular user:

  mkdir -p $HOME/.kube
  sudo cp -i /etc/kubernetes/admin.conf $HOME/.kube/config
  sudo chown $(id -u):$(id -g) $HOME/.kube/config

Alternatively, if you are the root user, you can run:

  export KUBECONFIG=/etc/kubernetes/admin.conf

You should now deploy a pod network to the cluster.
Run "kubectl apply -f [podnetwork].yaml" with one of the options listed at:
  https://kubernetes.io/docs/concepts/cluster-administration/addons/

Then you can join any number of worker nodes by running the following on each as root:

kubeadm join 192.168.79.191:6443 -- token abcdef.0123456789abcdef \
      --discovery-token-ca-cert-hash sha256:8697688156116169d0b8509f64063d1596114
e7d870a3bc78e6c8febfbff7ff0
```

按照初始化后的信息提示操作即可,命令如下:

```
mkdir -p $HOME/.kube
sudo cp -i /etc/kubernetes/admin.conf $HOME/.kube/config
sudo chown $(id -u):$(id -g) $HOME/.kube/config
```

命令执行后,安装 Calico 网络插件具体操作过程可参看 3.1.5 节的步骤。需要特别注意的是 Calico 网络插件配置文件 custom-resources.yaml 内定义的 Pod 子网范围必须与集群初始化配置文件 Kubeadm-init.yml 内的 Pod 子网范围保持一致,演示环境定义的范围为 podSubnet:10.244.0.0/16,部署命令如下:

```
kubectl create -f tigera-operator.yaml
kubectl create -f custom-resources.yaml
```

当使用命令 kubectl get pods -A 获取目前管理节点的 Pods 状态全部为 Running 时,表示管理节点的相关初始化工作完成,可以添加集群的其他节点,状态信息如图 3-23 所示。

```
user01@node01:~$ sudo kubectl get pods -A
NAMESPACE          NAME                                           READY   STATUS    RESTARTS   AGE
calico-apiserver   calico-apiserver-6864b6879b-47s45              1/1     Running   0          61s
calico-apiserver   calico-apiserver-6864b6879b-5xfsn              1/1     Running   0          61s
calico-system      calico-kube-controllers-665db99547-t7lbm       1/1     Running   0          3m5s
calico-system      calico-node-pzh7d                              1/1     Running   0          3m5s
calico-system      calico-typha-858d7bb7c-pxtrp                   1/1     Running   0          3m5s
calico-system      csi-node-driver-rwhqg                          2/2     Running   0          3m5s
kube-system        coredns-fcd6c9c4-5vmpf                         1/1     Running   0          32m
kube-system        coredns-fcd6c9c4-9dvjp                         1/1     Running   0          32m
kube-system        etcd-node01                                    1/1     Running   0          32m
kube-system        kube-apiserver-node01                          1/1     Running   0          32m
kube-system        kube-controller-manager-node01                 1/1     Running   0          32m
kube-system        kube-proxy-q65vg                               1/1     Running   0          32m
kube-system        kube-scheduler-node01                          1/1     Running   0          32m
tigera-operator    tigera-operator-89c775547-4p52m                1/1     Running   0          3m12s
```

图 3-23　Calico 插件状态

最后复制初始化后生成的节点加入指令,分别在 node03、node04 上执行,命令如下:

```
♯ 提升权限
sudo - s
♯ 加入集群
kubeadm join 192.168.79.191:6443 -- token abcdef.0123456789abcdef \
-- discovery - token - ca - cert - hash sha256:8697688156116169d0b8509f64063d1596114e7d870a
3bc78e6c8febfbff7ff0 \
-- cri - socket = unix://var/run/containerd/containerd.sock
```

节点加入集群后,在管理节点执行 kubectl get nodes 命令获取节点状态,当所有节点为 Ready 时表示集群节点工作正常,如图 3-24 所示。

```
user01@node01:~$ sudo kubectl get pods -A
[sudo] password for user01:
NAMESPACE          NAME                                           READY   STATUS    RESTARTS      AGE
calico-apiserver   calico-apiserver-6864b6879b-47s45              1/1     Running   0             124m
calico-apiserver   calico-apiserver-6864b6879b-5xfsn              1/1     Running   0             124m
calico-system      calico-kube-controllers-665db99547-t7lbm       1/1     Running   0             126m
calico-system      calico-node-n5lc7                              1/1     Running   0             59m
calico-system      calico-node-pzh7d                              1/1     Running   0             126m
calico-system      calico-node-v8nw6                              1/1     Running   0             33m
calico-system      calico-typha-858d7bb7c-2tc6s                   1/1     Running   0             32m
calico-system      calico-typha-858d7bb7c-pxtrp                   1/1     Running   0             126m
calico-system      csi-node-driver-pcs4t                          2/2     Running   0             113m
calico-system      csi-node-driver-r4g79                          2/2     Running   0             113m
calico-system      csi-node-driver-rwhqg                          2/2     Running   0             126m
kube-system        coredns-fcd6c9c4-5vmpf                         1/1     Running   0             155m
kube-system        coredns-fcd6c9c4-9dvjp                         1/1     Running   0             155m
kube-system        etcd-node01                                    1/1     Running   0             156m
kube-system        kube-apiserver-node01                          1/1     Running   0             156m
kube-system        kube-controller-manager-node01                 0/1     Running   2 (17s ago)   156m
kube-system        kube-proxy-q65vg                               1/1     Running   0             155m
kube-system        kube-proxy-r9zt6                               1/1     Running   0             113m
kube-system        kube-proxy-vqvk4                               1/1     Running   0             113m
kube-system        kube-scheduler-node01                          1/1     Running   2 (16s ago)   156m
tigera-operator    tigera-operator-89c775547-4p52m                1/1     Running   2 (17s ago)   126m
user01@node01:~$ sudo kubectl get nodes
NAME     STATUS   ROLES           AGE    VERSION
node01   Ready    control-plane   156m   v1.31.1
node03   Ready    <none>          114m   v1.31.1
node04   Ready    <none>          114m   v1.31.1
```

图 3-24　集群 Pod 和节点状态

7. Kubernetes 集群功能验证

集群部署完成后,可以通过发布应用的方式对基本的功能进行验证。编写典型的 Web 服务部署文件 myapp.yaml,代码如下:

```yaml
---
apiVersion: apps/v1
kind: Deployment
metadata:
  labels:
    app: myapp
  name: myapp
spec:
  replicas: 2
  selector:
    matchLabels:
      app: myapp
  template:
    metadata:
      labels:
        app: myapp
    spec:
      containers:
      - image: nginx:alpine
        name: nginx
        ports:
        - containerPort: 80
---
apiVersion: v1
kind: Service
metadata:
  labels:
    app: myapp
  name: myapp
spec:
  ports:
  - name: 80-80
    nodePort: 30003
    port: 80
    protocol: TCP
    targetPort: 80
  selector:
    app: myapp
  type: NodePort
```

在管理节点 node01 上执行部署操作,命令如下:

```
sudo kubectl apply -f myapp.yaml
```

命令执行后,查看对应的 Pods 状态、服务状态,命令如下:

```
# 获取 Pods 状态
sudo kubectl get pods
# 获取服务状态
sudo kubectl get svc myapp
```

应用成功部署的标识如图 3-25 所示。

```
user01@node01:~$ sudo kubectl get pods
NAME                      READY   STATUS    RESTARTS   AGE
myapp-6bf5f486bd-2chl4    1/1     Running   0          6m25s
myapp-6bf5f486bd-brf96    1/1     Running   0          6m25s
user01@node01:~$ sudo kubectl get svc myapp
NAME    TYPE       CLUSTER-IP      EXTERNAL-IP   PORT(S)        AGE
myapp   NodePort   10.111.194.56   <none>        80:30003/TCP   6m37s
```

图 3-25 myapp 部署成功

如果此时使用浏览器访问集群任意节点的 30003/tcp 端口,则可以看到 Nginx 服务运行的默认页面。同时还可以在命令行模式下管理应用,如修改服务副本数、修改服务类型、修改服务暴露的端口等相关操作。

8. 配置 Kubernetes 集群的高可用架构

在默认情况下 Kubernetes 的集群为单管理节点(控制平面节点),这种模式虽然可以满足开发和测试等小规模的业务应用场景,但是在生产环境中却面临着重大的风险。主要原因是单节点故障风险,一旦集群中的管理节点出现宕机等故障,整个集群的控制平面就失效了,无法实施对集群的有效管理,严重时可能会导致业务中断,从而影响业务的连续性,因此在企业生产环境中 Kubernetes 集群均采用高可用架构方案来提高集群的容错能力。典型的高可用架构方案有两种,分别是部署多个管理节点(控制平面节点)和使用外部 etcd 集群。

1) 高可用架构方案-部署多个管理节点(控制平面节点)

该方案的特点是通过在集群中部署多个管理节点(控制平面节点)和使用负载均衡器来分发请求,从而实现管理节点的高可用。同时,etcd 节点与管理节点共存,其架构如图 3-26 所示。

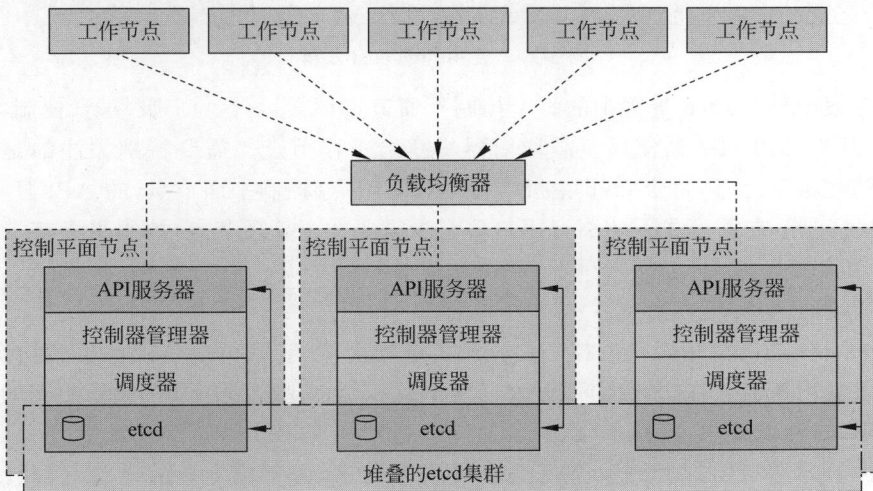

图 3-26 部署多个控制平面节点架构

架构中清晰地列出了每个管理节点(控制平面节点)上均运行 API 服务器、控制器管理器和调度器实例,其中 API 服务器使用负载均衡器暴露给工作节点。同时每个管理节点(控制平面节点)创建一个本地 etcd 成员,这个 etcd 成员只与该节点的 API 服务器、控制器管理器和调度器实例进行通信。通常情况下在该模式下 HA(高可用)集群至少运行 3 个堆叠的管理节点(控制平面节点)。当主管理节点出现故障时,备份管理节点会通过选举算法推举一个新的主节点接管集群,同时会重新分配集群的工作负载。这一过程通常需要一定的时间来完成,在这个期间有可能会出现短暂的服务中断现象,一旦新的管理节点选举完成,集群将完全恢复正常状态。

2) 高可用架构方案-使用外部 etcd 集群

该方案的特点是使用外部 etcd 集群的方式来实现 Kubernetes 集群的高可用。在Kubernetes 集群中 etcd 集群是用于存储集群元数据和状态信息的,方案是通过配置多个 etcd 节点和使用数据复制机制来实现数据的一致性和可用性,其架构如图 3-27 所示。

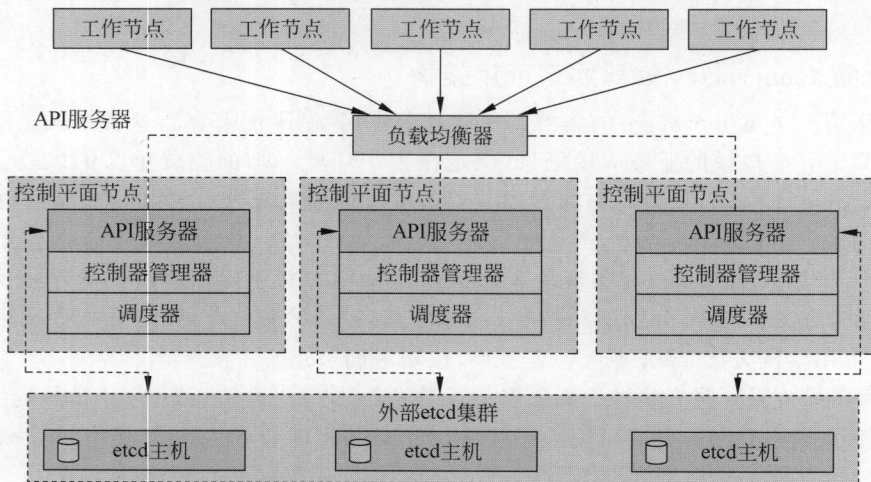

图 3-27　使用外部 etcd 集群

在该方案中外部 etcd 集群中的每个控制平面节点都会运行 API 服务器、控制器管理器和调度器,其中 API 服务器使用负载均衡器暴露给工作节点。需要特别关注的是,etcd 成员在不同的主机上运行,每个 etcd 主机与每个管理节点(控制平面节点)的 API 服务器进行通信。通常情况下在该模式下的高可用集群至少需要 3 个管理节点(控制平面节点)和 3 个冗余 etcd 节点。

3) 高可用架构实现方案

Kubernetes 的高可用架构的核心之一是负载均衡器,它既可以是硬件负载均衡器也可以是软件负载均衡器。在企业生产环境中,负载均衡器的选择是由众多因素决定的,例如项目的实际需求、性能要求、易维护性、性价比等。通常情况下硬件负载均衡器具有专用的处理器和高性能的网络接口,用于处理大量的并发和请求,由于是专业的设备,因此稳定性和可靠性更高。同时还可以提供其他相关服务,例如流量管理、网络攻击防护等功能,常见的设备有 f5 等设备,而软件负载均衡器则是通过软件方式实现网络流量的负载均衡,与硬件负载均衡器相比具有更高的性价比,它可以根据实际需求轻松地完成扩容或缩减,更适合于动态和弹性架构。针对软件负载均衡器的官方解决方案有两种,分别是 HAProxy 与 Keepalived 组合应用方案和 kube-vip 方案。

注意:在 HAProxy 与 Keepalived 组合应用方案内,Keepalived 官方建议的最优版本为 2.0.20 和 2.2.4。

---

(1) HAProxy 与 Keepalived 组合。

在 Kubernetes 高可用方案中 HAProxy 是一个开源的负载均衡器和反向代理软件,它的主要功能是将大量并发和请求按照预设的负载均衡算法分配给多个后端的 Kubernetes API 服务器响应,从而提升系统的稳健性和请求处理能力。同时 HAProxy 还具备监控后端服务器健康状态的能力,并且会自动剔除不健康的实例。由于 HAProxy 还支持 SSL/TLS 加密,因此可以在负载均衡层处理加密,进而减轻后端服务器的压力。

在 Kubernetes 高可用方案中 Keepalived 是基于虚拟路由冗余协议(Virtual Router Redundancy Protocol,VRRP)的开源软件,它的主要功能是管理一个由多个 HAProxy 实例共享的虚拟 IP 地址(Virtual IP Address,VIP),在主节点发生故障时虚拟 IP 地址会自动漂移至备份节点,从而实现冗余和故障转移。

通过二者的组合完美地实现了一个简洁而又高效的 Kubernetes 高可用方案,确保了集群的高可用性和高可靠性。

(2) 使用 kube-vip 实现。

kube-vip 作为 HAProxy 与 Keepalived 组合等传统负载均衡的替代方案,它可以在一个服务中实现虚拟 IP 地址的管理和负载均衡功能。kube-vip 可以在网络模型中的第 2 层(使用 ARP 和 leaderElection 方式)或者第 3 层(使用 BGP 方式)实现,需要特别注意的是此时 kube-vip 将作为管理节点上的静态 Pod 运行。

注意:kube-vip 需要访问 Kubernetes API 服务器,尤其是在集群初始化期间,即使用 kubeadm init 命令初始化集群阶段。

---

kube-vip 的工作模式包括 ARP 模式、BGP 模式、Routing Table 模式和 WireGuard 模式,掌握不同模式的功能特点及应用场景对后续 Kubernetes 相关技术的应用至关重要。

首先是 ARP 模式,在该模式下 kube-vip 利用地址解析协议(Address Resolution Protocol,ARP)来发布和更新 VIP 地址。一旦 kube-vip 在集群节点上成功运行,该节点就会主动向集群所在网络发送 ARP 广播,告知网络内的所有节点自己所持有的 VIP 地址,这就使其他节点能够通过该 VIP 与 Kubernetes 集群中的服务进行通信,但是由于 ARP 协议本身并不完美,具有一定的缺陷,例如缓存攻击、广播风暴等,因此它更适合应用于相对简单的网络,尤其是没有复杂路由需求的场景。

其次是 BGP 模式,在该模式下 kube-vip 先使用边界网关协议发布 VIP,然后 VIP 将被通告给网络中的其他 BGP 路由器,从而允许通过 BGP 管理流量的路由选择。这种模式更适合大规模的 Kubernetes 集群或者多租户场景及与数据中心或公有云环境的深度集成。

再次是 Routing Table 模式,在该模式下 kube-vip 通过直接操作节点路由表的方式来管理 VIP,例如通过添加、删除或修改路由条目来实现流量的精准控制。该模式更适合对流量需要精细化控制的场景。

最后是 WireGuard 模式,在该模式下利用 WireGuard 实现安全的点对点加密连接,可以有效地提升数据安全,该模式主要用于多云架构场景。

4）部署高可用环境

在构建 Kubernetes 高可用环境时容器运行时采用 Containerd,并且集群初始化所需相关环境、软件包等已经配置且部署完成。在此基础上演示典型的高可用方案 HAProxy 与 Keepalived 组合应用方案。

注意：由于 Kubernetes 集群初始化前的相关环境配置、软件部署等操作已展示,因此在高可用部署环节就省略此内容。如果有需要,则可以参看 3.1.6 节的相关内容。

首先在集群节点 node01、node02、node03 上安装 HAProxy 和 Keepalived 软件包,命令如下：

```
sudo apt install haproxy keepalived
```

软件部署完成后,修改集群 node01、node02、node03 节点上的 Keepalived 配置文件 /etc/keepalived/keepalived.conf,其中 node01 为主节点,node02、node03 为备份节点。node01 节点的 keepalived.conf 配置文件中的代码如下：

```
! /etc/keepalived/keepalived.conf
! Configuration File for keepalived

#定义全局参数
global_defs {
    script_user root                              #将脚本执行的用户指定为 root
    enable_script_security                        #启动脚本安全性检查
    router_id LVS_DEVEL                           #设置路由器标识
}
vrrp_script check_apiserver {
    script "/etc/keepalived/check_apiserver.sh"   #指定检测脚本的路径
    interval 3                                    #将检测频率设定为 3s
    weight - 3                                    #当检测失败时,降低该实例的权重值
    fall 10                                       #连续 10 次失败后,认定脚本故障
    rise 2                                        #连续两次成功后,认定脚本已恢复健康
}
```

```
vrrp_instance VI_1 {
    state MASTER                   ♯实例状态,MASTER 表示主服务器,BACKUP 表示备份服务器
    interface ens33                ♯绑定到特定的网络接口
    virtual_router_id 51           ♯设置虚拟路由器的 ID,在同组 VRRP 内,所有有实例的虚拟路由 ID 必
                                   ♯须相同
    priority 100                   ♯定义优先级,数值越大优先级越高
    authentication {
        auth_type PASS             ♯认证类型为密码
        auth_pass 1111             ♯设置认证密码,在同组 VRRP 内的所有实例保持一致
    }
    virtual_ipaddress {
        192.168.79.200/24          ♯设置 VIP 地址
    }
    track_script {
        check_apiserver            ♯监控 check_apiserver 脚本
    }
}
```

node02 节点的 keepalived.conf 配置文件中的代码如下:

```
! /etc/keepalived/keepalived.conf
! Configuration File for keepalived
global_defs {
    script_user root
    enable_script_security
    router_id LVS_DEVEL
}
vrrp_script check_apiserver {
    script "/etc/keepalived/check_apiserver.sh"
    interval 3
    weight  − 3
    fall 10
    rise 2
}

vrrp_instance VI_1 {
    state BACKUP                       ♯备份服务器
    interface ens33
    virtual_router_id 51
    priority 99
    authentication {
        auth_type PASS
        auth_pass 1111
    }
    virtual_ipaddress {
        192.168.79.200/24
    }
    track_script {
        check_apiserver
    }
}
```

node03 节点的 keepalived.conf 配置文件中的代码如下:

```
! /etc/keepalived/keepalived.conf
! Configuration File for keepalived
global_defs {
    script_user root
    enable_script_security
    router_id LVS_DEVEL
}
vrrp_script check_apiserver {
  script "/etc/keepalived/check_apiserver.sh"
  interval 3
  weight − 3
  fall 10
  rise 2
}

vrrp_instance VI_1 {
    state BACKUP
    interface ens33
    virtual_router_id 51
    priority 98
    authentication {
        auth_type PASS
        auth_pass 1111
    }
    virtual_ipaddress {
        192.168.79.200/24
    }
    track_script {
        check_apiserver
    }
}
```

检测脚本/etc/keepalived/check_apiserver.sh 的代码如下:

```
#!/bin/sh

errorExit() {
    echo "*** $ *" 1 > &2
    exit 1
}

curl − sfk −− max − time 2 https://localhost:6433/healthz − o /dev/null || errorExit "Error
GET https://localhost:6433/healthz"
```

检测脚本编辑完成后需要配置权限,命令如下:

```
sudo chmod 755 /etc/keepalived/check_apiserver.sh
```

然后将检测脚本/etc/keepalived/check_apiserver.sh 分发至其他高可用管理节点的相

同目录即可。

注意：检测脚本/etc/keepalived/check_apiserver.sh 在集群的 3 个高可用管理节点上的代码一致。

接着配置高可用管理节点上的 HAProxy 配置文件，代码如下：

```
# /etc/haproxy/haproxy.cfg
# ---------------------------------------------------------------------
# Global settings
# ---------------------------------------------------------------------
# 全局设置
global
    # 定义日志
    log stdout format raw local0
    # 以守护进程模式运行 HAProxy
    daemon
# ---------------------------------------------------------------------
# common defaults that all the 'listen' and 'backend' sections will
# use if not designated in their block
# ---------------------------------------------------------------------
defaults
    mode                    http                       # HTTP 模式
    log                     global                     # 使用全局日志模式
    option                  httplog                    # 启用 httplog
    option                  dontlognull                # 不记录空请求的日志
    option http - server - close                       # 在 HTTP 连接结束时关闭连接
    option forwardfor       except 127.0.0.0/8 # 转发客户端 IP,排除 127.0.0.0/8 地址范围
    option                  redispatch                 # 当服务器不可用时重新调度请求
    retries                 1                          # 请求失败时重试次数
    timeout http - request  10s                        # HTTP 请求超时时间
    timeout queue           20s                        # 队列等待超时时间
    timeout connect         5s                         # 连接超时时间
    timeout client          35s                        # 客户端超时时间
    timeout server          35s                        # 服务器超时时间
    timeout http - keep - alive  10s                   # HTTP 长连接超时时间
    timeout check           10s                        # 健康检查超时时间

# ---------------------------------------------------------------------
# apiserver frontend which proxys to the control plane nodes
# ---------------------------------------------------------------------
frontend apiserver
    bind * :6433                                       # 监听所有 IP 地址的 6433 端口
    mode tcp                                           # 模式为 TCP
    option tcplog                                      # 启用 TCP 日志
    default_backend apiserverbackend                   # 默认后端为 apiserverbackend

# ---------------------------------------------------------------------
```

```
# round robin balancing for apiserver
# ----------------------------------------------------------------
# 配置负载均衡
backend apiserverbackend
    option httpchk                          # 启用 HTTP 健康检查

    http - check connect ssl                # 使用 SSL 连接进行 HTTP 健康检查
    http - check send meth GET uri /healthz # 将 GET 请求发送到/healthz 进行健康检查
    http - check expect status 200

    mode tcp
    balance            roundrobin           # 负载均衡模式为轮询方式

    # 定义后端服务器配置(包含主机名、IP 地址、端口及健康检查设置)
    server node01 192.168.79.191:6433 check verify none
    server node02 192.168.79.192:6433 check verify none
    server node03 192.168.79.193:6433 check verify none
```

当 Keepalived 和 HAProxy 配置完成后,启动服务并设置服务自启动,命令如下:

```
sudo systemctl enable haproxy -- now
sudo systemctl enable keepalived -- now
```

注意:HAProxy 支持图形化管理界面,但需要在/etc/haproxy/haproxy.cfg 配置文件中添加相关配置,例如添加以下代码即可实现浏览器方式登录 HAProxy。

```
listen admin_stats
        stats    enable
        # 配置访问端口
        bind     * :8000
        # 配置浏览器访问的模式
        mode     http
        stats    refresh 30s
        stats    uri   /haproxy-status
        stats    realm haproxy_admin
        # 用户 admin 的密码设置为 admin@
        stats    auth admin:admin@
        stats    hide-version
        stats    admin if TRUE
```

一旦 haproxy 和 keepalived 服务成功启动,就可查看 node01 节点的 IP 信息,如果 VIP 地址被成功绑定,则表明高可用负载均衡器部署成功,如图 3-28 所示。

由于后续需要使用 root 权限在管理节点之间进行数据文件传输,因此需要配置 SSH

```
user01@node01:~$ ip addr
1: lo: <LOOPBACK,UP,LOWER_UP> mtu 65536 qdisc noqueue state UNKNOWN group default qlen 1000
    link/loopback 00:00:00:00:00:00 brd 00:00:00:00:00:00
    inet 127.0.0.1/8 scope host lo
       valid_lft forever preferred_lft forever
    inet6 ::1/128 scope host
       valid_lft forever preferred_lft forever
2: ens33: <BROADCAST,MULTICAST,UP,LOWER_UP> mtu 1500 qdisc fq_codel state UP group default qlen 1000
    link/ether 00:0c:29:2a:6d:21 brd ff:ff:ff:ff:ff:ff
    altname enp2s1
    inet 192.168.79.191/24 brd 192.168.79.255 scope global ens33
       valid_lft forever preferred_lft forever
    inet 192.168.79.200/32 scope global ens33
       valid_lft forever preferred_lft forever
    inet6 fe80::20c:29ff:fe2a:6d21/64 scope link
       valid_lft forever preferred_lft forever
3: ens34: <BROADCAST,MULTICAST,UP,LOWER_UP> mtu 1500 qdisc fq_codel state UP group default qlen 1000
    link/ether 00:0c:29:2a:6d:2b brd ff:ff:ff:ff:ff:ff
    altname enp2s2
    inet 192.168.172.191/24 brd 192.168.172.255 scope global ens34
       valid_lft forever preferred_lft forever
    inet6 fe80::20c:29ff:fe2a:6d2b/64 scope link
       valid_lft forever preferred_lft forever
```

图 3-28 VIP 地址绑定成功

服务允许 root 用户登录,具体配置如下:

```
# 在节点 node01 执行以下操作
# 设置 root 登录密码
sudo passwd root
# 编辑/etc/ssh/sshd_config 配置文件,设置内容如下
PermitRootLogin yes
# 配置文件/etc/ssh/sshd_config 编辑完成后保存并退出编辑器,然后重启 sshd 服务
sudo systemctl restart sshd
```

注意:Ubuntu 22.04 系统内 SSH 服务默认为禁止使用 root 用户登录。

然后使用 kubeadm config 命令生成集群初始化文件 kubeadm-init-ha.yml,命令如下:

```
sudo kubeadm config print init - defaults -- component - configs KubeletConfiguration > kubeadm -
init - ha.yml
```

初始化配置文件 kubeadm-init-ha.yml 生成后修改其相关参数,代码如下:

```
apiVersion: kubeadm.k8s.io/v1beta4
BootstrapTokens:
- groups:
  - system:Bootstrappers:kubeadm:default - node - token
  token: abcdef.0123456789abcdef
  ttl: 24h0m0s
  usages:
  - signing
  - authentication
kind: InitConfiguration
localAPIEndpoint:
```

```
      advertiseAddress: 192.168.79.191
      bindPort: 6443
  nodeRegistration:
    criSocket: unix://var/run/containerd/containerd.sock
    imagePullPolicy: IfNotPresent
    imagePullSerial: true
    name: node01
    taints: null
  timeouts:
    controlPlaneComponentHealthCheck: 4m0s
    discovery: 5m0s
    etcdAPICall: 2m0s
    kubeletHealthCheck: 4m0s
    kubernetesAPICall: 1m0s
    tlsBootstrap: 5m0s
    upgradeManifests: 5m0s
  ---
  apiServer: {}
  apiVersion: kubeadm.k8s.io/v1beta4
  caCertificateValidityPeriod: 87600h0m0s
  certificateValidityPeriod: 8760h0m0s
  certificatesDir: /etc/kubernetes/pki
  clusterName: kubernetes
  controllerManager: {}
  dns: {}
  encryptionAlgorithm: RSA - 2048
  etcd:
    local:
      dataDir: /var/lib/etcd
  imageRepository: registry.cn - hangzhou.aliyuncs.com/google_containers
  controlPlaneEndpoint: 192.168.79.200:6443
  kind: ClusterConfiguration
  kubernetesVersion: 1.31.0
  networking:
    dnsDomain: cluster.local
    serviceSubnet: 10.96.0.0/12
    podSubnet: 10.244.0.0/16
  proxy: {}
  scheduler: {}
  ---
  apiVersion: kubelet.config.k8s.io/v1beta1
  authentication:
    anonymous:
      enabled: false
    webhook:
      cacheTTL: 0s
      enabled: true
    x509:
      clientCAFile: /etc/kubernetes/pki/ca.crt
```

```
authorization:
  mode: Webhook
  webhook:
    cacheAuthorizedTTL: 0s
    cacheUnauthorizedTTL: 0s
cgroupDriver: systemd
clusterDNS:
  - 10.96.0.10
clusterDomain: cluster.local
containerRuntimeEndpoint: ""
cpuManagerReconcilePeriod: 0s
evictionPressureTransitionPeriod: 0s
fileCheckFrequency: 0s
healthzBindAddress: 127.0.0.1
healthzPort: 10248
httpCheckFrequency: 0s
imageMaximumGCAge: 0s
imageMinimumGCAge: 0s
kind: KubeletConfiguration
logging:
  flushFrequency: 0
  options:
    json:
      infoBufferSize: "0"
    text:
      infoBufferSize: "0"
  verbosity: 0
memorySwap: {}
nodeStatusReportFrequency: 0s
nodeStatusUpdateFrequency: 0s
rotateCertificates: true
runtimeRequestTimeout: 0s
shutdownGracePeriod: 0s
shutdownGracePeriodCriticalPods: 0s
staticPodPath: /etc/kubernetes/manifests
streamingConnectionIdleTimeout: 0s
syncFrequency: 0s
volumeStatsAggPeriod: 0s
```

配置文件修改完成后，基于该配置文件初始化 Kubernetes 集群，命令如下：

```
# 提升权限
sudo - s
# 初始化集群
kubeadm init -- upload - certs -- config kubeadm - init - ha.yml
```

初始化命令执行后如果有以下信息输出，则表示初始化成功。

```
user01@node01:~ $ sudo - s
[sudo] password for user01:
```

```
root@node01:/home/user01#kubeadm init -- upload-certs -- config kubeadm-init-ha.yml
[init] Using Kubernetes version: v1.31.0
[preflight] Running pre-flight checks
[preflight] Pulling images required for setting up a Kubernetes cluster
[preflight] This might take a minute or two, depending on the speed of your internet connection
[preflight] You can also perform this action beforehand using 'kubeadm config images pull'
[certs] Using certificateDir folder "/etc/kubernetes/pki"
[certs] Generating "ca" certificate and key
[certs] Generating "apiserver" certificate and key
[certs] apiserver serving cert is signed for DNS names [kubernetes kubernetes.default
kubernetes.default.svc kubernetes.default.svc.cluster.local node01] and IPs [10.96.0.1 192.
168.79.191 192.168.79.200]
[certs] Generating "apiserver-kubelet-client" certificate and key
[certs] Generating "front-proxy-ca" certificate and key
[certs] Generating "front-proxy-client" certificate and key
[certs] Generating "etcd/ca" certificate and key
[certs] Generating "etcd/server" certificate and key
[certs] etcd/server serving cert is signed for DNS names [localhost node01] and IPs [192.168.
79.191 127.0.0.1 ::1]
[certs] Generating "etcd/peer" certificate and key
[certs] etcd/peer serving cert is signed for DNS names [localhost node01] and IPs [192.168.79.
191 127.0.0.1 ::1]
[certs] Generating "etcd/healthcheck-client" certificate and key
[certs] Generating "apiserver-etcd-client" certificate and key
[certs] Generating "sa" key and public key
[kubeconfig] Using kubeconfig folder "/etc/kubernetes"
[kubeconfig] Writing "admin.conf" kubeconfig file
[kubeconfig] Writing "super-admin.conf" kubeconfig file
[kubeconfig] Writing "kubelet.conf" kubeconfig file
[kubeconfig] Writing "controller-manager.conf" kubeconfig file
[kubeconfig] Writing "scheduler.conf" kubeconfig file
[etcd] Creating static Pod manifest for local etcd in "/etc/kubernetes/manifests"
[control-plane] Using manifest folder "/etc/kubernetes/manifests"
[control-plane] Creating static Pod manifest for "kube-apiserver"
[control-plane] Creating static Pod manifest for "kube-controller-manager"
[control-plane] Creating static Pod manifest for "kube-scheduler"
[kubelet-start] Writing kubelet environment file with flags to file "/var/lib/kubelet/
kubeadm-flags.env"
[kubelet-start] Writing kubelet configuration to file "/var/lib/kubelet/config.yaml"
[kubelet-start] Starting the kubelet
[wait-control-plane] Waiting for the kubelet to boot up the control plane as static Pods from
directory "/etc/kubernetes/manifests"
[kubelet-check] Waiting for a healthy kubelet at http://127.0.0.1:10248/healthz. This can
take up to 4m0s
[kubelet-check] The kubelet is healthy after 1.507239244s
[api-check] Waiting for a healthy API server. This can take up to 4m0s
[api-check] The API server is healthy after 8.005761295s
[upload-config] Storing the configuration used in ConfigMap "kubeadm-config" in the "kube-
system" Namespace
```

```
[kubelet] Creating a ConfigMap "kubelet - config" in namespace kube - system with the
configuration for the kubelets in the cluster
[upload - certs] Storing the certificates in Secret "kubeadm - certs" in the "kube -
system" Namespace
[upload - certs] Using certificate key:
5373cc483f3c4d521f873847b8797291aae86582ff3d4ff0c4af55305dc5d4af
[mark - control - plane] Marking the node node01 as control - plane by adding the labels: [node
- role. kubernetes. io/control - plane node. kubernetes. io/exclude - from - external - load -
balancers]
[mark - control - plane] Marking the node node01 as control - plane by adding the taints [node -
role. kubernetes. io/control - plane:NoSchedule]
[Bootstrap - token] Using token: abcdef. 0123456789abcdef
[Bootstrap - token] Configuring Bootstrap tokens, cluster - info ConfigMap, RBAC Roles
[Bootstrap - token] Configured RBAC rules to allow Node Bootstrap tokens to get nodes
[Bootstrap - token] Configured RBAC rules to allow Node Bootstrap tokens to post CSRs in order
for nodes to get long term certificate credentials
[Bootstrap - token] Configured RBAC rules to allow the csrapprover controller automatically
approve CSRs from a Node Bootstrap Token
[Bootstrap - token] Configured RBAC rules to allow certificate rotation for all node client
certificates in the cluster
[Bootstrap - token] Creating the "cluster - info" ConfigMap in the "kube - public" namespace
[kubelet - finalize] Updating "/etc/kubernetes/kubelet. conf" to point to a rotatable kubelet
client certificate and key
[addons] Applied essential addon: CoreDNS
[addons] Applied essential addon: kube - proxy

Your Kubernetes control - plane has initialized successfully!

To start using your cluster, you need to run the following as a regular user:

  mkdir - p $ HOME/. kube
  sudo cp - i /etc/kubernetes/admin. conf $ HOME/. kube/config
  sudo chown $ (id - u): $ (id - g) $ HOME/. kube/config

Alternatively, if you are the root user, you can run:

  export KUBECONFIG = /etc/kubernetes/admin. conf

You should now deploy a pod network to the cluster.
Run "kubectl apply - f [podnetwork]. yaml" with one of the options listed at:
  https://kubernetes. io/docs/concepts/cluster - administration/addons/

You can now join any number of the control - plane node running the following command on each as
root:

  kubeadm join 192. 168. 79. 200:6443 -- token abcdef. 0123456789abcdef \
      -- discovery - token - ca - cert - hash sha256:0b59e90ce9c178ae8ccd31d588898d65c363
6d0408c8b40f28d986388675d3c6 \
```

```
        -- control - plane -- certificate - key 5373cc483f3c4d521f873847b8797291aae86582ff
3d4ff0c4af55305dc5d4af

Please note that the certificate - key gives access to cluster sensitive data, keep it secret!
As a safeguard, uploaded - certs will be deleted in two hours; If necessary, you can use
"kubeadm init phase upload - certs -- upload - certs" to reload certs afterward.

Then you can join any number of worker nodes by running the following on each as root:

kubeadm join 192.168.79.200:6443 -- token abcdef.0123456789abcdef \
        -- discovery - token - ca - cert - hash sha256:0b59e90ce9c178ae8ccd31d588898d65c363
6d0408c8b40f28d986388675d3c6
```

然后按照提示,先部署网络插件,再添加节点,命令如下:

```
#在初始节点 node01 上执行下面的命令
mkdir - p $ HOME/.kube
sudo cp - i /etc/kubernetes/admin.conf $ HOME/.kube/config
sudo chown $ (id - u):$ (id - g) $ HOME/.kube/config
#在初始节点 node01 上部署 Calico 插件
sudo kubectl create - f tigera - operator.yaml
sudo kubectl create - f custom - resources.yaml
```

此时可以将 node01 节点中的 etcd 相关数据复制至 node02、node03 节点,命令如下:

```
#分别在 node02、node03 节点创建相关目录
cd /home/user01/ && sudo mkdir - p /etc/kubernetes/pki/etcd && mkdir - p ~/.kube/
#分别在 node02、node03 节点执行以下命令
sudo scp node01:/etc/kubernetes/pki/ca * /etc/kubernetes/pki/
sudo scp node01:/etc/kubernetes/pki/sa * /etc/kubernetes/pki/
sudo scp node01:/etc/kubernetes/pki/front - proxy - ca * /etc/kubernetes/pki/
sudo scp node01:/etc/kubernetes/pki/etcd/ca * /etc/kubernetes/pki/etcd/
```

当 Calico 插件相关组件处于 Running 状态时,可以分别将 node02、node03 节点加入管理节点,命令如下:

```
#分别在 node02 和 node03 节点上执行
#提升权限
sudo - s
#加入管理节点
kubeadm join 192.168.79.200:6443 -- token abcdef.0123456789abcdef \
-- discovery - token - ca - cert - hash sha256:0b59e90ce9c178ae8ccd31d588898d65c3636d0408c8
b40f28d986388675d3c6 \
-- control - plane -- certificate - key 5373cc483f3c4d521f873847b8797291aae86582ff3d4ff0c
4af55305dc5d4af
```

将 node04 节点作为工作节点加入集群,命令如下:

```
#提升权限
sudo - s
#加入集群
```

```
kubeadm join 192.168.79.200:6443 -- token abcdef.0123456789abcdef \
-- discovery-token-ca-cert-hash sha256:0b59e90ce9c178ae8ccd31d588898d65c3636d0408c8
b40f28d986388675d3c6
```

最终 Kubernetes 高可用集群的节点状态如图 3-29 所示。

```
root@node01:/home/user01# kubectl get nodes
NAME      STATUS    ROLES           AGE    VERSION
node01    Ready     control-plane   38m    v1.31.1
node02    Ready     control-plane   14m    v1.31.1
node03    Ready     control-plane   13m    v1.31.1
node04    Ready     <none>          12m    v1.31.1
```

图 3-29 高可用集群节点状态

如果此时查看集群中 Kubernetes 关键组件就会发现它们均有 3 个副本,并且 3 个副本分布在 3 个不同的节点上,如图 3-30 所示。

```
root@node01:/home/user01# kubectl get pods -n kube-system
NAME                                   READY    STATUS     RESTARTS       AGE
coredns-fcd6c9c4-r8chj                 1/1      Running    0              102m
coredns-fcd6c9c4-r9fkg                 1/1      Running    0              102m
etcd-node01                            1/1      Running    0              102m
etcd-node02                            1/1      Running    0              78m
etcd-node03                            1/1      Running    0              77m
kube-apiserver-node01                  1/1      Running    0              102m
kube-apiserver-node02                  1/1      Running    0              78m
kube-apiserver-node03                  1/1      Running    0              77m
kube-controller-manager-node01         1/1      Running    1 (38m ago)    102m
kube-controller-manager-node02         1/1      Running    1 (30m ago)    78m
kube-controller-manager-node03         1/1      Running    0              77m
kube-proxy-662p7                       1/1      Running    0              102m
kube-proxy-7gh2l                       1/1      Running    0              77m
kube-proxy-d28nf                       1/1      Running    0              76m
kube-proxy-ltmqx                       1/1      Running    0              78m
kube-scheduler-node01                  1/1      Running    1 (38m ago)    102m
kube-scheduler-node02                  1/1      Running    1 (30m ago)    78m
kube-scheduler-node03                  1/1      Running    0              77m
```

图 3-30 Kubernetes 管理节点组件副本

最后可以通过关闭 node01 节点来模拟该节点故障,查看集群的 VIP 是否会漂移,登录 node02 节点,查看 IP 地址信息的命令如下:

```
ip addr
```

命令执行的结果如图 3-31 所示。

从图 3-31 的 IP 地址信息中可以发现,当节点 node01 故障时 VIP 地址会按照提前定义的节点优先级自动漂移至 node02,在该节点查看集群状态,命令如下:

```
#查看集群节点状态
sudo kubectl get nodes
#查看集群中 Kubernetes 关键组件
sudo kubectl get pods -n kube-system -o wide
```

命令执行的过程如图 3-32 所示。

```
user01@node02:~$ ip addr
1: lo: <LOOPBACK,UP,LOWER_UP> mtu 65536 qdisc noqueue state UNKNOWN group default qlen 1000
    link/loopback 00:00:00:00:00:00 brd 00:00:00:00:00:00
    inet 127.0.0.1/8 scope host lo
       valid_lft forever preferred_lft forever
    inet6 ::1/128 scope host
       valid_lft forever preferred_lft forever
2: ens33: <BROADCAST,MULTICAST,UP,LOWER_UP> mtu 1500 qdisc fq_codel state UP group default qlen 1000
    link/ether 00:0c:29:20:2b:c3 brd ff:ff:ff:ff:ff:ff
    altname enp2s1
    inet 192.168.79.192/24 brd 192.168.79.255 scope global ens33
       valid_lft forever preferred_lft forever
    inet 192.168.79.200/24 scope global secondary ens33
       valid_lft forever preferred_lft forever
    inet6 fe80::20c:29ff:fe20:2bc3/64 scope link
       valid_lft forever preferred_lft forever
```

图 3-31 VIP 漂移至 node02 节点

```
user01@node02:~$ sudo kubectl get nodes
NAME     STATUS     ROLES          AGE    VERSION
node01   NotReady   control-plane  150m   v1.31.1
node02   Ready      control-plane  126m   v1.31.1
node03   Ready      control-plane  125m   v1.31.1
node04   Ready      <none>         124m   v1.31.1
user01@node02:~$
user01@node02:~$ sudo kubectl get pods -n kube-system -o wide
NAME                              READY   STATUS        RESTARTS      AGE     IP               NODE     NOMINATED NODE   READINESS GATES
coredns-fcd6c9c4-7br6s            1/1     Running       0             5m55s   10.244.186.195   node03   <none>           <none>
coredns-fcd6c9c4-8c8ws            1/1     Running       0             5m55s   10.244.248.195   node04   <none>           <none>
coredns-fcd6c9c4-r8chj            1/1     Terminating   0             150m    10.244.196.130   node01   <none>           <none>
coredns-fcd6c9c4-r9fkg            1/1     Terminating   0             150m    10.244.196.129   node01   <none>           <none>
etcd-node01                       1/1     Running       0             150m    192.168.79.191   node01   <none>           <none>
etcd-node02                       1/1     Running       0             126m    192.168.79.192   node02   <none>           <none>
etcd-node03                       1/1     Running       0             125m    192.168.79.193   node03   <none>           <none>
kube-apiserver-node01             1/1     Running       0             150m    192.168.79.191   node01   <none>           <none>
kube-apiserver-node02             1/1     Running       0             126m    192.168.79.192   node02   <none>           <none>
kube-apiserver-node03             1/1     Running       0             125m    192.168.79.193   node03   <none>           <none>
kube-controller-manager-node01    1/1     Running       1 (86m ago)   150m    192.168.79.191   node01   <none>           <none>
kube-controller-manager-node02    1/1     Running       2 (15m ago)   126m    192.168.79.192   node02   <none>           <none>
kube-controller-manager-node03    1/1     Running       0             125m    192.168.79.193   node03   <none>           <none>
kube-proxy-662p7                  1/1     Running       0             150m    192.168.79.191   node01   <none>           <none>
kube-proxy-7gh2l                  1/1     Running       0             125m    192.168.79.193   node03   <none>           <none>
kube-proxy-d28nf                  1/1     Running       0             124m    192.168.79.194   node04   <none>           <none>
kube-proxy-ltmqx                  1/1     Running       0             126m    192.168.79.192   node02   <none>           <none>
kube-scheduler-node01             1/1     Running       2 (15m ago)   150m    192.168.79.191   node01   <none>           <none>
kube-scheduler-node02             1/1     Running       1 (78m ago)   126m    192.168.79.192   node02   <none>           <none>
kube-scheduler-node03             1/1     Running       0             125m    192.168.79.193   node03   <none>           <none>
```

图 3-32 节点 node02 接管管理权

从命令执行后的结果可以发现 node02 节点已完全接管控制权,并且原来运行在 node01 节点上的 Kubernetes 组件会在集群的其他管理节点上创建并运行,始终保持集群的可用性。当然也可以基于该集群发布相关测试服务。

至此,官方提供的 Kubernetes 集群高可用典型方案 HAProxy 与 Keepalived 组合应用演示完成,接下来演示基于 kube-vip 的高可用方案。

注意:由于 Kubernetes 集群初始化前的相关环境配置、软件部署等操作已展示,因此在高可用部署环节省略此内容。如果有需要,则可以参看 3.1.6 节的相关内容。

以下操作在 node01 节点上执行。

首先,部署 kube-vip 前需要配置相关环境变量,命令如下:

```
#提升权限
sudo - s
#设置 VIP 地址
export VIP = 192.168.79.200
#指定 VIP 绑定的网卡
export INTERFACE = ens33
#获取 kube - vip 最新版本号
KVVERSION = $ ( curl - sL https://api.github.com/repos/kube - vip/kube - vip/releases | jq - r
".[0].name")
#配置容器运行时
alias kube - vip = "ctr run -- rm -- net - host ghcr.io/kube - vip/kube - vip: $ KVVERSION vip /
kube - vip"
#生成部署清单
kube - vip manifest pod \
-- interface $ INTERFACE \
-- vip $ VIP \
-- controlplane \
-- arp \
-- leaderElection | tee /etc/kubernetes/manifests/kube - vip.yaml
```

命令执行后,生成的 kube-vip.yaml 文件代码如下:

```
apiVersion: v1
kind: Pod
metadata:
  creationTimestamp: null
  name: kube - vip
  namespace: kube - system
spec:
  containers:
  - args:
    - manager
    env:
    - name: vip_arp
      value: "true"
    - name: port
      value: "6443"
    - name: vip_nodename
      valueFrom:
        fieldRef:
          fieldPath: spec.nodeName
    - name: vip_interface
      value: ens33
    - name: dns_mode
      value: first
    - name: cp_enable
      value: "true"
    - name: cp_namespace
      value: kube - system
    - name: vip_leaderelection
```

```
          value: "true"
       - name: vip_leasename
          value: plndr - cp - lock
       - name: vip_leaseduration
          value: "5"
       - name: vip_renewdeadline
          value: "3"
       - name: vip_retryperiod
          value: "1"
       - name: vip_address
          value: 192.168.79.200
       - name: prometheus_server
          value: :2112
       image: ghcr.io/kube - vip/kube - vip:v0.8.4
       imagePullPolicy: IfNotPresent
       name: kube - vip
       resources: {}
       securityContext:
         capabilities:
           add:
           - NET_ADMIN
           - NET_RAW
       volumeMounts:
       - mountPath: /etc/kubernetes/admin.conf
          name: kubeconfig
     hostAliases:
     - hostnames:
       - kubernetes
       ip: 127.0.0.1
     hostNetwork: true
     volumes:
     - hostPath:
          path: /etc/kubernetes/admin.conf
       name: kubeconfig
status: {}
```

将生成的/etc/kubernetes/manifests/kube-vip.yaml 文件复制至集群其他高可用节点 node02、node03 的相同目录下,命令如下:

```
# 复制至 node02 节点
scp /etc/kubernetes/manifests/kube - vip.yaml root@node02:/etc/kubernetes/manifests/
# 复制至 node03 节点
scp /etc/kubernetes/manifests/kube - vip.yaml root@node03:/etc/kubernetes/manifests/
```

注意:

(1) Ubuntu 22 系统 SSH 服务默认禁止 root 登录,需要将/etc/ssh/sshd_config 配置文件内参数 PermitRootLogin 的值修改为 yes,修改完成后重启 sshd 服务即可。

(2) 在撰写本书实验时由于 Kubernetes 1.31 对安全规则进行了调整,因此需要对生成的清单文件/etc/kubernetes/manifests/kube-vip. yaml 进行修改,否则初始化第 1 个管理节点会报错。大家可以等待 kube-vip 新版本的更新。

修改清单文件/etc/kubernetes/manifests/kube-vip. yaml 内镜像拉取的方式,命令如下:

```
sed – i "s＃ imagePullPolicy: Always ＃ imagePullPolicy: IfNotPresent ＃ g" /etc/kubernetes/
manifests/kube – vip. yaml
```

修改清单文件/etc/kubernetes/manifests/kube-vip. yaml 内权限认证,命令如下:

```
sed – i 's＃ path: /etc/kubernetes/admin. conf ＃ path: /etc/kubernetes/super – admin. conf ＃ ' /
etc/kubernetes/manifests/kube – vip. yaml
```

kube-vip 清单修改完成后,编辑 Kubernetes 集群初始化配置文件 kubeadm-init-ha. yml,代码如下:

```
apiVersion: kubeadm.k8s. io/v1beta4
BootstrapTokens:
– groups:
  – system:Bootstrappers:kubeadm:default – node – token
  token: abcdef.0123456789abcdef
  ttl: 24h0m0s
  usages:
  – signing
  – authentication
kind: InitConfiguration
localAPIEndpoint:
  advertiseAddress: 192.168.79.191
  bindPort: 6443
nodeRegistration:
  criSocket: unix://var/run/containerd/containerd. sock
  imagePullPolicy: IfNotPresent
  imagePullSerial: true
  name: node01
  taints: null
timeouts:
  controlPlaneComponentHealthCheck: 4m0s
  discovery: 5m0s
  etcdAPICall: 2m0s
  kubeletHealthCheck: 4m0s
  kubernetesAPICall: 1m0s
  tlsBootstrap: 5m0s
  upgradeManifests: 5m0s
---
apiServer: {}
apiVersion: kubeadm.k8s. io/v1beta4
caCertificateValidityPeriod: 87600h0m0s
certificateValidityPeriod: 8760h0m0s
```

```
certificatesDir: /etc/kubernetes/pki
clusterName: kubernetes
controllerManager: {}
dns: {}
encryptionAlgorithm: RSA - 2048
etcd:
  local:
    dataDir: /var/lib/etcd
imageRepository: registry.cn - hangzhou.aliyuncs.com/google_containers
controlPlaneEndpoint: 192.168.79.200:6443
kind: ClusterConfiguration
kubernetesVersion: 1.31.0
networking:
  dnsDomain: cluster.local
  serviceSubnet: 10.96.0.0/12
  podSubnet: 10.244.0.0/16
proxy: {}
scheduler: {}
---
apiVersion: kubelet.config.k8s.io/v1beta1
authentication:
  anonymous:
    enabled: false
  webhook:
    cacheTTL: 0s
    enabled: true
  x509:
    clientCAFile: /etc/kubernetes/pki/ca.crt
authorization:
  mode: Webhook
  webhook:
    cacheAuthorizedTTL: 0s
    cacheUnauthorizedTTL: 0s
cgroupDriver: systemd
clusterDNS:
- 10.96.0.10
clusterDomain: cluster.local
containerRuntimeEndpoint: ""
cpuManagerReconcilePeriod: 0s
evictionPressureTransitionPeriod: 0s
fileCheckFrequency: 0s
healthzBindAddress: 127.0.0.1
healthzPort: 10248
httpCheckFrequency: 0s
imageMaximumGCAge: 0s
imageMinimumGCAge: 0s
kind: KubeletConfiguration
logging:
  flushFrequency: 0
```

```
  options:
    json:
      infoBufferSize: "0"
    text:
      infoBufferSize: "0"
  verbosity: 0
memorySwap: {}
nodeStatusReportFrequency: 0s
nodeStatusUpdateFrequency: 0s
rotateCertificates: true
runtimeRequestTimeout: 0s
shutdownGracePeriod: 0s
shutdownGracePeriodCriticalPods: 0s
staticPodPath: /etc/kubernetes/manifests
streamingConnectionIdleTimeout: 0s
syncFrequency: 0s
volumeStatsAggPeriod: 0s
```

执行集群初始化操作，命令如下：

```
# 提升权限
sudo -s
# 初始化集群
kubeadm init --upload-certs --config kubeadm-init-ha.yml
```

初始化命令执行后输出的信息如下：

```
root@node01:/home/user01# kubeadm init --upload-certs --config kubeadm-init-ha.yml
[init] Using Kubernetes version: v1.31.0
[preflight] Running pre-flight checks
[preflight] Pulling images required for setting up a Kubernetes cluster
[preflight] This might take a minute or two, depending on the speed of your internet connection
[preflight] You can also perform this action beforehand using 'kubeadm config images pull'
[certs] Using certificateDir folder "/etc/kubernetes/pki"
[certs] Generating "ca" certificate and key
[certs] Generating "apiserver" certificate and key
[certs] apiserver serving cert is signed for DNS names [kubernetes kubernetes.default
kubernetes.default.svc kubernetes.default.svc.cluster.local node01] and IPs [10.96.0.1 192.
168.79.191 192.168.79.200]
[certs] Generating "apiserver-kubelet-client" certificate and key
[certs] Generating "front-proxy-ca" certificate and key
[certs] Generating "front-proxy-client" certificate and key
[certs] Generating "etcd/ca" certificate and key
[certs] Generating "etcd/server" certificate and key
[certs] etcd/server serving cert is signed for DNS names [localhost node01] and IPs [192.168.
79.191 127.0.0.1 ::1]
[certs] Generating "etcd/peer" certificate and key
[certs] etcd/peer serving cert is signed for DNS names [localhost node01] and IPs [192.168.79.
191 127.0.0.1 ::1]
[certs] Generating "etcd/healthcheck-client" certificate and key
```

```
[certs] Generating "apiserver-etcd-client" certificate and key
[certs] Generating "sa" key and public key
[kubeconfig] Using kubeconfig folder "/etc/kubernetes"
[kubeconfig] Writing "admin.conf" kubeconfig file
[kubeconfig] Writing "super-admin.conf" kubeconfig file
[kubeconfig] Writing "kubelet.conf" kubeconfig file
[kubeconfig] Writing "controller-manager.conf" kubeconfig file
[kubeconfig] Writing "scheduler.conf" kubeconfig file
[etcd] Creating static Pod manifest for local etcd in "/etc/kubernetes/manifests"
[control-plane] Using manifest folder "/etc/kubernetes/manifests"
[control-plane] Creating static Pod manifest for "kube-apiserver"
[control-plane] Creating static Pod manifest for "kube-controller-manager"
[control-plane] Creating static Pod manifest for "kube-scheduler"
[kubelet-start] Writing kubelet environment file with flags to file "/var/lib/kubelet/
kubeadm-flags.env"
[kubelet-start] Writing kubelet configuration to file "/var/lib/kubelet/config.yaml"
[kubelet-start] Starting the kubelet
[wait-control-plane] Waiting for the kubelet to boot up the control plane as static Pods from
directory "/etc/kubernetes/manifests"
[kubelet-check] Waiting for a healthy kubelet at http://127.0.0.1:10248/healthz. This can
take up to 4m0s
[kubelet-check] The kubelet is healthy after 1.001354904s
[api-check] Waiting for a healthy API server. This can take up to 4m0s
[api-check] The API server is healthy after 5.902690692s
[upload-config] Storing the configuration used in ConfigMap "kubeadm-config" in the "kube-
system" Namespace
[kubelet] Creating a ConfigMap "kubelet-config" in namespace kube-system with the
configuration for the kubelets in the cluster
[upload-certs] Storing the certificates in Secret "kubeadm-certs" in the "kube-
system" Namespace
[upload-certs] Using certificate key:
1e086e93270f296156b84e9090481a569d6d71ae8b01e803b34a48985e9ae1ff
[mark-control-plane] Marking the node node01 as control-plane by adding the labels: [node-
role.kubernetes.io/control-plane node.kubernetes.io/exclude-from-external-load-
balancers]
[mark-control-plane] Marking the node node01 as control-plane by adding the taints [node-
role.kubernetes.io/control-plane:NoSchedule]
[Bootstrap-token] Using token: abcdef.0123456789abcdef
[Bootstrap-token] Configuring Bootstrap tokens, cluster-info ConfigMap, RBAC Roles
[Bootstrap-token] Configured RBAC rules to allow Node Bootstrap tokens to get nodes
[Bootstrap-token] Configured RBAC rules to allow Node Bootstrap tokens to post CSRs in order
for nodes to get long term certificate credentials
[Bootstrap-token] Configured RBAC rules to allow the csrapprover controller automatically
approve CSRs from a Node Bootstrap Token
[Bootstrap-token] Configured RBAC rules to allow certificate rotation for all node client
certificates in the cluster
[Bootstrap-token] Creating the "cluster-info" ConfigMap in the "kube-public" namespace
[kubelet-finalize] Updating "/etc/kubernetes/kubelet.conf" to point to a rotatable kubelet
client certificate and key
```

```
[addons] Applied essential addon: CoreDNS
[addons] Applied essential addon: kube-proxy

Your Kubernetes control-plane has initialized successfully!

To start using your cluster, you need to run the following as a regular user:

  mkdir -p $HOME/.kube
  sudo cp -i /etc/kubernetes/admin.conf $HOME/.kube/config
  sudo chown $(id -u):$(id -g) $HOME/.kube/config

Alternatively, if you are the root user, you can run:

  export KUBECONFIG=/etc/kubernetes/admin.conf

You should now deploy a pod network to the cluster.
Run "kubectl apply -f [podnetwork].yaml" with one of the options listed at:
  https://kubernetes.io/docs/concepts/cluster-administration/addons/

You can now join any number of the control-plane node running the following command on each as
root:

  kubeadm join 192.168.79.200:6443 --token abcdef.0123456789abcdef \
        --discovery-token-ca-cert-hash sha256:d59648d259effadf27345c7abeb4f8584d239
cd306b0decfc08decfa9a960cf7 \
        --control-plane --certificate-key 1e086e93270f296156b84e9090481a569d6d71ae8b
01e803b34a48985e9ae1ff

Please note that the certificate-key gives access to cluster sensitive data, keep it secret!
As a safeguard, uploaded-certs will be deleted in two hours; If necessary, you can use
"kubeadm init phase upload-certs --upload-certs" to reload certs afterward.

Then you can join any number of worker nodes by running the following on each as root:

kubeadm join 192.168.79.200:6443 --token abcdef.0123456789abcdef \
        --discovery-token-ca-cert-hash sha256:d59648d259effadf27345c7abeb4f8584d239
cd306b0decfc08decfa9a960cf7
```

按照提示完成目录创建、文件复制、权限设置及网络插件部署等相关操作，命令如下：

```
# 创建目录、复制文件、权限设置
mkdir -p $HOME/.kube
sudo cp -i /etc/kubernetes/admin.conf $HOME/.kube/config
sudo chown $(id -u):$(id -g) $HOME/.kube/config
# 部署 Calico 网络插件
kubectl create -f tigera-operator.yaml
kubectl create -f custom-resources.yaml
```

最后就可以增加新的高可用管理节点、工作节点至集群，命令如下：

```
#增加高可用管理节点
kubeadm join 192.168.79.200:6443 -- token abcdef.0123456789abcdef \
-- discovery - token - ca - cert - hash sha256:d59648d259effadf27345c7abeb4f8584d239cd306b0d
ecfc08decfa9a960cf7 \
-- control - plane -- certificate - key 1e086e93270f296156b84e9090481a569d6d71ae8b01e803b3
4a48985e9ae1ff
#增加工作节点
kubeadm join 192.168.79.200:6443 -- token abcdef.0123456789abcdef \
-- discovery - token - ca - cert - hash sha256:d59648d259effadf27345c7abeb4f8584d239cd306b0d
ecfc08decfa9a960cf7
```

注意：一定要按照命令执行后的提示进行操作，否则容易出现集群节点故障或集群工作异常的情况。

确认集群中的 Kubernetes 组件、Calico 组件及 kube-vip 组件全部处于 Running 状态，如果集群节点处于 Ready 状态，则表明集群运行成功，命令如下：

```
#获取集群中的 Kubernetes 组件、kube - vip 组件的状态
sudo kubectl get pods - n kube - system
#获取集群中的 Calico 组件的状态
sudo kubectl get pods - A
#获取集群中节点的状态
Sudo kubectl get nodes
```

命令执行的过程如图 3-33～图 3-35 所示。

```
user01@node01:~$ sudo kubectl get pods -n kube-system
NAME                                  READY   STATUS    RESTARTS        AGE
coredns-fcd6c9c4-9pl2n                1/1     Running   0               107m
coredns-fcd6c9c4-g76qs                1/1     Running   0               107m
etcd-node01                           1/1     Running   1               107m
etcd-node02                           1/1     Running   0               91m
etcd-node03                           1/1     Running   0               87m
kube-apiserver-node01                 1/1     Running   1               107m
kube-apiserver-node02                 1/1     Running   0               91m
kube-apiserver-node03                 1/1     Running   0               87m
kube-controller-manager-node01        1/1     Running   2 (63m ago)     107m
kube-controller-manager-node02        1/1     Running   0               91m
kube-controller-manager-node03        1/1     Running   1 (27m ago)     87m
kube-proxy-c456l                      1/1     Running   0               107m
kube-proxy-m7cwt                      1/1     Running   0               91m
kube-proxy-pnf52                      1/1     Running   0               84m
kube-proxy-zqx2c                      1/1     Running   0               87m
kube-scheduler-node01                 1/1     Running   2 (63m ago)     107m
kube-scheduler-node02                 1/1     Running   1 (27m ago)     91m
kube-scheduler-node03                 1/1     Running   1 (59m ago)     87m
kube-vip-node01                       1/1     Running   2 (27m ago)     107m
kube-vip-node02                       1/1     Running   0               70m
kube-vip-node03                       1/1     Running   1 (59m ago)     87m
```

图 3-33　Kubernetes 组件与 kube-vip 组件的运行状态

至此，基于 kube-vip 的 Kubernetes 集群部署完成，接下来就可以进行集群高可用性测

```
user01@node01:~$ sudo kubectl get pods -A --field-selector metadata.namespace!=kube-system
NAMESPACE          NAME                                    READY   STATUS    RESTARTS       AGE
calico-apiserver   calico-apiserver-658b56bf77-5hj58        1/1     Running   0              89m
calico-apiserver   calico-apiserver-658b56bf77-qr48r        1/1     Running   0              89m
calico-system      calico-kube-controllers-99ffb7cfb-zvgr8  1/1     Running   0              96m
calico-system      calico-node-gqsw9                        1/1     Running   0              81m
calico-system      calico-node-jjnlm                        1/1     Running   0              85m
calico-system      calico-node-pdmg4                        1/1     Running   0              96m
calico-system      calico-node-xkrls                        1/1     Running   0              78m
calico-system      calico-typha-898db5497-tq895             1/1     Running   0              96m
calico-system      calico-typha-898db5497-zbllx             1/1     Running   0              81m
calico-system      csi-node-driver-6j897                    2/2     Running   0              78m
calico-system      csi-node-driver-g9xqn                    2/2     Running   0              81m
calico-system      csi-node-driver-hhr4t                    2/2     Running   0              85m
calico-system      csi-node-driver-mfq9r                    2/2     Running   0              96m
tigera-operator    tigera-operator-89c775547-6g8rx          1/1     Running   3 (21m ago)    96m
```

图 3-34   Calico 网络组件的运行状态

```
user01@node01:~$ sudo kubectl get nodes
NAME     STATUS   ROLES           AGE    VERSION
node01   Ready    control-plane   107m   v1.31.1
node02   Ready    control-plane   92m    v1.31.1
node03   Ready    control-plane   87m    v1.31.1
node04   Ready    <none>          84m    v1.31.1
```

图 3-35   集群节点状态

试了。常见的方式是通过模拟管理节点故障来测试集群是否具有高可用性。

3.2   基于 Kubernetes 的应用管理

随着企业在应用开发过程中越来越多地采用云原生架构,用于满足产品的快速迭代、灵活扩展和高可用性的需求,基于 Kubernetes 的应用管理日益显示出其重要性。Kubernetes 应用容器管理的核心是通过容器编排来实现容器化应用的自动化管理,确保在分布式环境下应用的高可用性和弹性伸缩性。

1. 应用管理的核心思想

在 Kubernetes 应用管理过程中,其核心思想是将应用程序与其运行环境进行解耦,通过抽象层实现应用程序的可移植性、可扩展性和高可用性。首先,Kubernetes 的设计理念是尽可能地对容器进行自动化部署、扩展和管理,使开发者和运维人员能够更专注于应用开发和架构优化。其次,Kubernetes 采用声明式配置,用户只需通过配置文件定义期望的应用状态,系统便会自动调整实际状态,易实现预期效果。同时,Kubernetes 具有强大的自我修复能力,例如,当某个 Pod 失败或被终止时,Kubernetes 会自动重新调度并创建新的 Pod 实例,以确保应用的高可用性和服务的持久性。这样就极大地简化了运维管理的复杂性,使应用能够快速恢复。Kubernetes 还可以根据应用对资源的需求量在集群中自动选择最合适的节点来运行应用实例,例如对于计算密集型的应用会优先调度至 CPU 性能强的节点。最后,Kubernetes 会根据集群中业务的实际负载情况自动地对业务进行扩容或缩减,已达到对资源的合理利用。

2. 应用管理的原理与实现方法

在应用管理过程中,Kubernetes 是通过将资源归属到不同的命名空间中来实现逻辑上的资源隔离。首先通过 YAML 文件或 JSON 文件定义 Kubernetes 资源(例如 Pod、Deployment、ConfigMap 等)来明确应用的期望状态,然后使用 kubectl apply 命令部署这些已定义的资源,其中 Deployment 资源是用来管理应用的生命周期的,包括版本控制、滚动更新和自愈能力等。

在企业实践中 Kubernetes 包管理工具 Helm 的应用也非常广泛,它通过 chart 提供一种标准化的方式来描述 Kubernetes 资源,例如 Deployment、Service、PersistenvolumeClaim 等,使应用的部署变得可复制并易于管理和共享。同时还具有版本控制功能,可以非常方便地对版本进行升级和在必要时对版本进行回滚。尤其是由于 Helm 类似于软件包管理器,它可以处理复杂的应用依赖关系,用于确保所有相关的 Kubernetes 应用资源能够正确地进行部署与更新,进一步地提升了部署的准确性和可靠性。

对于应用管理的实现方法不仅只有上述方案,企业中典型的实现方式还有很多,例如利用 CI/CD 工具(例如 Jenkins 等)可以实现应用的构建、测试和部署的自动化,以及使用持久卷(PV)和持久卷申领(PVC)来实现应用数据的持久化存储等众多方式。

3.2.1 Kubernetes 集群应用生命周期管理

Kubernetes 集群中应用生命周期的管理涉及众多阶段和环节,下面将以企业真实场景下的应用生命周期管理为案例进行展开,在这一过程中将涉及应用打包准备阶段、应用部署阶段、应用相关管理阶段、应用被删除阶段等所涉及的各个环节。

1. 应用镜像构建

它属于应用准备阶段,通常情况下使用 Dockerfile 文件构建应用的容器镜像,并将经过验证测试后的镜像推送至镜像仓库,其中构建镜像所需的源代码可以来源于企业本地代码仓库或公共代码仓库,例如 GitHub 等。

2. 应用创建

应用镜像准备完成后就可以通过 YAML 文件或 JSON 文件创建和自定义应用所需资源及应用的期望状态,例如应用副本数、服务端口、数据持久化存储等。当然也可以使用 Helm 定义应用资源相关参数,以及设置期望状态等。

注意:关于 Helm 的使用方法会在后续章节进行详细讲解。

---

3. 应用部署

应用部署的方式有多种,常见的方式是使用 kubectl create 命令、基于 YAML 文件或者使用 Helm 部署应用等,其中基于 YAML 文件和使用 Helm 方式在企业生产环境应用最普遍,最主要的原因是后期,可以非常方便和快捷地对应用进行维护。

4．应用运行与监控

当应用被成功部署后，Kubernetes 会监控集群中应用的相关状态，一旦某个 Pod 运行失败就会立即创建并生成新的 Pod，使之始终与定义的应用期望值保持一致。在这一环节中，企业往往会采用第三方监控工具对集群中的各种资源进行多维度监控，例如 Prometheus、Grafana、ELK 等。

5．应用资源扩缩容

集群中应用对资源的需求是一个动态的过程，这就要求应用副本应该被控制在一个合理的范围内。过多的资源配置会造成资源浪费，过少的资源配置又会影响应用的响应效率。通常情况下的应对方案分别是手动扩缩容和自动扩缩容，手动扩缩容则是通过命令 kubectl scales 实现的，而自动扩缩容方式中最常见的是 Pod 自动伸缩（Horizontal Pod Autoscaler，HPA），例如定义一个 HPA 对象 php-apache，让它监控 php-apache 的 CPU 使用率。将平均 CPU 利用率的阈值设置为 50％，当高于 50％时增加 Pod 数量，反之则减少 Pod 数量，同时将 Pod 数量的范围设置在 1～10，实现的代码如下：

```
apiVersion: autoscaling/v2
kind: HorizontalPodAutoscaler          # 指定资源类型
metadata:
  name: php - apache                   # 定义 HPA 名称
spec:
  # 制定扩缩的目标资源
  scaleTargetRef:
    apiVersion: apps/v1
    kind: Deployment
    name: php - apache
  minReplicas: 1                       # 定义最小副本数
  maxReplicas: 10                      # 定义最大副本数
  # 定义用于扩缩的指标
  metrics:
  - type: Resource
    resource:
      name: cpu
      target:
        type: Utilization
        averageUtilization: 50
```

6．应用更新与回滚

在企业生产环境中应用更新的典型方式是滚动更新，例如通过修改 Deployment 配置中的镜像版本来实现应用的滚动更新，并且在更新失败时可以使用命令 kubectl rollout undo 快速地恢复到上一个版本。

7．应用故障处理

Kubernetes 具有自愈能力，即它会自动检查并重启失败的 Pod，用于保持服务的高可用性。同时还可以使用命令 kubectl get event 查看事件日志,识别和分析故障原因。如果集群集成了第三方监控告警工具,则可以通过集成工具分析故障原因。

8. 应用删除和清理

当应用被废弃时即代表应用生命终结,可以使用 kubectl delete 删除不再使用的资源,如果相关应用的数据进行了持久化存储,则需确认存储的数据确实可以清除时,才手动删除相关无效数据。

3.2.2 编写 YAML 文件的技巧介绍

Kubernetes 在企业生产活动中,使用 YAML 文件描述系统中各组件的期望值及定义和配置资源是最主要的方式,因此掌握 YAML 文件的编写技巧与方法是至关重要的,它涵盖了 YAML 文件的基本结构、最佳实践和常见问题分析方法等。

1. YAML 文件的基本结构

首先来看在 Kubernetes 中的一个典型 Pod 文件示例,代码如下:

```
apiVersion: v1
kind: Pod
metadata:
  name: nginx
spec:
  containers:
  - name: nginx
    image: nginx:1.27.2
    ports:
    - containerPort: 80
```

从典型示例中可以发现,YMAL 文件通常由以下几部分组成。

1) apiVersion

用于指定 Kubernetes API 的版本,例如 apps/v1、v1 等。需要特别注意的是不同资源版本中资源的使用方式和参数配置存在一定的差异,需要查阅 Kubernetes 对应文档。

2) kind

用于指定创建的对象类别,例如 Pod、Deployment、Service 等。

3) metadata

它包含了资源对象的元数据,例如 name(必需的字段)、namespace(可选字段,用于指定命名空间,默认为 default)、labels(标签字段)等。

4) spec

用于指定对象的期望状态,包含资源对象的规格、配置信息等,例如在示例中将容器的名称设置为 nginx,容器启动的基础镜像为 nginx:1.27.2,同时还将容器端口指定为 80/tcp 等。

注意：不同的 Kubernetes 资源对象，spec 内的字段值具有的自身特性各不相同。

2. 编写 YAML 文件的技巧

在 Kubernetes 应用实践中编写高效的 YAML 文件时需要遵循一定的规范。

1）明确资源类型与 API 版本

在编写 YAML 文件时需要明确创建的资源类型和对应的 API 版本，其目的是确保编写后的 YAML 文件与 Kubernetes 集群版本相兼容，例如，Pod 资源通常使用的 apiVersion 为 v1，而 Deployment 资源通常使用的 apiVersion 为 apps/v1。

2）合理使用标签和选择器

在编写 YAML 过程中需要合理地使用标签（labels）和选择器（selectors）。标签是 Kubernetes 中用于标识和选择资源的关键字段，通过为资源添加合适的标签，可以非常方便地对资源进行筛选和管理。同时，选择器也常用于指定哪些资源应该被选中操作，例如，可以使用标签选择器来指定 Deployment 应该管理哪些 Pod，代码如下：

```
apiVersion: apps/v1
kind: Deployment
metadata:
  name: nginx - deployment
  labels:
    app: nginx
spec:
  replicas: 3
  selector:
    matchLabels:
      app: nginx
  template:
    metadata:
      labels:
        app: nginx
    spec:
      containers:
      - name: nginx
        image: nginx:1.27.2
        ports:
        - containerPort: 80
```

在上述示例代码中，通过 Deployment 创建了 3 个 nginx 应用副本。

3）定义明确的资源配置信息

这部分定义的内容在 spec 内，需要详细的资源配置信息，同时也是 YAML 内最复杂的部分，也是最能体现资源特性的地方。如果是定义 Pod 资源，则需要指定容器列表、容器启动时所需的镜像、端口映射、环境变量、资源限额等配置信息。如果是定义 Deployment 资源，则需要指定副本数（如果未指定该字段，则默认副本数为 1）、滚动更新策略、Pod 模板等。如果是定义 Service 资源,则需要指定服务类型(ClusterIP、NodePort、LoadBalancer)、端口映射、选择器等。

4)使用模板

在实际工作中,为了提升 YAML 文件的复用率往往会通过定义通用模板的方式来实现,例如,首先定义一个通用的 Deployment 模板,然后可以根据不同的应用需求修改模板中的部分字段,例如镜像、副本数、端口等,通过这种自定义通用模板的方式可以实现快速生成多个 Deployment 资源。如果使用的是 Helm 包管理工具,则可以通过 Helm chart 中包含的一组 YAML 模板文件和配置文件来管理应用程序的配置与部署。

> **注意**:在编写 YAML 模板时,应该考虑不同环境和场景的需求,并定义相应的变量和条件语句,这有助于保持 YAML 文件的灵活性和可扩展性。

5)资源规划

在 YAML 文件编写的过程中,对资源的合理规划可以有效地提升代码的执行效率和复用率。例如,为了后期维护更便利,通常情况下会将相同的资源放置在同一个 YAML 文件中(使用---分隔),同时还可以使用不同的命名空间来隔离不同的业务环境。例如,可以使用 ConfigMap 和 Secret 将配置数据与敏感数据从应用程序代码中分离出来,并作为独立的资源进行管理,这有助于保持应用程序的灵活性和可移植性。再如,通过 HPA 来根据 CPU 或内存的使用情况自动调整 Pod 的数量,以此来提升资源利用率,通过 Liveness 和 Readiness 探针来检测 Pod 的健康状况等。

> **注意**:在编写 YAML 文件时,可以使用 ConfigMap 和 Secret 来存储配置数据,并在 Pod 的 spec.containers.envFrom 字段中引用它们。这有助于简化 Pod 的配置和管理,并减少数据的泄露风险。

6)可维护性与持续性

在编写 YAML 文件时需要考虑未来可能会升级和变更,因此建议使用版本控制来管理 YAML 文件。同时为了提升代码的复用率,除了在编写代码时应对一些关键值尽量采用变量的形式外,合理的代码注释也是非常重要的方式。例如可以使用 Helm 工具来管理 Kubernetes 应用程序的配置与部署,以便在升级时能够轻松地更新 YAML 文件。

7)调试与验证

在将编写好的 YAML 文件部署到 Kubernetes 集群之前,需要使用 kubectl 命令行工具进行验证和测试。例如,使用 kubectl explain 命令查看资源的详细字段和说明,以确保 YAML 文件中使用的字段是有效的。使用 kubectl apply --dry-run＝client -f < filename > 命令模拟部署过程并检查潜在的问题。该命令会解析 YAML 文件并生成相应的 Kubernetes 对象,但不会实际创建它们。此时,通过检查输出信息,可以发现可能的错误或警告。最后,可以使用 kubectl apply -f < filename >命令将 YAML 文件部署到 Kubernetes 集群中,并观察资源的创建和状态变化。如果出现问题,则可以使用 kubectl describe 命令查看资源的详细信息以便排除故障。

8)常见问题与解决方法

当基于 YAML 文件部署失败时,常见的问题与解决方法如下:

(1)YAML 文件解析错误。

检查缩进是否一致,确保没有混用空格和制表符,尤其是不能有多余的空格或不符合 YAML 规范的字符。

(2)资源创建失败。

资源创建失败的原因有很多种,例如资源配额不足、网络异常等情况。最常见的原因是镜像下载失败,主要是由于网络原因造成的。如果需要进一步分析故障原因,则可以使用 kubectl describe 来查看事件和错误信息。

(3)更新配置不生效。

最常见的原因是服务未加载新配置,处理方法是使用命令 kubectl rollout restart <deployment>重新启动 Pod 副本。

9)使用社区插件

人们常讲"工欲善其事,必先利其器",高效高质量地编写 YAML 代码同样也不能缺少相关工具插件。例如开发者常用的 VS Code 开发工具,运行该工具并在扩展内搜索 Kubernetes 关键字,就会有大量的 Kubernetes 插件可供选择和使用。从中安装适合自己的插件即可,例如提供语法高亮显示、提供模板等众多功能插件,合理有效地利用这些插件可以有效地提升 YAML 文件的编写效率和质量,同时还可以积极参加 Kubernete 社区,从中了解并学习最新的开发动态、开发经验等。

3.2.3　应用发布实战

"纸上得来终觉浅,绝知此事要躬行",快速高效地编写 YAML 需要大量的实践练习,下面将以企业环境下典型的编写方式进行演示,涵盖了编程工具、相关插件的部署与应用、代码测试、应用发布等环节。

1. 演示环境集群信息

演示环境集群节点信息见表 3-18,集群中容器运行时采用的是 Containerd。

表 3-18　演示环境集群节点信息

名　　称	IP 地址	说　　明
node01	192.168.79.191	管理节点
node03	192.168.79.193	工作节点
node04	192.168.79.194	工作节点

注意:在使用 Kubernetes 集群进行应用发布前,需要确认集群运行正常。例如查看集

群节点状态、Kubernetes 组件运行状态、网络插件运行状态等相关信息。当前在演示环境中的 Kubernetes 版本为 1.31。

2. 基于 Kubernetes 官方模板

随着 Kubernetes 版本的不断迭代更新,有部分参数会被弃用,因此在编写应用的 YAML 文件时,建议一定要查看 Kubernetes 官方提供的相关资源定义模板。

通过前面的学习知道 Pod 是 Kubernetes 中最小的运行单元,通常是由 Deployment 或者 Job 等这类工作负载资源来创建的。首先来看官方提供的 nginx-deployment. yaml 示例,代码如下:

```
apiVersion: apps/v1
kind: Deployment
metadata:
  name: nginx - deployment
  labels:
    app: nginx
spec:
  replicas: 3
  selector:
    matchLabels:
      app: nginx
  template:
    metadata:
      labels:
        app: nginx
    spec:
      containers:
        - name: nginx
          image: nginx:1.14.2
          ports:
            - containerPort: 80
```

示例中将 Pod 的副本数定义为 3,容器名称为 nginx,镜像为 nginx:1.14.2,容器端口为 80/TCP。基于上述 Deployment 示例,如果此时需要部署 Tomcat,使用的镜像为 tomcat: 11,副本数为 2,则 tomcat-deployment. yaml 文件中的代码如下:

```
apiVersion: apps/v1
kind: Deployment
metadata:
  name: tomcat - deployment
  labels:
    app: tomcat
spec:
  replicas: 1
  selector:
    matchLabels:
```

```
      app: tomcat
  template:
    metadata:
      labels:
        app: tomcat
    spec:
      containers:
        - name: tomcat
          image: tomcat:11
          ports:
            - containerPort: 8080
```

注意：Tomcat 服务默认的侦听端口为 8080/TCP。

在集群管理节点部署 Tomcat 应用，命令如下：

```
sudo kubectl apply - f tomcat - deployment. yaml
```

部署完成后可以查看其状态，命令如下：

```
# 获取 Deployment 状态信息
sudo kubectl get deployment
# 获取 Pods 状态信息
sudo kubectl get pods -- show - labels
```

命令执行的过程及部署成功的标识如图 3-36 所示。

```
user01@node01:~$ sudo kubectl get deployment
NAME                READY   UP-TO-DATE   AVAILABLE   AGE
tomcat-deployment   1/1     1            1           25s
user01@node01:~$ sudo kubectl get pods --show-labels
NAME                                  READY   STATUS    RESTARTS   AGE   LABELS
tomcat-deployment-66c9cddcd4-6m4zd    1/1     Running   0          37s   app=tomcat,pod-template-hash=66c9cddcd4
```

图 3-36 Deployment 和 Pods 状态信息

此时集群外部是无法访问已部署的 Tomcat 应用的，需要将外部请求路由至 Pods 的 8080/TCP 端口，即通过创建服务来实现。创建服务文件 tomcat-service. yaml，将 NodePort 的端口设置为 30080/TCP，代码如下：

```
apiVersion: v1
kind: Service
metadata:
  name: tomcat - service
  labels:
    app: tomcat
spec:
  selector:
    app: tomcat
  ports:
    - protocol: TCP
```

```
        port: 8080
        targetPort: 8080
        nodePort: 30080
    type: NodePort
```

部署并查看服务,命令如下:

```
# 部署服务
sudo kubectl apply - f tomcat - service.yaml
# 查看服务状态
sudo kubectl get svc
```

命令执行的过程如图 3-37 所示。

```
user01@node01:~$ sudo kubectl apply -f tomcat-service.yaml
service/tomcat-service created
user01@node01:~$ sudo kubectl get svc
NAME            TYPE        CLUSTER-IP      EXTERNAL-IP   PORT(S)          AGE
kubernetes      ClusterIP   10.96.0.1       <none>        443/TCP          9d
tomcat-service  NodePort    10.97.153.206   <none>        8080:30080/TCP   16s
```

图 3-37 Tomcat 服务部署成功

如果此时通过浏览器的方式访问集群任意节点的 30080/TCP 端口,则会提示 404 错误,如图 3-38 所示。

图 3-38 404 错误提示

出现错误的原因是,基于 Tomcat 11 镜像启动的容器默认/usr/local/tomcat/webapps 目录内是空的,Tomcat 默认页面相关数据存储在/usr/local/tomcat/webapps/webapps.dist 目录下。解决问题的方法是将目录 webapps.dist 内的数据复制至 webapps 目录,或者先删除 webapps 目录再将 webapps.dist 目录重命名为 webapps,命令如下:

```
# 获取 Tomcat 的 Pod 名称
sudo kubectl get pods
# 登录 Pod 查看当前目录下的文件信息
sudo kubectl exec tomcat - deployment - 66c9cddcd4 - 6m4zd -- /bin/sh - c 'ls - l'
# 查看 webapps 目录内的数据
sudo kubectl exec tomcat - deployment - 66c9cddcd4 - 6m4zd -- /bin/sh - c 'ls webapps'
# 删除原始的 webapps 目录,并将 webapps.dist 目录重命名为 webapps
sudo kubectl exec tomcat - deployment - 66c9cddcd4 - 6m4zd -- /bin/sh - c 'rm - rf webapps;mv
webapps.dist webapps'
# 再次查看 webapps 目录内的数据
sudo kubectl exec tomcat - deployment - 66c9cddcd4 - 6m4zd -- /bin/sh - c 'ls webapps'
```

命令执行的过程如图 3-39 所示。

```
user01@node01:~$ sudo kubectl get pods
NAME                                     READY   STATUS    RESTARTS   AGE
tomcat-deployment-66c9cddcd4-6m4zd       1/1     Running   0          8m59s
user01@node01:~$ sudo kubectl exec tomcat-deployment-66c9cddcd4-6m4zd -- /bin/sh -c 'ls -l'
total 132
drwxr-xr-x 2 root root  4096 Oct 19 02:57 bin
-rw-r--r-- 1 root root 21039 Oct  3 17:00 BUILDING.txt
drwxr-xr-x 1 root root    22 Oct 21 15:55 conf
-rw-r--r-- 1 root root  6166 Oct  3 17:00 CONTRIBUTING.md
drwxr-xr-x 2 root root  4096 Oct 19 02:57 lib
-rw-r--r-- 1 root root 60517 Oct  3 17:00 LICENSE
drwxrwxrwt 1 root root    80 Oct 21 15:55 logs
drwxr-xr-x 2 root root   158 Oct 19 02:57 native-jni-lib
-rw-r--r-- 1 root root  2333 Oct  3 17:00 NOTICE
-rw-r--r-- 1 root root  3291 Oct  3 17:00 README.md
-rw-r--r-- 1 root root  6469 Oct  3 17:00 RELEASE-NOTES
-rw-r--r-- 1 root root 16109 Oct  3 17:00 RUNNING.txt
drwxrwxrwt 2 root root    30 Oct 19 02:57 temp
drwxr-xr-x 2 root root     6 Oct 19 02:57 webapps
drwxr-xr-x 7 root root    81 Oct  3 17:00 webapps.dist
drwxrwxrwt 2 root root     6 Oct  3 17:00 work
user01@node01:~$ sudo kubectl exec tomcat-deployment-66c9cddcd4-6m4zd -- /bin/sh -c 'ls webapps'
user01@node01:~$ sudo kubectl exec tomcat-deployment-66c9cddcd4-6m4zd -- /bin/sh -c 'rm -rf webapps;mv webapps.dist webapps'
user01@node01:~$ sudo kubectl exec tomcat-deployment-66c9cddcd4-6m4zd -- /bin/sh -c 'ls webapps'
docs
examples
host-manager
manager
ROOT
```

图 3-39　解决 404 故障的过程

上述操作完成后刷新浏览器即可看到 Tomcat 的初始页面，如图 3-40 所示。

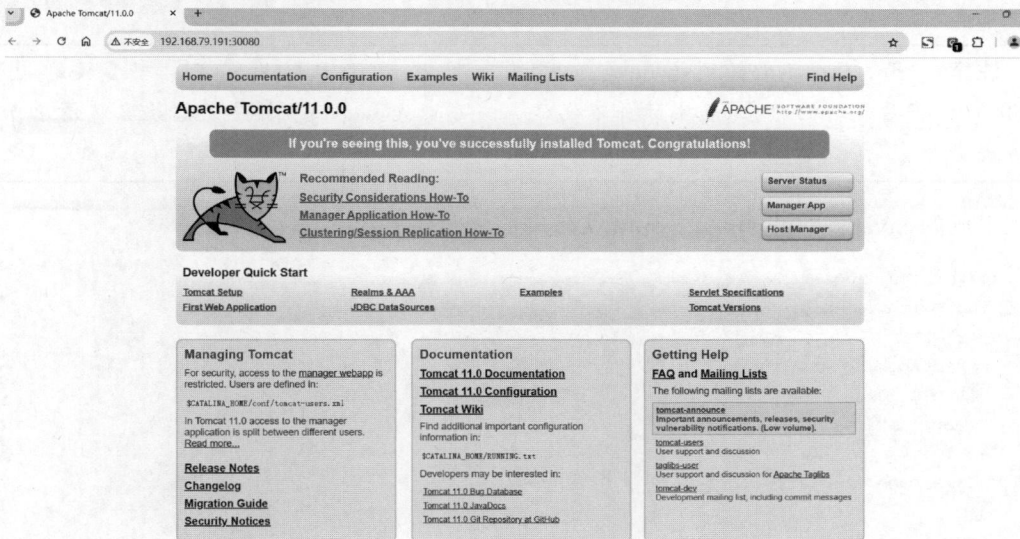

图 3-40　Tomcat 初始页面

注意：在后续的学习与工作过程中，建议养成经常查看官方文档的习惯。因为随着 Kubernetes 版本的更新迭代，以及技术的不断更新，对于已有字段参数的支持也会发生变化甚至弃用。

3. 基于 kubectl 命令

在 Kubernetes 的应用与管理过程中,使用命令行模式是最常见、最高效的,其中最常见的应用场景是在部署应用时使用命令直接生成部署文件,例如,基于 httpd:alpine 镜像部署 3 个副本 myapp 应用,同时使用 NodePort 服务方式发布应用服务并将端口设置为 30081/TCP,实现的命令如下:

```
# 使用命令生成 myapp - deployment.yaml 文件
sudo kubectl create deployment myapp \
-- image = httpd:alpine \
-- port = 80 \
-- replicas = 3 \
-- namespace = default \
-- dry - run = client \
- o yaml > myapp - deployment.yaml
# 使用命令生成 myapp - server.yaml 文件
sudo kubectl create service nodeport myapp \
-- tcp = 80:80 \
-- node - port = 30081 \
-- dry - run = client \
- o yaml > myapp - service.yaml
```

注意:--dry-run 参数必须是 none、server 或者 client,默认值为 none。当参数是 client 时,仅打印将要发送的对象,而实际并不发送。当参数是 server 时,提交服务器端请求而不持久化资源。

生成的 myapp-deployment.yaml 文件中的代码如下:

```
apiVersion: apps/v1
kind: Deployment
metadata:
  creationTimestamp: null
  labels:
    app: myapp
  name: myapp
  namespace: default
spec:
  replicas: 3
  selector:
    matchLabels:
      app: myapp
  strategy: {}
  template:
    metadata:
      creationTimestamp: null
      labels:
        app: myapp
```

```
    spec:
      containers:
      -  image: httpd:alpine
         name: httpd
         ports:
         -  containerPort: 80
         resources: {}
status: {}
```

生成的 myapp-service. yaml 文件中的代码如下：

```
apiVersion: v1
kind: Service
metadata:
  creationTimestamp: null
  labels:
    app: myapp
  name: myapp
spec:
  ports:
  -  name: 80 - 80
     nodePort: 30081
     port: 80
     protocol: TCP
     targetPort: 80
  selector:
    app: myapp
  type: NodePort
status:
  loadBalancer: {}
```

　　如果此时将生成的文件与 Kubernetes 官方提供的示例进行对比，就会发现核心字段都是一致的。只是使用命令生成的文件中多了 creationTimestamp 字段和 status 字段，其中 creationTimestamp 字段用于表示资源对象在 Kubernetes 集群中被创建的时间，这个时间戳是资源对象在被创建时自动生成的，主要用于审计、监控和故障排查等场景。status 字段是表示资源对象在 Kubernetes 集群中的当前状态，这种状态信息是 Kubernetes 系统资源对象的实际运行情况，例如资源的健康状态、资源是否就绪、是否有错误等。这两个字段都是由 Kubernetes 系统自动生成的，用户无法直接定义或修改其字段值，因此在编写 YAML 文件时均可省略。

　　接下来可以在集群中直接使用该文件部署应用，如果后续需要维护，则可直接修改该文件即可。当然为了使后续维护更方便可以直接将 myapp-deployment. yaml 和 myapp-server. yaml 文件合并为一个 myapp. yaml 文件，它们之间使用 3 个短横线进行隔离，并且在代码中移除 creationTimestamp 字段和 status 字段，最终合并后的代码如下：

```
---
apiVersion: apps/v1
```

```
kind: Deployment
metadata:
  labels:
    app: myapp
  name: myapp
  namespace: default
spec:
  replicas: 3
  selector:
    matchLabels:
      app: myapp
  strategy: {}
  template:
    metadata:
      labels:
        app: myapp
    spec:
      containers:
      - image: httpd:alpine
        name: httpd
        ports:
        - containerPort: 80
        resources: {}
---
apiVersion: v1
kind: Service
metadata:
  labels:
    app: myapp
  name: myapp
spec:
  ports:
  - name: 80-80
    nodePort: 30081
    port: 80
    protocol: TCP
    targetPort: 80
  selector:
    app: myapp
  type: NodePort
```

4. 基于 VS Code 编程工具

　　Visual Studio Code(简称 VS Code)是由微软开发的一款功能强大的免费代码编辑器,以其跨平台兼容性和出色的代码编辑能力、内置调试工具、广泛的编程语言支持、丰富的扩展插件等受到众多开发者的喜欢。同时还提供了智能的代码补全、语法高亮、代码折叠、多光标编辑等快捷功能,使开发者在代码编写、调试和管理代码等方面变得更加高效和流畅。VS Code 还支持与 Git 等版本控制系统集成及内置的终端模拟器,让开发者能够在不离开编辑器的情况下完成代码的编写、版本控制和运行命令等一系列操作。此外,VS Code 还提供了丰富的扩展插件,使代码编写变得更加智能和高效。

1) 下载、安装 VS Code

访问 VS Code 官方网站下载合适的版本并安装,当前 VS Code 支持的操作系统类型与版本如图 3-41 所示。

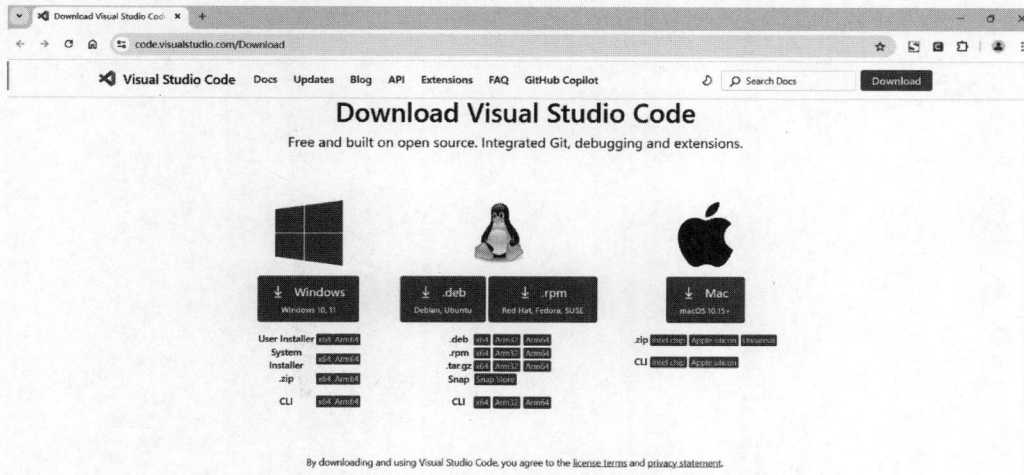

图 3-41　VS Code 支持的操作系统类型与版本

2) 安装配置 Kubernetes 插件

丰富的扩展插件是 VS Code 的优势,在扩展栏内输入关键字 Kubernetes 后将显示所有包含 Kubernetes 关键字的插件,选择由微软发布的 Kubernetes 插件并安装,如图 3-42 所示。

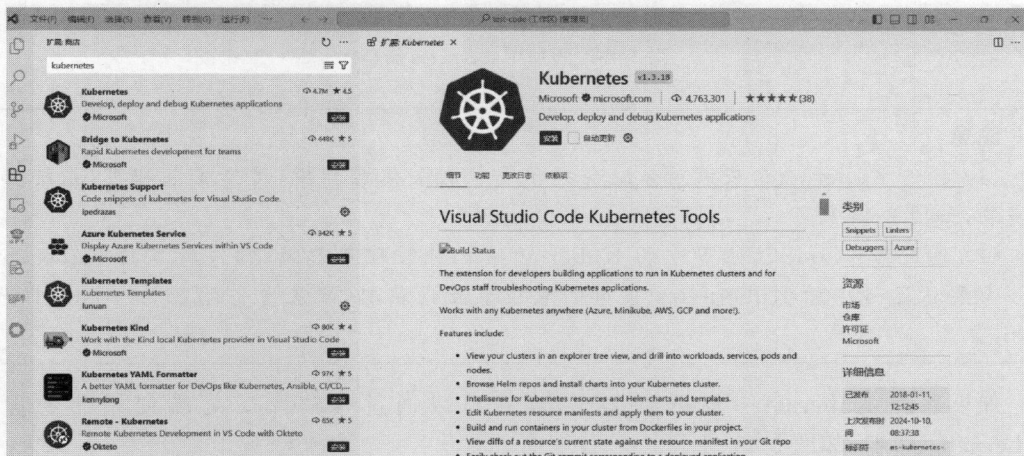

图 3-42　搜索 Kubernetes 插件

Kubernetes 插件安装完成后,单击 VS Code 左侧导航栏内的 Kubernetes 图标后会显示 CLUSTERS、HELM REPOS 和 CLOUDS 这 3 个选项,选择 CLUSTERS 选项的更多操作,选择 Set Kubeconfig,即可实现通过配置文件的方式添加需要管理的 Kubernetes 集群,如图 3-43 所示。

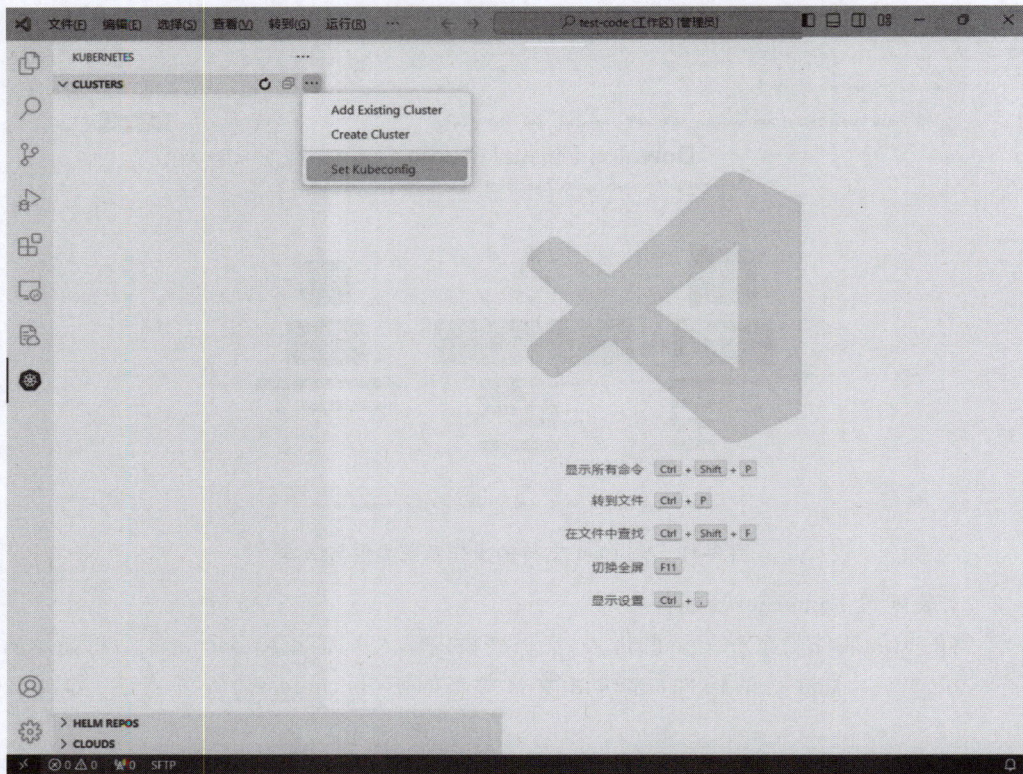

图 3-43 添加 Kubernetes 集群

注意:

(1) 插件 Kubernetes 安装后系统会提示安装相关依赖环境,选择安装即可,系统会自动安装,如图 3-44 所示。

(2) 通过 VS Code 编辑器中的 Kubernetes 插件管理集群时,插件所需的 Kubeconfig 文件需要从运行中的 Kubernetes 集群的管理节点内获取,配置文件路径为/root/.kube/config。

如果远程 Kubernetes 集群添加成功,就可以通过 VS Code 终端使用命令管理 Kubernetes 集群,如图 3-45 所示。

接下来,首先使用 VS Code 代码编辑器创建测试代码 vscode-deployment-nginx.yaml,然后在代码编辑页面输入 depl 关键字,编辑器会提示包含 Deployment 的提示信息,如图 3-46 所示。

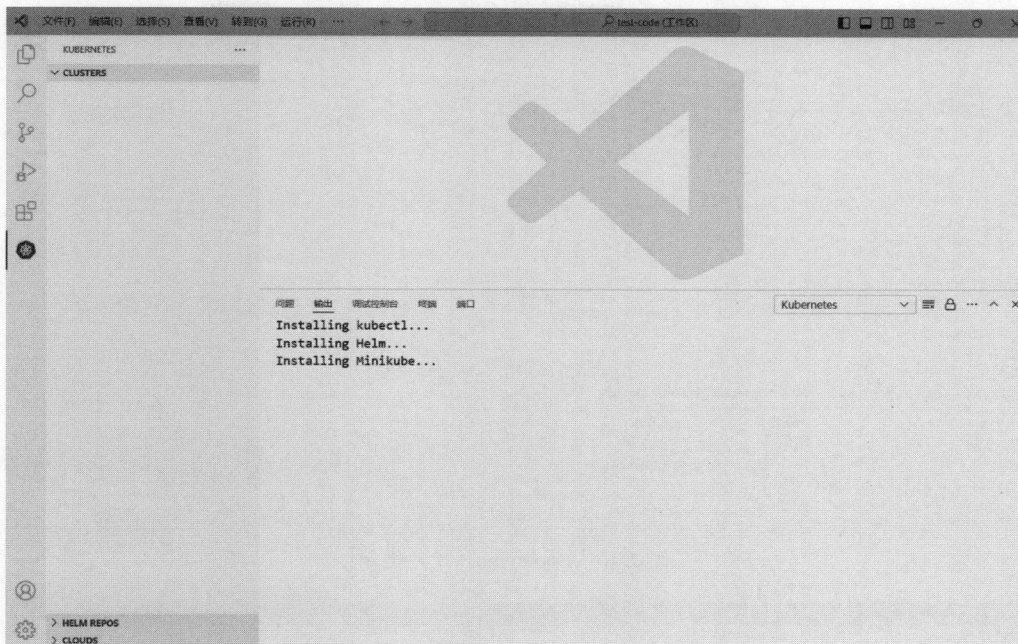

图 3-44　依赖环境安装进程显示

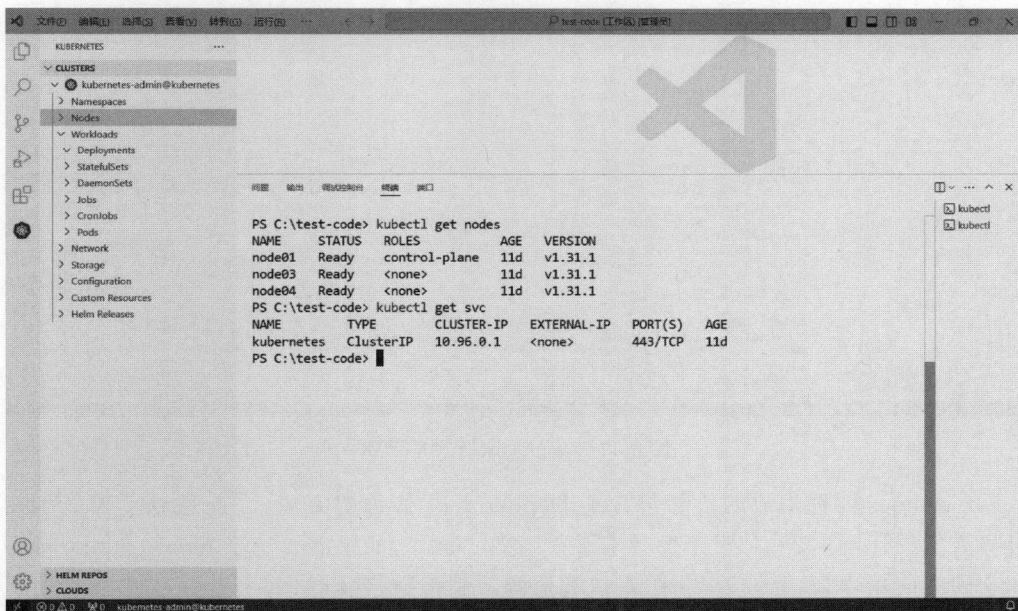

图 3-45　VS Code 终端远程管理 Kubernetes 集群

在提示信息内选择 Kubernetes Deployment 后，编辑器会自动生成 Deployment 示例代码，如图 3-47 所示。

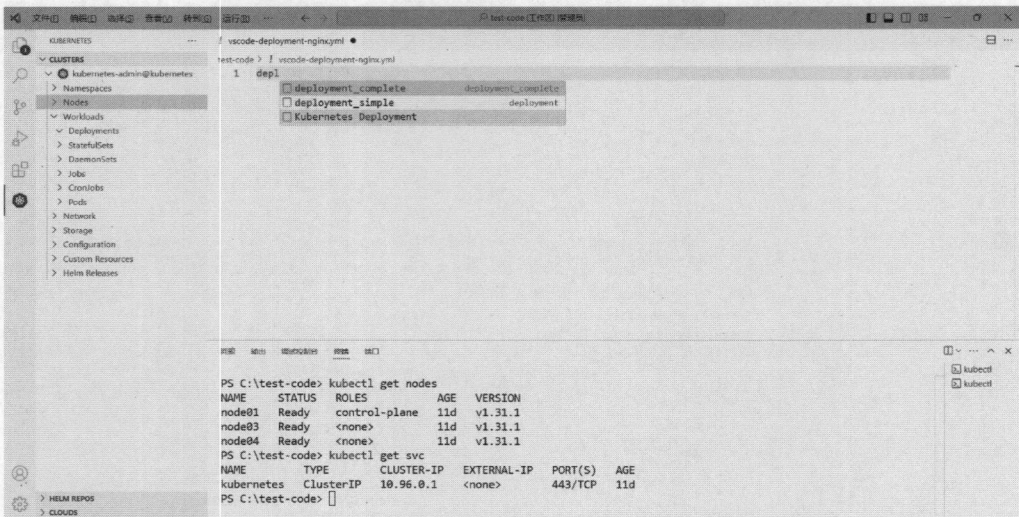

图 3-46　Deployment 代码提示

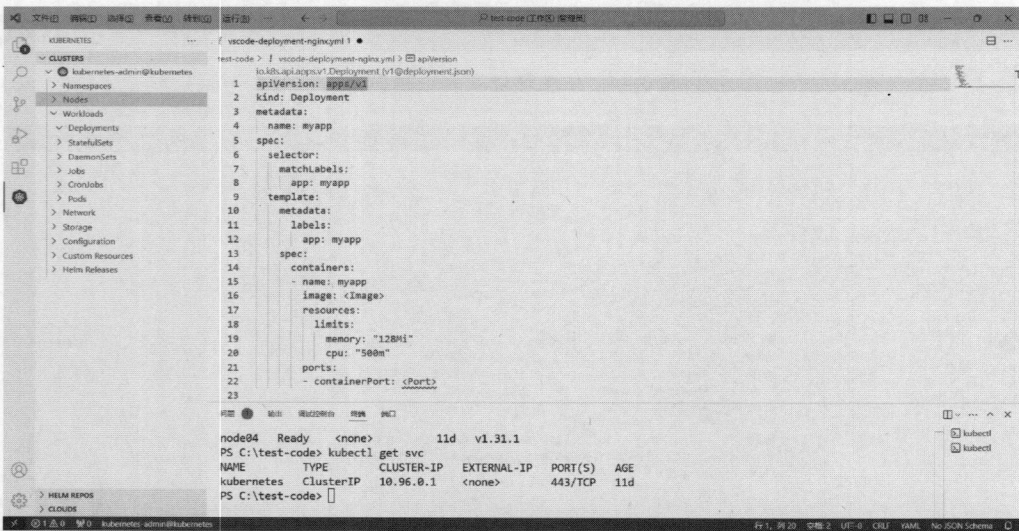

图 3-47　Deployment 代码示例

　　Kubernetes 插件生成的代码包含了 Deployment 的关键字段,在此基础上可以编辑适合自身需求的代码内容,对于开发者来讲很高效。例如,如果需要基于 nginx:alpine 镜像部署 3 个副本应用,则只需修改名称、端口和资源限制参数,代码如下:

```
apiVersion: apps/v1
kind: Deployment
metadata:
  name: myapp - nginx
```

```
spec:
  selector:
    matchLabels:
      app: myapp - nginx
  template:
    metadata:
      labels:
        app: myapp - nginx
    spec:
      containers:
      - name: myapp - nginx
        image: nginx:alpine
        resources:
          limits:
            memory: "128Mi"
            cpu: "500m"
        ports:
        - containerPort: 80
```

同样的操作,在代码编辑器页面输入 service 关键字后,编辑器会提示包含 service 的提示信息,如图 3-48 所示。

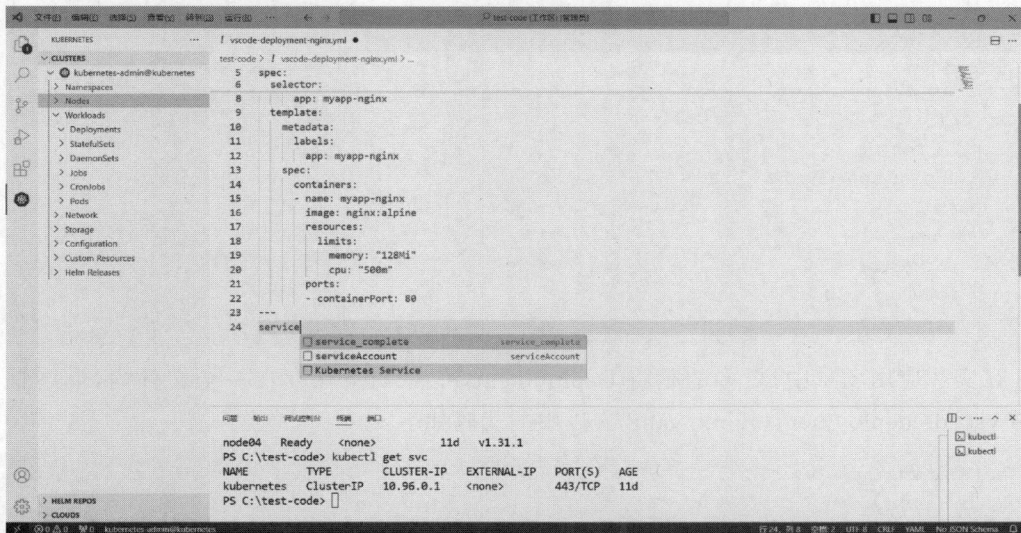

图 3-48　Service 代码提示

在提示信息内选择 Kubernetes Service 后,编辑器会自动生成 Service 示例代码,如图 3-49 所示。

该示例代码包含 Service 的关键字段,需要依据自身需求添加相关参数,例如,当需要允许集群之外的用户访问时,需要使用 NodePort 类型,并且可以自定义端口等,修改后的代码如下:

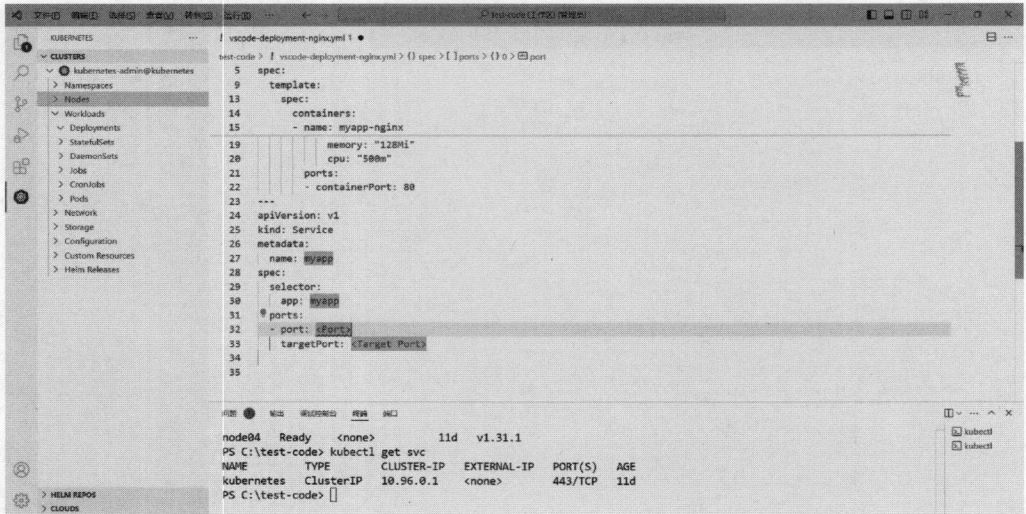

图 3-49　Service 示例代码

```
---
apiVersion: v1
kind: Service
metadata:
  name: myapp - nginx
spec:
  selector:
    app: myapp - nginx
  ports:
  -  port: 80
     targetPort: 80
     nodePort: 30080
  type: NodePort
```

在实际应用场景中,更多的是将 Deployment 和 Service 保存在一个文件内,最终整合后的 vscode-deployment-nginx. yaml 文件中的代码如下:

```
apiVersion: apps/v1
kind: Deployment
metadata:
  name: myapp - nginx
spec:
  selector:
    matchLabels:
      app: myapp - nginx
  template:
    metadata:
      labels:
        app: myapp - nginx
```

```
        spec:
          containers:
          - name: myapp - nginx
            image: nginx:alpine
            resources:
              limits:
                memory: "128Mi"
                cpu: "500m"
            ports:
            - containerPort: 80
---
apiVersion: v1
kind: Service
metadata:
  name: myapp - nginx
spec:
  selector:
    app: myapp - nginx
  ports:
  - port: 80
    targetPort: 80
    nodePort: 30080
  type: NodePort
```

文件保存后,在 VS Code 终端使用 kubectl 命令直接将测试服务发布到集群进行测试,如图 3-50 所示。

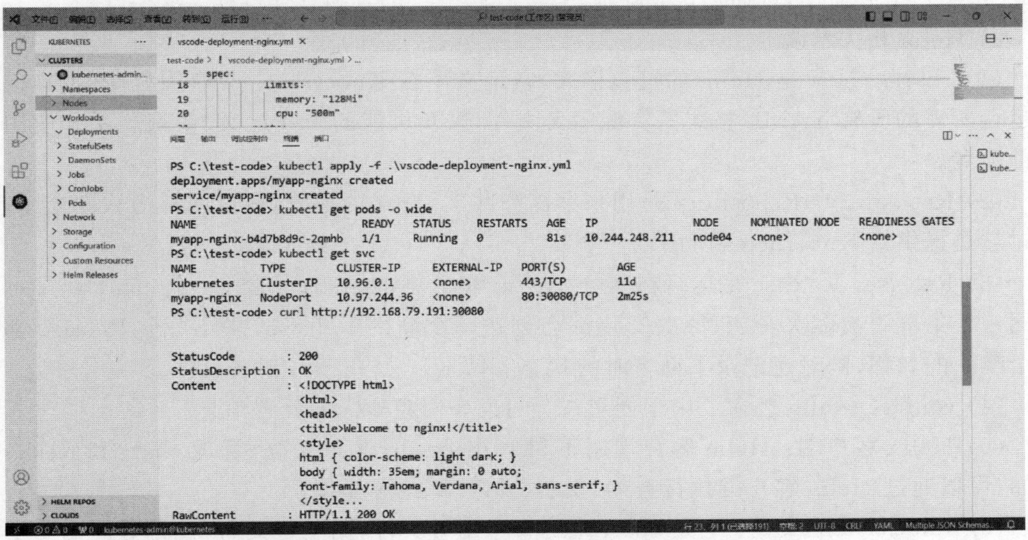

图 3-50 基于 VS Code 终端部署服务

通过这种方式实现了代码的高效编写和代码测试。

5. 基于 Helm

Helm 是 Kubernetes 的包管理工具,它设计的初衷是简化在 Kubernetes 集群中部署和管理应用程序的流程,降低管理难度。它类似于 Ubuntu 系统内的包管理命令 apt,能够快速地查找、下载、安装软件包。Helm 是通过 chart(是 Helm 的打包格式,它定义了 Kubernetes 应用程序所需要的所有资源)来简化复杂应用的部署过程,并提供版本控制、参数化配置、依赖管理等功能。它可以使开发者更加高效地管理和部署 Kubernetes 应用,提高开发效率和应用的稳定性。

注意:Helm 3 中移除了原有 Helm 2 的 Tiller 组件,改为直接从 Kubernetes API Server 获取信息,通过 chart 客户端处理并在 Kubernetes 中存储安装记录。

---

1) 为什么要使用 Helm

首先 Helm 简化了 Kubernetes 应用管理的流程,它通过 chart 简化应用的安装和管理,实现了复杂应用的快速部署。同时在企业内部可以将 Kubernetes 资源封装成可复用的 chart 并用于构建专属的 chart 库,实现了 chart 的共享和复用,进一步地降低了开发成本,并且提高了开发效率,其次 Helm 提供了应用的版本管理功能,可以非常方便地实现版本升级和回滚,提升了对应用生命周期的管理能力。与此同时,Helm 还支持使用应用配置文件的形式来管理应用,只需通过调整配置参数而无须修改 chart 便可实现应用在不同环境中快速部署。最后 Helm 拥有一个非常活跃的社区,在 Helm 仓库内有数量庞大的高质量 chart 供用户下载使用,进而加快企业应用程序的开发、部署和管理过程。

2) Helm 相关术语

(1) chart:chart 是 Helm 的打包格式,它定义了在 Kubernetes 中应用程序、工具或服务运行所需的所有 YAML 格式的资源定义文件,以及可能的服务定义、依赖关系和应用程序的配置。

(2) Repository:Repository 是用来存储和共享 chart 的地方,可以理解为软件仓库,只不过它是提供给 Kubernetes 所用。

(3) Release:Release 是运行在 Kubernetes 集群中的 chart 实例,一个 chart 通常可以在同一个集群中被多次安装,每次安装都会创建一个新的 Release,并且每个 Release 都有一个唯一的名称,同时还记录了部署时的状态等信息。

(4) config:config 包含了用于创建一个可发布对象所需的配置信息。

(5) Helm 客户端:Helm 客户端用于和 Kubernetes 集群交互、管理 chart 和 Release。例如,可以通过 Helm 客户端执行查询、安装、升级、卸载等操作。

(6) values.yaml 文件:它是 chart 中的一个配置文件,用于定义 chart 部署时的变量和配置信息。例如,可以在 values.yaml 文件中设置应用程序所需的镜像版本、资源配额等相关参数。

3）Helm 3 架构

当前 Helm 的最新版本是 Helm 3，它是 Helm 的第 3 个主要版本。它在 Helm 2 的基础上进行了重大更新，特别是移除了 Tiller 服务器组件，这使 Helm 3 的架构更加简洁，安全性也进一步得到提升。Helm 3 的核心架构组件如下。

（1）Helm 客户端：Helm 客户端是架构中的核心组件之一，它是一个命令行工具，用于和 Kubernetes 集群交互，主要用于管理本地 chart、管理仓库、管理发布及与 Helm 库建立接口等。通过客户端命令可以轻松地实现应用的安装、升级、回滚、移除等。典型的客户端命令有 helm install、helm upgrade、helm rollback 等。

（2）Helm 库：它提供与 Helm 操作相关的所有功能，并且 Helm 库独立封装了 Helm 操作逻辑，以便不同的客户端使用。同时 Helm 库通过与 Kubernetes API 服务器交互可以实现对 chart 进行管理，例如在 Kubernetes 集群中安装、升级、卸载 chart 等相关操作。

4）Helm 3 语法规范

Helm 3 的语法规范主要围绕 Helm Chart 的定义和使用，以下是 Helm 3 的典型基础语法规范。

（1）Chart.yaml 文件：Helm chart 是一个包含 Kubernetes 清单文件的文件夹，它有固定的目录结构。一个 chart 至少有一个包含 chart 元数据的 Chart.yaml 文件，该文件定义了名称、版本和其他描述信息。同时一个 chart 还可以包含一个 values.yaml 文件，它用于定义 chart 的默认配置值。Helm chart 的典型目录结构如下：

```
mychart/
  Chart.yaml
  values.yaml
  charts/
  templates/
```

其中，典型的 Chart.yaml 文件字段说明如下：

```
apiVersion:                    ＃chart API 版本(必选)
name:                          ＃chart 名称(必选)
version:                       ＃语义化 2 版本(必选)
kubeVersion:                   ＃兼容 Kubernetes 版本的语义化版本(可选)
description:                   ＃对项目的简单描述(可选)
type:                          ＃chart 类型(可选)
keywords:
  - ＃关于项目的一组关键字(可选)
home:                          ＃项目 home 页面的 URL(可选)
sources:
  - ＃项目源码的 URL 列表(可选)
dependencies:                  ＃chart 必要条件列表(可选)
  - name:                      ＃chart 名称(例如,nginx)
    version:                   ＃chart 版本(例如,"1.2.3")
    repository: ＃(可选)仓库 URL("https://example.com/charts")或别名("@repo-name")
    condition: ＃(可选)解析为布尔值的 YAML 路径,用于启用/禁用 chart(例如,subchart1.enabled)
```

```
    tags:                    #(可选)
       - #用于一次启用/禁用 一组 chart 的 tag
    import-values:           #(可选)
       - #ImportValue 将源值保存到导入父键的映射.每项可以是字符串或者一对子/父列表项
    alias: #(可选)chart 中使用的别名(当用户要多次添加相同的 chart 时非常有用)
maintainers:                 #(可选)
    - name:                  #维护者名字(每个维护者都需要)
      email:                 #维护者邮箱(每个维护者可选)
      url:                   #维护者 URL(每个维护者可选)
icon:                        #用作 icon 的 SVG 或 PNG 图片 URL(可选)
appVersion:                  #包含的应用版本(可选),不需要语义化,建议使用引号
deprecated:                  #不被推荐的 chart(可选,布尔值)
annotations:
    example:                 #按名称输入的批注列表(可选)
```

(2) 模板: templates 目录用于存储模板文件,需要注意的是模板文件是使用 Go 语言编写的,可以引用 values. yaml 文件中的变量和 Helm 的全局作用域对象。常见的模板文件包括 Deployment、Service、ConfigMap、Secret 等 Kubernetes 资源定义文件。

注意:模板文件在命名时应该遵循以下原则:

① 模板文件名称具有唯一性,避免与其他文件混淆。

② 模板文件名称应该清晰,建议能够直观地反映文件的内容或用途,例如 bar-svc. yaml

③ 模板文件名称使用中画线(my-front-configmap. yaml),不使用驼峰命名方式,避免使用特殊字符。

④ 模板文件后缀通常是. tpl 或者. yaml(直接作为 Kubernetes 资源清单文件)。

---

(3) values. yaml 文件: values. yaml 文件包含了 chart 的默认配置选项,在安装或升级 chart 时,可以指定一个 values. yaml 文件,用于覆盖 chart 的默认值。

5) Helm 3 常用命令

Helm 具有丰富的管理命令,常用的管理命令有包管理命令、仓库管理命令、插件管理命令等。

首先是典型的 Helm 包管理命令,见表 3-19。

表 3-19　典型的 Helm 包管理命令

命　　令	功　能　说　明
helm create	创建新的 chart
helm install	将 chart 上传到 Kubernetes
helm list	列出已发布的 chart
helm pull	将 chart 下载到本地目录
helm rollback	回滚到指定版本
helm search	搜索 chart

续表

命 令	功 能 说 明
helm show	显示 chart 内容
helm status	显示命名版本的状态
helm upgrade	升级版本
helm uninstall	卸载版本

其次是典型的 Helm 仓库管理命令,见表 3-20。

表 3-20   典型的 Helm 仓库管理命令

命 令	功 能 说 明
helm repo add	添加 chart 仓库
helm repo list	列出 chart 仓库
helm repo remove	删除一个或多个仓库
helm repo update	从 chart 仓库中更新本地可用 chart 的信息

最后是典型的 Helm 插件管理命令,见表 3-21。

表 3-21   典型的 Helm 插件管理命令

命 令	功 能 说 明
helm plugin install	安装一个或多个 Helm 插件
helm plugin list	列出已安装的 Helm 插件
helm plugin uninstall	卸载一个或多个 Helm 插件
helm plugin update	升级一个或多个 Helm 插件

6) 部署 Helm 3

通常情况在 Helm 3 部署在 Kubernetes 的管理节点,部署命令如下:

```
#获取密钥并将密钥导入 helm.gpg
sudo curl https://baltocdn.com/helm/signing.asc | gpg -- dearmor | sudo tee /usr/share/
keyrings/helm.gpg > /dev/null
#安装所需软件包等
sudo apt-get install apt-transport-https -- yes
echo "deb [arch= $ (dpkg -- print-architecture) signed-by = /usr/share/keyrings/helm.gpg]
https://baltocdn.com/helm/stable/debian/ all main" | sudo tee /etc/apt/sources.list.d/helm-
stable-debian.list
#更新索引并安装 Helm 3
sudo apt-get update
sudo apt-get install helm
#查看安装后的 Helm 版本信息
sudo helm version
```

如果可以查看版本信息,则标志着 Helm 3 环境部署完成,如图 3-51 所示。

```
user01@node01:~$ sudo helm version
version.BuildInfo{Version:"v3.16.2", GitCommit:"13654a52f7c70a143b1dd51416d633e1071faffb", GitTreeState:"clean", GoVersion:"go1.22.7"}
```

图 3-51   Helm 版本信息

Helm 3 部署完成后,需要安装 Helm Chart 库,命令如下:

```
#添加微软、阿里云 Chart 库
sudo helm repo add stable http://mirror.azure.cn/kubernetes/charts
sudo helm repo add aliyun https://kubernetes.oss-cn-hangzhou.aliyuncs.com/charts
#更新 Chart 库
sudo helm repo update
```

命令执行的过程及 Chart 库添加成功的标识如图 3-52 所示。

```
user01@node01:~$ sudo helm repo add stable http://mirror.azure.cn/kubernetes/charts
"stable" has been added to your repositories
user01@node01:~$ sudo helm repo add aliyun https://kubernetes.oss-cn-hangzhou.aliyuncs.com/charts
"aliyun" has been added to your repositories
user01@node01:~$ sudo helm repo update
Hang tight while we grab the latest from your chart repositories...
...Successfully got an update from the "aliyun" chart repository
...Successfully got an update from the "stable" chart repository
Update Complete. *Happy Helming!*
```

图 3-52   添加 Chart 库

此时就可以查询所需的应用 Chart 信息,例如,搜索常用的 ingress 应用,命令如下:

```
sudo helm search repo ingress
```

命令执行后可以显示仓库内 ingress 应用的 Chart 版本信息,如图 3-53 所示。

```
user01@node01:~$ sudo helm search repo ingress
NAME                               CHART VERSION   APP VERSION   DESCRIPTION
aliyun/nginx-ingress               0.9.5           0.10.2        An nginx Ingress controller that uses ConfigMap...
stable/gce-ingress                 1.2.2           1.4.0         DEPRECATED A GCE Ingress Controller
stable/ingressmonitorcontroller    1.0.50          1.0.47        DEPRECATED - IngressMonitorController chart tha...
stable/nginx-ingress               1.41.3          v0.34.1       DEPRECATED! An nginx Ingress controller that us...
aliyun/external-dns                0.4.9           0.4.8         Configure external DNS servers (AWS Route53, Go...
aliyun/lamp                        0.1.4                         Modular and transparent LAMP stack chart suppor...
aliyun/nginx-lego                  0.3.1                         Chart for nginx-ingress-controller and kube-lego
aliyun/traefik                     1.24.1          1.5.3         A Traefik based Kubernetes ingress controller w...
aliyun/voyager                     3.1.0           6.0.0-rc.0    Voyager by AppsCode - Secure Ingress Controller...
stable/contour                     0.2.2           v0.15.0       DEPRECATED Contour Ingress controller for Kuber...
stable/external-dns                1.8.0           0.5.14        Configure external DNS servers (AWS Route53, Go...
stable/kong                        0.36.7          1.4           DEPRECATED The Cloud-Native Ingress and API-man...
stable/lamp                        1.1.6           7             DEPRECATED - Modular and transparent LAMP stack...
stable/nginx-lego                  0.3.1                         Chart for nginx-ingress-controller and kube-lego
stable/traefik                     1.87.7          1.7.26        DEPRECATED - A Traefik based Kubernetes ingress...
stable/voyager                     3.2.4           6.0.0         DEPRECATED Voyager by AppsCode - Secure Ingress...
```

图 3-53   ingress 应用的 Chart 版本信息

例如查看 stable/nginx-ingress 的 Chart 信息,命令如下:

```
sudo helm show chart stable/nginx-ingress
```

命令执行后详细显示了 stable/nginx-ingress 的相关信息,如图 3-54 所示。

7) 基于 Helm 3 部署 WordPress

首先搜索 WordPress 获取最新稳定版的 Chart 信息,命令如下:

```
#添加官方 Chart 库
sudo helm repo add bitnami https://charts.bitnami.com/bitnami
#更新 Chart 库
sudo helm repo update
#搜索 WordPress 的 Chart 信息
sudo helm search repo wordpress
```

```
user01@node01:~$ sudo helm show chart stable/nginx-ingress
apiVersion: v1
appVersion: v0.34.1
deprecated: true
description: DEPRECATED! An nginx Ingress controller that uses ConfigMap to store
  the nginx configuration.
home: https://github.com/kubernetes/ingress-nginx
icon: https://upload.wikimedia.org/wikipedia/commons/thumb/c/c5/Nginx_logo.svg/500px-Nginx_logo.svg.png
keywords:
- ingress
- nginx
kubeVersion: '>=1.10.0-0'
name: nginx-ingress
sources:
- https://github.com/kubernetes/ingress-nginx
version: 1.41.3
```

图 3-54　nginx-ingress 应用的 Chart 信息

命令执行的过程如图 3-55 所示。

```
user01@node01:~$ helm repo add bitnami https://charts.bitnami.com/bitnami
^C
user01@node01:~$ sudo helm repo add bitnami https://charts.bitnami.com/bitnami
"bitnami" has been added to your repositories
user01@node01:~$ sudo helm repo list
NAME    URL
stable  http://mirror.azure.cn/kubernetes/charts
aliyun  https://kubernetes.oss-cn-hangzhou.aliyuncs.com/charts
bitnami https://charts.bitnami.com/bitnami
user01@node01:~$ sudo helm repo update
Hang tight while we grab the latest from your chart repositories...
...Successfully got an update from the "aliyun" chart repository
...Successfully got an update from the "stable" chart repository
...Successfully got an update from the "bitnami" chart repository
Update Complete. *Happy Helming!*
user01@node01:~$ sudo helm search repo wordpress
NAME                   CHART VERSION   APP VERSION   DESCRIPTION
aliyun/wordpress       0.8.8           4.9.4         Web publishing platform for building blogs and ...
bitnami/wordpress      23.1.24         6.6.2         WordPress is the world's most popular blogging ...
bitnami/wordpress-intel 2.1.31         6.1.1         DEPRECATED WordPress for Intel is the most popu...
stable/wordpress       9.0.3           5.3.2         DEPRECATED Web publishing platform for building...
```

图 3-55　获取 WordPress 信息

其次，获取 stable/wordpress 资源包，命令如下：

```
# 获取 WordPress 资源包
sudo helm pull bitnami/wordpress -- version 23.1.24
# 解压 WordPress 资源包
tar zxvf wordpress-23.1.24.tgz
```

编辑解压后 wordpress 文件夹内的 values.yaml 文件，设置登录名、密码等相关信息，代码如下：

```
# 将 WordPress 的服务类型设置为 NodePort 并将服务器端口自定义为 30080/TCP(在 values.yaml 文
# 件的第 553~574 行)
service:
  # @param service.type WordPress service type
  #
  # type: LoadBalancer
```

```
    type: NodePort
    # @param service.ports.http WordPress service HTTP port
    # @param service.ports.https WordPress service HTTPS port
    #
    ports:
      http: 80
      https: 443
    # @param service.httpsTargetPort Target port for HTTPS
    #
    httpsTargetPort: https
    # Node ports to expose
    # @param service.nodePorts.http Node port for HTTP
    # @param service.nodePorts.https Node port for HTTPS
    # NOTE: choose port between < 30000 - 32767 >
    #
    nodePorts:
      http: "30080"
      https: "30443"
# 配置 WordPress 管理后台的用户名和密码
wordpressUsername: admin
wordpressPassword: "Admin123"
# 关闭 WordPress 数据持久化存储功能(在 values.yaml 文件的第 845 行)
persistence:
    # @param persistence.enabled Enable persistence using Persistent Volume Claims
    #
    enabled: false
# 关闭 MariaDB 数据持久化存储功能(在 values.yaml 文件的第 1258 行)
  primary:
    # MariaDB Primary Persistence parameters
    # ref: https://kubernetes.io/docs/concepts/storage/persistent-volumes/
    # @param mariadb.primary.persistence.enabled Enable persistence on MariaDB using PVC(s)
    # @param mariadb.primary.persistence.storageClass Persistent Volume storage class
    # @param mariadb.primary.persistence.accessModes [array] Persistent Volume access modes
    # @param mariadb.primary.persistence.size Persistent Volume size
    #
    persistence:
      enabled: false
      storageClass: ""
      accessModes:
        - ReadWriteOnce
      size: 8Gi
```

注意:

(1) 只展示 values.yaml 文件内修改的参数。

(2) 在默认情况下 values.yaml 内开启了 MariaDB、WordPress 的数据持久化存储功能,在演示环境内暂时关闭,只需将 enabled 字段的参数设置为 false。

(3) 后续章节会详细地讲解 Kubernetes 集群中的数据持久化相关技术细节。

保存 values.yaml 配置文件并部署应用,命令如下:

```
sudo helm install myblog wordpress/ - f wordpress/values.yaml
```

命令执行的过程如图 3-56 所示。

```
user01@node01:~$ sudo helm install myblog wordpress/ -f wordpress/values.yaml
NAME: myblog
LAST DEPLOYED: Fri Oct 25 01:24:13 2024
NAMESPACE: default
STATUS: deployed
REVISION: 1
TEST SUITE: None
NOTES:
CHART NAME: wordpress
CHART VERSION: 23.1.24
APP VERSION: 6.6.2

** Please be patient while the chart is being deployed **

Your WordPress site can be accessed through the following DNS name from within your cluster:

  myblog-wordpress.default.svc.cluster.local (port 80)

To access your WordPress site from outside the cluster follow the steps below:

1. Get the WordPress URL by running these commands:

  export NODE_PORT=$(kubectl get --namespace default -o jsonpath="{.spec.ports[0].nodePort}" services myblog-wordpress)
  export NODE_IP=$(kubectl get nodes --namespace default -o jsonpath="{.items[0].status.addresses[0].address}")
  echo "WordPress URL: http://$NODE_IP:$NODE_PORT/"
  echo "WordPress Admin URL: http://$NODE_IP:$NODE_PORT/admin"

2. Open a browser and access WordPress using the obtained URL.

3. Login with the following credentials below to see your blog:

  echo Username: admin
  echo Password: $(kubectl get secret --namespace default myblog-wordpress -o jsonpath="{.data.wordpress-password}" | base64 -d)
```

图 3-56　部署 WordPress

命令执行后查看 Pods、svc 状态,命令如下:

```
#查看 Pods 状态
sudo kubectl get pods
#查看 svc 状态
sudo kubectl get svc
```

注意:初始化 Pods 的时间取决于集群可用资源情况、依赖镜像下载时间等。

当 WordPress 相关组件运行成功后,使用浏览器访问集群任意节点的 30080 端口即可访问已部署的 WordPress 站点,如图 3-57 所示。

如果需登录到 WordPress 后台,则可访问 http://192.168.79.191:30080/admin,如图 3-58 所示。

输入在 values.yaml 文件内定义的用户名和密码后单击 Login 按钮完成登录,如图 3-59 所示。

此时就可以通过管理后台管理专属的博客站点了。

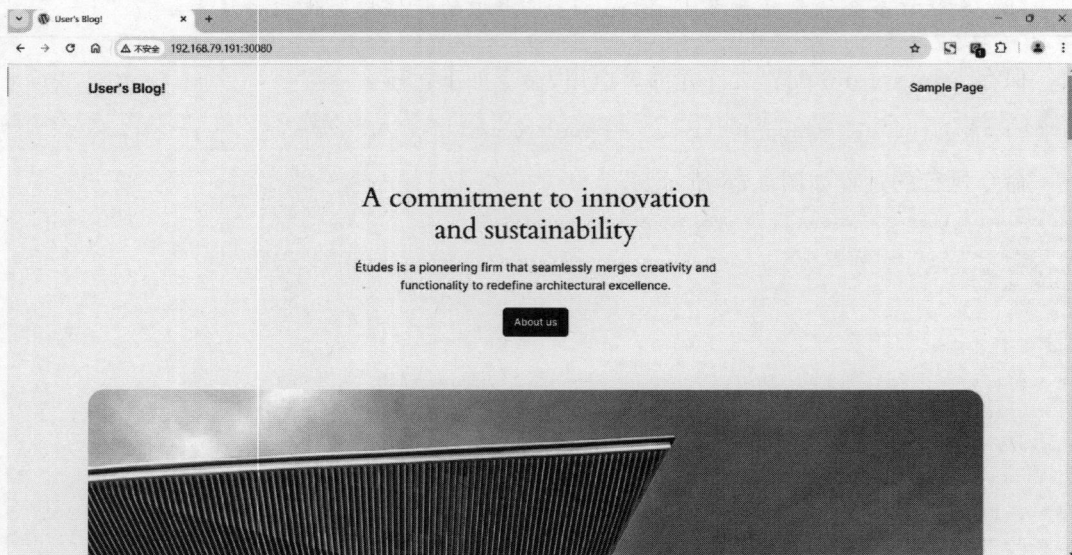

图 3-57　WordPress 初始页面

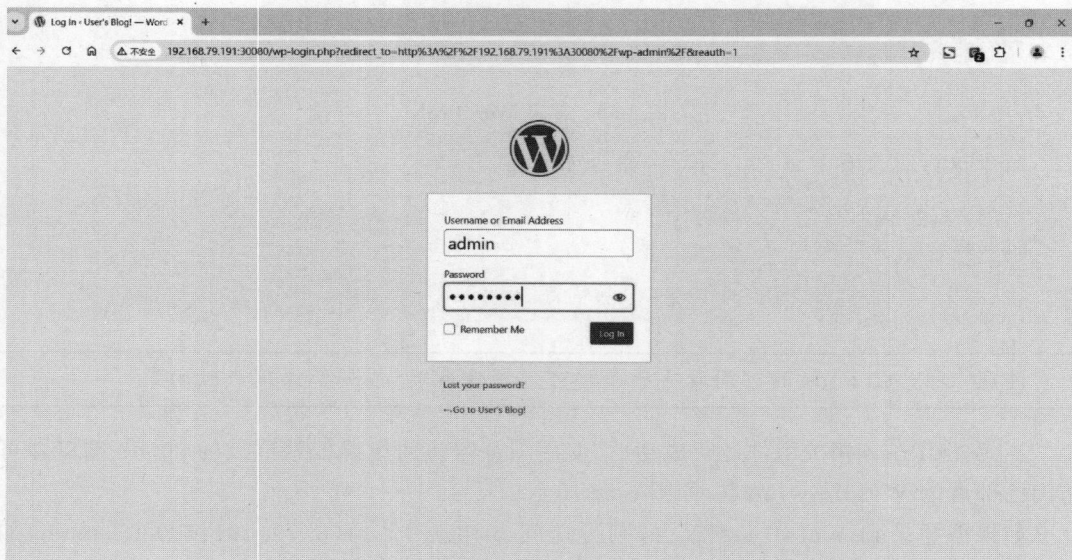

图 3-58　WordPress 后台登录页面

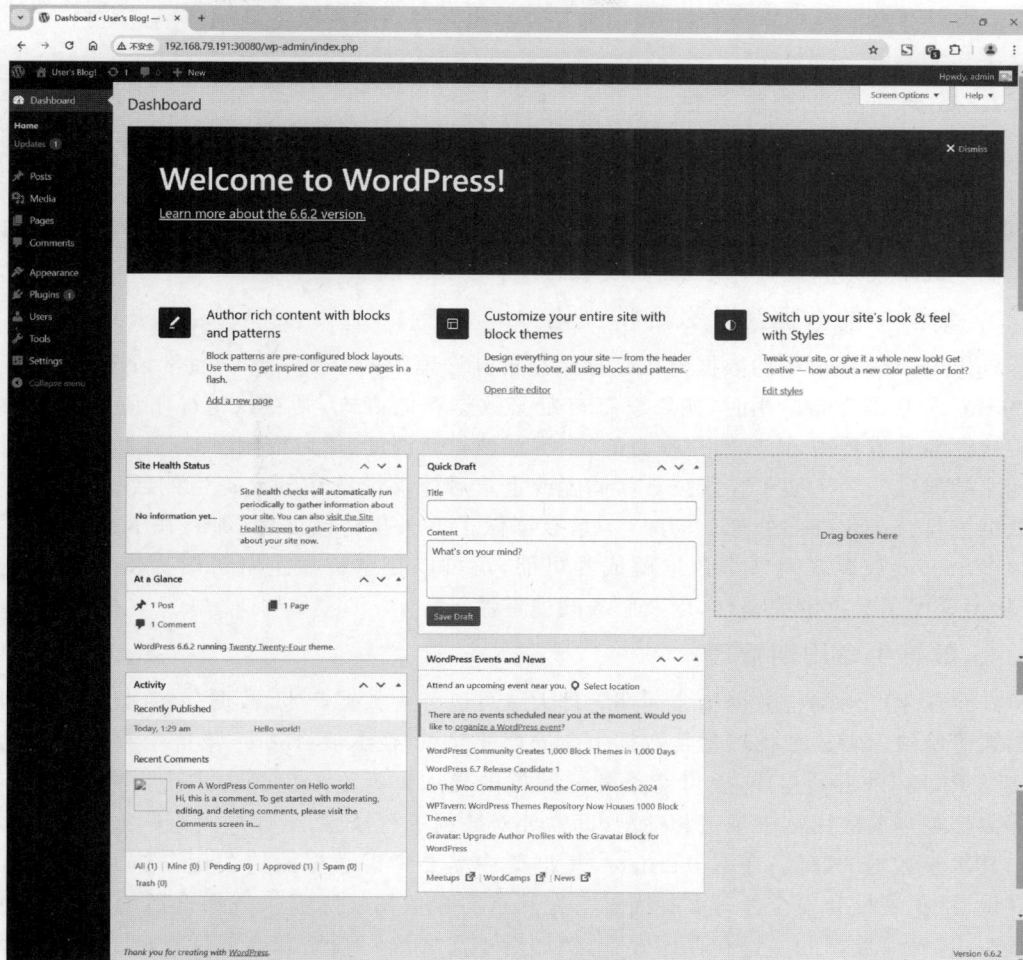

图 3-59　WordPress 管理后台

3.3　基于 Kubernetes 的数据持久化存储管理

在信息化、数字化高速发展的当下,数据存储管理的重要性日益突出。它不仅关乎企业的运营效率和核心竞争力,还会直接影响国家的信息安全和社会稳定。

1. 数据对国家的重要性

在全球化背景下,国与国之间的信息交流日益频繁,对数据的存储和管理是维护国家信息安全的重要手段。通过建立健全的数据存储管理制度,可以确保关键数据不被非法获取、篡改或泄露,从而维护国家的政治、经济、军事等各方面的安全。同时通过优化数据结构、提升数据存储效率,可以进一步地推动各行业、各部门的数字化转型,提升整个国家的数字化水平。通过对这些数据进行分析和挖掘,国家还可及时发现和解决社会问题,提高社会治理的效率和效果。

2. 数据对企业的重要性

对于企业而言,数据存储管理是业务创新、决策和提高运营效率的关键。尤其是通过分析历史数据,企业可以了解市场趋势、客户需求和竞争态势,为业务创新提供有力支持。同时,数据存储管理还有助于企业实现数据驱动决策,通过数据分析和挖掘,企业可以更加精准地制定战略规划和业务计划,提高决策的科学性和准确性。

3. 集群中的数据为什么要持久化

Kubernetes 集群中的数据持久化存储是集群管理中的重要一环。通常情况下,在基于 Kubernetes 集群发布应用时,如果没有自定义数据存储方式,则默认情况下应用产生的数据直接存储在容器中,而容器是临时的,当容器被重新调度、重启或删除时,容器内的数据也会随之被删除。为了便于容器被重新调度或重建后能够继续访问已产生的数据,因此必须对数据进行持久化存储处理。同时,一旦数据做了持久化存储处理,那么在 Kubernetes 集群中多个 Pod 彼此之间共享数据就成为可能,还可以在系统发生宕机时提供数据恢复能力,从而确保了数据的完整性,以及服务的连贯性。

4. 数据生命周期管理

在企业生产活动中数据生命周期管理大致可以分为数据产生、数据存储、数据使用和数据销毁等阶段。首先数据产生是数据生命周期的起点,在 Kubernetes 集群中数据的产生既可能是 Pod 内的容器生成,也可能是外部数据的导入。无论以何种方式产生数据,都必须确保数据与当前应用需求规范相适配,即需要对数据进行校验,例如导入原始数据等。

其次是数据的存储,在 Kubernetes 集群集中需要考虑数据的持久化存储方式、存储的可靠性、可扩展性和安全性等多种因素。尤其是需要依据实际需求选择合适的存储解决方案,进一步确保数据的质量和存储效率,例如对于需要读写频繁和高并发访问的数据,建议选择高性能的固态硬盘存储;对于需要长期保存的存档数据则可以选择成本较低的机械硬盘存储等。

再次是数据的使用,它是数据生命周期中的关键阶段。在 Kubernetes 集群中,数据可能会被多个 Pod 或外部应用访问并使用,这就需要对数据有效地进行组织和管理,从而提高数据的使用效率,例如,建立数据索引和缓存机制,提高数据的访问速度;对数据合理地进行分区和分片,优化数据查询和更新操作。当然也可以通过建立数据访问的权限控制机制来提升数据的安全性和隐私性。

然后是数据更新和维护,它是数据生命周期的持续性阶段。在 Kubernetes 集群中,数据会随着时间的推移而不断变化,这就需要对数据及时地进行维护和更新,从而确保数据的准确性和一致性。同时还需要对数据进行定期清理、合并和归档,例如,定期删除无效或过期数据,保持数据的整洁性。

最后是数据的销毁,也是数据生命周期的终点。在 Kubernetes 集群中,对于确认不需要的数据可以进行销毁,例如,过期的日志文件等。一方面可以起到保护数据安全性和隐私性的作用,另一方面可以提升存储的有效使用率。

3.3.1　数据持久化存储方案介绍

Kubernetes 集群中的数据持久化是采用卷存储的方式来实现的,而卷存储有很多种针对不同场景下的解决方案。在实际应用过程中,在选择合适的解决方案时需要考虑应用程序的需求、性能需求、可靠性要求及 Kubernetes 集群所处的平台环境等众多因素。在企业生产活动中典型的卷存储方案如下。

1. NFS(Network File System)卷持久化存储方案

在 Kubernetes 集群中,可以使用 NFS 作为持久化存储卷,将数据存储在 NFS 服务器上并将其挂载到 Pod 中,从而达到数据持久化存储和数据共享的目的,该方案的适用场景及方案优缺点见表 3-22。

表 3-22　NFS 卷持久化存储方案

适 用 场 景	优　　点	缺　　点
数据存储在 Kubernetes 集群之外或者使用类似文件系统的应用场景,例如多 Pod 通过共享存储卷的方式读写文件等	NFS 是一种非常成熟的网络文件系统,具有部署简单、维护成本低等优点。可以非常方便地在 Kubernetes 集群内实现数据共享	NFS 的性能相对低,不太适合高性能场景。同时 NFS 的可靠性和稳定性依赖于底层的网络架构和存储设备,一旦底层设备出现故障就有可能会导致数据丢失

2. hostPath 卷持久化存储方案

hostPath 是一种简单的持久化存储解决方案,它将数据存储在宿主机的本地文件系统中,并将其挂载至 Pod 中,从而实现数据的持久化存储,该方案的适用场景及方案优缺点见表 3-23。

表 3-23　hostPath 卷持久化存储方案

使 用 场 景	优　　点	缺　　点
使用 hostPath 方式可以快速、方便地将数据存储在宿主机节点,避免配置和管理外置存储的复杂过程,同时还能够提供较高的性能和较低的延迟,因此被广泛地应用于开发、测试或临时数据存储等场景,例如缓存数据、日志文件等	简单易用,在 Kubernetes 集群中只需在定义 Pod 时指定宿主机路径。同时由于是直接存储在宿主机内,所以可以提供较高的性能和较低的延迟	数据只存储在宿主机节点,缺乏数据冗余和高可用,并且无法实现数据在不同节点之间进行共享访问

3. cephfs 卷持久化存储方案

该方案后端存储采用的是分布式存储系统 ceph,它具有开源性、高可用性、可扩展性、数据高一致性及易管理等特点,被企业广泛地应用于大规模数据存储,该方案的适用场景及方案优缺点见表 3-24。

表 3-24 cephfs 卷持久化存储方案

适 用 场 景	优 点	缺 点
适用于大规模集群中的数据存储	具有高可靠性、可扩展性及动态调整存储资源的能力	配置复杂

注意：CephFS 卷插件在 Kubernetes 1.28 版本中正式被标记为已弃用，在 Kubernetes 1.31 版本中移除，但这并不意味着不可以使用 Ceph 作为后端存储，而是需要使用 CephFS CSI 第三方驱动来与 Ceph 集群进行数据通信。

4. emptyDir 卷持久化存储方案

emptyDir 是 Kubernetes 中最简单的存储方式，它是一个临时目录，只在 Pod 的生命周期内存在。通常情况下 emptyDir 卷用于在同一 Pod 的不同容器之间共享数据，需要特别注意的是初始状态卷是空的，当 Pod 被删除或重新调度时，emptyDir 卷内的数据会被删除。该方案的适用场景及方案优缺点见表 3-25。

表 3-25 emptyDir 卷持久化存储方案

适 用 场 景	优 点	缺 点
主要适用于缓存数据或者存储临时文件	访问数据速度快，并且由于 emptyDir 是 Kubernetes 的一种原生存储解决方案，因此在创建 Pod 时可以很容易地进行配置及使用	数据的临时性，由于 emptyDir 存储的生命周期是与 Pod 绑定的，所以当 Pod 重启、删除、迁移时都会导致数据丢失，其次 emptyDir 存储的路径是在宿主机本地节点上，因此不适合存储大量数据。最后是单点故障，如果 Pod 所在的宿主机节点发生故障，则该节点上采用 emptyDir 方式存储的数据就会丢失

5. fc(光纤通道)卷持久化存储方案

该方案是通过光纤通道的方式将存储卷挂载至 Pod，从而实现数据的持久化存储，该方案的适用场景及方案优缺点见表 3-26。

表 3-26 fc 卷持久化存储方案

适 用 场 景	优 点	缺 点
由于 fc(光纤通道)具有低延迟和高吞吐量等特性，因此适用于需要快速数据访问、数据存储等对访问、存储性能敏感的应用，例如大规模数据库、数据分析和机器学习等场景	fc 存储具有高性能、高可靠、可扩展及多路径冗余等优点	相对其他类型的存储，fc 存储方案成本高、对设备的依赖性强

6. iSCSI 卷持久化存储方案

iSCSI(Internet Small Computer System Interface)是一种通过网络连接的存储协议，可以将远程存储设备映射为本地磁盘。在 Kubernetes 集群中，可以使用 iSCSI(基于 IP 的

SCSI)作为持久化存储卷,将远程存储设备映射到 Pod 中。该方案的适用场景及方案优缺点见表 3-27。

表 3-27　iSCSI 卷持久化存储方案

使 用 场 景	优 　 点	缺 　 点
高可用性场景:iSCSI 存储可以通过配置多路径的方式提升持久化存储数据的高可用性。同时 iSCSI 存储还支持数据保护功能,例如快照、数据复制等,从而提升了数据的可靠性,因此还适用于对数据保护有要求的场景	iSCSI 存储可以使用标准以太网网络进行连接,无需额外的硬件设备,就可以在现有基础设施中部署和扩展。还可以通过千兆以太网或万兆以太网提升 iSCSI 存储的性能。同时,由于 iSCSI 是一种标准协议,因此可以与各种操作系统和存储产品进行互操作,跨平台的兼容性强	对网络的依赖性强及配置相对较为复杂

7. local 卷持久化存储方案

该方案中数据被挂载至本地存储设备,例如磁盘、分区或目录。适用于需要临时性存储或对性能要求较高的应用场景,需要注意的是 local 卷只能用于静态创建的卷持久化存储,不支持动态配置。该方案的适用场景及方案优缺点见表 3-28。

表 3-28　local 卷持久化存储方案

适 用 场 景	优 　 点	缺 　 点
需要高性能与低延迟的应用需求或者需要本地存储的应用等	具有高性能、低延迟和具有独立存储的优点	具有单点故障,由于数据直接存储在本地节点,所以存储容量、数据迁移等都会受到限制

3.3.2　持久卷介绍

在 Kubernetes 集群中,容器与 Pod 的生命周期是相同的。当 Pod 被删除时,容器内的数据也会随之被删除,然而,在企业实际生产活动中,需要持久化存储这些数据,以便在 Pod 被删除或者重新调度后仍然可以访问这些数据,实现的方法是使用持久卷的方式存储这些数据,这就涉及以下两个重要概念。

1. 持久卷

持久卷(Persistent Volume,PV)是 Kubernetes 集群中的存储资源,与普通的卷一样,持久卷也是通过插件来实现的。只是 PV 拥有独立于任何使用 PV 资源的 Pod 的生命周期,即当使用 PV 来存储 Pod 数据后,无论 Pod 是被删除、重启或重新调度,这些数据都不但不会丢失,并且 Pod 还可以继续访问之前的数据。

PV 的创建方式可以通过静态或动态的方式完成,它们之间的差异在于静态方式需要管理员预先在集群中创建 PV,使用者通过持久卷申领(Persistent Volume Claim,PVC)的方式来申请预设的 PV 资源,而动态方式则是由 Kubernetes 提供的存储插件根据 PVC 的需求动态地创建并绑定 PV 资源,在使用过程中 PV 的常见状态见表 3-29。

表 3-29　PV 的常见状态

状　态	说　明
可用(Available)	表示 PV 未被任何 PVC 绑定,等待被绑定
已绑定(Bound)	表示 PV 已经被绑定到 PVC
已释放(Released)	表示 PVC 被删除,但 PV 的资源尚未被集群回收
失败(Failed)	表示失败,可能是由于资源不足、配置错误等原因造成的

当前的 Kubernetes 1.31 版本支持的 PV 持久卷插件见表 3-30。

表 3-30　PV 持久卷插件

插 件 类 型	说　明
csi	容器存储接口(CSI)
fc	Fibre Channel(FC)存储
hostPath	HostPath 卷(通常用于单节点测试使用,不适用于集群环境)
iscsi	iSCSI 存储
local	挂载节点本地存储
nfs	NFS 存储

注意:需要特别注意的是,随着 Kubernetes 版本的不断迭代更新和新技术的兴起,所支持的存储插件会有所变化,因此在使用前强烈建议查看官方文档。

以 PV 支持的 NFS 存储为例,当在集群中需要手动创建 PV 时,代码如下:

```
apiVersion: v1
kind: PersistentVolume
metadata:
  name: pv001
spec:
  capacity:
    #配置限额
    storage: 5Gi
  volumeMode: Filesystem
  #配置访问模式
  accessModes:
    - ReadWriteOnce
  #配置资源回收策略
  persistentVolumeReclaimPolicy: Retain
  storageClassName: network-nfs
  #配置 nfs 共享目录和服务器地址
  nfs:
    path: /nfs-share
    server: 192.168.79.191
```

代码中 storage 字段用于定义 PV 资源的容量,volumeMode 字段用于定义 PV 卷模式,当前 Kubernetes 集群支持两种卷模式,分别是文件系统(Filesystem)和块(Block),两者之间的差异见表 3-31。

表 3-31 卷模式

类 型	Filesystem	Block
使用方法	将存储卷作为文件系统挂载至 Pod 中的某个目录	将存储卷作为块设备暴露给 Pod
适用场景	适用于大多数需要持久化的场景,尤其是需要将数据存储在文件系统中的场景	适用于需要直接访问块设备的场景,例如数据库或高性能计算
工作原理	当 Pod 访问 Filesystem 模式的 PV 时,它会看到一个挂载到特定目录的文件系统,此时 Pod 可以在这个文件系统上创建、读取、写入和删除文件	当 Pod 访问 Block 模式的 PV 时,它会看到一个块设备。Pod 可以通过文件系统工具(例如 mkfs)在块设备上创建文件系统,或者直接通过原始块 I/O 访问数据
特点	易用且支持多种文件系统(例如 ext4、xfs 等)	高性能,通常情况下块设备比文件系统具有更高的 I/O 性能

代码中 accessModes 字段定义了访问指定 PV 的访问模式,在 Kubernetes 集群中访问 PV 的模式见表 3-32。

表 3-32 集群中访问 PV 的模式

访 问 模 式	说 明	适 用 场 景
ReadWriteOnce(RWO)	PV 可以被单个节点以读写模式挂载	适用于同一节点上的多个 Pod 访问挂载卷
ReadOnlyMany(ROX)	PV 可以被多个节点以只读模式挂载	适用于以只读方式访问共享数据
ReadWriteMany(RWX)	PV 可以被多个节点以读写模式挂载	适用于同时从多个节点读写数据
ReadWriteOncePod(RWOP)	PV 可以被单个 Pod 以读写方式挂载	适用于在整个集群中只有一个 Pod 可以读取或写入该 PV

代码中字段 persistentVolumeReclaimPolicy 用于设置 PV 的资源回收策略,在 Kubernetes 集群中 PV 资源的回收策略见表 3-33。

表 3-33 PV 资源的回收策略

回 收 策 略	说 明	适 用 场 景
Retain(保留)	当将 PV 的回收策略设置为 Retain 时,即使对应的 PVC 被删除,PV 也不会自动被删除,此时 PV 的状态进入 Released 状态,表示该 PV 已被释放但未被回收	保留 PV 中的数据
Delete(删除)	当将 PV 的回收策略设置为 Delete 时,当 PVC 被删除后,对应的 PV 也会被自动删除	不保留数据或者数据可以重新生成
Recycle(回收,已弃用)	Recycle 策略原本的意图是自动清理 PV 中的数据(类似于执行 rm -rf /thevolume/*),然后使 PV 变为 Available 状态,可以被新的 PVC 重新绑定,然而,由于 Recycle 策略存在问题和限制,它已被 Kubernetes 官方弃用	替代方案建议使用 Delete 策略或者手动删除数据

2. 持久卷声明

持久卷声明(Persistent Volume Claim,PVC)是用户对存储资源的请求,需要注意的是 PVC 在声明时会消耗 PV 资源,同时 PVC 可以请求特定的存储空间和自定义访问模式,例如定义 PVC 访问基于 NFS 创建的 pv001,代码如下:

```
apiVersion: v1
kind: PersistentVolumeClaim
metadata:
  name: pvc001
spec:
  #必须与 pv001 中的 accessModes 匹配
  accessModes:
    - ReadWriteOnce
  resources:
   requests:
     #必须与 pv001 中的 capacity 匹配
     storage: 5Gi
  storageClassName: network - nfs
```

在企业环境中部分应用需要低延迟、高 I/O,例如数据库系统等。在 Kubernetes 集群中持久卷类型往往采用块方式,典型的 PV 与 PVC 应用的代码如下:

```
---
apiVersion: v1
kind: PersistentVolume
metadata:
  name: block - pv
spec:
  capacity:
    storage: 10Gi
  accessModes:
    - ReadWriteOnce
  volumeMode: Block
  persistentVolumeReclaimPolicy: Retain
  #光纤通道参数配置
  fc:
    targetWWNs: ["50060e801049cfd1"]
    lun: 0
    readOnly: false
---
piVersion: v1
kind: PersistentVolumeClaim
metadata:
  name: block - pvc
spec:
  accessModes:
    - ReadWriteOnce
  volumeMode: Block
```

```
resources:
  requests:
    storage: 10Gi
```

注意：代码中字段 targetWWNs 和 LUN 的说明如下。

(1) targetWWNs 是 World Wide Names 的缩写，它指的是 Fibre Channel 存储设备的目标全球唯一名称，用于唯一标识存储设备上的目标，客户端通过这些目标来访问存储设备。

(2) LUN(Logical Unit Number)是逻辑单元号的缩写，它是 Fibre Channel 存储设备上的一个逻辑卷或分区。每个 LUN 都有一个唯一的编号，用于在存储设备上标识不同的逻辑存储单元。

3.3.3　存储类(StorageClass)介绍

在 Kubernetes 集群中，StorageClass 提供了一种声明式的方法来描述存储的类型，这些不同的类型会被映射到不同的服务等级或备份策略。同时，StorageClass 还允许自定义不同类型的存储，让开发者选择自身需要的存储类型，而不用关注底层的存储实现细节，例如，开发者可以通过 PVC 指定所需的 StorageClass 后，Kubernetes 集群自动创建相应的 PV 并绑定到 PVC 上，从而简化了存储配置的过程，提升了管理效率。

每个 StorageClass 都会包含 provisioner、parameters 和 reclaimPolicy 字段，其中字段 provisioner 用于关联创建 PV 所使用的卷插件，例如 AzureFile、RBD 等。字段 parameters 用于配置存储的具体属性，例如类型、大小、IOPS 等。字段 reclaimPolicy 用于指定资源的回收策略，可以是 Delete 或者 Retain。需要注意的是，如果字段 reclaimPolicy 在 StorageClass 对象被创建时未指定，则它的默认值为 Delete。典型的 StorageClass 的示例代码如下：

```
apiVersion: storage.k8s.io/v1
kind: StorageClass
metadata:
  name: low-latency
  annotations:
    storageclass.kubernetes.io/is-default-class: "false"
#定义资源提供者
provisioner: csi-driver.example-vendor.example
#设置回收策略,默认值为 Delete
reclaimPolicy: Retain
#设置是否支持卷扩展
allowVolumeExpansion: true
#挂载选项
mountOptions:
  - discard
#绑定模式
volumeBindingMode: WaitForFirstConsumer
#设置参数
```

```
parameters:
  guaranteedReadWriteLatency: "true"
```

注意:

(1) 在使用挂载选项(mountOptions)时需要特别注意,如果卷插件不支持挂载选项,但是在代码中又定义了挂载选项,则创建 PV 会失败。同时还需要注意,在定义 StorageClass 内的挂载选项时,如果其中有一个挂载选项是无效的,则这个 PV 挂载操作就会失败。

(2) 字段 volumeBindingMode 用于控制何时将 PV 绑定到 PVC,例如,立即绑定(Immediate)、等待延迟绑定(WaitForFirstConsumer),默认值为立即绑定。

3.3.4 数据持久化应用实战

在企业环境下 Kubernetes 集群内应用数据的重要性不言而喻,如何稳定、高效、可靠地存储数据是最关键的业务之一。接下来将以企业使用最广泛的网络存储 NFS 为示例来演示数据持久化中最关键的技术点,演示环境集群信息见表 3-34。

表 3-34 演示环境集群信息

主 机 名	IP 地址	说 明
node01	192.168.79.191	(1) 集群管理节点(控制平面节点) (2) 部署 NFS 服务器
node03	192.168.79.193	集群工作节点
node04	192.168.79.194	集群工作节点

注意: 通常情况下在企业生产环境中 NFS 服务器使用单独的节点部署,不建议直接在集群节点内部署,其原因是避免了与集群中其他应用或服务争夺 CPU、内存、存储空间、网络等资源,同时还可以更好地对 NFS 服务器进行管理和优化,确保数据传输效率。

演示案例的详细需求说明见表 3-35。

表 3-35 需求说明

需 求	说 明
项目背景	Kubernetes 集群中应用数据持久化存储
项目要求	(1) 采用 Apache Http 作为 Web 服务前端 (2) 应用的副本数为 3 (3) 服务对外暴露的端口为 30080/TCP (4) 应用所属命名空间为 default (5) 需要将 Apache Http 服务/usr/local/apache2/htdocs/ 路径下的数据持久化存储
存储方案	采用 NFS

下面将通过持久卷和存储类的方式来详细展示在 Kubernetes 集群中数据持久化的关

键技术点和相关实现代码。

1. NFS 环境准备

登录 node01 节点部署 NFS 服务器,首先创建演示环境所需的数据存储目录并设置权限,命令如下:

```
sudo mkdir /{nfs - share01,nfs - share02}
sudo chmod 777 /nfs - share02
```

其次安装 NFS 服务器端相关依赖包,命令如下:

```
# 更新索引
sudo apt update
# 安装 NFS 服务器端
sudo apt install nfs - kernel - server nfs - common - y
```

安装完成后,在配置文件/etc/exports 内添加 NFS 服务器端的共享目录及访问权配置,代码如下:

```
/nfs - share01  * (rw,sync,no_root_squash,no_subtree_check)
/nfs - share02  * (rw,sync,no_root_squash,no_subtree_check)
```

注意:nfs server 服务器端配置文件/etc/exports 内的典型参数说明如下。

(1) /nfs-share01 表示共享目录。

(2) 星号(＊),表示任意地址。

(3) rw 表示共享目录具有读写权限。

(4) sync 表示数据同步写入磁盘与内存。

(5) no_subtree_check 表示不检查子目录权限。

保存并退出编辑器后重启 nfs server 服务,命令如下:

```
# 重启 nfs server 服务
sudo systemctl restart nfs - kernel - server
# 设置 nfs server 服务自启动
sudo systemctl enable nfs - kernel - server
# 查看 nfs server 服务状态
sudo systemctl status nfs - kernel - server
```

接着在 NFS 服务器端验证服务的可用性,命令如下:

```
# 列出共享目录
sudo exportfs - v
# 或者
sudo showmount - e 192.168.79.191
```

命令执行的过程如图 3-60 所示。

此时的状态表示 NFS 服务器端环境运行成功,等待客户端挂载。接着集群中各节点需

```
user01@node01:~$ sudo systemctl status nfs-kernel-server
● nfs-server.service - NFS server and services
     Loaded: loaded (/lib/systemd/system/nfs-server.service; enabled; vendor preset: enabled)
    Drop-In: /run/systemd/generator/nfs-server.service.d
             └─order-with-mounts.conf
     Active: active (exited) since Wed 2024-10-30 02:19:06 UTC; 5min ago
    Process: 18047 ExecStartPre=/usr/sbin/exportfs -r (code=exited, status=0/SUCCESS)
    Process: 18048 ExecStart=/usr/sbin/rpc.nfsd (code=exited, status=0/SUCCESS)
   Main PID: 18048 (code=exited, status=0/SUCCESS)
        CPU: 14ms

Oct 30 02:19:06 node01 systemd[1]: Starting NFS server and services...
Oct 30 02:19:06 node01 systemd[1]: Finished NFS server and services.
user01@node01:~$ sudo exportfs -v
/nfs-share01    <world>(sync,wdelay,hide,no_subtree_check,sec=sys,rw,secure,no_root_squash,no_all_squash)
/nfs-share02    <world>(sync,wdelay,hide,no_subtree_check,sec=sys,rw,secure,no_root_squash,no_all_squash)
user01@node01:~$ sudo showmount -e 192.168.79.191
Export list for 192.168.79.191:
/nfs-share02 *
/nfs-share01 *
```

图 3-60 NFS 服务器端验证

要安装 NFS 服务的客户端,命令如下:

```
# 更新索引
sudo apt update
# 安装 NFS 服务的客户端
sudo apt install nfs-common -y
```

NFS 客户端部署完成后测试与服务器端的连接,命令如下:

```
sudo showmount -e 192.168.79.191
```

如果命令执行后的显示结果如图 3-61 所示,则表示客户端与服务器端通信正常,客户端可以挂载服务器端的共享目录。

```
user01@node04:~$ sudo showmount -e 192.168.79.191
Export list for 192.168.79.191:
/nfs-share02 *
/nfs-share01 *
```

图 3-61 客户端与服务器端连接测试

为了测试的直观性,在共享目录/nfs-share01 内创建测试页面 index.html,代码如下:

```html
<!DOCTYPE html>
<html>
    <head>
        <meta charset="utf-8">
        <title>nfs server 测试</title>
    </head>
    <body>
        <div style="text-align: center;">
            <h1>基于 NFS 持久化存储 -- 测试页面!</h1>
        </div>
    </body>
</html>
```

至此,NFS 服务器端和客户端相关环境准备完成,接下来将会展示如何将 Kubernetes 内的应用数据持久化存储在 NFS 共享目录内。

2. 持久卷方案

首先在文件 myapp-pv. yaml 内将 PV 的名称定义为 nfs-pv01,容量为 2GB,卷模式为 Filesystem,访问模式为 ReadWriteMany,回收策略为保留数据,NFS 服务器地址为 192. 168.79.131,共享目录为/nfs-share01,myapp-pv. yaml 文件中的代码如下:

```
apiVersion: v1
kind: PersistentVolume
metadata:
  name: nfs - pv01
spec:
  capacity:
    storage: 2Gi
  volumeMode: Filesystem
  accessModes:
    - ReadWriteMany
  persistentVolumeReclaimPolicy: Retain
  nfs:
    path: /nfs - share01
    server: 192.168.79.191
```

其次再定义持久卷声明 myapp-pvc. yaml,代码如下:

```
apiVersion: v1
kind: PersistentVolumeClaim
metadata:
  name: nfs - pvc01
spec:
  accessModes:
    - ReadWriteMany
  resources:
    requests:
      storage: 2Gi
```

然后部署 PV、PVC 并验证绑定是否成功,命令如下:

```
# 部署 PV
sudo kubectl apply - f myapp - pv.yaml
# 查看 PV 状态
sudo kubectl get pv
# 部署 PVC
sudo kubectl apply - f myapp - pvc.yaml
# 查看 PVC 状态
sudo kubectl get pvc
```

命令执行的过程及信息显示如图 3-62 所示。

```
user01@node01:~$ sudo kubectl apply -f myapp-pv.yaml
persistentvolume/nfs-pv01 created
user01@node01:~$ sudo kubectl get pv
NAME       CAPACITY   ACCESS MODES   RECLAIM POLICY   STATUS      CLAIM   STORAGECLASS   VOLUMEATTRIBUTESCLASS   REASON   AGE
nfs-pv01   2Gi        RWX            Retain           Available           <unset>                                          11s
user01@node01:~$ sudo kubectl apply -f myapp-pvc.yaml
persistentvolumeclaim/nfs-pvc01 created
user01@node01:~$ sudo kubectl get pvc
NAME        STATUS   VOLUME     CAPACITY   ACCESS MODES   STORAGECLASS   VOLUMEATTRIBUTESCLASS   AGE
nfs-pvc01   Bound    nfs-pv01   2Gi        RWX                           <unset>                 9s
```

图 3-62　PVC 成功绑定 PV

此时,如果 PVC 的状态信息内显示绑定的卷为预定义的 nfs-pv01,则表示两者绑定成功。然后编写测试应用 myapp-nfs. yaml 并关联已绑定成功的 nfs-pvc01,代码如下:

```
apiVersion: apps/v1
kind: Deployment
metadata:
  labels:
    app: myapp - nfs
  name: myapp - nfs
  namespace: default
spec:
  #设置副本数
  replicas: 2
  selector:
    matchLabels:
      app: myapp - nfs
  template:
    metadata:
      labels:
        app: myapp - nfs
    spec:
      containers:
      - image: httpd:alpine
        name: httpd
        #设置卷挂载
        volumeMounts:
        - name: nfs - vol1
          mountPath: /usr/local/apache2/htdocs/
        ports:
        - containerPort: 80
        #设置卷关联已定义的 PVC
        volumes:
        - persistentVolumeClaim:
            claimName: nfs - pvc01
          name: nfs - vol1
---
apiVersion: v1
kind: Service
metadata:
  labels:
    app: myapp - nfs
  name: myapp - nfs
```

```
spec:
  ports:
  - name: 80 - 80
    nodePort: 30080
    port: 80
    protocol: TCP
    targetPort: 80
  selector:
    app: myapp - nfs
  type: NodePort
```

接着在 Kubernetes 集群中发布创建的测试服务并验证挂载的 NFS 存储是否可用,命令如下:

```
# 部署测试服务
sudo kubectl apply - f myapp - nfs.yaml
# 查看测试服务的 Pod、服务状态
sudo kubectl get pods
sudo kubectl get svc
```

命令执行的过程如图 3-63 所示。

```
user01@node01:~$ sudo kubectl apply -f myapp-nfs.yaml
deployment.apps/myapp-nfs created
service/myapp-nfs created
user01@node01:~$ sudo kubectl get pods
NAME                          READY   STATUS    RESTARTS   AGE
myapp-nfs-5776646b48-2p8xt    1/1     Running   0          11s
myapp-nfs-5776646b48-m6zkt    1/1     Running   0          11s
user01@node01:~$ sudo kubectl get svc
NAME         TYPE        CLUSTER-IP      EXTERNAL-IP   PORT(S)        AGE
kubernetes   ClusterIP   10.96.0.1       <none>        443/TCP        18d
myapp-nfs    NodePort    10.101.159.24   <none>        80:30080/TCP   19s
```

图 3-63　部署测试服务 myapp-nfs

通过命令执行后输出的信息可以判断测试服务部署成功。一旦测试服务部署成功,就可以使用浏览器或命令行的方式访问集群内任意节点的 30080/TCP 来验证 NFS 共享存储的可用性,如图 3-64 所示。

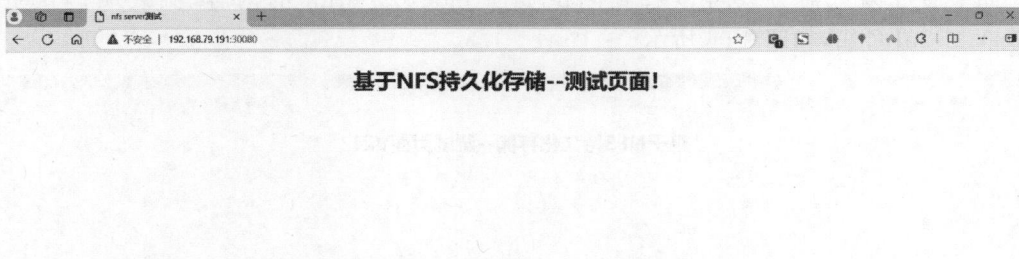

图 3-64　以浏览器方式访问测试页面

注意：在命令行模式下可以使用 lynx 命令进行高效测试,需要注意的是 lynx 是纯文本模式的网页浏览器,不支持音视频等多媒体资源,例如,lynx http://192.168.79.191:30080

最后测试数据是否被持久化存储,在这一测试过程中可以先在/nfs-share01 目录之外创建新的测试文件 index02.html,代码如下:

```html
<!DOCTYPE html>
<html>
    <head>
                <meta charset = "utf-8">
                <title>nfs server 测试</title>
    </head>
    <body>
                <div style = "text-align: center;">
                        <h1>基于 NFS 持久化存储 —— 测试页面 V2!</h1>
                </div>
    </body>
</html>
```

接着使用命令获取 myapp-nfs 的 Pod 信息,命令如下:

```
# 获取 Pod 信息
sudo kubectl get pods -o wide
# 将当前节点内的 index02.html 复制至任意 Pod 内
sudo kubectl cp index02.html default/myapp-nfs-5776646b48-2p8xt:/usr/local/apache2/htdocs/
```

命令执行的过程如图 3-65 所示。

```
user01@node01:~$ sudo kubectl get pods -o wide
NAME                          READY   STATUS    RESTARTS   AGE   IP               NODE     NOMINATED NODE   READINESS GATES
myapp-nfs-5776646b48-2p8xt    1/1     Running   0          66m   10.244.186.212   node03   <none>           <none>
myapp-nfs-5776646b48-m6zkt    1/1     Running   0          66m   10.244.248.219   node04   <none>           <none>
user01@node01:~$ sudo kubectl cp index02.html default/myapp-nfs-5776646b48-2p8xt:/usr/local/apache2/htdocs/
```

图 3-65　将文件复制至 Pod

文件复制完成后可以使用浏览器访问 index02.html 测试页,以便验证测试页面的可用性。如果通过浏览器方式可以看到测试页面 index02.html 的内容,则表明测试页面 index02.html 可用,如图 3-66 所示。

基于NFS持久化存储--测试页面V2!

图 3-66　测试页面 index02

此时查看 NFS 服务器共享目录/nfs-share01 内的文件,就会发现该文件夹内已经存储了新文件 index02.html,验证了集群内应用数据可以持久化存储在 NFS 存储服务器内,如图 3-67 所示。

```
user01@node01:~$ sudo kubectl cp index02.html default/myapp-nfs-5776646b48-2p8xt:/usr/local/apache2/htdocs/
user01@node01:~$
user01@node01:~$ sudo ls /nfs-share01
index.html  index02.html
```

图 3-67 数据实现持久化存储

如果此时删除测试应用 myapp-nfs,并同时删除与之关联的 PVC、PV 后,再查看 NFS 共享目录/nfs-share01 内的文件就会发现已经存储在该目录内的数据依然存在,并未随着应用、PVC、PV 的删除而被清除,实现了数据持久化存储。相关操作命令如下:

```
♯ 删除应用
sudo kubectl delete − f myapp − nfs. yaml
♯ 删除 PVC
sudo kubectl delete − f myapp − pvc. yaml
♯ 删除 PV
sudo kubectl delete − f myapp − pv. yaml
♯ 查看共享目录/nfs − share01 内的文件
ls /nfs − share01
♯ 查看与测试应用相关资源是否被完全删除
sudo kubectl get pvc
sudo kubectl get pv
sudo kubectl get pods
sudo kubectl get svc
```

命令的执行过程及信息输出如图 3-68 所示。

```
user01@node01:~$ sudo kubectl delete -f myapp-nfs.yaml
deployment.apps "myapp-nfs" deleted
service "myapp-nfs" deleted
user01@node01:~$ sudo kubectl delete -f myapp-pvc.yaml
persistentvolumeclaim "nfs-pvc01" deleted
user01@node01:~$ sudo kubectl delete -f myapp-pv.yaml
persistentvolume "nfs-pv01" deleted
user01@node01:~$ sudo kubectl get pvc
No resources found in default namespace.
user01@node01:~$ sudo kubectl get pv
No resources found
user01@node01:~$ ls /nfs-share01/
index.html  index02.html
user01@node01:~$ sudo kubectl get pods
No resources found in default namespace.
user01@node01:~$ sudo kubectl get svc
NAME        TYPE       CLUSTER-IP   EXTERNAL-IP   PORT(S)   AGE
kubernetes  ClusterIP  10.96.0.1    <none>        443/TCP   18d
```

图 3-68 验证数据持久化存储

通过 ls 命令查看共享目录的数据文件可以验证数据已经被持久化存储。如果需要在应用中重新启用原数据,则只需重新挂载 NFS 服务器端共享目录/nfs-share01 即可。

3. 存储类方案

由于采用静态的方式构建基于 nfs server 的持久化存储时,需要提前创建目录并定义 PV 的大小等信息以供 PVC 绑定。因此在实际生产环境中,还可以使用存储类(StorageClass)的方式动态地创建和管理存储资源,以便提升资源的利用率。由于 Kubernetes 没有内置的 NFS 驱动,因此需要使用外部驱动创建 StorageClass,目前 Kubernetes 官方提供了两种外部 NFS 驱动,分别是 NFS Ganesha 服务器及其外部驱动及 NFS subdir 外部驱动。以下将演示基于 NFS subdir 外部驱动的方式实现动态存储的具体步骤。

首先在 NFS 共享目录/nfs-share02 目录内创建测试文件 index. html,代码如下:

```
<!DOCTYPE html>
<html>
    <head>
        <meta charset = "utf-8">
        <title>nfs server 测试</title>
    </head>
    <body>
        <div style = "text-align: center;">
            <h1>StorageClass 功能测试页面!</h1>
        </div>
    </body>
</html>
```

其次,在管理节点 node01 上下载第三方驱动 NFS Subdir External Provisioner,命令如下:

```
sudo wget -O master.zip
https://codeload.github.com/kubernetes-sigs/nfs-subdir-external-provisioner/zip/refs/
heads/master
```

将已下载的 master. zip 文件解压,命令如下:

```
#解压文件
unzip master.zip
```

如果在执行该命令时提示"-bash:unzip:command not found",则只需安装 zip 软件包,命令如下:

```
sudo apt install zip -y
```

master. zip 文件解压后的目录为 nfs-subdir-external-provisioner-master,如图 3-69 所示。

```
user01@node01:~$ ll | grep master
-rw-r--r-- 1 root   root   9131631 Oct 31 00:15 master.zip
drwxrwxr-x 9 user01 user01    4096 Feb 16  2024 nfs-subdir-external-provisioner-master/
```

图 3-69 解压 NFS 第三方驱动文件

对已下载的第三方驱动的相关参数进行修改,命令如下:

```
#将 nfs-subdir-external-provisioner-master 目录内的 deploy 文件夹复制至当前目录
cp -rf nfs-subdir-external-provisioner-master/deploy .
#设置 NS 变量
NS=$(kubectl config get-contexts|grep -e "^\*" |awk '{print $5}')
#赋值变量 NS
NAMESPACE=${NS:-default}
#修改 deploy 文件夹中的配置文件 rbac.yaml,deployment.yaml 内的命名空间名称
sed -i'' "s/namespace:.*/namespace: $NAMESPACE/g" ./deploy/rbac.yaml ./deploy/deployment.yaml
#检查 rbac.yaml 文件内的 namespace 值是否被成功修改
cat ./deploy/rbac.yaml | grep default
#部署
sudo kubectl create -f deploy/rbac.yaml
```

上述命令的执行过程如图 3-70 所示。

```
user01@node01:~$ cp -rf nfs-subdir-external-provisioner-master/deploy .
user01@node01:~$ NS=$(kubectl config get-contexts|grep -e "^\*" |awk '{print $5}')
user01@node01:~$ NAMESPACE=${NS:-default}
user01@node01:~$ sed -i'' "s/namespace:.*/namespace: $NAMESPACE/g" ./deploy/rbac.yaml ./deploy/deployment.yaml
user01@node01:~$ cat ./deploy/rbac.yaml | grep default
  namespace: default
    namespace: default
  namespace: default
  namespace: default
    namespace: default
user01@node01:~$ sudo kubectl create -f deploy/rbac.yaml
[sudo] password for user01:
serviceaccount/nfs-client-provisioner created
clusterrole.rbac.authorization.k8s.io/nfs-client-provisioner-runner created
clusterrolebinding.rbac.authorization.k8s.io/run-nfs-client-provisioner created
role.rbac.authorization.k8s.io/leader-locking-nfs-client-provisioner created
rolebinding.rbac.authorization.k8s.io/leader-locking-nfs-client-provisioner created
```

图 3-70　应用第三方驱动中的权限控制

然后需要编辑第三方驱动中的 deploy/deployment.yaml 文件,代码如下:

```
apiVersion: apps/v1
kind: Deployment
metadata:
  name: nfs-client-provisioner
  labels:
    app: nfs-client-provisioner
  #replace with namespace where provisioner is deployed
  namespace: default
spec:
  replicas: 1
  #定义部署策略
  strategy:
    type: Recreate #采用重建策略,Recreate 表示更新时先销毁旧的 Pod,再重新创建新的 Pod
  selector:
    matchLabels:
      app: nfs-client-provisioner
  template:
```

```
    metadata:
      labels:
        app: nfs - client - provisioner
    spec:
      serviceAccountName: nfs - client - provisioner
      containers:
        - name: nfs - client - provisioner
          image: docker.io/dyrnq/nfs - subdir - external - provisioner:v4.0.2
          volumeMounts:
            - name: nfs - client - root
              mountPath: /persistentvolumes
          #定义环境变量
          env:
            - name: PROVISIONER_NAME
              value: k8s - sigs.io/nfs - subdir - external - provisioner
            - name: NFS_SERVER #设置 NFS 服务器
              value: 192.168.79.191
            - name: NFS_PATH #设置共享目录
              value: /nfs - share02
      #定义卷
      volumes:
        - name: nfs - client - root
          #卷类型为 NFS
          nfs:
            server: 192.168.79.191
            path: /nfs - share02
```

同时还需要编辑第三方驱动中的 deploy/class.yaml 文件,代码如下:

```
apiVersion: storage.k8s.io/v1
kind: StorageClass
metadata:
  name: nfs - client
provisioner: k8s - sigs.io/nfs - subdir - external - provisioner # or choose another name, must
match deployment's env PROVISIONER_NAME'
parameters:
  pathPattern: "${.PVC.namespace}/${.PVC.annotations.nfs.io/storage - path}"
  archiveOnDelete: "false"
```

接着就可以使用第三方驱动提供的测试文件对 StorageClass 的相关功能进行测试,命令如下:

```
#部署测试应用
sudo kubectl create - f deploy/deployment.yaml - f deploy/class.yaml
sudo kubectl create - f deploy/test - claim.yaml - f deploy/test - pod.yaml
#查看 Pod 状态
sudo kubectl get pods
#查看 PV 状态
sudo kubectl get pv
#查看 PVC 状态
```

```
sudo kubectl get pvc
# 查看 NFS 服务器端共享目录/nfs - share02 内的数据信息
ls /nfs - share02/default/
```

命令执行的过程如图 3-71 所示。

```
user01@node01:~$ sudo kubectl create -f deploy/deployment.yaml -f deploy/class.yaml
deployment.apps/nfs-client-provisioner created
storageclass.storage.k8s.io/nfs-client created
user01@node01:~$ sudo kubectl create -f deploy/test-claim.yaml -f deploy/test-pod.yaml
persistentvolumeclaim/test-claim created
pod/test-pod created
user01@node01:~$ sudo kubectl get pods
NAME                                READY   STATUS      RESTARTS   AGE
nfs-client-provisioner-7595b9d99b-7jsnm  1/1   Running     0          8m29s
test-pod                            0/1     Completed   0          8m16s
user01@node01:~$ sudo kubectl get pv
NAME                                      CAPACITY  ACCESS MODES  RECLAIM POLICY  STATUS  CLAIM              STORAGECLASS  VOLUMEATTRIBUT
ESCLASS    REASON   AGE
pvc-13925c55-46fc-457d-8e8f-4acac75ff12a  1Mi       RWX           Delete          Bound   default/test-claim nfs-client    <unset>
                  8m23s
user01@node01:~$ sudo kubectl get pvc
NAME        STATUS  VOLUME                                    CAPACITY  ACCESS MODES  STORAGECLASS  VOLUMEATTRIBUTESCLASS  AGE
test-claim  Bound   pvc-13925c55-46fc-457d-8e8f-4acac75ff12a  1Mi       RWX           nfs-client    <unset>                8m27s
user01@node01:~$ ls /nfs-share02/default/
SUCCESS
```

图 3-71　StorageClass 测试过程

基于上述命令及命令执行后输出的信息,可以看到在 NFS 服务器的共享目录/nfs-share02 内创建了测试文件夹 default 及该目录下的 SUCCESS 文件,验证了 StorageClass 在配置文件中的可写功能。

接着可以执行命令删除测试 Pod,命令如下:

```
# 删除测试 Pod
sudo kubectl delete - f deploy/test - pod. yaml - f deploy/test - claim. yaml
# 查看共享目录内的文件信息
ls /nfs - share02
```

命令执行的过程及信息提示如图 3-72 所示。

```
user01@node01:~$ sudo kubectl delete -f deploy/test-pod.yaml -f deploy/test-claim.yaml
pod "test-pod" deleted
persistentvolumeclaim "test-claim" deleted
user01@node01:~$ ls /nfs-share02/
index.html
```

图 3-72　删除测试 Pod

此时就会发现,测试 Pod 所创建的 default 测试文件被删除,验证了 StorageClass 在配置文件中的删除功能。

在此基础上,就可以部署专属应用并实现应用数据的持久化存储。例如,基于动态卷制备的方式实现演示示例,myapp-nfs-dynamic. yaml 文件中的代码如下:

```
# 部署 nfs - client - provisioner
apiVersion: apps/v1
kind: Deployment
metadata:
  name: nfs - client - provisioner
  labels:
    app: nfs - client - provisioner
```

```
          namespace: default
spec:
    replicas: 1
    strategy:
        type: Recreate
    selector:
        matchLabels:
            app: nfs − client − provisioner
    template:
        metadata:
            labels:
                app: nfs − client − provisioner
        spec:
            serviceAccountName: nfs − client − provisioner
            containers:
                − name: nfs − client − provisioner
                  image: docker. io/dyrnq/nfs − subdir − external − provisioner:v4.0.2
                  volumeMounts:
                      − name: nfs − client − root
                        mountPath: /persistentvolumes
                  env:
                      − name: PROVISIONER_NAME
                        value: k8s − sigs. io/nfs − subdir − external − provisioner
                      − name: NFS_SERVER
                        value: 192.168.79.191
                      − name: NFS_PATH
                        value: /nfs − share02
            volumes:
                − name: nfs − client − root
                  nfs:
                      server: 192.168.79.191
                      path: /nfs − share02
---
# 创建 StorageClass
apiVersion: storage. k8s. io/v1
kind: StorageClass
metadata:
    name: nfs − dynamic
provisioner: k8s − sigs. io/nfs − subdir − external − provisioner
---
# 创建 PVC,基于 StorageClass 动态生成 PV
apiVersion: v1
kind: PersistentVolumeClaim
metadata:
    name: claim − nfs − dynamic
spec:
    accessModes:
        − ReadOnlyMany
    storageClassName: nfs − dynamic
```

```
    resources:
      requests:
        storage: 3Gi
---
#发布应用并挂载存储
apiVersion: apps/v1
kind: Deployment
metadata:
  labels:
    app: nfs-dynamic
  name: nfs-dynamic
  namespace: default
spec:
  replicas: 2
  selector:
    matchLabels:
      app: nfs-dynamic
  template:
    metadata:
      labels:
        app: nfs-dynamic
    spec:
      containers:
      - image: httpd:alpine
        name: httpd
        volumeMounts:
        - name: nfs-dynamic
          mountPath: /usr/local/apache2/htdocs/
        ports:
        - containerPort: 80
      volumes:
      - persistentVolumeClaim:
          claimName: claim-nfs-dynamic
        name: nfs-dynamic
---
apiVersion: v1
kind: Service
metadata:
  labels:
    app: nfs-dynamic
  name: nfs-dynamic
spec:
  ports:
  - name: 80-80
    nodePort: 30080
    port: 80
    protocol: TCP
    targetPort: 80
  selector:
    app: nfs-dynamic
  type: NodePort
```

示例代码编辑完成后,发布应用并验证数据持久化功能,命令如下:

```
#部署
sudo kubectl create - f myapp - nfs - dynamic.yaml
#查看应用的 Pod 状态
sudo kubectl get pods
#查看 PV、PVC 绑定状态
sudo kubectl get pv
sudo kubectl get pvc
#将/nfs - share02/index.html 复制至应用的任意 Pod 的指定目录/usr/local/apache2/htdocs
sudo kubectl cp /nfs - share02/index.html default/nfs - dynamic - 786577b688 - 429k8:/usr/
local/apache2/htdocs/
```

命令执行的过程如图 3-73 所示。

```
user01@node01:~$ sudo kubectl create -f myapp-nfs-dynamic.yaml
deployment.apps/nfs-client-provisioner created
storageclass.storage.k8s.io/nfs-dynamic created
persistentvolumeclaim/claim-nfs-dynamic created
deployment.apps/nfs-dynamic created
service/nfs-dynamic created
user01@node01:~$ sudo kubectl get pods
NAME                                     READY   STATUS    RESTARTS   AGE
nfs-client-provisioner-7595b9d99b-765zb  1/1     Running   0          44s
nfs-dynamic-786577b688-429k8             1/1     Running   0          44s
nfs-dynamic-786577b688-zkq7q             1/1     Running   0          44s
user01@node01:~$ sudo kubectl get pv
NAME                                        CAPACITY   ACCESS MODES   RECLAIM POLICY   STATUS   CLAIM                      STORAGECLASS   VOLUMEA
TTRIBUTESCLASS   REASON   AGE
pvc-b8eee63b-351f-4fcc-bb4e-be1365c487aa    3Gi        ROX            Delete           Bound    default/claim-nfs-dynamic  nfs-dynamic    <unset>
                          30s
user01@node01:~$ sudo kubectl get pvc
NAME                STATUS   VOLUME                                     CAPACITY   ACCESS MODES   STORAGECLASS   VOLUMEATTRIBUTESCLASS   AGE
claim-nfs-dynamic   Bound    pvc-b8eee63b-351f-4fcc-bb4e-be1365c487aa   3Gi        ROX            nfs-dynamic    <unset>                 52s
user01@node01:~$ sudo kubectl cp /nfs-share02/index.html default/nfs-dynamic-786577b688-429k8:/usr/local/apache2/htdocs/
```

图 3-73   基于 StorageClass 部署应用

测试文件 index.html 一旦成功复制,就可以使用浏览器访问该测试页面验证该页面的可用性,如图 3-74 所示。

StorageClass功能测试页面!

图 3-74   StorageClass 功能测试页面

如果此时查看 NFS 服务器端共享目录/nfs-share02 内的数据就会发现,在该目录下系统自动创建了用于存储应用数据的目录文件,如图 3-75 所示。

```
user01@node01:~$ ls /nfs-share02/
default-claim-nfs-dynamic-pvc-b8eee63b-351f-4fcc-bb4e-be1365c487aa   index.html
user01@node01:~$
user01@node01:~$
user01@node01:~$
user01@node01:~$ ls /nfs-share02/
default-claim-nfs-dynamic-pvc-b8eee63b-351f-4fcc-bb4e-be1365c487aa   index.html
user01@node01:~$ ls /nfs-share02/default-claim-nfs-dynamic-pvc-b8eee63b-351f-4fcc-bb4e-be1365c487aa/
index.html
```

图 3-75   自动创建存储数据的持久化目录

当应用被删除时,对应的 PVC 会被删除,但存储数据的 PV 一直存在,除非管理员手动删除。需要特别注意的是即便手动删除了 PV,存储在 NFS 服务上的数据依然存在,相关操作命令如下:

```
♯删除测试应用
sudo kubectl delete - f myapp - nfs - dynamic.yaml
♯查看 PVC、PV 状态
sudo kubectl get pvc
sudo kubectl get pv
♯删除 pv
sudo kubectl delete pv pvc - b8eee63b - 351f - 4fcc - bb4e - be1365c487aa
♯查看 NFS 服务器端共享目录/nfs - share02 目录内的数据
ls /nfs - share02/
ls /nfs - share02/default - claim - nfs - dynamic - pvc - b8eee63b - 351f - 4fcc - bb4e - be1365c487aa/
```

命令执行的过程及信息输出如图 3-76 所示。

```
user01@node01:~$ sudo kubectl delete -f myapp-nfs-dynamic.yaml
[sudo] password for user01:
deployment.apps "nfs-client-provisioner" deleted
storageclass.storage.k8s.io "nfs-dynamic" deleted
persistentvolumeclaim "claim-nfs-dynamic" deleted
deployment.apps "nfs-dynamic" deleted
service "nfs-dynamic" deleted
user01@node01:~$ sudo kubectl get pvc
No resources found in default namespace.
user01@node01:~$ sudo kubectl get pv
NAME                                        CAPACITY   ACCESS MODES   RECLAIM POLICY   STATUS     CLAIM                     STORAGECLASS   VOLUM
EATTRIBUTESCLASS   REASON   AGE
pvc-b8eee63b-351f-4fcc-bb4e-be1365c487aa    3Gi        ROX            Delete           Released   default/claim-nfs-dynamic nfs-dynamic    <unse
t>                          84m
user01@node01:~$ ls /nfs-share02/
                                                index.html
user01@node01:~$ sudo kubectl delete pv pvc-b8eee63b-351f-4fcc-bb4e-be1365c487aa
persistentvolume "pvc-b8eee63b-351f-4fcc-bb4e-be1365c487aa" deleted
user01@node01:~$ sudo kubectl get pv
No resources found
user01@node01:~$ ls /nfs-share02/
                                                index.html
user01@node01:~$ ls /nfs-share02/default-claim-nfs-dynamic-pvc-b8eee63b-351f-4fcc-bb4e-be1365c487aa/
index.html
```

图 3-76　验证数据持久化存储

通过上述演示案例不难发现,使用动态卷制备(Dynamic Volume Provisioning)的方式实现数据卷的动态创建和挂载,可以提升部署效率、简化存储管理流程,因此该方式在企业环境中被广泛使用。

3.4　本章小结

本章从企业实际应用的角度出发并结合具体案例,全面而深入地探讨了容器编排技术 Kubernetes 的核心知识点。内容涵盖了 Kubernetes 的起源与发展、独特的架构设计、核心概念解析、详尽的工作流程描述,以及一系列典型的管理命令介绍。其中不仅深入地讲解了基于 Kubernetes 集群的部署实践,还详细地阐述了应用生命周期管理的全过程,并提供了 YAML 文件编写的实用技巧,帮助读者更好地掌握这一技术。尤为重要的是,本章还着重介绍了 Kubernetes 集群的数据持久化功能,这是确保应用稳定运行和数据安全的关键所在。

尤其是通过一系列实际案例的学习,读者将能够更直观地理解 Kubernetes 的运作机制,进一步加深对容器编排技术的认识与掌握。这些案例不仅提升了理论知识的实用性,也为读者在实际工作中应用 Kubernetes 提供了宝贵的参考和借鉴。

Kubernetes运维管理与企业实践篇

第 4 章

CHAPTER 4

Kubernetes 集群运维管理

在当前企业的实际生产活动中，Kubernetes 已经成为容器编排和管理的事实上的行业标准。它为企业生产活动提供了高度可扩展、灵活且可靠的容器运行环境，极大地提升了应用的部署、管理和维护效率，然而，随着企业 Kubernetes 集群规模的不断扩大，运维管理的复杂性和难度也随之增加。传统的运维手段已经不能满足当前的实际需求，例如更多维度和更精细颗粒度的数据采样等，如何才能有效地对 Kubernetes 集群进行管理将是企业所面临的重要课题。

1. 为什么要进行运维管理

首先，在企业生产活动中，任何系统故障或应用性能下降都可能会对企业的日常运营造成重大影响，例如曾经上热搜的打车软件系统崩溃事件就发生在 2023 年 11 月 28 日，持续时间长达 12 小时。再如"云音乐崩了"的话题在 2024 年 8 月冲上了微博热搜第一等众多事件，无一例外地说明了运维管理的重要性。

其次，运维管理对于提升服务质量的重要性不言而喻。一个高效的运维团队，如同企业的守护神，通过全天候、无死角的应用系统监控，以及对系统性能的不懈优化，可以确保服务能够如同精准的时钟般，快速、高效、准确地响应每次用户请求。这种对细节的极致追求，不仅极大地提升了用户体验，还在无形中加深了客户对企业的信任与忠诚，成为企业在激烈的市场竞争中脱颖而出的关键所在。

最后，在企业生产活动中，运维管理也是企业成本控制的重要工具。它通过科学合理分配资源及对系统性能的深度挖掘与优化，有效地降低了企业的运营成本，提高了资源的利用效率。更重要的是，一个成熟、稳健的运维管理体系，能够如同坚固的防火墙，有效地抵御来自内外部的安全威胁，预防潜在的安全风险，避免由于安全事故引发的信誉危机及经济损失，为企业的持续、健康发展保驾护航。

2. 运维管理的核心思想

现行企业运维管理已成为确保业务连贯性、提升服务质量和增强市场竞争力的关键因素，其核心思想是基于当前流行的开发运维（DevOps）理念，并深度融合工程化思维，旨在构建一个高效、协同、可持续的运维管理体系。

DevOps 运维思想的核心是"开发与运维的一体化"，它打破了传统开发与运维之间的界限,倡导团队间的紧密合作与信息共享。在该模式下,开发与运维团队共同负责应用的全生命周期管理,从需求分析、设计、开发、测试到部署、监控和运维,各环节紧密相连,形成一个高效运行的闭环。这种一体化模式不仅加速了应用交付的周期,还提高了应用的质量,同时还进一步地降低了运维的成本与风险。

然而,仅仅依靠 DevOps 运维思想还不足以应用复杂多变的业务需求和运维挑战,因此引入工程化思维显得尤为重要。工程化思维强调以系统化的方法解决复杂问题,注重流程的优化、资源的合理调度及效率的提升。在企业运维中工程化思维主要体现在首先需要建立标准化的运维流程与规范,它可以确保每步的运维操作都有章可循,减少人为失误,提高运维的可靠性和一致性,其次充分利用当前的人工智能技术实施自动化与智能化运维,进一步降低运维成本,提高运维效率。最后需要注重数据决策,即通过收集、分析和利用运维数据,发现系统运行的规律和潜在的风险,为运维决策提供科学依据。

3. 运维管理的典型方式

在企业生产环境下的运维工作,无疑是一项错综复杂、涉及众多层面的系统工程。它不仅要求企业掌握并运用一系列方法论与关键技术,更需紧跟时代步伐,采纳并践行先进的运维管理理念。在这一过程中,IT 服务管理的最佳实践框架——ITIL(Information Technology Infrastructure Library)及 DevOps 等前沿理念,无疑为企业提供了宝贵的指引。通过遵循这些理念,企业能够构建起科学、规范的运维管理流程,从而显著地提升运维效率,优化服务质量,并有效地控制运维成本,为企业的稳健运营奠定坚实基础。其次,企业需要利用各类监控工具和技术手段,对生产环境中的硬件、软件、网络等基础设施进行实时监控,例如硬件设备的温度、CPU 使用率、存储空间、内存使用率、网络带宽信息等。然后通过对收集到的这些关键指标数据进行分析来帮助企业及时发现和解决潜在的风险问题。最后是收集和分析企业生产活动中各个系统、应用和服务等产生的日志,通过对日常数据的分析可以有助于运维团队更好地了解系统、排查故障、发现潜在风险和优化系统性能等。

4.1 图形化监控系统(Prometheus+Grafana)

企业 Kubernetes 集群环境中的监控方案有多种,其中最典型的方案是采用 Prometheus 与 Grafana 相组合的方式。该方案利用 Prometheus 对监控数据进行采集、处理和发出告警,只有采集到数据后才通过 Grafana 进行图形化展示。

1. 认识 Prometheus

Prometheus 是一款开源的监控和告警工具,最初是由 SoundCloud 开发并于 2016 年 5 月成为第 2 个加入云原生计算基金会(CNCF)的项目,并在同年 6 月正式发布了 1.0 版本。它旨在收集、存储和查询大规模分布式系统的时间序列数据,并提供强大的查询语言(PromQL)和灵活的告警机制。Prometheus 的设计目标是打造一个高效、可靠且灵活的开源监控和告警系统,它追求实时性,强调数据的即时采集与处理,以快速响应系统状态的变化。同时 Prometheus 还注重扩展性,支持高可用性和分布式架构,用于确保在大规模环境中依然能够提供稳定的服务。此外,Prometheus 还着眼于数据的灵活性和多样性,采用多维数据模型,支持丰富的标签和度量指标,满足各种复杂监控场景的需求。

1)功能特点

首先,Prometheus 使用时间序列数据模型,可以对多种维度的数据进行监控和分析。每个时间序列都是由一组键-值对组成的,这些键-值对描述了度量指标的名称和标签,这使 Prometheus 能够灵活地表示各种监控场景,例如服务器资源使用情况、应用程序性能指标等。

其次,Prometheus 提供了一种灵活且强大的查询语言 PromQL,可以对存储的时间序列数据进行复杂的查询和聚合操作。用户可以通过 PromQL 来实现各种监控指标的计算和统计,以及自定义报警规则的配置。

再次,Prometheus 与传统监控工具不同,它采用的是主动拉取模式来收集监控指标,即定期从已经配置好的目标拉取数据。这种方式简化了监控配置,并使 Prometheus 能够更灵活地适应各种服务的变化。

此外,Prometheus 采用基于区间的采样策略,它将时间序列数据划分为多个区间,每个区间内的数据点数量有限,当新的数据点进入一个已满的区间时,最旧的数据点将被删除。这种策略在保证数据准确性的同时,极大地减少了存储空间的需求。

最后,Prometheus 除了内置了强大的告警系统外,还具有丰富的生态系统,例如 Grafana 等组件。通过这些插件可以让用户更轻松地实现监控数据的可视化、告警管理、数据存储等。

2)核心概念

Prometheus 与其他应用一样也有专属的核心概念,见表 4-1。

表 4-1 Prometheus 的核心概念

核 心 概 念	说　　明
指标(Metrics)	Metrics 是 Prometheus 系统的监控基本单位,是一个带有时间戳的数值。它是由一个名称和一组标签组成的,标签用于指示指标所属的实体或维度,例如主机名、应用程序、数据中心等。Metrics 通常用于表示系统的某个方面,例如 CPU 使用率、内存使用率、网络流量等
时间序列(Time Series)	时间序列是指标在时间上的变化,它是由一系列时间戳和对应的数值组成的。每个时间序列都有一个唯一的标识符,由指标名称和标签组成。Prometheus 将所有时间序列存储在本地的时间序列数据库中,以便进行查询和分析
拉取模型(Pull Model)	Prometheus 使用拉取模型来收集指标数据,即由 Prometheus 服务器定期从目标系统拉取指标数据。这种模型与推送模型(Push Model)不同,推送模型是指目标系统主动向监控系统发送指标数据。拉取模型可以更好地控制数据的采集频率和质量,而推送模型则更适合于实时监控和事件驱动的系统
导出器(Exporter)	Exporter(导出器)是一种用于收集指标数据的组件,它与目标系统交互,并将指标数据转换为 Prometheus 可识别的格式。导出器通常是针对特定系统或应用程序开发的,例如 Node Exporter 用于收集主机级别的指标数据,MySQL Exporter 用于收集 MySQL 数据库的指标数据等

核 心 概 念	说　　明
PromQL 查询语言	PromQL 是 Prometheus 的查询语言,用于检索和分析指标数据。PromQL 支持复杂的查询和过滤操作,用户可以根据需要计算平均值、求和、分组、排序等。PromQL 还支持时间序列的聚合和变换操作,例如滑动窗口、差分、比率等
服务发现(Service Discovery)	Prometheus 支持服务发现机制,用于自动发现和注册目标系统的位置和元数据

3) 逻辑架构

Prometheus 在微服务架构中的广泛应用,主要得益于其独特的架构设计与丰富的生态插件,其架构如图 4-1 所示。

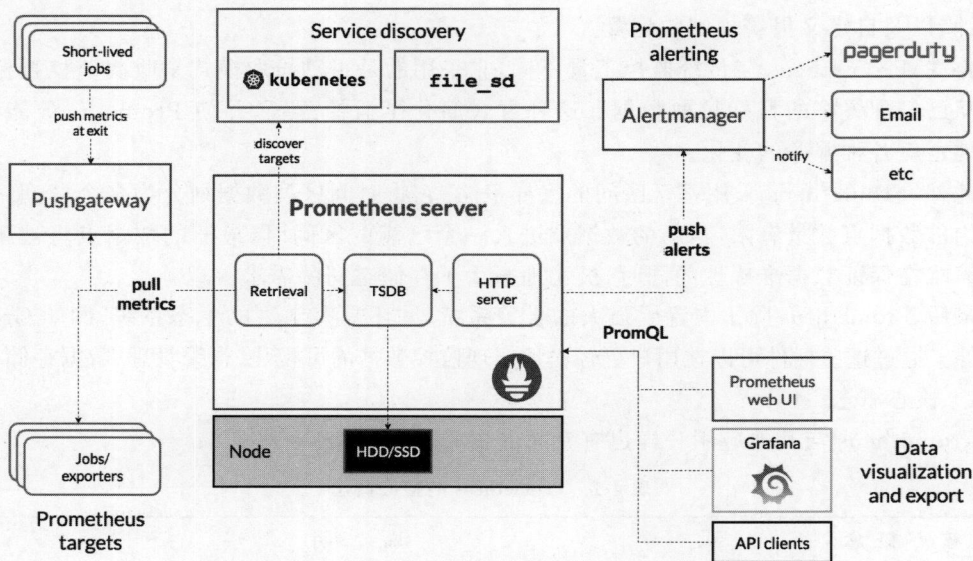

图 4-1　Prometheus 的架构图

从图中不难发现,Prometheus 的整个架构包含了最核心的 Prometheus 服务器(Prometheus server)、推送网关(Pushgateway)、导出器(Exporters)、告警管理(Alertmanager)、服务发现(Service discovery)及 Prometheus 图形化界面(Prometheus Web UI),这核心组件的功能见表 4-2。

表 4-2　Prometheus 的核心组件

组 件 名 称	功 能 说 明
Prometheus Server	Prometheus Server 扮演着整个架构中不可替代的核心角色,它负责从各个目标系统精准地收集指标数据,并将这些数据妥善地存储在本地的时间序列数据库中。此外它还支持用户通过灵活的配置文件定义作业(job),从而实现对目标系统指标数据的定期采集。同时 Prometheus Server 还提供了一个功能强大的 HTTP API,方便用户高效地查询和检索所需的指标数据。更重要的是它还内置了一个先进的报警规则引擎,使用户能够轻松地定义和触发报警规则,确保系统可以稳定运行

续表

组件名称	功能说明
Pushgateway	Pushgateway 是一种专为处理短期作业指标数据而设计的特殊导出器。在某些特定场景下,目标系统可能无法直接与 Prometheus 服务器建立通信,或者其提供的指标数据具有时效性限制。这时目标系统可以选择将指标数据推送至 Pushgateway(推送网关),随后 Prometheus 服务器能够定期地从 Pushgateway 上拉取这些指标数据。为了确保数据的时效性和准确性,避免数据积压而导致查询结果不准确,Pushgateway 会在设定的时间范围内自动清理过期的指标数据,这一机制确保了指标数据的及时更新,从而为用户提供更加精准和可靠的监控信息
Exporters	Exporters 是一种用于将非 Prometheus 格式的数据转换为 Prometheus 可识别格式的中间件。Exporters 运行在目标系统上,用于收集目标系统的相关指标数据,并将其暴露为 Prometheus 可访问的 HTTP 端点,Prometheus 服务器通过 HTTP 协议定期地从 Exporters 导出服务器中拉取指标数据
Altermanager	Altermanager 是一个独立的组件,它负责处理和发送告警通知。Prometheus 服务器会根据预定义的告警规则对指标数据进行分析,并在触发告警条件时将通知发送给告警管理器。告警管理器可以根据配置的路由规则对告警进行分组、静默和抑制,然后将告警信息通知发送到各种目标,例如邮件、微信等。同时告警管理器还提供了一个简单的 Web 界面,用于用户查看和管理告警的状态和历史记录
Prometheus Web UI	Prometheus Web UI 是 Prometheus 提供的一个供用户使用的图形化界面,用户可以基于该界面进行查看、查询和可视化指标数据,配置告警和通知管理及查看 Prometheus 服务器状态和性能等相关管理工作。Prometheus Web UI 还支持基本的安全和访问控制功能,例如用户认证、角色管理、HTTP 加密等。用户可以根据自身需求配置相关的访问控制策略,以确保指标数据的安全性和指标数据的完整性

2. 认识 Grafana

Grafana 是一款极为出色的开源数据可视化与监控工具,它在各类技术栈中均展现出广泛的应用价值,特别是在对时间序列数据进行实时监控与分析的领域中表现卓越。作为一个既灵活又易于扩展的平台,Grafana 不仅擅长以直观的方式向用户展示数据,还集成了告警通知、数据深度探索及多用户协同作业等一系列强大功能,从而成为 IT 运维人员、数据分析专家及软件开发人员不可或缺的得力助手,它的主要特点见表 4-3。

表 4-3　Grafana 的特点

特点	说明
多数据源支持	Grafana 支持与多种流行的数据源集成,包括但不限于 Prometheus、Elasticsearch、InfluxDB、Graphite、MySQL 等。这意味着用户可以从这些数据源中收集数据,并在 Grafana 中进行可视化和分析。这种广泛的兼容性使 Grafana 能够适应多种不同的监控和分析需求

续表

特　　点	说　　明
丰富的图表类型	Grafana 提供了多种图表类型,例如折线图、柱状图、饼图、热力图、表格等,用户可以根据数据的特性和展示需求选择合适的图表类型,这些图表不仅美观,而且高度可定制
仪表盘定制	Grafana 允许用户通过拖放方式自由地组合不同的图表,创建个性化的仪表盘。仪表盘可以包含多个面板,每个面板展示一个特定的图表或数据视图,便于用户同时监控多个指标。此外 Grafana 还支持行的概念,用于组织和管理一组相关的面板
灵活的数据查询	Grafana 支持使用不同的查询语言,例如 PromQL、InfluxQL、Elasticsearch 查询语言等,对连接的数据源进行查询和分析。用户可以编写查询语句来提取和计算数据,以便进行可视化展示
插件生态系统	Grafana 拥有丰富的插件生态系统,用户可以通过安装第三方插件来扩展其功能,例如额外的数据源支持、新的图表类型、告警渠道等。这大大地增强了Grafana 的灵活性和可扩展性
多用户协作	Grafana 支持多用户协作,允许多名用户在同一个仪表盘中查看和编辑数据,提高团队协作效率。同时 Grafana 提供了用户和组织管理功能,包括权限控制和角色分配,确保数据的安全访问
数据导出与分享	Grafana 支持数据导出功能,用户可以将仪表盘或数据导出为 CSV、JSON 等格式,便于后续对数据进行分析和处理。同时 Grafana 还提供了仪表盘共享服务,用户可以将自己的仪表盘分享给其他用户或团队

4.1.1　Prometheus 工作流程

Prometheus 在工作过程中先收集和存储时间序列数据,而后通过查询和告警机制对这些数据进行分析和可视化展示,其工作过程中的关键流程如下。

1. 目标发现

Prometheus 具有通过服务发现或静态配置的方式来识别并监控目标的能力。尤其是服务发现凭借其自动侦测待监控对象的能力,在动态环境中具有极高的实用性,特别是在Kubernetes 集群中,它能够即时识别新部署的容器或服务,而静态配置则更适用于那些长期稳定、变更频率低的监控目标,通过在配置文件内明确指定 Prometheus 获取的目标信息,例如 IP 地址、端口等。

2. 拉取数据

Prometheus 服务器采用基于 HTTP 的拉取模式实现时序数据采集,它会定期地从配置好的作业、导出器、推送网关或者其他的 Prometheus 服务器中拉取指标数据。需要注意的是,对于一些存在时间较短,例如服务层面的指标数据,可能在 Prometheus 服务器来拉取指标数据之前就可能消失的作业任务,可以先让作业任务直接向推送网关推送指标数据,然后由 Prometheus 服务器从推送网关中拉取指标数据。同时还需要注意当使用推送网关这种方式获取指标数据时,推送网关就会成为单点性能瓶颈,并且会丧失 Prometheus 的实例健康检查功能,而且采集到的数据会在一定时间内一直保留,除非手动删除。

注意:Exporter 可以分为直接采集和间接采集两类。直接采集类的 Exporter 直接内置了对 Prometheus 监控的支持,例如 cAdvisor、Kubernetes、Etcd 等都直接内置了用于向 Prometheus 暴露监控数据的端点;间接采集类是针对原有监控目标并不直接支持 Prometheus 的情况,需要通过 Prometheus 提供的 Client Library 编写该监控目标的监控采集程序,例如 MysqlExporter、JMXExporter、ConsulExporter 等。

---

3. 数据存储

Prometheus 使用自带的时间序列数据库作为存储引擎,将采集到的指标数据按照时间序列的方式存储在本地磁盘中。通常情况下时间序列数据由指标名称和键-值对组成,其格式类似于"时间＋key＋value",这种多维度数据模型非常适合表达监控数据,例如,一个表示 HTTP 请求总数的指标名称 http_requests_total,可能会带有 method ＝ "GET"、host ＝ "example.com" 等键-值对标签,不同的标签组合就代表了不同维度的数据,这样可以对数据进行聚合、切割等操作。

4. 数据查询与可视化

Prometheus 借助其特有的查询语言 PromQL,可以轻松地从海量时间序列数据中挖掘出有价值的信息。此外 Prometheus 还内置了一系列函数和操作符,让其对数据的操作变得更加灵活和高效。同时,Prometheus 还内置了一个可视化界面,该界面可以清晰地以图形化的方式展示时间序列数据库中的数据。值得一提的是,Prometheus 还支持将数据无缝导出至第三方的可视化工具,例如 Grafana 等,为用户提供了更多样化的数据呈现与分析选项。

5. 告警

Prometheus 提供了灵活的告警机制,用户可以自定义规则和阈值来触发告警。规则的定义是多样性的,例如用户可以使用 PromQL 来自定告警规则,以便在满足特定条件时触发告警。告警信息可以通过不同的方式通知用户,例如微信、电子邮件、短信等众多方式。

4.1.2　Grafana 工作流程

当 Grafana 被应用于大规模指标数据的可视化时,其工作流程涵盖了从初始化的安装配置,到数据源的接入、仪表盘的创建、数据的高效查询与可视化,直至告警机制的配置等一系列相关环节,其关键工作流程如下。

1. 数据源接入

Grafana 的强大之处在于它支持各种不同的数据源,并可从中获取数据进行分析和可视化展示。数据源既可以是时间序列数据库(例如 Prometheus、InfluxDB 等),也可以是其他类型的数据库(例如 MySQL、Elasticsearch 等)。数据源的配置过程相对简单,在 Grafana 的 Web 页面中,单击 Add data source 选项后在弹出的页面中选择需要连接的数据源类型,并填写相关联接信息即可,例如 IP 地址或域名、用户名、密码等用户凭证。相关信息输入完成后单击 Save & test 按钮,Grafana 会尝试连接数据源并测试连接是否成功。

> **注意**:该阶段测试连接失败的主要原因如下。
> (1) 需要确认连接方式,例如 http、https。
> (2) 登录凭证有误。
> (3) 防火墙阻止等。

2. 仪表盘创建

当数据源配置成功后,即可着手创建仪表盘,它是数据化可视化的关键环节。仪表盘是集中展示数据分析结果的界面,可以自由添加多样化的图表、面板及关键指标,以满足其特定的数据展示需求。

仪表盘的创建比较简单,在 Grafana 的 Web 界面中,单击右侧的加号(+)按钮,选择 Dashboard。在弹出的窗口中,可以先输入仪表盘的名称和描述,然后单击 Create 按钮。创建完成后,单击 Add new panel 按钮,可以将新的面板添加到仪表盘中。

> **注意**:在创建仪表盘的过程中,需要选择对应的数据源和查询语句。这是由于不同的数据源,其查询语法会有所不同,例如,对于 Prometheus 数据源,可以使用 PromQL(Prometheus Query Language)来编写查询语句。

3. 数据查询与处理

在仪表盘上,可以使用查询语言(例如 SQL、PromQL 等)从数据源中高效检索数据。此外,还可以编写查询语句来对数据进行过滤、聚合及处理,以便在图表中展示精准且所需的信息。

4. 图表展示

Grafana 支持多种图表类型,例如折线图、柱状图、饼图等。可以选择适当的图表类型,并根据需要调整样式和布局,例如,可以设置轴标签、颜色、图例等。

5. 实时更新与自动刷新

Grafana 具备实时更新与自动刷新功能,让用户能够即时洞察数据的动态变化与趋势走向。只需在仪表盘上简单地设置刷新间隔,便可实现仪表盘数据的自动化更新。

6. 告警与通知

Grafana 集成了强大的告警与通知机制,允许设定灵活的告警规则以监控数据的异常波动。一旦触发告警条件,Grafana 就能够迅速通过电子邮件、短信等多种渠道发送通知,确保用户能够即时获知并响应数据异常情况。

4.1.3　部署实战

下面将以企业生产环境中 Prometheus 与 Grafana 监控系统部署为示例,详细地展示部署过程中所涉及的关键环节,其中数据持久化存储的类型采用 NFS 网络存储。

1. 演示环境信息

在演示环境中 Kubernetes 集群中的容器运行时采用的是 Containerd,集群为单管理节点,节点信息见表 4-4。

表 4-4　集群节点信息

节 点 名 称	IP 地 址	说　　明
node01	192.168.79.191	(1) 集群管理节点 (2) 运行 NFS Server
node03	192.168.79.193	工作节点
node04	192.168.79.194	工作节点

2. 配置数据持久化存储

在 NFS 服务器端,首先创建专门用于存储监控数据的目录,并将其设置为共享状态,以确保 Prometheus 和 Grafana 的数据能够实现持久化存储,相关命令如下:

```
#创建存储目录
sudo mkdir - p /nfs - share/{data_prometheus,data_grafana01}
#设置权限
sudo chmod 777 /nfs - share/{data_prometheus,data_grafana01}
```

接着编辑 NFS 服务器端的配置文件/etc/exports,设置共享目录,代码如下:

```
/nfs - share/data_prometheus * (rw,sync,no_root_squash,no_subtree_check)
/nfs - share/data_grafana01 * (rw,sync,no_root_squash,no_subtree_check)
```

配置文件编辑完成后保存并退出编辑器,重启 NFS 服务,命令如下:

```
#重启 NFS 服务并查看服务状态
sudo systemctl restart nfs - kernel - server
#检查共享目录
showmount - e 192.168.79.191
```

命令执行的过程如图 4-2 所示。

注意:需要在集群各节点内运行命令 showmount -e 192.168.79.191,用于确认节点与 NFS 服务器端的通信是正常的。

```
user01@node01:~$ sudo systemctl restart nfs-kernel-server
user01@node01:~$ sudo systemctl status nfs-kernel-server
● nfs-server.service - NFS server and services
     Loaded: loaded (/lib/systemd/system/nfs-server.service; enabled; vendor preset: enabled)
    Drop-In: /run/systemd/generator/nfs-server.service.d
             └─order-with-mounts.conf
     Active: active (exited) since Sun 2024-11-03 14:56:43 UTC; 3s ago
    Process: 12675 ExecStartPre=/usr/sbin/exportfs -r (code=exited, status=0/SUCCESS)
    Process: 12676 ExecStart=/usr/sbin/rpc.nfsd (code=exited, status=0/SUCCESS)
   Main PID: 12676 (code=exited, status=0/SUCCESS)
        CPU: 7ms

Nov 03 14:56:43 node01 systemd[1]: Starting NFS server and services...
Nov 03 14:56:43 node01 systemd[1]: Finished NFS server and services.
user01@node01:~$ showmount -e 192.168.79.191
Export list for 192.168.79.191:
/nfs-share/data_grafana01 *
/nfs-share/data_prometheus *
```

图 4-2　共享目录生效

然后在 Kubernetes 集群内部署 NFS 第三方驱动,配置相关共享目录,部署文件 nfs-server-deployment. yaml 中的代码如下:

```
apiVersion: apps/v1
kind: Deployment
metadata:
  name: nfs - client - provisioner
  labels:
    app: nfs - client - provisioner
  # replace with namespace where provisioner is deployed
  namespace: default
spec:
  replicas: 1
  strategy:
    type: Recreate
  selector:
    matchLabels:
      app: nfs - client - provisioner
  template:
    metadata:
      labels:
        app: nfs - client - provisioner
    spec:
      serviceAccountName: nfs - client - provisioner
      containers:
        - name: nfs - client - provisioner
          image: docker. io/dyrnq/nfs - subdir - external - provisioner:v4.0.2
          volumeMounts:
            - name: nfs - client - root
              mountPath: /persistentvolumes
          env:
            - name: PROVISIONER_NAME
              value: k8s - sigs. io/nfs - subdir - external - provisioner
            - name: NFS_SERVER
              value: 192.168.79.191          # 指定 NFS Server 服务器地址
```

```
        - name: NFS_PATH
          value: /nfs - share              #指定 NFS Server 服务器共享目录
      volumes:
        - name: nfs - client - root
          nfs:
            server: 192.168.79.191         #指定 NFS Server 服务器地址
            path: /nfs - share             #指定 NFS Server 服务器共享目录
```

同时编辑访问策略文件 nfs-server-rbac.yaml,代码如下:

```
---
apiVersion: v1
kind: ServiceAccount
metadata:
  name: nfs - client - provisioner
  #replace with namespace where provisioner is deployed
  namespace: default
#定义一个 ClusterRole,用于授权 NFS 客户端存储器运行所需的权限
---
kind: ClusterRole
apiVersion: rbac.authorization.k8s.io/v1
metadata:
  name: nfs - client - provisioner - runner
rules:
  - apiGroups: [""]
    resources: ["nodes"]
    verbs: ["get", "list", "watch"]                        #允许获取、列出和监控节点
  - apiGroups: [""]
    resources: ["persistentvolumes"]
    verbs: ["get", "list", "watch", "create", "delete"]    #允许获取、列出、监控、创建和
                                                           #删除持久卷
  - apiGroups: [""]
    resources: ["persistentvolumeclaims"]
    verbs: ["get", "list", "watch", "update"]              #允许获取、列出、监控和更新持久卷
                                                           #声明
  - apiGroups: ["storage.k8s.io"]
    resources: ["storageclasses"]
    verbs: ["get", "list", "watch"]                        #允许获取、列出和监控存储类
  - apiGroups: [""]
    resources: ["events"]
    verbs: ["create", "update", "patch"]                   #允许创建、更新和修复事件
#创建一个 ClusterRoleBinding 将已定义的 ClusterRole 绑定到 ServiceAccount 上
---
kind: ClusterRoleBinding
apiVersion: rbac.authorization.k8s.io/v1
metadata:
  name: run - nfs - client - provisioner
subjects:
  - kind: ServiceAccount
    name: nfs - client - provisioner
```

```
          # replace with namespace where provisioner is deployed
            namespace: default
roleRef:
   kind: ClusterRole
   name: nfs - client - provisioner - runner
   apiGroup: rbac.authorization.k8s.io
# 定义一个规则,用于授权 NFS 客户端存储器访问和操作特定命名空间中的端点资源
---
kind: Role
apiVersion: rbac.authorization.k8s.io/v1
metadata:
   name: leader - locking - nfs - client - provisioner
   # replace with namespace where provisioner is deployed
   namespace: default
rules:
   - apiGroups: [""]
     resources: ["endpoints"]
     verbs: ["get", "list", "watch", "create", "update", "patch"]
# 创建一个 RoleBinding,将已定义的 Role 绑定到 ServiceAccount 上,这样 NFS 客户端存储配置器就
# 拥有了 Role 定义的权限
---
kind: RoleBinding
apiVersion: rbac.authorization.k8s.io/v1
metadata:
   name: leader - locking - nfs - client - provisioner
   # replace with namespace where provisioner is deployed
   namespace: default
subjects:
   - kind: ServiceAccount
     name: nfs - client - provisioner
     # replace with namespace where provisioner is deployed
     namespace: default
roleRef:
   kind: Role
   name: leader - locking - nfs - client - provisioner
   apiGroup: rbac.authorization.k8s.io
```

最后在集群内发布,命令如下:

```
sudo kubectl create - f nfs - server - deployment.yaml
sudo kubectl create - f nfs - server - rbac.yaml
```

3. 部署 Prometheus Operator

Prometheus Operator 是一个专门为了简化在 Kubernetes 集群内部署与管理 Prometheus 而设计的工具。通过引入 Kubernetes 的自定义资源定义(Custom Resource Definitions, CRD),Prometheus Operator 可以让用户能够以声明式的方式创建和管理 Prometheus 实例、告警管理、服务发现等。这种方式不仅减少了部署的复杂性,还提升了可维护性,这就使运维团队能够更专注于业务逻辑而非监控系统配置的琐碎细节。

首先访问 https://github.com/prometheus-operator/prometheus-operator/releases 获

取最新的稳定版本,命令如下:

```
wget https://github.com/prometheus-operator/prometheus-operator/releases/download/v0.78.
0/bundle.yaml \
> -O prometheus_operator.yaml
```

为了对监控系统与其他的应用程序进行分类,可以将需要部署的监控系统放置在一个自定义的命名空间内,例如 monitor,命令如下:

```
#创建命名空间 monitor
sudo kubectl create namespace monitor
#查看命名空间 monitor 状态
sudo kubectl get ns | grep monitor
```

如果创建的命名空间 monitor 的状态为 Active,则表示创建成功并可以使用,如图 4-3 所示。

```
user01@node01:~$ sudo kubectl create namespace monitor
namespace/monitor created
user01@node01:~$ sudo kubectl get ns | grep monitor
monitor            Active    5s
```

图 4-3 创建命名空间 monitor

接着编辑已下载的 prometheus_operator.yaml 文件,将文件内的命名空间替换为自定义的 monitor,命令如下:

```
sudo sed -i 's/namespace: default/namespace: monitor/g' prometheus_operator.yaml
```

然后基于 prometheus_operator.yaml 文件部署并查看 Prometheus Operator 状态,命令如下:

```
#部署
sudo kubectl create -f prometheus_operator.yaml
#查看状态
sudo kubectl get pods -n monitor
```

如果 Prometheus Operator 的 Pods 状态处于 Running,则表明部署成功,如图 4-4 所示。

```
user01@node01:~$ sudo kubectl create -f prometheus_operator.yaml
customresourcedefinition.apiextensions.k8s.io/alertmanagerconfigs.monitoring.coreos.com created
customresourcedefinition.apiextensions.k8s.io/alertmanagers.monitoring.coreos.com created
customresourcedefinition.apiextensions.k8s.io/podmonitors.monitoring.coreos.com created
customresourcedefinition.apiextensions.k8s.io/probes.monitoring.coreos.com created
customresourcedefinition.apiextensions.k8s.io/prometheusagents.monitoring.coreos.com created
customresourcedefinition.apiextensions.k8s.io/prometheuses.monitoring.coreos.com created
customresourcedefinition.apiextensions.k8s.io/prometheusrules.monitoring.coreos.com created
customresourcedefinition.apiextensions.k8s.io/scrapeconfigs.monitoring.coreos.com created
customresourcedefinition.apiextensions.k8s.io/servicemonitors.monitoring.coreos.com created
customresourcedefinition.apiextensions.k8s.io/thanosrulers.monitoring.coreos.com created
clusterrolebinding.rbac.authorization.k8s.io/prometheus-operator created
clusterrole.rbac.authorization.k8s.io/prometheus-operator created
deployment.apps/prometheus-operator created
serviceaccount/prometheus-operator created
service/prometheus-operator created
user01@node01:~$ sudo kubectl get pods -n monitor
NAME                                 READY   STATUS    RESTARTS   AGE
prometheus-operator-f76d49f54-72f5t  1/1     Running   0          71s
```

图 4-4 部署 Prometheus Operator

4. 配置集群访问权限

Prometheus Operator 部署成功后需要配置访问集群的权限,权限配置文件 prometheus_rbac.yaml 中的代码如下:

```yaml
apiVersion: v1
kind: ServiceAccount
metadata:
  name: prometheus
  namespace: monitor
---
apiVersion: rbac.authorization.k8s.io/v1
kind: ClusterRole
metadata:
  name: prometheus
  namespace: monitor
rules:
- apiGroups: [""]
  #定义资源列表
  resources:
    - nodes                              #节点信息
    - nodes/metrics                      #节点指标信息
    - services                           #服务信息
    - endpoints                          #服务器端点
    - pods #Pods 信息
  verbs: ["get", "list", "watch"]        #允许对资源进行的操作:获取、列表、监控
- apiGroups: [""]
  resources:
    - configmaps
  verbs: ["get"]
- apiGroups:
    - networking.k8s.io
  resources:
    - ingresses                          # ingress 信息
  verbs: ["get", "list", "watch"]        #允许对资源进行的操作:获取、列表、监控
- nonResourceUrls: ["/metrics"]
  verbs: ["get"]
---
apiVersion: rbac.authorization.k8s.io/v1
kind: ClusterRoleBinding
metadata:
  name: prometheus                       #定义角色绑定名称
  namespace: monitor                     #指定角色绑定所属命名空间
#定义角色引用
roleRef:
  apiGroup: rbac.authorization.k8s.io
  kind: ClusterRole
  name: prometheus
subjects:
```

```
 - kind: ServiceAccount
   name: prometheus
   namespace: monitor
```

配置文件 prometheus_rbac.yaml 编辑完成后保存并退出编辑器部署,命令如下:

```
kubectl create - f prometheus_rbac.yaml
```

5. 创建 Prometheus 实例

上述准备工作完成后,就可以开始着手部署 Prometheus 实例了。首先创建实例部署文件 prometheus_instance.yaml,然后定义 Prometheus 的数据持久化存储,代码如下:

```
---
apiVersion: monitoring.coreos.com/v1
kind: Prometheus
metadata:
  name: prometheus
  namespace: monitor
  labels:
    prometheus: prometheus
spec:
  serviceAccountName: prometheus
  securityContext:
    runAsUser: 0               #设置 Pod 中的相关进程使用 root 用户运行
  serviceMonitorSelector: {}   #用于选择 serviceMonitor 标签选择器,空对象表示选择所有
  serviceMonitorNamespaceSelector: {}
  podMonitorSelector: {}
  resources:
    requests:
      memory: 300Mi            #设置请求的内存资源配额
  storage:
    #设置动态分配存储的模板
    volumeClaimTemplate:
      spec:
        selector:
          matchLabels:
            app.kubernetes.io/name: nfs - prometheus
        resources:
          requests:
            storage: 2Gi       #请求存储的大小
---
#定义 PV
apiVersion: v1
kind: PersistentVolume
metadata:
  name: nfs - prometheus
  namespace: monitor
  labels:
    app.kubernetes.io/name: nfs - prometheus
```

```
spec:
  capacity:
    storage: 2Gi
  accessModes:
  - ReadWriteOnce
  nfs:
    server: 192.168.79.191 #NFS 服务器地址
    path: "/nfs-share/data_prometheus" #NFS 服务器上的共享目录,用于持久化存储
#Prometheus 数据
```

编辑 Prometheus 服务发布文件 prometheus_service_monitor. yaml,将服务可以被访问的端口设置为 9090/tcp,代码如下:

```
apiVersion: monitoring.coreos.com/v1
kind: ServiceMonitor
metadata:
  labels:
    name: prometheus
  name: prometheus
  namespace: monitor
spec:
  endpoints:
  - interval: 30s                          #设置抓取目标端点指标的间隔时间
    targetPort: 9090                       #目标服务器端口号
    path: /metrics                         #目标服务的指标路径
  namespaceSelector:
    any: true                              #表示所有的域名空间
  selector:
    matchLabels:
      operated-prometheus: "true"
```

文件编辑完成后保存并退出编辑器,在 Kubernetes 集群内部署,命令如下:

```
sudo kubectl apply -f prometheus_instance.yaml
sudo kubectl apply -f prometheus_service_monitor.yaml
```

如果 Prometheus 实例处于运行状态,则表示实例部署成功,如图 4-5 所示。

```
user01@node01:~$ sudo kubectl get pods -n monitor
NAME                                   READY   STATUS    RESTARTS   AGE
prometheus-operator-f76d49f54-72f5t    1/1     Running   0          81m
prometheus-prometheus-0                2/2     Running   0          3m45s
user01@node01:~$ sudo kubectl get svc -n monitor
NAME                  TYPE        CLUSTER-IP   EXTERNAL-IP   PORT(S)    AGE
prometheus-operated   ClusterIP   None         <none>        9090/TCP   3m55s
prometheus-operator   ClusterIP   None         <none>        8080/TCP   81m
```

图 4-5　Prometheus 实例运行状态

接着查看数据持久化状态,PV、PVC 成功绑定的标识如图 4-6 所示。

6. 部署 node-exporter 插件

node-exporter 插件是由 Prometheus 社区开发的监控代理插件,用于收集宿主机上的

```
user01@node01:~$ sudo kubectl get pv
NAME               CAPACITY   ACCESS MODES   RECLAIM POLICY   STATUS   CLAIM                                                      STORAGECLASS   VO
LUMEATTRIBUTESCLASS   REASON    AGE
nfs-prometheus     2Gi        RWO            Retain           Bound    monitor/prometheus-prometheus-db-prometheus-prometheus-0                  <u
nset>                          7m43s
user01@node01:~$ sudo kubectl get pvc -n monitor
NAME                                                STATUS   VOLUME            CAPACITY   ACCESS MODES   STORAGECLASS   VOLUMEATTRIBUTESCLASS   AGE
prometheus-prometheus-db-prometheus-prometheus-0    Bound    nfs-prometheus    2Gi        RWO                           <unset>                 7m4
8s
```

图 4-6　Prometheus 数据持久化

硬件、操作系统级别的数据指标，并且以 Prometheus 客户端的形式暴露相关指标，以便被
Prometheus 服务器端抓取并存储采集到的指标数据，其中硬件指标包含 CPU 使用率、内存
使用率、磁盘使用率、网络流量信息等。操作系统级别的指标主要包含系统负载、进程数、登
录用户数、文件系统使用信息等。

在部署 node-exporter 时，首先需要自定义 node-exporter.yaml 文件，代码如下：

```yaml
---
apiVersion: apps/v1
#DaemonSet 用于在每个节点上部署 node-exporter
kind: DaemonSet
metadata:
  labels:
    app: node-exporter
  name: node-exporter
  #指定命名空间
  namespace: monitor
spec:
  selector:
    matchLabels:
      app: node-exporter
  template:
    metadata:
      #标记标签为 node-exporter 的 Pod 可以被集群自动扩展器安全地驱离
      annotations:
        cluster-autoscaler.kubernetes.io/safe-to-evict: "true"
      labels:
        app: node-exporter
    spec:
      containers:
      - args:
        - --web.listen-address=0.0.0.0:9100        # node-exporter 监听地址
        - --path.procfs=/host/proc                  #指定 proc 文件系统路径
        - --path.sysfs=/host/sys                    #指定 sys 文件系统的路径
        image: prom/node-exporter:v1.7.0            #指定使用的镜像
        imagePullPolicy: IfNotPresent               #定义镜像拉取策略
        name: node-exporter
        ports:
        - containerPort: 9100                       #定义容器端口
          hostPort: 9100                            #定义宿主机端口
          name: metrics
          protocol: TCP
```

```
        resources:
            #设置资源配额
            limits:
              cpu: 200m
              memory: 50Mi
            requests:
              cpu: 100m
              memory: 30Mi
        #定义卷
        volumeMounts:
        - mountPath: /host/proc
          name: proc
          readOnly: true
        - mountPath: /host/sys
          name: sys
          readOnly: true
      hostNetwork: true #使用宿主机网络
      hostPID: true
      restartPolicy: Always #定义重启策略
      #定义容忍度
      tolerations:
      - effect: NoSchedule
        operator: Exists
      - effect: NoExecute
        operator: Exists
      #定义挂载卷
      volumes:
      - hostPath:
          path: /proc
          type: ""
        name: proc
      - hostPath:
          path: /sys
          type: ""
        name: sys
---
#定义 Service 配置,用于暴露 node-exporter 服务
apiVersion: v1
kind: Service
metadata:
  labels:
    app: node-exporter
  name: node-exporter
  namespace: monitor
spec:
  #定义服务暴露的端口
  ports:
  - name: node-exporter
    port: 9100
```

```
      protocol: TCP
      targetPort: 9100
   selector:
      app: node - exporter
   sessionAffinity: None
   type: ClusterIP
---
#定义 ServiceMonitor 配置,用于 Prometheus 监控 node - exporte
apiVersion: monitoring.coreos.com/v1
kind: ServiceMonitor
metadata:
   labels:
      app: node - exporter
      serviceMonitorSelector: prometheus
   name: node - exporter
   namespace: monitor
spec:
   endpoints:
   - honorLabels: true
      interval: 30s
      path: /metrics
      targetPort: 9100
   jobLabel: node - exporter
   namespaceSelector:
      matchNames:
      - monitor
   selector:
      matchLabels:
         app: node - exporter
```

文件编辑完成后保存并退出编辑器,在 Kubernetes 集群中部署 node-exporter 插件,命令如下:

```
sudo kubectl apply - f node - exporter.yaml
```

命令执行后查看其 Pods 状态,如果集群中 node-exporter 的 Pod 数量为 3,则表示 node-exporter 在集群中的所有节点上已经运行,如图 4-7 所示。

```
user01@node01:~$ sudo kubectl apply -f node-exporter.yaml
daemonset.apps/node-exporter created
service/node-exporter created
servicemonitor.monitoring.coreos.com/node-exporter created
user01@node01:~$ sudo kubectl get pods -n monitor
NAME                                      READY   STATUS    RESTARTS   AGE
node-exporter-8n9fn                       1/1     Running   0          2m31s
node-exporter-kchqv                       1/1     Running   0          2m31s
node-exporter-qfwkc                       1/1     Running   0          2m31s
prometheus-operator-f76d49f54-72f5t       1/1     Running   0          5h25m
prometheus-prometheus-0                   2/2     Running   0          4h7m
```

图 4-7　Kubernetes 集群运行 node-exporter 插件

注意：在 node-exporter.yaml 文件内使用 DaemonSet 控制器，它的作用是确保在集群中的每个节点(或者符合特定选择条件的节点)上运行一个指定 Pod 副本，它可以非常方便地在整个集群中部署系统服务。

此时，可以在 Kubernetes 集群管理节点上访问集群任意节点的 9100/TCP 端口，测试 node-exporter 是否可以采集相关指标数据，命令如下：

```
curl http://192.168.79.194:9100/metrics
```

命令执行后，如果有大量的指标信息输出，则表示 node-exporter 可以成功采集相关指标数据，如图 4-8 所示。

```
user01@node01:~$ curl http://192.168.79.194:9100/metrics
# HELP go_gc_duration_seconds A summary of the pause duration of garbage collection cycles.
# TYPE go_gc_duration_seconds summary
go_gc_duration_seconds{quantile="0"} 2.3895e-05
go_gc_duration_seconds{quantile="0.25"} 4.39e-05
go_gc_duration_seconds{quantile="0.5"} 4.8749e-05
go_gc_duration_seconds{quantile="0.75"} 9.2963e-05
go_gc_duration_seconds{quantile="1"} 0.000212512
go_gc_duration_seconds_sum 0.002661018
go_gc_duration_seconds_count 35
# HELP go_goroutines Number of goroutines that currently exist.
# TYPE go_goroutines gauge
go_goroutines 8
# HELP go_info Information about the Go environment.
# TYPE go_info gauge
go_info{version="go1.21.4"} 1
# HELP go_memstats_alloc_bytes Number of bytes allocated and still in use.
# TYPE go_memstats_alloc_bytes gauge
go_memstats_alloc_bytes 2.169744e+06
# HELP go_memstats_alloc_bytes_total Total number of bytes allocated, even if freed.
# TYPE go_memstats_alloc_bytes_total counter
go_memstats_alloc_bytes_total 6.7263168e+07
# HELP go_memstats_buck_hash_sys_bytes Number of bytes used by the profiling bucket hash table.
# TYPE go_memstats_buck_hash_sys_bytes gauge
go_memstats_buck_hash_sys_bytes 1.468503e+06
# HELP go_memstats_frees_total Total number of frees.
# TYPE go_memstats_frees_total counter
go_memstats_frees_total 789800
# HELP go_memstats_gc_sys_bytes Number of bytes used for garbage collection system metadata.
# TYPE go_memstats_gc_sys_bytes gauge
```

图 4-8　node-exporter 插件成功采集数据

7. 部署 Grafana

在实际应用过程中，企业除了需要对 Prometheus 数据进行持久化存储外，还需要对 Grafana 数据进行持久化存储，因此在部署 Grafana 之前首先要定义持久化存储方案，继续以使用 NFS 网络存储为示例，编辑 grafana.yaml 文件，代码如下：

```
# 定义 PV
---
apiVersion: v1
```

```
kind: PersistentVolume
metadata:
  name: nfs - grafana
  namespace: monitor
spec:
  capacity:
    storage: 2Gi
  volumeMode: Filesystem
  accessModes:
    - ReadWriteOnce
  persistentVolumeReclaimPolicy: Retain          # 定义数据保留策略
  nfs:
    path: /nfs - share/data_grafana01/           # 在 NFS 服务器上共享目录路径
    server: 192.168.79.191                       # NFS 服务器地址
# 定义 PVC
---
apiVersion: v1
kind: PersistentVolumeClaim
metadata:
  name: nfs - grafana
  namespace: monitor
spec:
  accessModes:
    - ReadWriteOnce
  resources:
    requests:
      storage: 2Gi
---
apiVersion: apps/v1
kind: Deployment
metadata:
  namespace: monitor
  labels:
    app: grafana
  name: grafana
spec:
  selector:
    matchLabels:
      app: grafana
  template:
    metadata:
      labels:
        app: grafana
    spec:
      securityContext:
        runAsUser: 0
```

```
        containers:
          - name: grafana
            image: grafana/grafana:latest
            imagePullPolicy: IfNotPresent
            ports:
              - containerPort: 3000
                name: http - grafana
                protocol: TCP
            #定义就绪探针,用于判断容器内的应用是否健康
            readinessProbe:
              failureThreshold: 3
              httpGet:
                path: /robots.txt
                port: 3000
                scheme: HTTP
              initialDelaySeconds: 10
              periodSeconds: 30
              successThreshold: 1
              timeoutSeconds: 2
            #定义存活探针,用于判断容器内的应用是否存活
            livenessProbe:
              failureThreshold: 3
              initialDelaySeconds: 30
              periodSeconds: 10
              successThreshold: 1
              tcpSocket:
                port: 3000
              timeoutSeconds: 1
            resources:
              requests:
                cpu: 250m
                memory: 750Mi
            volumeMounts:
              - mountPath: /var/lib/Grafana          #Grafana 数据存储路径
                name: nfs - grafana                   #引用的卷名称
        volumes:
          - name: nfs - grafana
            persistentVolumeClaim:
              claimName: nfs - grafana                #引用 PVC 名称
---
apiVersion: v1
kind: Service
metadata:
  name: grafana
  namespace: monitor
spec:
```

```
    ports:
      - port: 3000                        #服务端口
        nodePort: 30080                   #定义在集群节点上暴露的端口
        protocol: TCP
        targetPort: http - grafana
    selector:
      app: grafana
    sessionAffinity: None                 #会话亲和性
    type: NodePort
```

文件编辑完成后保存,退出编辑器并部署,命令如下:

```
sudo kubectl apply - f grafana.yaml
```

然后可以查看 Grafana 的数据持久化存储是否成功,如图 4-9 所示。

```
user01@node01:~$ sudo kubectl get pv -n monitor
NAME            CAPACITY   ACCESS MODES   RECLAIM POLICY   STATUS    CLAIM                                                      STORAGECLASS   VO
LUMEATTRIBUTESCLASS   REASON   AGE
nfs-grafana     2Gi        RWO            Retain           Bound     monitor/nfs-grafana                                                       <u
nset>                          18m
nfs-prometheus  2Gi        RWO            Retain           Bound     monitor/prometheus-prometheus-db-prometheus-prometheus-0                  <u
nset>                          5h1m
user01@node01:~$ sudo kubectl get pvc -n monitor
NAME                                                 STATUS   VOLUME          CAPACITY   ACCESS MODES   STORAGECLASS   VOLUMEATTRIBUTESCLASS   AGE
nfs-grafana                                          Bound    nfs-grafana     2Gi        RWO                           <unset>                 18m
prometheus-prometheus-db-prometheus-prometheus-0     Bound    nfs-prometheus  2Gi        RWO                           <unset>                 5h1
m
```

图 4-9　Grafana 数据持久化成功

通过执行后的信息输出可以看到 Grafana 的数据持久化存储绑定成功。当 Grafana 应用运行成功后,即可通过浏览器方式访问 Grafana 管理界面,如图 4-10 所示。

```
user01@node01:~$ sudo kubectl apply -f grafana.yaml
persistentvolume/nfs-grafana created
persistentvolumeclaim/nfs-grafana created
deployment.apps/grafana created
service/grafana created
user01@node01:~$ sudo kubectl get pods -n monitor
NAME                                 READY   STATUS    RESTARTS   AGE
grafana-784f76dfd-7g2h5              1/1     Running   0          5m24s
node-exporter-8n9fn                  1/1     Running   0          43m
node-exporter-kchqv                  1/1     Running   0          43m
node-exporter-qfwkc                  1/1     Running   0          43m
prometheus-operator-f76d49f54-72f5t  1/1     Running   0          6h5m
prometheus-prometheus-0              2/2     Running   0          4h48m
user01@node01:~$ sudo kubectl get svc -n monitor
NAME                  TYPE        CLUSTER-IP       EXTERNAL-IP   PORT(S)          AGE
grafana               NodePort    10.105.162.143   <none>        3000:30080/TCP   5m31s
node-exporter         ClusterIP   10.98.184.98     <none>        9100/TCP         43m
prometheus-operated   ClusterIP   None             <none>        9090/TCP         4h48m
prometheus-operator   ClusterIP   None             <none>        8080/TCP         6h6m
```

图 4-10　Grafana 运行成功

8. 配置仪表盘

浏览器访问集群任意节点的 30080/TCP 端口即可访问 Grafana 的图形化管理界面,默认的用户名和密码均为 admin,登录成功后可以修改初始密码,如图 4-11 所示。

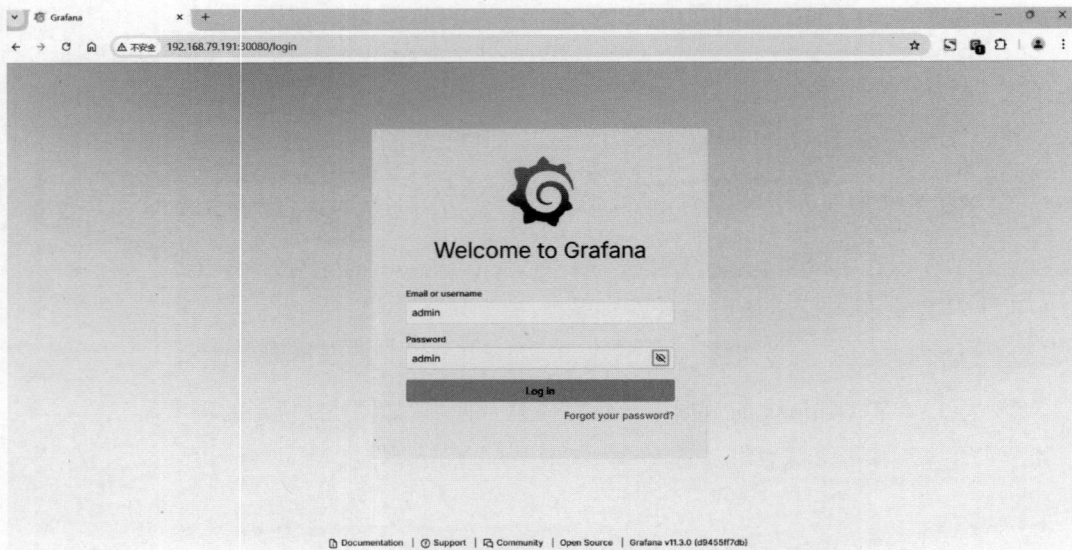

图 4-11　Grafana 登录窗口

单击 Log in 按钮后,系统会弹出更新密码对话页面,在该页面设置新的登录密码,如果暂不更新密码,则可以单击 Skip 按钮跳过该项,如图 4-12 所示。

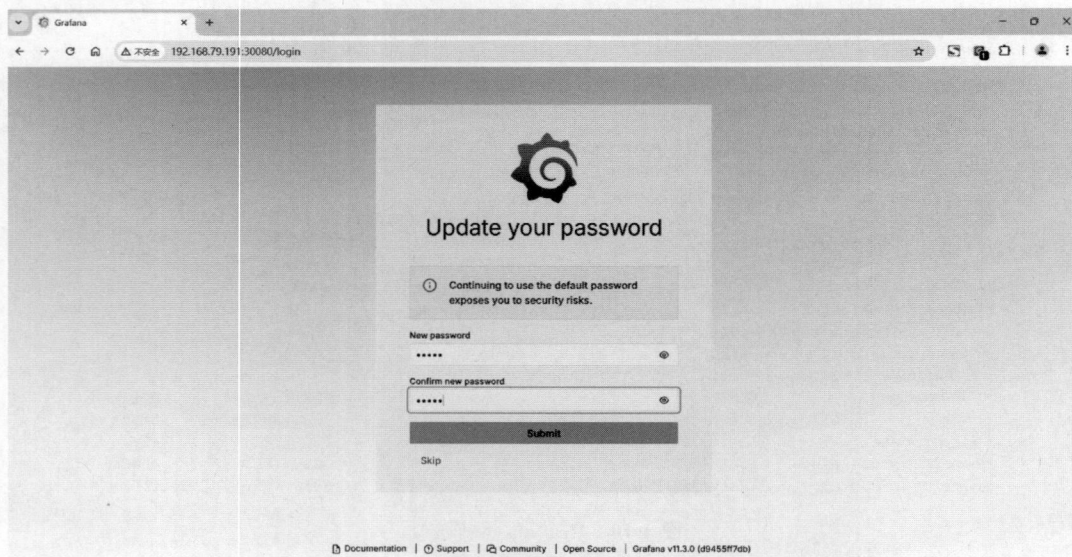

图 4-12　设置登录密码

当密码设置完成后,单击 Submit 按钮进入 Grafana 控制台,如图 4-13 所示。

在该控制台页面单击 Add your first data source 选项配置数据源,如图 4-14 所示。

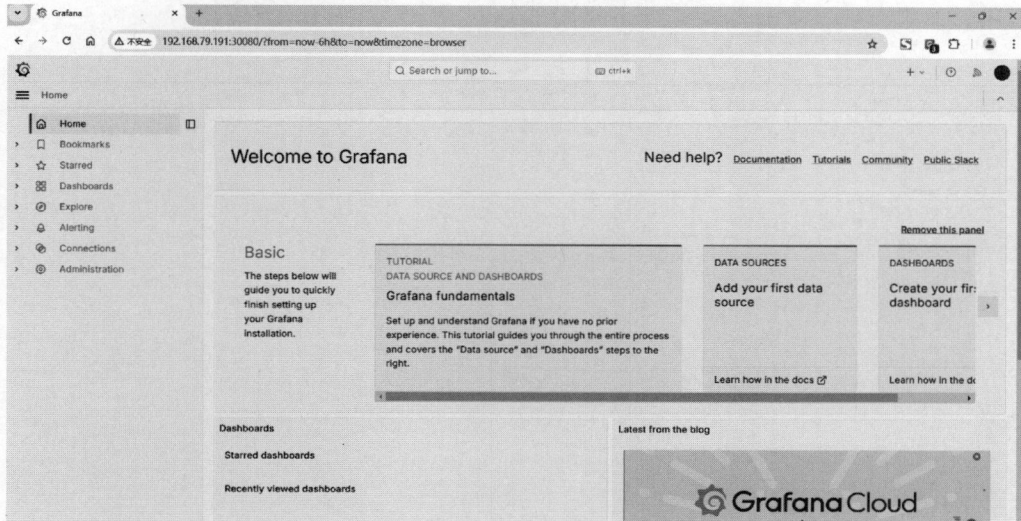

图 4-13 Grafana 控制台

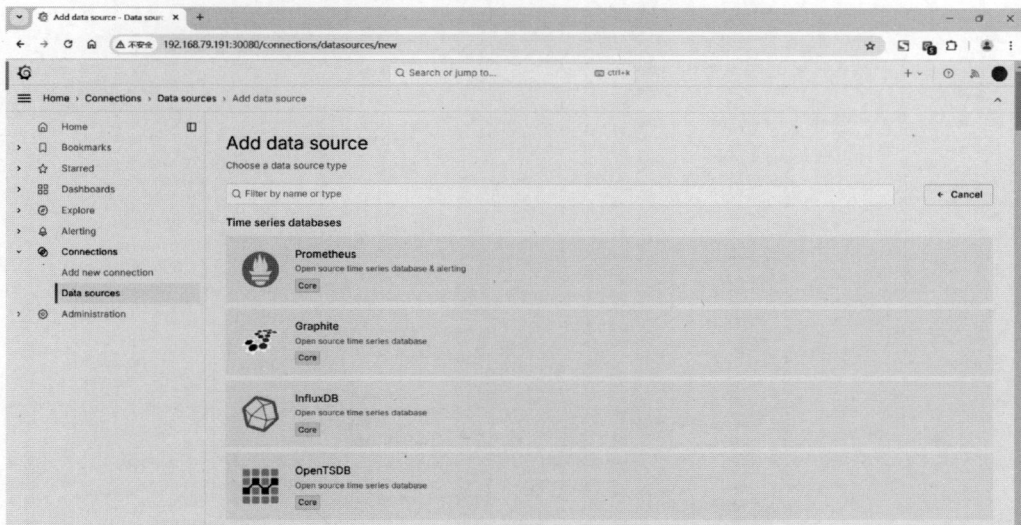

图 4-14 选择数据源类型

在该页面单击 Prometheus 后，系统会进入 Prometheus 数据源配置页面，如图 4-15 所示。

在该页面内 Name 字段值为 prometheus（可以自定义），Prometheus server URL 字段值为 prometheus-operated. monitor，即 prometheus 的服务名称。输入完成后单击 Save & test 按钮，完成连接测试，如图 4-16 所示。

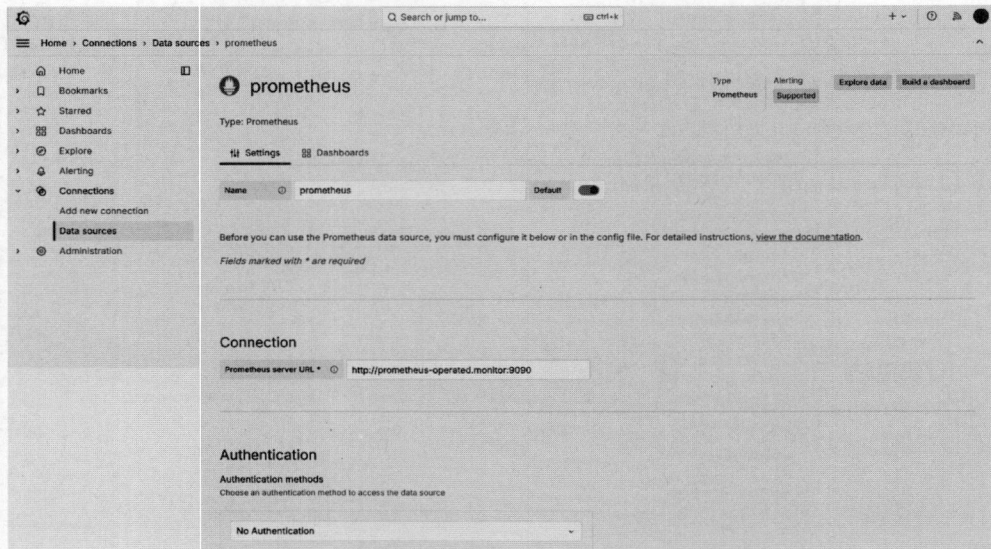

图 4-15　Prometheus 数据源配置页面

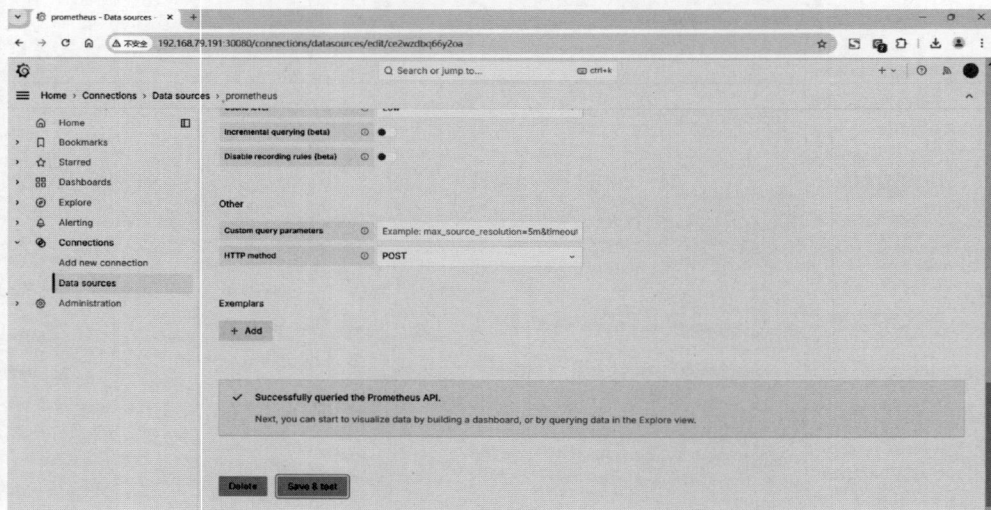

图 4-16　测试与 Prometheus 的连接

一旦看到 Successfully queried the Prometheus API 信息,就表示数据源添加成功。在该页面可以单击 building a dashboard 选项,开始创建仪表盘,如图 4-17 所示。

在该页面单击 Import a dashboard 按钮后,系统会弹出导入仪表盘的向导页面,如图 4-18 所示。

在导入仪表盘页面内输入仪表盘 ID: 11074 后,单击 Load 按钮完成仪表盘的导入,如图 4-19 所示。

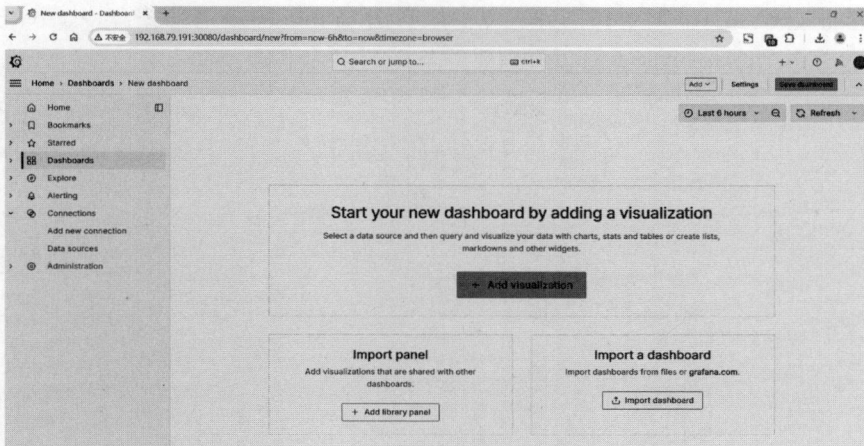

图 4-17　创建仪表盘

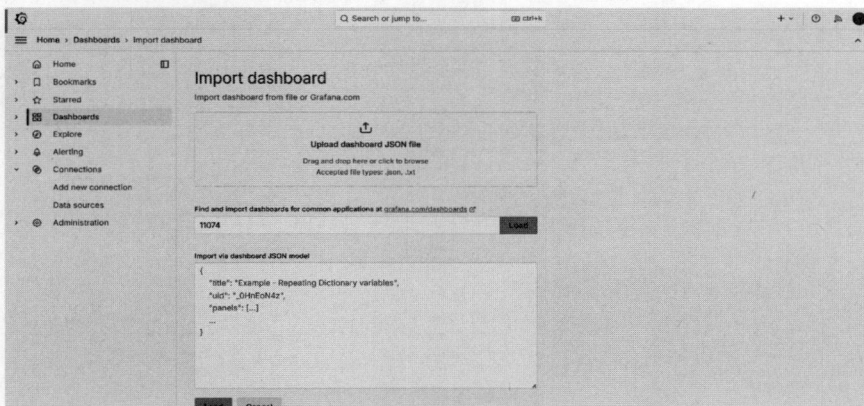

图 4-18　导入仪表盘

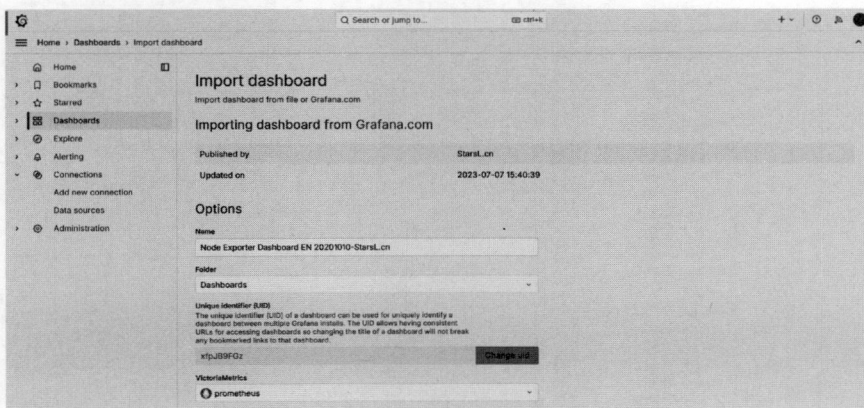

图 4-19　关联数据源

仪表盘加载成功后,需要选择已经定义的名称为 prometheus 的数据源,然后单击 Import 按钮,完成仪表盘的导入,此时就可以看到集群节点的相关监控信息,如图 4-20 所示。

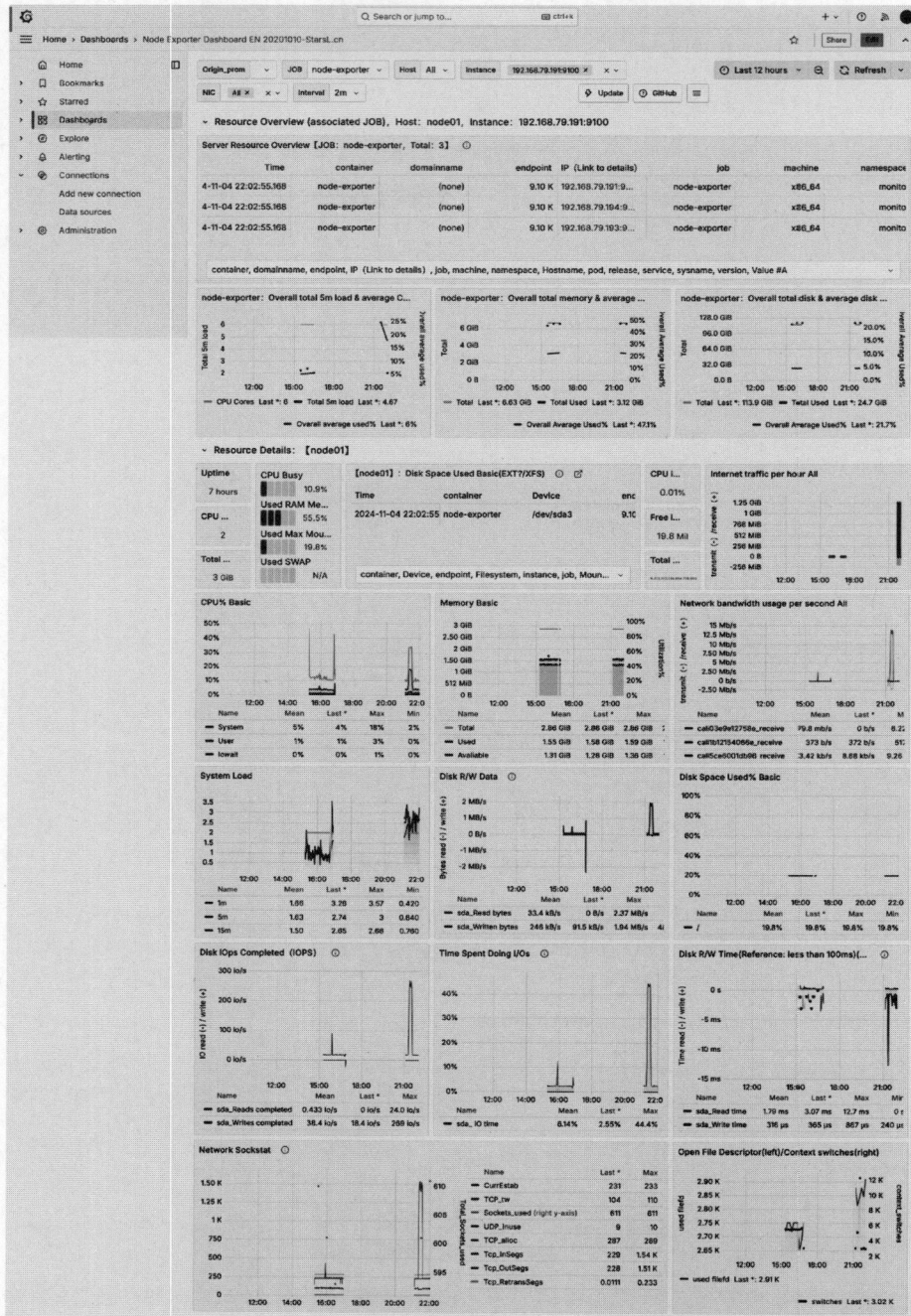

图 4-20　获取集群监控信息

监控数据的展示很详细。

4.2　Kubernetes 负载均衡

在 Kubernetes 集群环境中,负载均衡机制扮演着至关重要的角色,它对于确保服务的高可用性、实现性能优化及提升用户体验具有决定性意义。通过合理的负载均衡策略,可以把流量有效地分配到多个 Pod 上,从而提升系统的吞吐量和响应速度。典型的 Kubernetes 负载均衡方案可以分为以下几种类型。

1. 服务对象的负载均衡

在默认情况下,Kubernetes 集群已经内置了服务对象的负载均衡方案,例如 ClusterIP、NodePort 和 LoadBalancer。这些典型方案的工作原理、适用场景及优缺点如下。

1) ClusterIP

在 Kubernetes 集群中,ClusterIP 服务类作为默认选项,承担着为 Pod 集群分配一个专属的内部虚拟 IP 地址的任务。这个独特的 IP 地址,如同集群内部的隐形桥梁,仅供集群成员间访问,其主要目的是促进服务发现的高效执行与负载均衡策略的巧妙实施。当用户在 Kubernetes 中创建一个 ClusterIP 类型的服务时,系统会启用 kube-proxy 组件来精细管理该服务与后端 Pod 之间的流量分配。值得注意的是,kube-proxy 被部署在集群的每个节点上,它承担着监控服务与端点(Endpoints)动态变化的职责。根据预设的代理模式,例如 iptables 模式或 ipvs 模式等,kube-proxy 会智能地配置相应的规则,以确保网络流量能够高效、准确地被转发至目标 Pod。

ClusterIP 主要适用于集群内部服务之间的相互调用,例如微服务架构中的不同服务组件之间的通信。它的优点与不足非常显著,由于是 Kubernete 集群的默认选项,因此不需要进行复杂的设置即可通过服务名称对集群内容进行访问,同时流量是在集群内部传输的,其传输效率会更高,而且没有直接暴露外网,因此数据传输也更安全。正因为 ClusterIP 用于集群内部访问,故不适合外部访问服务的场景,也无法对外部流量有效地进行负载均衡。

2) NodePort

NodePort 是在 ClusterIP 的基础之上,进一步地将服务暴露在每个 Kubernetes 节点上的指定端口,需要特别注意的是这个端口范围被限制在 30000~32767。当 NodePort 服务类型被创建时,Kubernetes 集群会自动在每个集群节点上打开一个指定的端口,并且将该端口与对应的 ClusterIP 服务相关联。一旦外部客户端尝试访问集群内某一节点的指定 NodePort 时,该流量首先就会被节点的网络栈接收。随后,根据 Kubernetes 内部的路由规则,该流量会被转发至相应的 ClusterIP 服务。ClusterIP 服务接收到流量后会利用其内置的负载均衡机制,根据后端 Pod 的状态、配置及负载均衡策略,将请求进一步分配至合适的 Pod 进行处理。后端 Pod 处理完请求后会将响应数据通过 ClusterIP 服务返给节点,再由节点将响应数据发送给外部客户端。

NodePort 主要适用于通过外部网络访问集群内部服务的场景,例如外部开发或测试工具需要访问内部集群的开发环境或测试环境等。需要注意的是,这种方式由于使用的是固定端口范围,所以可能会存在端口冲突问题,并且由于是直接将端口暴露在节点上,其面临的安全风险将会更大。该方案的优点是无需其他硬件设备或软件服务进行协助,就可以非常方便地实现外部网络对集群内容的访问,并且成本可以忽略不计。它的缺点也很明显,如果节点的 IP 发生变化,则需要同步更新外部的访问地址,并且服务的负载和性能受到单一节点的限制,当访问量超出该节点的承受能力时,可能会导致流量无法及时转发。

3) LoadBalancer

LoadBalancer 类型是在 NodePort 的基础之上,通过云服务商提供的负载均衡器来将外部流量分发至集群内的服务。当采用该方案时,请求流量会由云服务商提供的负载均衡器将请求转发至集群中节点的 NodePort 上,然后由 NodePort 转发至对应的 ClusterIP 和后端 Pod。这种方式的特点是通过利用云服务商提供的高性能负载均衡设施,为服务提供更加强大的负载均衡和高可用能力。

LoadBalancer 方案主要适用于需要高可用性和高负载均衡能力的对外服务场景,例如常见的网络商城、大型网络促销活动等应用场景。该方案的优点是负载均衡器能够实现故障转移和高并发流量分发,可以为企业节省时间和人力。缺点是需要和对应的服务商绑定,并为此支付负载均衡器的使用费用。

2. MetalLB 负载均衡方案

MetalLB 是一个专门为 Kubernetes 集群设计的开源负载均衡解决方案,旨在解决在裸金属环境或私有云中缺乏云服务提供商支持时,外部流量访问 Kubernetes 服务的难题。它通过动态地为 Kubernetes 服务分配外部 IP 地址,确保流量能够准确地路由至相应的 Pods,从而实现高效的负载均衡。

MetalLB 负载均衡方案中的工作模式有两种,其一是 Layer 2 模式,即使用地址解析协议(Address Resolution Protocol,ARP)广播 Kubernetes 集群中服务的 IP 地址,让同一网络内的其他设备识别,并在集群中选举出一个管理节点来处理所有流量,该模式更适合简单网络环境。其二是边界网关协议(Border Gateway Protocol,BGP)模式,在该模式下集群中的每个节点都与路由器建立 BGP 会话,动态地公告 Kubernetes 集群中服务的 IP 地址,这种方式更适合大规模的网络复杂的集群环境。

3. Istio 负载均衡方案

Istio 负载均衡方案在微服务架构中发挥着举足轻重的作用,它巧妙地利用 Envoy 代理为每个服务实例引入流量管理功能,确保能够有效且灵活地进行流量分发。首先,Istio 通过配置虚拟服务(Virtual Service)和目标规则(Destination Rule),赋予用户定义复杂流量管理策略的能力,精准控制如何将请求路由至特定的服务版本和实例。这些策略涵盖多种负载均衡算法,例如轮询、最少连接数、基于权重的分配等,同时还能够依据系统的实时负载情况智能地将请求分配至最佳实例。

Istio引入了请求超时和重试机制,当服务响应延迟或出现故障时,Envoy代理会自动执行重试操作,提升请求成功率和用户体验感。同时,Istio还具备熔断机制,当检测到某个服务实例错误率超标时,能够迅速地切断对该实例的请求,有效隔离故障并保护其他正常运行的服务,防止系统级连锁故障的发生。

4. Ingress 负载均衡方案

Ingress 负载均衡方案在企业生产活动中运用得非常广泛,它借助一系列自定义的规则,有效地管理外部访问流量,确保这些流量能够顺利地流向集群内部的服务,例如,通过配置 Ingress 资源,可以灵活地指定不同的后端服务及相应的路由规则,进而实现高度定制化的流量管理和负载均衡策略。

注意:关于 Ingress 的相关知识点会在后续章节详细讲解并演示。

4.2.1　Ingress 介绍

Ingress 组件最早在 Kubernetes 1.2 版本中被引入,在初期被设计为一种规则集合,用于描述从外部服务到集群内部服务的流量转发规则。Ingress 控制器负责处理所有的 Ingress 请求流量,当时 Ingress 控制器的实现主要依赖 Nginx。随着时间的推移,Ingress 组件的功能不断增强,它不仅支持基本的 HTTP 路由规则,还支持 HTTPS 协议,并且可以与 SSL/TLS 证书配合使用,提供更安全的外部访问。此外,Ingress 控制器也变得更加多样化,除了 Nginx 之外还支持 HAProxy、Istio、Traefik 等。

由于 Kubernetes 社区的不断壮大,越来越多的开发者参与到 Ingress 组件的开发和维护中,最终 Ingress 成为 Kubernetes 标准的一部分被广泛地应用于生产环境中。

1) 为什么使用 Ingress

Ingress 能够在企业环境中被广泛地应用,首先是 Ingress 控制器提供了强大的流量管理功能,可以实现复杂的流量路由规则,例如可以基于路径、主机名、TLS 等匹配条件,实现精准的流量控制。其次,Ingress 控制器可以提供企业级的安全性,例如实现双向 TLS (mTLS)身份认证、流量加密等。最后,与传统直接将服务器端口暴露在集群节点上的方式相比它更安全。由于 Ingress 集中管理流量入口,减少了不必要的端口暴露,所以提升了系统的安全性。

2) Ingress 的工作原理

在 Kubernetes 集群中,Ingress 工作依赖于 Ingress 控制器(Ingress Controller),它会按照 Ingress 资源的定义规则处理进入集群的请求,其工作原理如图 4-21 所示。

用户首先需要创建并定义 Ingress 资源,Ingress Controller 会读取资源的规则,并将其配置到 Ingress 管理的负载均衡器。当外部的客户端请求到达具有入口规则的 Kubernetes 集群时,Ingress Controller 将负责解析请求的主机和路径,并根据定义的规则将请求转发到指定的服务来响应请求。在整个请求过程中,Ingress Controller 相当于一个智能路由器

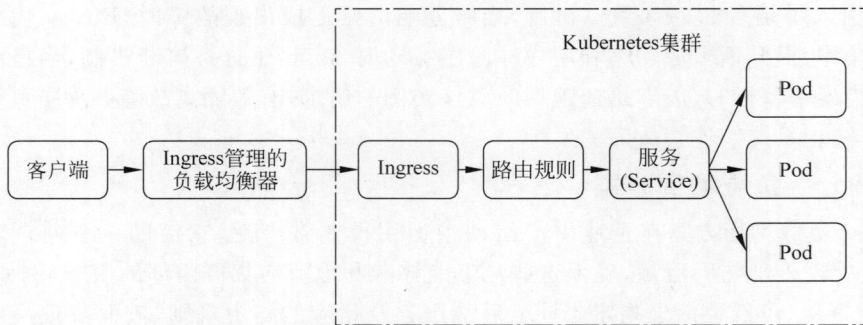

图 4-21　**Ingress 的工作原理**

或反向代理服务器,工作于 Kubernetes 集群和外部网络之间用于请求转发。以下是一个最小的 ingress 示例,代码如下:

```
apiVersion: networking.k8s.io/v1
kind: Ingress
metadata:
  name: mini - ingress
  annotations:
    nginx.ingress.kubernetes.io/rewrite - target: /
spec:
  ingressClassName: nginx - example
  rules:
  - http:
      paths:
      - path: /test
        pathType: Prefix
        backend:
          service:
            name: test
            port:
              number: 80
```

注意:上述代码的部分字段的含义如下。

spec:定义 Ingress 的相关规则,其中包括 rules 和 tls 等核心参数。

rules:包含一系列规则,用于匹配外部请求并将相关请求路由至对应的服务。

http:定义 HTTP 相关规则,通常包含一个或多个 paths。

paths:是一个列表,每个列表都包含 path 和 backend。

path:用于匹配请求的 URL 路径,支持正则表达式。

backend:定义请求应该路由到的服务和端口。在该示例代码中,将请求访问的服务定义为 test,将请求端口定义为 80/tcp。

3）Ingress Controller 方案

在 Kubernetes 集群中，为了确保 Ingress 资源可以正常工作，集群中必须有一个正在运行的 Ingress Controller（Ingress 控制器）。目前 Kubernetes 项目内有非常多的适配方案，典型的 Ingress Controller 方案及适配的应用场景见表 4-5。

表 4-5　典型的 Ingress Controller 方案及适配的应用场景

典型方案	方案优点	方案不足	适用场景
Nginx Ingress Controller	成熟稳定，有良好的社区支持。它不仅具有高可用性和可扩展性，还支持复杂的路由规则和重写规则。同时还支持自定义模板，使配置变得更加灵活	配置较为复杂，需要使用者对 Nginx 配置语法具有较深刻的了解	该方案适用于需要高稳定性和高性能的工作场景，或者对路由规则有复杂需求的工作场景
HAProxy Ingress Controller	具有高性能和低延迟的特点，同时还具有良好的社区支持	配置较为复杂，需要对 HAProxy 有较深刻的了解	该方案适用于对性能和低延迟有严格要求的工作场景，或者已经在使用 HAProxy 并熟悉其相关配置的业务场景
Istio Ingress Controller	提供服务网格功能，可以把流量管理、安全、策略和观测性集成在一起，从而实现更精准的流量控制功能	配置较为复杂，需要对 Istio 有一定的了解，同时 Istio 对集群的资源消耗相对较大	该方案适合需要高度精细化流量管理的业务场景
Traefik Ingress Controller	具有图形化的管理页面，易于配置和使用，并且具有自动化配置 HTTPS、动态更新配置、熔断机制、重试机制等丰富功能	属于新开发的应用，需要在生产环境中不断地进行优化。在特定场景下可能没有 Nginx、HAProxy 稳定，社区支持相对较少	适用于开箱即用和需要自动配置 HTTPS 的业务场景
Kong Ingress Controller	具有强大的认证、限流和监控功能，同时还具有丰富的生态系统	配置相对复杂	适用于对 API 网关方面有较高要求的应用场景

4.2.2　部署实战

以下将以企业生产环境中 Ingress 负载均衡方案的部署为示例，详细展示整个过程中所涉及的关键步骤与环节，其中数据持久化存储的类型采用 NFS 网络存储。

1. 演示环境信息

演示环境中 Kubernetes 集群中的容器运行时采用的是 Containerd，集群为单管理节点，节点信息见表 4-6。

表 4-6　集群节点信息

节 点 名 称	IP 地 址	说　　　明
node01	192.168.79.191	(1) 集群管理节点 (2) NFS 服务器
node03	192.168.79.193	工作节点
node04	192.168.79.194	工作节点

2. 演示应用的逻辑架构

本示例以企业中常见的 A/B 测试为背景,将展示如何利用 Ingress 实现流量的精准控制。具体而言,当用户访问 http://test.com/acom 时,将被定向版本 v1 的服务,而当用户访问 http://test.com/bcom 时,则会被定向版本 v2 的服务,其逻辑架构如图 4-22 所示。

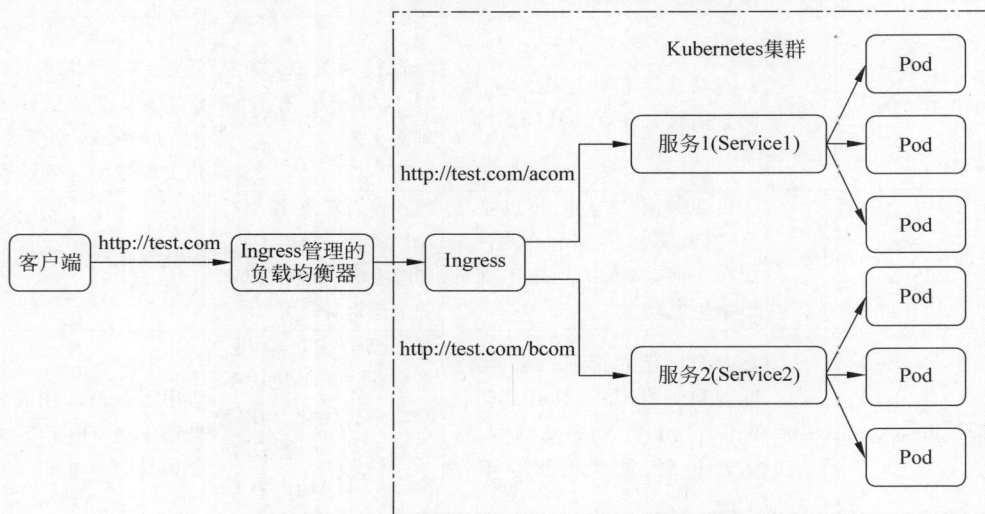

图 4-22　A/B 测试架构图

注意:应用发布中的 A/B 测试是一种对比实验方法,被广泛地应用于评估两个或多个不同版本的产品在用户体验或其他关键指标上哪个表现得更优。

3. 持久化环境准备

首先在 NFS 服务器端创建数据持久化存储目录,命令如下:

```
sudo mkdir - p /nfs - share/ingress - nginx/{acom, bcom}
```

然后在 NFS 服务器端的配置文件/etc/exports 内添加持久化目录,代码如下:

```
/nfs - share/ingress - nginx/acom * (rw, sync, no_root_squash, no_subtree_check)
/nfs - share/ingress - nginx/bcom * (rw, sync, no_root_squash, no_subtree_check)
```

配置文件编辑完成后保存并退出编辑器,重启 NFS 服务并查看服务状态,命令如下:

```
sudo systemctl restart nfs − kernel − server
sudo systemctl status nfs − kernel − server
showmount  − e 192.168.79.191
```

命令执行的过程及相关输出如图 4-23 所示。

```
user01@node01:~$ sudo systemctl restart nfs-kernel-server
sudo systemctl status nfs-kernel-server
● nfs-server.service - NFS server and services
     Loaded: loaded (/lib/systemd/system/nfs-server.service; enabled; vendor preset: enabled)
    Drop-In: /run/systemd/generator/nfs-server.service.d
             └─order-with-mounts.conf
     Active: active (exited) since Wed 2024-11-06 13:22:49 UTC; 20ms ago
    Process: 8410 ExecStartPre=/usr/sbin/exportfs -r (code=exited, status=0/SUCCESS)
    Process: 8411 ExecStart=/usr/sbin/rpc.nfsd (code=exited, status=0/SUCCESS)
   Main PID: 8411 (code=exited, status=0/SUCCESS)
        CPU: 9ms

Nov 06 13:22:49 node01 systemd[1]: Starting NFS server and services...
Nov 06 13:22:49 node01 systemd[1]: Finished NFS server and services.
user01@node01:~$ showmount -e 192.168.79.191
Export list for 192.168.79.191:
/nfs-share/ingress-nginx/bcom *
/nfs-share/ingress-nginx/acom *
```

图 4-23　准备持久化存储目录

此时,持久化目录已经准备就绪,等待客户端连接。接着在 Kubernetes 集群内部署 NFS 插件驱动,部署文件 nfs-server-deployment. yaml 的代码如下:

```
apiVersion: apps/v1
kind: Deployment
metadata:
  name: nfs − client − provisioner
  labels:
    app: nfs − client − provisioner
  # replace with namespace where provisioner is deployed
  namespace: default
spec:
  replicas: 1
  strategy:
    type: Recreate
  selector:
    matchLabels:
      app: nfs − client − provisioner
  template:
    metadata:
      labels:
        app: nfs − client − provisioner
    spec:
      serviceAccountName: nfs − client − provisioner
      containers:
        − name: nfs − client − provisioner
          image: docker. io/dyrnq/nfs − subdir − external − provisioner:v4.0.2
          volumeMounts:
```

```
          - name: nfs - client - root
            mountPath: /persistentvolumes
        env:
          - name: PROVISIONER_NAME
            value: k8s - sigs. io/nfs - subdir - external - provisioner
          - name: NFS_SERVER
            value: 192.168.79.191
          - name: NFS_PATH
            value: /nfs - share
      volumes:
        - name: nfs - client - root
          nfs:
            server: 192.168.79.191
            path: /nfs - share
```

编辑访问权限文件 nfs-server-rbac. yaml,代码如下:

```
---
apiVersion: v1
kind: ServiceAccount
metadata:
  name: nfs - client - provisioner
  # replace with namespace where provisioner is deployed
  namespace: default
# 定义一个 ClusterRole,用于授权 NFS 客户端存储器运行所需的权限
---
kind: ClusterRole
apiVersion: rbac. authorization. k8s. io/v1
metadata:
  name: nfs - client - provisioner - runner
rules:
  - apiGroups: [""]
    resources: ["nodes"]
    verbs: ["get", "list", "watch"]                # 允许获取、列出和监控节点
  - apiGroups: [""]
    resources: ["persistentvolumes"]
    verbs: ["get", "list", "watch", "create", "delete"] # 允许获取、列出、监控、创建和删除持
                                                        # 久卷
  - apiGroups: [""]
    resources: ["persistentvolumeclaims"]
    verbs: ["get", "list", "watch", "update"]      # 允许获取、列出、监控和更新持久卷声明
  - apiGroups: ["storage. k8s. io"]
    resources: ["storageclasses"]
    verbs: ["get", "list", "watch"]                # 允许获取、列出和监控存储类
  - apiGroups: [""]
    resources: ["events"]
    verbs: ["create", "update", "patch"]           # 允许创建、更新和修复事件
# 创建一个 ClusterRoleBinding 将已定义的 ClusterRole 绑定到 ServiceAccount 上
---
kind: ClusterRoleBinding
```

```
apiVersion: rbac.authorization.k8s.io/v1
metadata:
  name: run-nfs-client-provisioner
subjects:
  - kind: ServiceAccount
    name: nfs-client-provisioner
    # replace with namespace where provisioner is deployed
    namespace: default
roleRef:
  kind: ClusterRole
  name: nfs-client-provisioner-runner
  apiGroup: rbac.authorization.k8s.io
# 定义一个规则,用于授权 NFS 客户端存储器访问和操作特定命名空间中的端点资源
---
kind: Role
apiVersion: rbac.authorization.k8s.io/v1
metadata:
  name: leader-locking-nfs-client-provisioner
  # replace with namespace where provisioner is deployed
  namespace: default
rules:
  - apiGroups: [""]
    resources: ["endpoints"]
    verbs: ["get", "list", "watch", "create", "update", "patch"]
# 创建一个 RoleBinding,将已定义的 Role 绑定到 ServiceAccount 上,这样 NFS 客户端存储配置器就
# 拥有了 Role 定义的权限
---
kind: RoleBinding
apiVersion: rbac.authorization.k8s.io/v1
metadata:
  name: leader-locking-nfs-client-provisioner
  # replace with namespace where provisioner is deployed
  namespace: default
subjects:
  - kind: ServiceAccount
    name: nfs-client-provisioner
    # replace with namespace where provisioner is deployed
    namespace: default
roleRef:
  kind: Role
  name: leader-locking-nfs-client-provisioner
  apiGroup: rbac.authorization.k8s.io
```

接着在 Kubernetes 集群内部署 NFS 驱动,命令如下:

```
sudo kubectl apply -f nfs-server-deployment.yaml
sudo kubectl apply -f nfs-server-rbac.yaml
```

NFS 驱动部署完成后,如果 nfs-client-provisioner 的状态为 Running,则表示环境已经就绪,如图 4-24 所示。

```
user01@node01:~$ sudo kubectl apply -f nfs-server-deployment.yaml
[sudo] password for user01:
deployment.apps/nfs-client-provisioner created
user01@node01:~$ sudo kubectl apply -f nfs-server-rbac.yaml
serviceaccount/nfs-client-provisioner created
clusterrole.rbac.authorization.k8s.io/nfs-client-provisioner-runner created
clusterrolebinding.rbac.authorization.k8s.io/run-nfs-client-provisioner created
role.rbac.authorization.k8s.io/leader-locking-nfs-client-provisioner created
rolebinding.rbac.authorization.k8s.io/leader-locking-nfs-client-provisioner created
user01@node01:~$ sudo kubectl get pods
NAME                                      READY   STATUS    RESTARTS   AGE
nfs-client-provisioner-c5957ff64-fnnt9    1/1     Running   0          111s
```

图 4-24　部署 NFS 驱动

4. 部署 Ingress 控制器

在演示环境中采用被企业广泛应用的 Ingress Nginx Controller 控制器,需要特别注意的是在部署 Ingress Nginx Controller 控制器时,需要选择与 Kubernetes 集群相对应的版本。当前支持的版本信息如图 4-25 所示。

Supported	Ingress-NGINX version	k8s supported version	Alpine Version	Nginx Version	Helm Chart Version
⟳	v1.12.0-beta.0	1.31, 1.30, 1.29, 1.28	3.20.3	1.25.5	4.12.0-beta.0
⟳	v1.11.3	1.30, 1.29, 1.28, 1.27, 1.26	3.20.3	1.25.5	4.11.3
⟳	v1.11.2	1.30, 1.29, 1.28, 1.27, 1.26	3.20.0	1.25.5	4.11.2
⟳	v1.11.1	1.30, 1.29, 1.28, 1.27, 1.26	3.20.0	1.25.5	4.11.1
⟳	v1.11.0	1.30, 1.29, 1.28, 1.27, 1.26	3.20.0	1.25.5	4.11.0
	v1.10.5	1.30, 1.29, 1.28, 1.27, 1.26	3.20.3	1.25.5	4.10.5
	v1.10.4	1.30, 1.29, 1.28, 1.27, 1.26	3.20.0	1.25.5	4.10.4
	v1.10.3	1.30, 1.29, 1.28, 1.27, 1.26	3.20.0	1.25.5	4.10.3
	v1.10.2	1.30, 1.29, 1.28, 1.27, 1.26	3.20.0	1.25.5	4.10.2
	v1.10.1	1.30, 1.29, 1.28, 1.27, 1.26	3.19.1	1.25.3	4.10.1

图 4-25　当前支持的版本信息

注意:如果要获取 Ingress Nginx Controller 与 Kubernetes 版本匹配信息,则可访问 https://github.com/kubernetes/ingress-nginx 获取。

由于在演示环境中 Kubernetes 的版本为 1.31,因此需要下载与之匹配的 controller-v1.12.0-beta.0 版本,命令如下:

```
wget https://github.com/kubernetes/ingress - nginx/archive/refs/tags/controller - v1.12.0 -
beta.0.tar.gz
```

下载完成后解压,命令如下:

```
tar zxvf controller - v1.12.0 - beta.0.tar.gz
```

然后复制解压后目录内的 Ingress Nginx Controller 部署文件 deploy.yaml,并重命名为 ingress-nginx-controller.yaml,命令如下:

```
cp ingress - nginx - controller - v1.12.0 - beta.0/deploy/static/provider/cloud/deploy.yaml
ingress - nginx - controller.yaml
```

接着编辑 ingress-nginx-controller.yaml 文件,需要修改的关键代码如下:

```
...
---
apiVersion: v1
kind: Service
metadata:
  #定义服务组件标签
  labels:
    app.kubernetes.io/component: controller      #将组件类型定义为控制器(controller)
    app.kubernetes.io/instance: ingress - nginx   #将实例名称定义为 ingress - nginx
    app.kubernetes.io/name: ingress - nginx       #将服务名称定义为 ingress - nginx
    app.kubernetes.io/part - of: ingress - nginx  #将所属聚合定义为 ingress - nginx
    app.kubernetes.io/version: 1.12.0 - beta.0    #指定版本号
  name: ingress - nginx - controller
  namespace: ingress - nginx
spec:
  #externalTrafficPolicy: Local
  ipFamilies:
  - IPv4
  ipFamilyPolicy: SingleStack                     #IP 地址族策略为单栈(仅 IPv4)
  ports:
  - appProtocol: http
    name: http
    port: 80
    protocol: TCP
    targetPort: http
  - appProtocol: https
    name: https
    port: 443
    protocol: TCP
    targetPort: https
    #定义选择器
  selector:
    app.kubernetes.io/component: controller
    app.kubernetes.io/instance: ingress - nginx
    app.kubernetes.io/name: ingress - nginx
  type: NodePort
---
```

注意：ingress-nginx-controller.yaml 文件修改的关键字段如下。

（1）注释 externalTrafficPolicy：Local。

（2）修改 type：NodePort。

保存并退出编辑器,部署 ingress-nginx-controller 控制器,命令如下：

```
sudo kubectl apply - f ingress - nginx - controller.yaml
```

当部署命令执行后 ingress-nginx-controller 控制器开始部署,控制器部署成功的标识如图 4-26 所示。

```
user01@node01:~$ sudo kubectl get pods -n ingress-nginx
NAME                                        READY   STATUS      RESTARTS   AGE
ingress-nginx-admission-create-6mg5j        0/1     Completed   0          5m57s
ingress-nginx-admission-patch-qjrgc         0/1     Completed   5          5m57s
ingress-nginx-controller-7d56585cd5-k7bsl   1/1     Running     0          5m57s
```

图 4-26　ingress-nginx-controller 控制器部署成功

5. 应用 Ingress

首先配置测试应用的数据持久化存储,创建数据持久化配置文件 ingress-nginx-storage01.yaml,代码如下：

```yaml
---
# 创建 PV(用于存储测试 service01 数据文件)
apiVersion: v1
kind: PersistentVolume
metadata:
  name: ingress - service01
spec:
  capacity:
    storage: 2Gi
  volumeMode: Filesystem
  accessModes:
    - ReadWriteMany
  persistentVolumeReclaimPolicy: Retain
  nfs:
    path: /nfs - share/ingress - nginx/acom
    server: 192.168.79.191
---
# 创建 PVC
apiVersion: v1
kind: PersistentVolumeClaim
metadata:
  name: ingress - service01
spec:
  accessModes:
    - ReadWriteMany
  resources:
```

```
      requests:
          storage: 2Gi
---
#创建 PV(用于存储测试 service02 数据文件)
apiVersion: v1
kind: PersistentVolume
metadata:
  name: ingress - service02
spec:
  capacity:
    storage: 2Gi
  volumeMode: Filesystem
  accessModes:
    - ReadWriteMany
  persistentVolumeReclaimPolicy: Retain
  nfs:
    path: /nfs - share/ingress - nginx/bcom
    server: 192.168.79.191
---
#创建 PVC
apiVersion: v1
kind: PersistentVolumeClaim
metadata:
  name: ingress - service02
spec:
  accessModes:
    - ReadWriteMany
  resources:
    requests:
      storage: 2Gi
```

保存文件并退出编辑器,在 Kubernetes 集群内部署实验所需数据持久化环境,命令如下:

```
sudo kubectl apply - f ingress - nginx - storage01.yaml
```

部署完成后查看 PV、PVC 状态,部署成功的标识如图 4-27 所示。

```
user01@node01:~$ sudo kubectl get pvc
NAME                STATUS    VOLUME            CAPACITY  ACCESS MODES  STORAGECLASS  VOLUMEATTRIBUTESCLASS  AGE
ingress-service01   Bound     ingress-service01  2Gi       RWX                         <unset>                8m30s
ingress-service02   Bound     ingress-service02  2Gi       RWX                         <unset>                8m30s
user01@node01:~$ sudo kubectl get pv
NAME                CAPACITY  ACCESS MODES  RECLAIM POLICY  STATUS    CLAIM                       STORAGECL
ASS  VOLUMEATTRIBUTESCLASS  REASON  AGE
ingress-service01   2Gi       RWX           Retain          Bound     default/ingress-service01
     <unset>                        8m34s
ingress-service02   2Gi       RWX           Retain          Bound     default/ingress-service02
     <unset>                        8m34s
```

图 4-27 部署持久化存储

接着编写测试应用文件 igress-test-http.yaml,代码如下:

```
#测试服务 service01 相关代码
---
```

```
apiVersion: apps/v1
kind: Deployment
metadata:
  labels:
    app: service01
  name: service01
  namespace: default
spec:
  replicas: 2                                          ♯将 Pod 副本数定义为 2
  selector:
    matchLabels:
      app: service01
  strategy: {}
  template:
    metadata:
      labels:
        app: service01
    spec:
      containers:
      - image: httpd:alpine
        name: httpd
        volumeMounts:
        - name: ingress－vol01
          mountPath: /usr/local/apache2/htdocs/        ♯容器内数据存储的路径
        ports:
        - containerPort: 80
      volumes:
      - persistentVolumeClaim:
          claimName: ingress－service01
        name: ingress－vol01
---
apiVersion: v1
kind: Service
metadata:
  labels:
    app: service01
  name: service01
spec:
  ports:
  - port: 80
    protocol: TCP
    targetPort: 80
  selector:
    app: service01
  type: NodePort
---
♯测试服务 service02 的相关代码
---
apiVersion: apps/v1
```

```yaml
kind: Deployment
metadata:
  labels:
    app: service02
  name: service02
  namespace: default
spec:
  replicas: 2
  selector:
    matchLabels:
      app: service02
  strategy: {}
  template:
    metadata:
      labels:
        app: service02
    spec:
      containers:
      - image: httpd:alpine
        name: httpd
        volumeMounts:
        - name: ingress-vol02
          mountPath: /usr/local/apache2/htdocs/
        ports:
        - containerPort: 80
      volumes:
      - persistentVolumeClaim:
          claimName: ingress-service02
        name: ingress-vol02
---
apiVersion: v1
kind: Service
metadata:
  labels:
    app: service02
  name: service02
spec:
  ports:
  - port: 80
    protocol: TCP
    targetPort: 80
  selector:
    app: service02
  type: NodePort
---
#定义 Ingress 资源
apiVersion: networking.k8s.io/v1
kind: Ingress
metadata:
```

```
    name: demo - ingress
    annotations:
        # 定义 Nginx Ingress 控制器,用于重写目标 URL,将请求的路径重写至根路径
        nginx. ingress. kubernetes. io/rewrite - target: /
spec:
    ingressClassName: nginx
    # 定义 Ingress 规则
    rules:
    - host: test. com                      # 定义规则适配的主机名
      http:
        paths:
        # 定义第 1 个规则
        - backend:
            service:
              name: service01             # 指定后端服务名称
              port:
                number: 80                # 指定后端服务的端口号
          path: /acom                     # 匹配请求路径,使用前缀匹配
          pathType: Prefix                # 路径类型,Prefix 表示前缀匹配
        - backend:
            service:
              name: service02
              port:
                number: 80
          path: /bcom
          pathType: Prefix
```

然后编写 service01 服务所对应的测试页面/nfs-share/ingress-nginx/acom/index. html,代码如下:

```
<!-- Service01 测试代码如下,测试文件路径/nfs - share/ingress - nginx/acom/index. html. -->
<!DOCTYPE html>
< html >
    < head >
                < meta charset = "utf - 8">
                < title > Service01 </title >
                < style >
                        . center - text {
                         text - align: center;
                        }
                </style >
    </head >
    < body >
                < div class = "center - text">
                        < h1 > Service01 测试页面!</h1 >
                </div >
    </body >
</html >
```

编写 service02 服务所对应的测试页面/nfs-share/ingress-nginx/bcom/index. html,代

码如下：

```
<!-- Service02 测试代码如下,测试文件路径/nfs - share/ingress - nginx/bcom/index.html. -->
<!DOCTYPE html>
<html>
        <head>
                <meta charset = "utf - 8">
                <title> Service02 </title>
                <style>
                        .center - text {
                         text - align: center;
                        }
                </style>
        </head>
        <body>
                <div class = "center - text">
                        <h1> Service02 测试页面!</h1>
                </div>
        </body>
</html>
```

文件编辑完成后发布服务并查看服务状态,命令如下：

```
#部署测试服务
sudo kubectl apply - f ingress - test - http.yaml
#查看服务状态
sudo kubectl get pods
sudo kubectl get svc
```

命令执行的过程及信息输出如图 4-28 所示。

```
user01@node01:~$ sudo vim ingress-test-http.yaml
user01@node01:~$ sudo kubectl apply -f ingress-test-http.yaml
deployment.apps/service01 created
service/service01 created
deployment.apps/service02 created
service/service02 created
ingress.networking.k8s.io/demo-ingress created
user01@node01:~$ sudo kubectl get pods
NAME                                     READY    STATUS    RESTARTS    AGE
nfs-client-provisioner-c5957ff64-hrdwt   1/1      Running   0           68m
service01-74c5bfc889-n4cnk               1/1      Running   0           105s
service01-74c5bfc889-n786t               1/1      Running   0           105s
service02-5d7748f68c-hc2pz               1/1      Running   0           105s
service02-5d7748f68c-wsx5c               1/1      Running   0           105s
user01@node01:~$
user01@node01:~$ sudo kubectl get svc
NAME         TYPE        CLUSTER-IP      EXTERNAL-IP    PORT(S)         AGE
kubernetes   ClusterIP   10.96.0.1       <none>         443/TCP         26d
service01    NodePort    10.107.209.160  <none>         80:32750/TCP    4m51s
service02    NodePort    10.106.87.177   <none>         80:30882/TCP    4m51s
```

图 4-28　部署并查看测试服务

可以看到应用对应的 Pod 运行正常,服务暴露的端口正常。此时,可以通过命令获取 ingress-nginx-controller 对外暴露的端口,命令如下：

```
sudo kubectl get svc - n ingress - nginx
```

命令执行后输出的信息如图 4-29 所示。

```
user01@node01:~$ sudo kubectl get svc -n ingress-nginx
NAME                                TYPE        CLUSTER-IP      EXTERNAL-IP   PORT(S)                      AGE
ingress-nginx-controller            NodePort    10.107.91.213   <none>        80:30835/TCP,443:30734/TCP   75m
ingress-nginx-controller-admission  ClusterIP   10.108.24.128   <none>        443/TCP                      75m
```

图 4-29 获取 ingress-nginx-controller 对外端口

可以看到此时 ingress-nginx-controller 对外暴露的端口为 30835/TCP。最后就可以通过浏览器访问应用域名的 30835/TCP 端口,以此来验证 ingress-nginx-controller 的负载功能,例如客户端访问 http://test.com:30835/acom 即可访问 service01 的服务,如图 4-30 所示。

service01测试页面!

图 4-30 请求流量转发至服务 service01

客户端访问 http://test.com:30835/bcom 即可访问 service02 的服务,如图 4-31 所示。

service02测试页面!

图 4-31 请求流量转发至服务 service02

由此可见,通过 ingress-nginx-controller 控制器可以轻松地实现企业应用不同版本的同步发布与管理。

6. 服务网格-Istio

随着微服务架构在企业内的不断普及和应用复杂性的不断增加,企业不得不面临服务之间的通信复杂性的难题,例如服务发现、负载均衡、故障恢复、监控及安全等。网格服务应运而生,它旨在为微服务之间的交互提供透明且一致的管理。它通过提供一套统一的通信、监控和安全策略来帮助企业开发人员和运维团队有效地管理复杂的微服务架构应用系统。

服务网格通常情况下采用的是代理模式,该模式是通过在每个服务实例旁边部署一个轻量级的旁路代理(SideCar),用于拦截服务之间的所有网络流量,并且按照定义的策略将其传递到适当的目的地。这一特点使服务网格在不改变服务代码的前提下,可以自动处理服务之间的通信,使开发人员可以更专注于业务逻辑,而不必过多地关注服务之间的交互细节。

1）为什么使用 Istio

在企业的 Kubernetes 集群环境中使用 Istio 具有多方面的优势,首先是 Kubernetes 集群虽然具有基本的服务发现、负载均衡等功能,但是在处理复杂的更加精细化的流量管理时就显得力不从心了,而 Istio 则可以提供强大的流量管理功能,例如路由、重试、熔断和限流等,可以帮助企业实现精细化流量控制。企业可以通过 Istio 轻松地进行蓝绿发布与金丝雀发布,降低了新版本推送带来的未知风险。

其次是在当前网络风险日益严峻的情况下,特别是在微服务环境中,服务间的通信安全尤为重要,而 Istio 通过自动化的 mTLS(相互传输层安全性)来确保服务之间的通信是加密且经过身份验证的,通过该方式不仅增强了数据传输的安全性和保密性,还进一步地简化了安全策略的部署,可以让运维团队更专注于安全策略的优化与管理,而非复杂的部署环节。

同时,Istio 还集成了多种工具,可以收集集群中流量数据、监控服务性能并生成响应的日志和追踪信息。可以使企业能够及时了解服务运行的实时状态,并迅速发现和定位故障,提升应用系统的可靠性和故障响应能力。

最后,当使用 Istio 后,开发人员可以在不修改代码的情况下,管理和控制微服务之间的通信。同时运维团队也能够通过 Istio 管理界面,轻松实现策略配置、流量监控和安全设置,实现了开发与运维的解耦。与此同时,Istio 还有强大且成熟的生态系统支持,可让企业充分利用社区资源快速实现和应用服务网格。

注意：蓝绿发布和金丝雀发布均是软件交付/部署领域中的流行策略,它们的目的是减少或消除部署过程中服务中断的风险发生。

蓝绿发布是通过同时运行两个完全相同的生产环境(蓝色环境和绿色环境),通过切换对外的服务活动场景来实现版本的无缝切换,而金丝雀发布则是先将新版本部署给少量用户进行测试,然后根据实际情况再逐步扩大部署范围以降低发布风险。它们之间的最大区别在于实施的方式不同,蓝绿发布时进行整体切换,而金丝雀发布采用的方式是逐步扩展。

2）Istio 的核心概念

Istio 作为一个开源的服务网格平台,它的核心概念见表 4-7。

表 4-7　Istio 的核心概念

核 心 概 念	说　　明
服务网络	服务网络用于处理微服务之间的通信,提供诸如服务发现、负载均衡、监控、路由等功能,使微服务之间的交互变得更加可靠和高效
旁路代理(Sidecar)	Istio 通常使用 Envoy 充当旁路代理,拦截微服务的所有流入和流出流量,通过这种方式可以轻松地实现流量管理和安全控制
数据平面和控制平面	数据平面用于拦截和处理服务之间的所有网络流量,实现流量管理、安全性和可观察等功能。控制平面用于管理和配置数据平面的代理

续表

核 心 概 念	说　明
可观测性	Istio 为网格内所有的服务通信生成三类数据,这些数据涵盖了指标、分布式追踪及访问日志。需要特别注意的是,指标数据基于 4 个核心黄金标准(延迟、流量、错误率及饱和度)构建,形成了一系列详尽的服务性能指标
安全性	Istio 提供了身份认证、访问控制、加密通信和安全审计等功能,确保微服务之间的通信是安全可靠的

3) Istio 的工作原理

Istio 之所以被企业广泛应用,这是由其自身独特的架构所决定的,架构如图 4-32 所示。

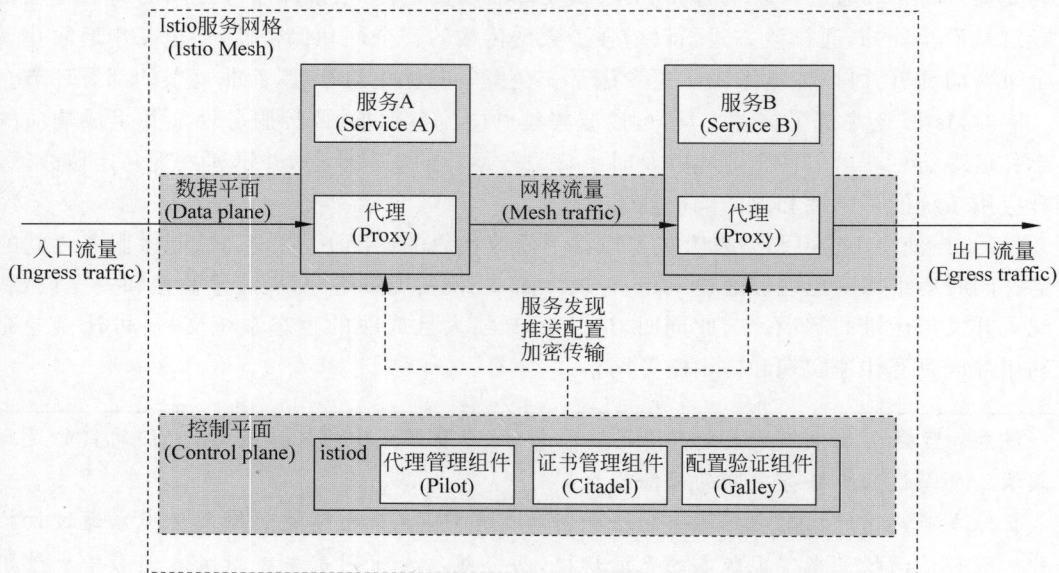

图 4-32　Istio 架构

从架构图上可以很清晰地看到,Istio 通过一组轻量级的网络代理(通常是 Envoy Proxy)与服务一起部署,从而形成服务的数据平面,同时使用一系列控制平面组件来管理这些代理,其中平面组件包含 Pilot 组件、Citadel 组件和 Galley 组件,这些组件的功能见表 4-8。

表 4-8　Istio 控制平面组件

组 件 名 称	功 能 说 明
Pilot 组件	负责服务发现和配置 Envoy 代理进行流量管理,提供诸如路由规则、重试、故障注入等相关功能
Citadel 组件	提供服务间的认证和授权功能,主要通过 mutual TLS(mTLS)来确保通信安全
Galley 组件	负责验证、提取、处理和将配置信息分发给其他 Istio 组件

Istio 部署完成后,首先当服务实例启动时,系统会部署一个 Envoy 代理作为 Sidecar,与控制平面通信并注册自身相关信息。接着,Pilot 组件会从服务注册中心获取服务信息,

并生成 Envoy 的配置信息,然后将配置信息下发给各个 Envoy 代理。最后,Envoy 代理会拦截服务实例的所有入站和出站流量,并根据 Pilot 的流量管理规则进行路由。同时 Envoy 代理还会执行访问控制和收集相关可观测数据(例如指标、分布式追踪、访问日志)用于运维监控和故障分析。服务间的通信安全由 Citadel 组件负责,它提供密钥和证书加密功能。

4)部署 Istio

首先访问 https://github.com/istio/istio/releases 获取最新的稳定版本,并下载至 Kubernetes 集群的控制节点,命令如下:

```
wget https://github.com/istio/istio/releases/download/1.24.0/istio-1.24.0-linux-amd64.tar.gz
```

文件下载完成后解压并将解压后的文件移动至/usr/local 目录下,命令如下:

```
#解压文件
tar zxvf istio-1.24.0-linux-amd64.tar.gz
#移动文件
sudo mv istio-1.24.0 /usr/local/
```

接着在配置文件/etc/profile 内添加环境变量参数,代码如下:

```
export PATH = $ PATH:/usr/local/istio-1.24.0/bin
```

保存并退出编辑器,执行命令使环境变量生效,命令如下:

```
#切换至特权模式
sudo -s
#执行 source 命令
source /etc/profile
```

注意:如果命令执行后环境变量不生效,则需要修改/etc/profile 文件的权限,例如 chmod +x /etc/profile。或者将上述代码添加至当前用户主目录下的.bashrc 文件内。

接下来可以执行 istioctl --help 命令验证环境变量是否生效,命令执行后输出的信息如图 4-33 所示。

由于命令执行后能够看到完整的帮助信息,因此可以判断配置的 istioctl 环境变量已生效。环境变量生效后即可部署 Istio 的演示环境,命令如下:

```
istioctl install -- set profile = demo -y
```

命令执行的过程如图 4-34 所示。

部署完成后,可以查看 Istio 的当前状态,如图 4-35 所示。

通过状态信息可以看到 Istio 应用对应的 Pods 运行正常,服务对外提供的端口范围正常,Istio 处于待命状态,等待被使用。

```
user01@node01:~$ sudo -s
root@node01:/home/user01# source /etc/profile
root@node01:/home/user01# istioctl --help
Istio configuration command line utility for service operators to
debug and diagnose their Istio mesh.

Usage:
  istioctl [command]

Available Commands:
  admin               Manage control plane (istiod) configuration
  analyze             Analyze Istio configuration and print validation messages
  authz               (authz is experimental. Use `istioctl experimental authz`)
  bug-report          Cluster information and log capture support tool.
  completion          Generate the autocompletion script for the specified shell
  create-remote-secret Create a secret with credentials to allow Istio to access remote Kubernetes apiservers
  dashboard           Access to Istio web UIs
  experimental        Experimental commands that may be modified or deprecated
  help                Help about any command
  install             Applies an Istio manifest, installing or reconfiguring Istio on a cluster.
  kube-inject         Inject Istio sidecar into Kubernetes pod resources
  manifest            Commands related to Istio manifests

    --as string          Username to impersonate for the operation. User could be a regular user or a service account in a namespace
    --as-group stringArray  Group to impersonate for the operation, this flag can be repeated to specify multiple groups.
    --as-uid string      UID to impersonate for the operation.
    --context string     Kubernetes configuration context
  -h, --help             help for istioctl
  -i, --istioNamespace string  Istio system namespace (default "istio-system")
  -c, --kubeconfig string  Kubernetes configuration file
  -n, --namespace string   Kubernetes namespace
    --vklog Level        number for the log level verbosity. Like -v flag. ex: --vklog=9

Additional help topics:
  istioctl options         Displays istioctl global options

Use "istioctl [command] --help" for more information about a command.
root@node01:/home/user01#
```

图 4-33　Istio 环境变量生效

图 4-34　部署 Istio

```
user01@node01:~$ sudo kubectl get pods -n istio-system
NAME                                      READY   STATUS    RESTARTS   AGE
istio-egressgateway-c98b78dd7-jzbvr       1/1     Running   0          6m26s
istio-ingressgateway-5d9bdd9799-nbhzt     1/1     Running   0          6m26s
istiod-548dc45f49-jf65m                   1/1     Running   0          7m16s
user01@node01:~$ sudo kubectl get svc -n istio-system
NAME                   TYPE           CLUSTER-IP       EXTERNAL-IP   PORT(S)
 AGE
istio-egressgateway    ClusterIP      10.101.164.167   <none>        80/TCP,443/TCP
 6m35s
istio-ingressgateway   LoadBalancer   10.106.214.117   <pending>     15021:31650/TCP,80:32530/TCP,443:32020/TCP,31400:31614/TCP,15443:31756/TCP
 6m35s
istiod                 ClusterIP      10.107.120.6     <none>        15010/TCP,15012/TCP,443/TCP,15014/TCP
 7m25s
```

图 4-35　Istio 的运行状态

注意：Istio 的管理命令为 istioctl，其相关子命令见表 4-9。

表 4-9 istioctl 的子命令

命 令	功 能 说 明
istioctl version	查看 istioctl 的版本信息
istioctl profile list	查看内置的样例文件
istioctl install	安装控制平面组件
istioctl uninstall	卸载控制平面组件
istioctl proxy-status	获取代理运行状态
istioctl proxy-config	获取代理的配置信息
istioctl analyze	分析配置并打印验证信息
istioctl dashboard	访问 istio 的仪表盘
istioctl upgrade	升级 istio 的控制平面
istioctl verify-install	验证 istio 的安装状态

5）部署演示案例 bookinfo

演示案例 bookinfo 包含了 4 个独立的微服务应用，见表 4-10。

表 4-10 bookinfo 包含的微服应用

微服名称	说 明
productpage	该微服务应用会调用 details 和 reviews 两个微服务应用来生成对应的页面信息
details	该微服务中包含书籍的信息
reviews	该微服务中包含书籍的相关评论，它还会调用 ratings 微服务应用
ratings	该微服务中包含书籍评价的星级信息

其中微服务应用 reviews 包含了 v1、v2、v3 共 3 个版本，见表 4-11。

表 4-11 版本说明

版 本	说 明
v1	v1 版本不会调用 ratings 微服务应用
v2	v2 版本会调用 ratings 微服务应用，并使用 1～5 个黑色星型图标来显示评分
v3	v3 版本会调用 ratings 微服务应用，并使用 1～5 个红色星型图标来显示评分

这些微服务之间的调用逻辑架构如图 4-36 所示。

下面将详细演示 bookinfo 部署过程及如何通过 Istio 实现流量的精准控制。

首先部署 bookinfo 应用案例，部署文件路径为/usr/local/istio-1.24.0/samples/bookinfo/platform/kube/bookinfo.yaml，代码如下：

```
---
#定义 Details 服务
apiVersion: v1
kind: Service
metadata:
  name: details
```

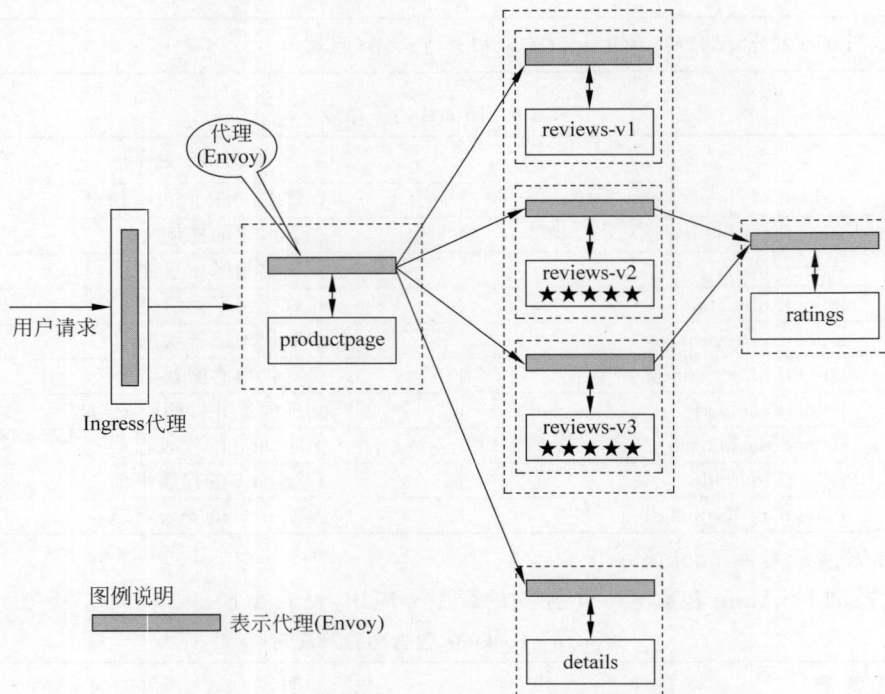

图 4-36　bookinfo 案例微服务间的调用逻辑架构

```
    labels:
      app: details
      service: details
  spec:
    ports:
    - port: 9080                          #定义 Details 服务的监听端口
      name: http                          #定义端口名称
    selector:
      app: details
---
apiVersion: v1
kind: ServiceAccount
metadata:
  name: bookinfo - details
  labels:
    account: details
---
#定义 Deployment(details 服务的 v1 版本)
apiVersion: apps/v1
kind: Deployment
metadata:
  name: details - v1
  labels:
```

```
        app: details
        version: v1  # 设置版本标签
spec:
  replicas: 1  # 将 Pod 副本数定义为 1
  selector:
    matchLabels:
      app: details
      version: v1
  template:
    metadata:
      labels:
        app: details
        version: v1
    spec:
      serviceAccountName: bookinfo-details  # 指定 Pod 使用的 serviceAccount 名称
      containers:
      - name: details
        image: docker.io/istio/examples-bookinfo-details-v1:1.20.2
        imagePullPolicy: IfNotPresent       # 定义镜像拉取策略,如果镜像不存在,则拉取镜像
        ports:
        - containerPort: 9080               # 容器侦听端口
---
# 定义 Ratings 服务
apiVersion: v1
kind: Service
metadata:
  name: ratings                            # 定义服务名称
  labels:
    app: ratings
    service: ratings
spec:
  ports:
  - port: 9080                             # 定义服务侦听端口
    name: http                             # 定义端口名称
  selector:
    app: ratings                           # 选择标签为 ratings 的 Pods
---
apiVersion: v1
kind: ServiceAccount
metadata:
  name: bookinfo-ratings
  labels:
    account: ratings
---
# 定义 Deployment(ratings 服务的 v1 版本)
apiVersion: apps/v1
kind: Deployment
metadata:
  name: ratings-v1
```

```
      labels:
        app: ratings
        version: v1
  spec:
    replicas: 1 # 将 Pod 副本数定义为 1
    selector:
      matchLabels:
        app: ratings # 选择标签为 ratings 的 Pods
        version: v1
    # Pod 模板,用于创建 Pods
    template:
      metadata:
        labels: # 为 Pod 模板添加标签
          app: ratings
          version: v1
      spec:
        serviceAccountName: bookinfo - ratings
        containers:
        - name: ratings
          image: docker. io/istio/examples - bookinfo - ratings - v1:1.20.2
          imagePullPolicy: IfNotPresent
          ports:
          - containerPort: 9080                         # 定义侦听端口
---
# 定义 Reviews 服务
apiVersion: v1
kind: Service
metadata:
  name: reviews
  labels:
    app: reviews
    service: reviews
spec:
  ports:
  - port: 9080                                          # 定义侦听端口
    name: http
  selector:
    app: reviews
---
apiVersion: v1
kind: ServiceAccount
metadata:
  name: bookinfo - reviews
  labels:
    account: reviews
---
# 定义 Deployment(reviews 服务的 v1 版本)
apiVersion: apps/v1
kind: Deployment
```

```yaml
metadata:
  name: reviews - v1
  labels:
    app: reviews
    version: v1
spec:
  replicas: 1
  selector:
    matchLabels:
      app: reviews
      version: v1
  template:
    metadata:
      labels:
        app: reviews
        version: v1
    spec:
      serviceAccountName: bookinfo - reviews
      containers:
      - name: reviews
        image: docker.io/istio/examples - bookinfo - reviews - v1:1.20.2
        imagePullPolicy: IfNotPresent
        env:
        - name: LOG_DIR                    #定义环境变量名称
          value: "/tmp/logs"               #指定环境变量的值
        ports:
        - containerPort: 9080
        volumeMounts:
        - name: tmp                        #卷名称
          mountPath: /tmp                  #挂载的路径
        - name: wlp - output
          mountPath: /opt/ibm/wlp/output
      volumes:
      - name: wlp - output
        emptyDir: {}                       #将卷类型指定为 emptyDir,用于临时存储数据
      - name: tmp
        emptyDir: {}                       #将卷类型指定为 emptyDir,用于临时存储数据
---
#定义 Deployment(reviews 服务的 v2 版本)
apiVersion: apps/v1
kind: Deployment
metadata:
  name: reviews - v2
  labels:
    app: reviews
    version: v2
spec:
  replicas: 1
  selector:
```

```
      matchLabels:
        app: reviews
        version: v2
  template:
    metadata:
      labels:
        app: reviews
        version: v2
    spec:
      serviceAccountName: bookinfo-reviews
      containers:
      - name: reviews
        image: docker.io/istio/examples-bookinfo-reviews-v2:1.20.2
        imagePullPolicy: IfNotPresent
        env:
        - name: LOG_DIR
          value: "/tmp/logs"
        ports:
        - containerPort: 9080
        volumeMounts:
        - name: tmp
          mountPath: /tmp
        - name: wlp-output
          mountPath: /opt/ibm/wlp/output
      volumes:
      - name: wlp-output
        emptyDir: {}
      - name: tmp
        emptyDir: {}
---
#定义 Deployment(reviews 服务的 v3 版本)
apiVersion: apps/v1
kind: Deployment
metadata:
  name: reviews-v3
  labels:
    app: reviews
    version: v3
spec:
  replicas: 1
  selector:
    matchLabels:
      app: reviews
      version: v3
  template:
    metadata:
      labels:
        app: reviews
        version: v3
```

```
    spec:
      serviceAccountName: bookinfo - reviews
      containers:
      - name: reviews
        image: docker. io/istio/examples - bookinfo - reviews - v3:1.20.2
        imagePullPolicy: IfNotPresent
        env:
        - name: LOG_DIR
          value: "/tmp/logs"
        ports:
        - containerPort: 9080
        volumeMounts:
        - name: tmp
          mountPath: /tmp
        - name: wlp - output
          mountPath: /opt/ibm/wlp/output
      volumes:
      - name: wlp - output
        emptyDir: {}
      - name: tmp
        emptyDir: {}
---
#定义 Productpage 服务
apiVersion: v1
kind: Service
metadata:
  name: productpage
  labels:
    app: productpage
    service: productpage
spec:
  ports:
  - port: 9080
    name: http
  selector:
    app: productpage
---
apiVersion: v1
kind: ServiceAccount
metadata:
  name: bookinfo - productpage
  labels:
    account: productpage
---
#定义 Deployment(productpage 服务的 v1 版本)
apiVersion: apps/v1
kind: Deployment
metadata:
  name: productpage - v1
```

```
    labels:
      app: productpage
      version: v1
spec:
  replicas: 1
  selector:
    matchLabels:
      app: productpage
      version: v1
  template:
    metadata:
      annotations:
        prometheus.io/scrape: "true"        # 启用监控
        prometheus.io/port: "9080"          # 指定监控端口
        prometheus.io/path: "/metrics"      # 指定监控路径
      labels:
        app: productpage
        version: v1
    spec:
      serviceAccountName: bookinfo - productpage
      containers:
      - name: productpage
        image: docker.io/istio/examples - bookinfo - productpage - v1:1.20 2
        imagePullPolicy: IfNotPresent       # 设置镜像拉取策略,IfNotPresent 表示如果镜像已
                                            # 经存在,则不需要重新拉取
        ports:
        - containerPort: 9080
        # 挂载卷
        volumeMounts:
        - name: tmp
          mountPath: /tmp
      volumes:
      - name: tmp
        emptyDir: {}                        # 将卷类型指定为 emptyDir,用于临时存储数据
---
```

注意:在 bookinfo. yaml 测试代码中,默认的命名空间为 default,数据卷采用的是 emptyDir 类型。

然后基于 bookinfo. yaml 文件发布服务,命令如下:

```
# 为 default 命名空间设置标签
sudo kubectl label namespace default istio - injection = enabled
# 部署 bookinfo 案例
sudo kubectl apply - f /usr/local/istio - 1.24.0/samples/bookinfo/platform/kube/bookinfo.yaml
```

部署完成后查看 bookinfo 相对应的 Pods、Service 状态,如图 4-37 所示。

```
user01@node01:~$ sudo kubectl get pods
NAME                            READY   STATUS    RESTARTS   AGE
details-v1-79dfbd6fff-qnv9k     2/2     Running   0          2m9s
productpage-v1-dffc47f64-sxs76  2/2     Running   0          2m9s
ratings-v1-65f797b499-vppgl     2/2     Running   0          2m9s
reviews-v1-5c4d6d447c-qblgh     2/2     Running   0          2m9s
reviews-v2-65cb66b45c-mpb92     2/2     Running   0          2m9s
reviews-v3-f68f94645-kwgx4      2/2     Running   0          2m9s
user01@node01:~$ sudo kubectl get svc
NAME          TYPE        CLUSTER-IP      EXTERNAL-IP   PORT(S)    AGE
details       ClusterIP   10.111.34.76    <none>        9080/TCP   2m21s
kubernetes    ClusterIP   10.96.0.1       <none>        443/TCP    28d
productpage   ClusterIP   10.99.37.0      <none>        9080/TCP   2m21s
ratings       ClusterIP   10.110.99.170   <none>        9080/TCP   2m21s
reviews       ClusterIP   10.99.201.161   <none>        9080/TCP   2m21s
```

图 4-37　bookinfo 运行状态

当 bookinfo 应用的相关 Pods、Service 运行正常后,需要验证部署完成后的 bookinfo 相关服务是否可以访问,命令如下:

```
kubectl exec \
" $ (kubectl get pod - l app = ratings - o jsonpath = '{.items[0].metadata.name}')" \
- c ratings -- curl - sS productpage:9080/productpage | grep - o "<title>. * </title>"
```

如果命令执行后有提示信息< title > Simple Bookstore App </ title >,则表明 bookinfo 应用案例处于运行状态且可正常访问,如图 4-38 所示。

```
user01@node01:~$ sudo -s
root@node01:/home/user01# kubectl exec \
"$(kubectl get pod -l app=ratings -o jsonpath='{.items[0].metadata.name}')" \
-c ratings -- curl -sS productpage:9080/productpage | grep -o "<title>.*</title>"
<title>Simple Bookstore App</title>
```

图 4-38　验证 bookinfo 应用可用性

通过查看 bookinfo 的服务状态可以得知,当前 bookinfo 相关微服务应用服务类型均为 ClusterIP,这就意味着 bookinfo 服务只能在集群内部访问。为了实现在当前集群之外访问需要配置网关,配置文件路径为/usr/local/istio-1. 24. 0/samples/bookinfo/networking/bookinfo-gateway. yaml,其代码如下:

```
# 定义 Istio Gateway 资源,用于配置入口网关
---
apiVersion: networking.istio.io/v1
kind: Gateway
metadata:
  name: bookinfo - gateway
spec:
  selector:
    istio: ingressgateway                  # 使用 Istio 的默认控制器
  servers:
  - port:
      number: 8080                         # 指定监听端口
```

```
        name: http                        #指定端口名称
        protocol: HTTP                     #指定使用的协议类型
    hosts:
    - "*" #表示允许所有主机通过该端口访问
---
#定义 Istio VirtualService 资源,用于配置路由规则
apiVersion: networking.istio.io/v1
kind: VirtualService
metadata:
  name: bookinfo
spec:
  hosts:
  - "*" #允许所有主机访问
  gateways:
  - bookinfo-gateway
  http:
  #定义一系列匹配条件,用于适配哪些请求需要被路由
  - match:
    - uri:
        exact: /productpage              #完全匹配/productpage 路径的请求
    - uri:
        prefix: /static                  #匹配以/static 开头的路径请求
    - uri:
        exact: /login                    #完全匹配/login 路径的请求
    - uri:
        exact: /logout                   #完全匹配/logout 路径的请求
    - uri:
        prefix: /api/v1/products         #匹配以/api/v1/products 开头的路径请求
    route:
    - destination:
        host: productpage                #指定目标服务名称
        port:
          number: 9080                   #指定目标服务器端口
```

注意:在配置文件 bookinfo-gateway.yaml 内,制定控制器使用的是 Istio 的默认控制器。

部署 bookinfo 应用网关,实现流量的精准控制,命令如下:

```
sudo apply -f /usr/local/istio-1.24.0/samples/bookinfo/networking/bookinfo-gateway.yaml
```

部署完成后 istio-ingressgateway 的服务类型默认为 LoadBalancer,由于不适合当前的演示环境,所以需要将其服务类型修改为 NodePort,命令如下:

```
sudo kubectl patch service istio-ingressgateway -n istio-system -p '{"spec":{"type":"NodePort"}}'
```

命令执行前后 istio-ingressgateway 服务类型如图 4-39 所示。

```
user01@node01:~$ sudo kubectl get svc -n istio-system
NAME                    TYPE           CLUSTER-IP       EXTERNAL-IP    PORT(S)
  AGE
istio-egressgateway     ClusterIP      10.101.164.167   <none>         80/TCP,443/TCP
  16h
istio-ingressgateway    LoadBalancer   10.106.214.117   <pending>      15021:31650/TCP,80:32530/TCP,443:32020/TCP,31400:31614/TCP,15443:31756/TCP
  16h
istiod                  ClusterIP      10.107.120.6     <none>         15010/TCP,15012/TCP,443/TCP,15014/TCP
  16h
user01@node01:~$ sudo kubectl patch service istio-ingressgateway -n istio-system -p '{"spec": {"type": "NodePort"}}'
service/istio-ingressgateway patched
user01@node01:~$ sudo kubectl get svc -n istio-system
NAME                    TYPE           CLUSTER-IP       EXTERNAL-IP    PORT(S)                                                                        AG
E
istio-egressgateway     ClusterIP      10.101.164.167   <none>         80/TCP,443/TCP                                                                 16
h
istio-ingressgateway    NodePort       10.106.214.117   <none>         15021:31650/TCP,80:32530/TCP,443:32020/TCP,31400:31614/TCP,15443:31756/TCP     16
h
istiod                  ClusterIP      10.107.120.6     <none>         15010/TCP,15012/TCP,443/TCP,15014/TCP                                          16
h
```

图 4-39　将 Istio 网关类型修改为 NodePort

网关类型修改完成后，可以使用浏览器访问集群任意节点 IP 的 32530/TCP 端口来验证网关是否可以工作正常，例如 productpage 页面（http：//182.168.79.191:32530/productpage），如图 4-40 所示。

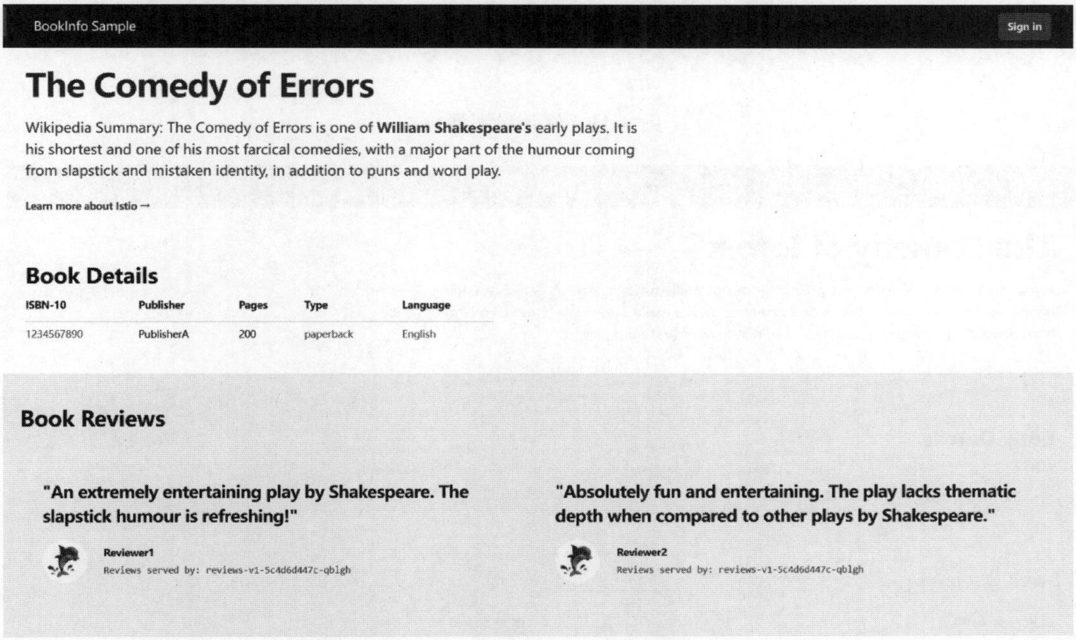

图 4-40　productpage 页面

此时，在浏览器内刷新 productpage 页面会发现 productpage 页面会随机展示 reviews 服务的不同版本效果，即会显示红色星型评价、黑色星型评价或无评价，如图 4-41、图 4-42 和图 4-43 所示。

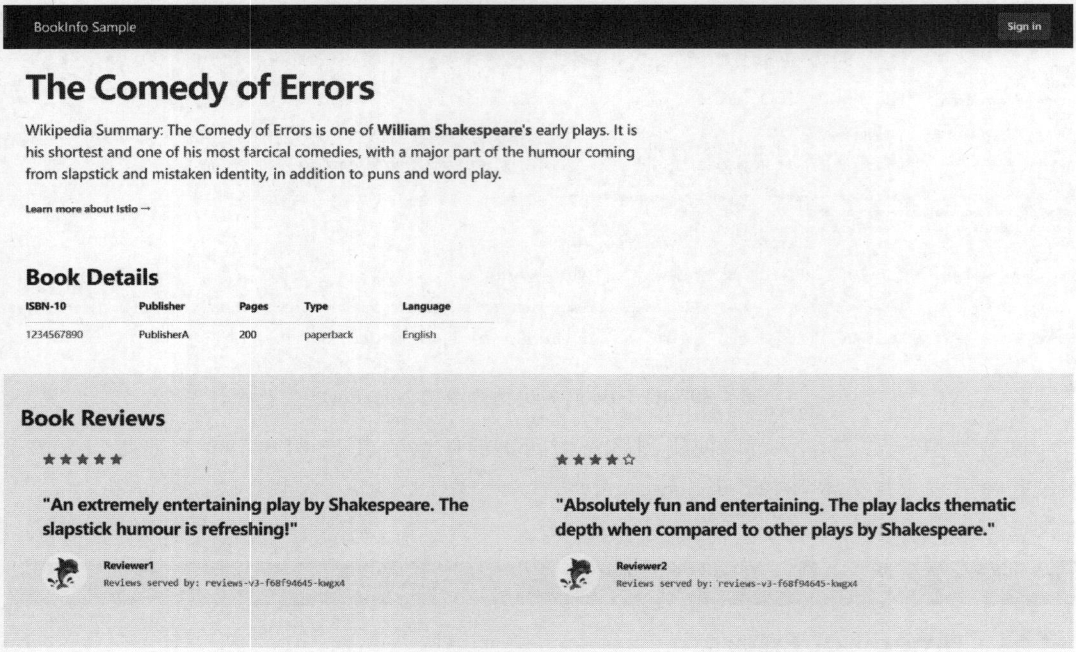

图 4-41　红色星型评价

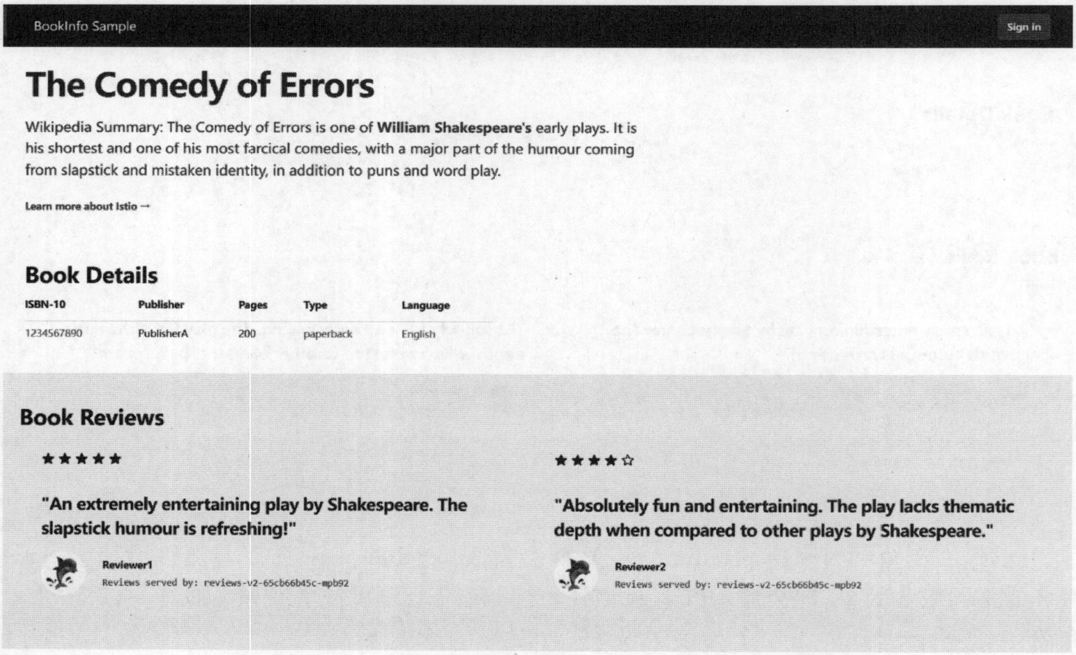

图 4-42　黑色星型评价

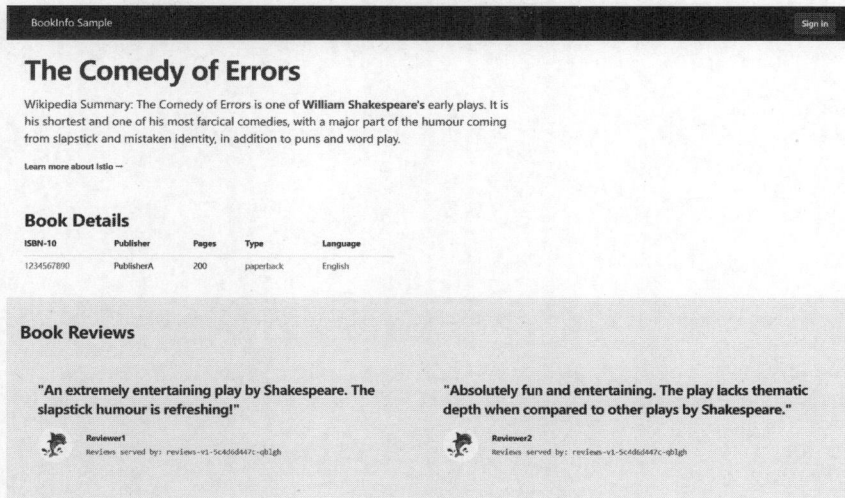

图 4-43　无评价

　　造成该现象的原因是对 bookinfo 所关联的微服务未配置路由控制。下面将展示如何通过定义目标规则的方式来实现智能路由，配置文件路径/usr/local/istio-1.24.0/samples/bookinfo/networking/destination-rule-all-mtls.yaml，代码如下：

```
＃定义一个 DestinationRule 资源,用于配置 productpage 服务的路由和流量策略
---
apiVersion: networking.istio.io/v1
kind: DestinationRule
metadata:
  name: productpage
spec:
  host: productpage
  ＃定义流量策略
  trafficPolicy:
    tls:
      mode: ISTIO_MUTUAL                    ＃使用 Istio 的双向 TLS 加密模式
  ＃定义服务子集,用于更细颗粒度的流量控制
  subsets:
  - name: v1                                ＃将第 1 个子集名称定义为 v1
    labels:
      version: v1                           ＃选择标签 version 为 v1 的 Pod
---
＃定义一个 DestinationRule 资源,用于配置 reviews 服务的路由和流量策略
apiVersion: networking.istio.io/v1
kind: DestinationRule
metadata:
  name: reviews
spec:
  host: reviews
  trafficPolicy:
    tls:
      mode: ISTIO_MUTUAL
```

```
  subsets:
  - name: v1                          #将第 1 个子集名称定义为 v1
    labels:
      version: v1
  - name: v2                          #将第 2 个子集名称定义为 v2
    labels:
      version: v2
  - name: v3                          #将第 3 个子集名称定义为 v3
    labels:
      version: v3
---
#定义一个 DestinationRule 资源,用于配置 ratings 服务的路由和流量策略
apiVersion: networking.istio.io/v1
kind: DestinationRule
metadata:
  name: ratings
spec:
  host: ratings
  trafficPolicy:
    tls:
      mode: ISTIO_MUTUAL
  subsets:
  - name: v1                          #将第 1 个子集名称定义为 v1
    labels:
      version: v1
  - name: v2                          #将第 2 个子集名称定义为 v2
    labels:
      version: v2
  - name: v2 - mysql                  #将第 3 个子集名称定义为 v2 - mysql
    labels:
      version: v2 - mysql
  - name: v2 - mysql - vm             #将第 4 个子集名称定义为 v2 - mysql - vm
    labels:
      version: v2 - mysql - vm
---
#定义一个 DestinationRule 资源,用于配置 details 服务的路由和流量策略
apiVersion: networking.istio.io/v1
kind: DestinationRule
metadata:
  name: details
spec:
  host: details
  trafficPolicy:
    tls:
      mode: ISTIO_MUTUAL
  subsets:
  - name: v1
    labels:
      version: v1
  - name: v2
    labels:
      version: v2
---
```

实施流量控制,命令如下:

```
sudo kubectl apply - f /usr/local/istio - 1.24.0/samples/bookinfo/networking/destination -
rule - all - mtls.yaml
```

然后查看已生效的目标规则,命令如下:

```
sudo kubectl get destinationrules - o yaml
```

命令执行后的信息输入如图 4-44 所示。

图 4-44 已生效的目标规则

当上述配置设置并生效后,就可执行更精细的流量控制。如果要将所有的流量路由至 v1 版本,则可通过部署流量控制文件/usr/local/istio-1.24.0/samples/bookinfo/networking/ virtual-service-all-v1.yaml 来实现,代码如下:

```
---
# 定义一个 VirtualService 资源,用于配置 productpage 服务的路由策略
apiVersion: networking.istio.io/v1
kind: VirtualService
metadata:
  name: productpage
spec:
  hosts:
  - productpage
  # 定义 HTTP 路由规则
  http:
  - route:
    - destination:
        host: productpage          # 目标服务的主机名,与上面 hosts 字段保持一致
        subset: v1 # 指定目标服务的子集名称,对应于 DestinationRule 中定义的子集,用于路由
                   # 至特定的版本 v1 的 Pod
---
# 定义一个 VirtualService 资源,用于配置 reviews 服务的路由策略
apiVersion: networking.istio.io/v1
kind: VirtualService
metadata:
  name: reviews
spec:
  hosts:
  - reviews
  http:
  - route:
    - destination:
        host: reviews
        subset: v1
---
# 定义一个 VirtualService 资源,用于配置 ratings 服务的路由策略
apiVersion: networking.istio.io/v1
kind: VirtualService
metadata:
  name: ratings
spec:
  hosts:
  - ratings
  http:
  - route:
    - destination:
        host: ratings
        subset: v1
---
```

```
#定义一个 VirtualService 资源,用于配置 details 服务的路由策略
apiVersion: networking.istio.io/v1
kind: VirtualService
metadata:
  name: details
spec:
  hosts:
  - details
  http:
  - route:
    - destination:
        host: details
        subset: v1
---
```

发布路由转发规则,命令如下:

```
sudo kubectl apply - f /usr/local/istio - 1.24.0/samples/bookinfo/networking/virtual -
service - all - v1.yaml
```

路由规则发布后通过浏览器访问 productpage 页面(http://192.168.79.191:32530/
productpage),此时无论如何刷新页面始终都指向 v1 版本,如图 4-45 所示。

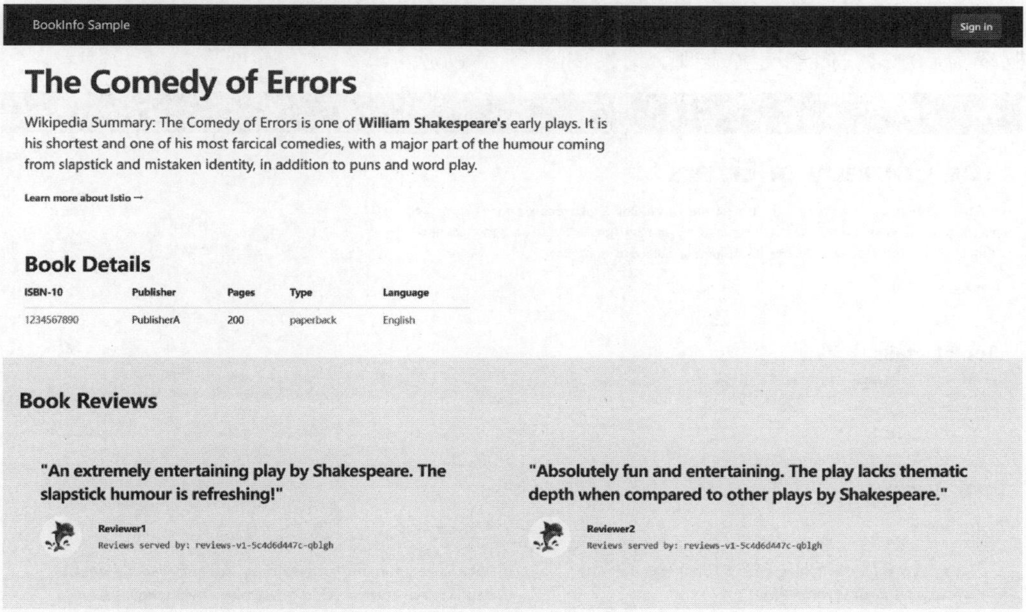

图 4-45　流量全部被路由至 v1 版

如果想实现将访问流量按照 50%的权重比分别转发到 v1、v3 版本,则可执行部署的配
置文件路径为/usr/local/istio-1.24.0/samples/bookinfo/networking/virtual-service-reviews-50-
v3.yaml,代码如下:

```
apiVersion: networking.istio.io/v1
kind: VirtualService
metadata:
  name: reviews
spec:
  hosts:
    - reviews
  http:
  - route:
    - destination:
        host: reviews
        subset: v1
      weight: 50
    - destination:
        host: reviews
        subset: v3
      weight: 50
```

发布路由转发规则，命令如下：

```
sudo kubectl apply - f /usr/local/istio - 1.24.0/samples/bookinfo/networking/virtual -
service-reviews-50-v3.yaml
```

路由规则发布后，再刷新 productpage 页面，就会发现 v1 版本页面与 v3 版本页面显示的概率为 50%，它们会交替出现，如图 4-46、图 4-47 所示。

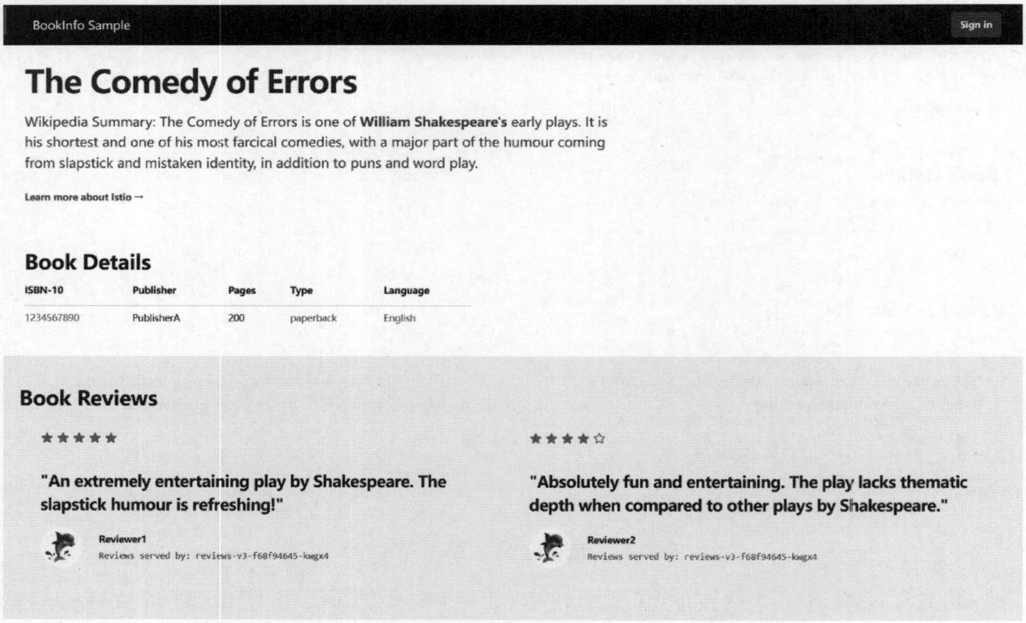

图 4-46　流量被路由至 v3 版

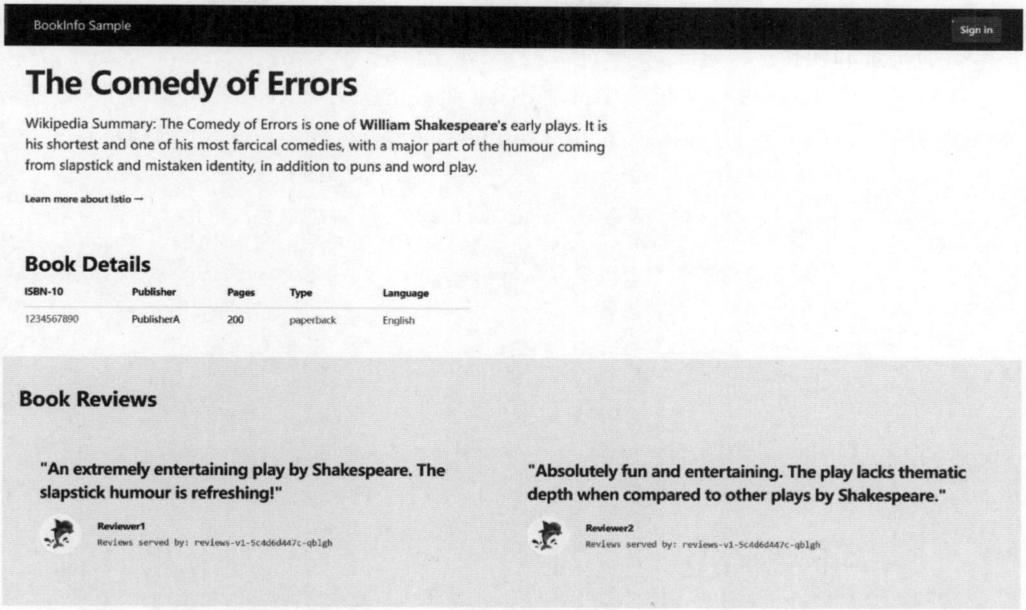

BookInfo Sample　　　　　　　　　　　　　　　　　　　　　　　　Sign in

The Comedy of Errors

Wikipedia Summary: The Comedy of Errors is one of **William Shakespeare's** early plays. It is his shortest and one of his most farcical comedies, with a major part of the humour coming from slapstick and mistaken identity, in addition to puns and word play.

Learn more about Istio →

Book Details

ISBN-10	Publisher	Pages	Type	Language
1234567890	PublisherA	200	paperback	English

Book Reviews

"An extremely entertaining play by Shakespeare. The slapstick humour is refreshing!"

Reviewer1
Reviews served by: reviews-v1-5c4d6d447c-qblgh

"Absolutely fun and entertaining. The play lacks thematic depth when compared to other plays by Shakespeare."

Reviewer2
Reviews served by: reviews-v1-5c4d6d447c-qblgh

图 4-47　流量被路由至 v1 版

　　那么有没有可以动态图形化展示流量转发逻辑流程的工具插件呢？答案是肯定的，它就是开源的 Istio 服务网格可视化工具 Kiali，该工具旨在通过图形化的仪表盘展示服务之间的交互、网络流量及其他性能指标。首先，Kiali 能够为服务网格中的所有服务提供可视化的网络拓扑，由于用户了解服务之间的连接关系、请求流量的流向及各服务之间的通信状态，有利于管理人员快速定位网络瓶颈和故障点。其次，Kiali 集成了多种监控指标，例如请求数、错误率、响应时间等，通过这些指标可以实时监控服务性能并及时发现潜在的问题。例如，当服务间的调用失败时，可以通过查看对应服务的调用链，从而找出失败的具体请求。同时 Kiali 还具有检查 Istio 有效性和合法性的能力，它能够检测到配置中的潜在问题，例如路由规则错误、目标服务不可达等。最后可以利用 Kiali 提供的图形化界面轻松地实现企业典型的蓝绿部署、金丝雀发布等关键业务场景。还可以通过预设的阈值生成告警信息，并在服务运行异常或出现故障时及时发出告警信息，提升服务的可靠性和用户体验感。尤其是 Kiali 提供了丰富的 API 和插件接口，方便用户根据自己的实际需求直接通过 API 与 Kiali 进行交互，实现对服务更加灵活地进行管理。

　　Kiali 在工作时的关键流程包含数据采集、可视化展示和用户交互，其中数据采集主要依赖于 Istio 的可观测指标数据，即 Envoy 代理采集到的指标数据。Kiali 通过访问 Istio 控制平面的 API 从中获取服务注册信息、流量转发规则和服务健康状态等相关信息。在采集到的数据经过处理后，Kiali 利用自身的图形化界面展示给用户。需要注意的是，该图形化界面通常是以微服务拓扑图的形式呈现的，用户只需通过单击不同的服务节点，便可查看相关的性能指标、请求日志及具体的配置情况。此外，Kiali 还允许用户直接在图形化界面上编辑流量规则并应用到 Istio 中,通过这种图形化操作实现了与不同服务之间的交互,让管理变得更加直观和快捷。

下面将展示在 Kubernetes 集群中部署 Kiali 组件的关键环节。首先编辑 Kiali 部署文件,该文件路径为/usr/local/istio-1.24.0/samples/addons/kiali.yaml,代码如下:

```yaml
---
# Source: kiali-server/templates/serviceaccount.yaml
apiVersion: v1
kind: ServiceAccount      # 将资源类型指定为 ServiceAccount,用于定义 Kubernetes 中的服务账户
metadata:
  name: kiali
  namespace: "istio-system"                        # 指定服务账号所在的命名空间
  labels:
    helm.sh/chart: kiali-server-2.0.0              # 指定 Helm chart 的版本
    app: kiali  # 设置应用标签
    app.kubernetes.io/name: kiali
    app.kubernetes.io/instance: kiali
    version: "v2.0.0"
    app.kubernetes.io/version: "v2.0.0"
    app.kubernetes.io/managed-by: Helm             # 将管理该资源的工具指定为 Helm
    app.kubernetes.io/part-of: "kiali"
...
---
# Source: kiali-server/templates/configmap.yaml
apiVersion: v1
kind: ConfigMap                                    # 将资源类型指定为 ConfigMap
metadata:
  name: kiali
  namespace: "istio-system"                        # 指定命名空间
  labels:
    helm.sh/chart: kiali-server-2.0.0              # Helm chart 版本
    app: kiali
    app.kubernetes.io/name: kiali
    app.kubernetes.io/instance: kiali              # 实例名称
    version: "v2.0.0"
    app.kubernetes.io/version: "v2.0.0"
    app.kubernetes.io/managed-by: Helm
    app.kubernetes.io/part-of: "kiali"
data:
  # 定义配置文件 config.yaml 内的相关配置
  config.yaml: |
    # 增加显示详情配置
    additional_display_details:
    - annotation: kiali.io/api-spec
      icon_annotation: kiali.io/api-type
      title: API Documentation
    # 认证配置
    auth:
```

```
      openid: {}
      openshift:
        client_id_prefix: kiali
      strategy: anonymous
# 集群配置
clustering:
    # 自动检测密钥
    autodetect_secrets:
      enabled: true
      label: kiali.io/multiCluster = true
    clusters: []
# 部署配置
deployment:
    additional_service_yaml: {}
    # 亲和性配置
    affinity:
      node: {}
      pod: {}
      pod_anti: {}
    cluster_wide_access: true
    configmap_annotations: {}
    custom_envs: []
    custom_secrets: []
    # DNS 配置
    dns:
      config: {}
      policy: ""
    host_aliases: []
    hpa:
      api_version: autoscaling/v2
      spec: {}
    # 镜像相关配置
    image_digest: ""
    image_name: quay.io/kiali/kiali
    image_pull_policy: IfNotPresent
    image_pull_secrets: []
    image_version: v2.0
    # Ingress 配置
    ingress:
      additional_labels: {}
      class_name: nginx
      override_yaml:
        metadata: {}
    ingress_enabled: false
    instance_name: kiali                    # 实例名称
    # 日志配置
    logger:
      log_format: text
      log_level: info
```

```
        sampler_rate: "1"
        time_field_format: 2006 - 01 - 02T15:04:05Z07:00
      namespace: istio - system
      node_selector: {}
      pod_annotations: {}
      pod_labels:
        sidecar.istio.io/inject: "false"
      priority_class_name: ""
      replicas: 1
      # 设置资源配额
      resources:
        limits:
          memory: 1Gi
        requests:
          cpu: 10m
          memory: 64Mi
      secret_name: kiali
      security_context: {}
      service_annotations: {}
      service_type: ""
      tolerations: []
      version_label: v2.0.0
      view_only_mode: false
  # 外部服务配置
  external_services:
    custom_dashboards:
      enabled: true
    istio:
      root_namespace: istio - system
    tracing:
      enabled: false
  identity:
    cert_file: ""
    private_key_file: ""
  istio_namespace: istio - system
  kiali_feature_flags:
    disabled_features: []
    validations:
      ignore:
      - KIA1301
  # 登录令牌配置
  login_token:
    signing_key: CHANGEME00000000
  server:
    observability:                                    # 可观测性配置
      metrics:
        enabled: true
        port: 9090
    port: 20001
```

```
      web_root: /kiali
...
---
# Source: kiali-server/templates/role.yaml
# 定义 ClusterRole 资源,用于配置 Kiali 服务的权限
apiVersion: rbac.authorization.k8s.io/v1
kind: ClusterRole
metadata:
  name: kiali
  labels:
    helm.sh/chart: kiali-server-2.0.0
    app: kiali
    app.kubernetes.io/name: kiali
    app.kubernetes.io/instance: kiali
    version: "v2.0.0"
    app.kubernetes.io/version: "v2.0.0"
    app.kubernetes.io/managed-by: Helm
    app.kubernetes.io/part-of: "kiali"
# 定义权限规则
rules:
- apiGroups: [""]
  resources:              # 定义资源列表
    - configmaps
    - endpoints
    - pods/log
  verbs:                                      # 允许的操作
    - get                                     # 获取资源
    - list                                    # 列出资源
    - watch                                   # 监控资源
- apiGroups: [""]
  resources:
    - namespaces
    - pods
    - replicationcontrollers
    - services
  verbs:
    - get
    - list
    - watch
    - patch                                   # 允许部分修改资源
# 允许 Kiali 创建和发布 Pod 端口转发
- apiGroups: [""]
  resources:
    - pods/portforward
  verbs:
    - create
    - post
# 配置访问扩展资源
- apiGroups: ["extensions", "apps"]
```

```
    resources:
    - daemonsets                              # 守护进程资源
    - deployments                             # 部署资源
    - replicasets                             # 副本集资源
    - statefulsets                            # 有状态资源
    verbs:
    - get
    - list
    - watch
    - patch
# 允许 Kiali 访问批处理作业
- apiGroups: ["batch"]
    resources:
    - cronjobs
    - jobs
    verbs:
    - get
    - list
    - watch
    - patch
# 配置访问 Istio 相关资源
- apiGroups:
    - networking.istio.io
    - security.istio.io
    - extensions.istio.io
    - telemetry.istio.io
    - gateway.networking.k8s.io
    resources: ["*"]                          # "*"表示所有资源
    verbs:
    - get
    - list
    - watch
    - create
    - delete
    - patch
# 允许 Kiali 访问 openshift 特有的 deploymentconfigs 资源
- apiGroups: ["apps.openshift.io"]
    resources:
    - deploymentconfigs
    verbs:
    - get
    - list
    - watch
    - patch
# 允许 Kiali 访问 openshift 项目信息
- apiGroups: ["project.openshift.io"]
    resources:
    - projects
    verbs:
```

```
    - get
# 允许 Kiali 访问 openshift 路由信息
- apiGroups: ["route.openshift.io"]
  resources:
   - routes
  verbs:
   - get
# 允许 Kiali 创建用于身份验证的 tokenreviews
- apiGroups: ["authentication.k8s.io"]
  resources:
   - tokenreviews
  verbs:
   - create
# 允许 Kiali 获取 OAuth 客户端信息(用于 OpenShift OAuth)
- apiGroups: ["oauth.openshift.io"]
  resources:
   - oauthclients
  resourceNames:
   - kiali-istio-system
  verbs:
   - get
# 允许 Kiali 访问 mutating webhook 配置
- apiGroups: ["admissionregistration.k8s.io"]
  resources:
   - mutatingwebhookconfigurations
  verbs:
   - get
   - list
   - watch
...
---
# Source: kiali-server/templates/rolebinding.yaml
apiVersion: rbac.authorization.k8s.io/v1
kind: ClusterRoleBinding              # 用于将 ClusterRole 授权给特定的 ServiceAccount
metadata:
  name: kiali
  labels:
    helm.sh/chart: kiali-server-2.0.0
    app: kiali
    app.kubernetes.io/name: kiali
    app.kubernetes.io/instance: kiali
    version: "v2.0.0"
    app.kubernetes.io/version: "v2.0.0"
    app.kubernetes.io/managed-by: Helm
    app.kubernetes.io/part-of: "kiali"
# 角色引用,用于指定需要绑定的角色
roleRef:
  apiGroup: rbac.authorization.k8s.io
  kind: ClusterRole
```

```
    name: kiali                          # 所引用的 ClusterRole 的名称
  # 角色绑定
subjects:
 - kind: ServiceAccount
   name: kiali
   namespace: "istio - system"
...
---
# Source: kiali - server/templates/service.yaml
# 定义 Kubernetes 服务,用于暴露 Kiali 服务
apiVersion: v1
kind: Service
metadata:
  name: kiali
  namespace: "istio - system"
  labels:
    helm.sh/chart: kiali - server - 2.0.0
    app: kiali
    app.kubernetes.io/name: kiali
    app.kubernetes.io/instance: kiali
    version: "v2.0.0"
    app.kubernetes.io/version: "v2.0.0"
    app.kubernetes.io/managed - by: Helm
    app.kubernetes.io/part - of: "kiali"
  annotations:
spec:
  # 服务暴露的端口列表
  ports:
   - name: http
     appProtocol: http
     protocol: TCP
     port: 20001
   - name: http - metrics
     appProtocol: http
     protocol: TCP
     port: 9090
  selector:
    app.kubernetes.io/name: kiali
    app.kubernetes.io/instance: kiali
...
---
# Source: kiali - server/templates/deployment.yaml
# 定义 Kiali 服务的部署配置文件
apiVersion: apps/v1
kind: Deployment
metadata:
  name: kiali
  namespace: "istio - system"
  labels:
```

```yaml
        helm.sh/chart: kiali - server - 2.0.0
        app: kiali
        app.kubernetes.io/name: kiali
        app.kubernetes.io/instance: kiali
        version: "v2.0.0"
        app.kubernetes.io/version: "v2.0.0"
        app.kubernetes.io/managed - by: Helm
        app.kubernetes.io/part - of: "kiali"
spec:
  replicas: 1                            #指定 Pod 的副本数
  selector:
    matchLabels:
      app.kubernetes.io/name: kiali
      app.kubernetes.io/instance: kiali
  #定义更新策略
  strategy:
    rollingUpdate:                       #定义滚动更新策略
      maxSurge: 1                        #定义在更新时最多允许超出期望副本数的 Pod 数量
      maxUnavailable: 1                  #定义在更新时最多允许不可用的 Pod 数量
    type: RollingUpdate                  #将更新类型定义为滚动更新
  template:
    metadata:
      name: kiali
      labels:
        helm.sh/chart: kiali - server - 2.0.0
        app: kiali
        app.kubernetes.io/name: kiali
        app.kubernetes.io/instance: kiali
        version: "v2.0.0"
        app.kubernetes.io/version: "v2.0.0"
        app.kubernetes.io/managed - by: Helm
        app.kubernetes.io/part - of: "kiali"
        sidecar.istio.io/inject: "false"
      annotations:
        checksum/config: 03a677accc379d7d5b7b3c74464dc72867b31f794e5beaa98221ba19c5735016
        prometheus.io/scrape: "true"       #启用 Prometheus 抓取
        prometheus.io/port: "9090"         #定义 Prometheus 抓取端口
        kiali.io/dashboards: go,kiali
    spec:
      serviceAccountName: kiali
      containers:
      - image: "quay.io/kiali/kiali:v2.0"
        imagePullPolicy: IfNotPresent
        name: kiali
        command:
        - "/opt/kiali/kiali"
        - " - config"
        - "/kiali - configuration/config.yaml"
        securityContext:
```

```
        allowPrivilegeEscalation: false          # 禁止权限提升
        privileged: false                        # 禁用特权模式
        readOnlyRootFilesystem: true             # 将根文件系统设置为只读
        runAsNonRoot: true                       # 设置以非 root 用户运行
        capabilities:
          drop:
          - ALL
    # 设置容器暴露的端口
    ports:
    - name: api-port
      containerPort: 20001
    - name: http-metrics
      containerPort: 9090
    # 就绪探针配置
    readinessProbe:
      httpGet:
        path: /kiali/healthz
        port: api-port
        scheme: HTTP
      initialDelaySeconds: 5
      periodSeconds: 30
    # 存活探针配置
    livenessProbe:
      httpGet:
        path: /kiali/healthz
        port: api-port
        scheme: HTTP
      initialDelaySeconds: 5                     # 初始延迟时间
      periodSeconds: 30                          # 探测周期
    # 配置环境变量
    env:
    - name: ACTIVE_NAMESPACE
      valueFrom:
        fieldRef:
          fieldPath: metadata.namespace
    - name: LOG_LEVEL                            # 定义日志级别
      value: "info"
    - name: LOG_FORMAT                           # 定义日志格式
      value: "text"
    - name: LOG_TIME_FIELD_FORMAT                # 定义时间字段格式
      value: "2006-01-02T15:04:05Z07:00"
    - name: LOG_SAMPLER_RATE
      value: "1"
    # 定义卷挂载
    volumeMounts:
    - name: kiali-configuration
      mountPath: "/kiali-configuration"
    - name: kiali-cert
      mountPath: "/kiali-cert"
```

```
          - name: kiali - secret
            mountPath: "/kiali - secret"
          - name: kiali - cabundle
            mountPath: "/kiali - cabundle"
      ♯ 配置资源配额
        resources:
          limits:
            memory: 1Gi
          requests:
            cpu: 10m
            memory: 64Mi
      ♯ 定义挂载卷
      volumes:
      - name: kiali - configuration
        configMap:
          name: kiali
      - name: kiali - cert
        secret:
          secretName: istio.kiali - service - account
          optional: true
      - name: kiali - secret
        secret:
          secretName: kiali
          optional: true
      - name: kiali - cabundle
        configMap:
          name: kiali - cabundle
          optional: true
---
```

部署文件编辑完成后进行部署,命令如下:

```
sudo kubectl apply - f /usr/local/istio - 1.24.0/samples/addons/kiali.yaml
```

部署完成后查看 Kiali 的服务状态,命令如下:

```
sudo kubectl get svc - n istio - system
```

命令执行后输出的信息如图 4-48 所示。

```
user01@node01:~$ sudo kubectl get svc -n istio-system
NAME                   TYPE        CLUSTER-IP       EXTERNAL-IP   PORT(S)                                                                      AGE
istio-egressgateway    ClusterIP   10.101.164.167   <none>        80/TCP,443/TCP                                                               37h
istio-ingressgateway   NodePort    10.106.214.117   <none>        15021:31650/TCP,80:32530/TCP,443:32020/TCP,31400:31614/TCP,15443:31756/TCP   37h
istiod                 ClusterIP   10.107.120.6     <none>        15010/TCP,15012/TCP,443/TCP,15014/TCP                                        37h
kiali                  ClusterIP   10.97.87.45      <none>        20001/TCP,9090/TCP                                                           3m34s
```

图 4-48　Kiali 服务状态

通过 Kiali 的服务状态可以看到,此时 Kiali 的服务类型是 ClusterIP,在该模式下是无法在集群之外访问 Kiali 应用的,可以将其服务类型修改为 NodePort 模式,以便在集群之外访问,命令如下:

```
sudo kubectl patch service kiali - n istio - system - p '{"spec": {"type": "NodePort"}}'
```

命令执行后再次查看 Kiali 的服务信息,如果服务类型变更为 NodePort,则表明修改成功,如图 4-49 所示。

```
user01@node01:~$ sudo kubectl get svc -n istio-system
NAME                   TYPE        CLUSTER-IP       EXTERNAL-IP    PORT(S)                                                              AGE
istio-egressgateway    ClusterIP   10.101.164.167   <none>         80/TCP,443/TCP                                                       37h
istio-ingressgateway   NodePort    10.106.214.117   <none>         15021:31650/TCP,80:32530/TCP,443:32020/TCP,31400:31614/TCP,15443:31756/TCP  37h
istiod                 ClusterIP   10.107.120.6     <none>         15010/TCP,15012/TCP,443/TCP,15014/TCP                                37h
kiali                  ClusterIP   10.97.87.45      <none>         20001/TCP,9090/TCP                                                   3m34s
user01@node01:~$
user01@node01:~$ sudo kubectl patch service kiali -n istio-system -p '{"spec": {"type": "NodePort"}}'
service/kiali patched
user01@node01:~$ sudo kubectl get svc -n istio-system
NAME                   TYPE        CLUSTER-IP       EXTERNAL-IP    PORT(S)                                                              AGE
istio-egressgateway    ClusterIP   10.101.164.167   <none>         80/TCP,443/TCP                                                       37h
istio-ingressgateway   NodePort    10.106.214.117   <none>         15021:31650/TCP,80:32530/TCP,443:32020/TCP,31400:31614/TCP,15443:31756/TCP  37h
istiod                 ClusterIP   10.107.120.6     <none>         15010/TCP,15012/TCP,443/TCP,15014/TCP                                37h
kiali                  NodePort    10.97.87.45      <none>         20001:32030/TCP,9090:32094/TCP                                       12m
```

图 4-49　将 Kiali 的服务类型修改为 NodePort

然后通过浏览器访问集群任意节点的 32030/TCP 端口即可访问 Kiali 的图形化管理界面,如图 4-50 所示。

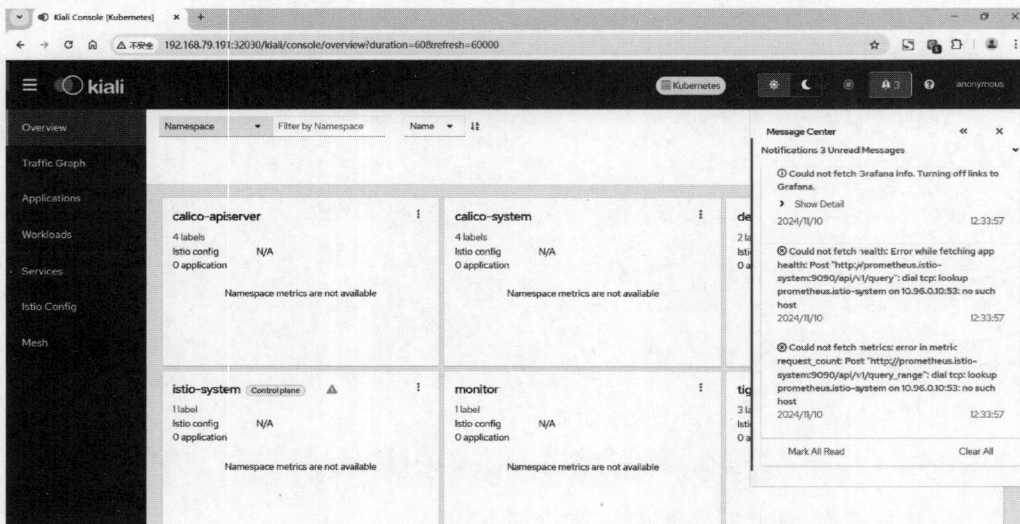

图 4-50　首次登录 Kiali 时显示的告警信息

当出现如图 4-50 所示的告警信息时,只需安装对应的组件,命令如下:

```
#部署 Prometheus 组件
sudo kubectl apply -f /usr/local/istio-1.24.0/samples/addons/prometheus.yaml
#部署 Grafana 组件
sudo kubectl apply -f /usr/local/istio-1.24.0/samples/addons/grafana.yaml
#部署 Jaeger 组件
sudo kubectl apply -f /usr/local/istio-1.24.0/samples/addons/jaeger.yaml
```

当上述组件成功运行后刷新浏览器,告警信息随之就会消失,如图 4-51 所示。

在该控制页面单击 Traffic Graph 菜单选型,在弹出的页面内先为 Namespace 字段选择 default,然后使用浏览器刷新 productpage 页面(例如 http://192.168.79.191:32530/

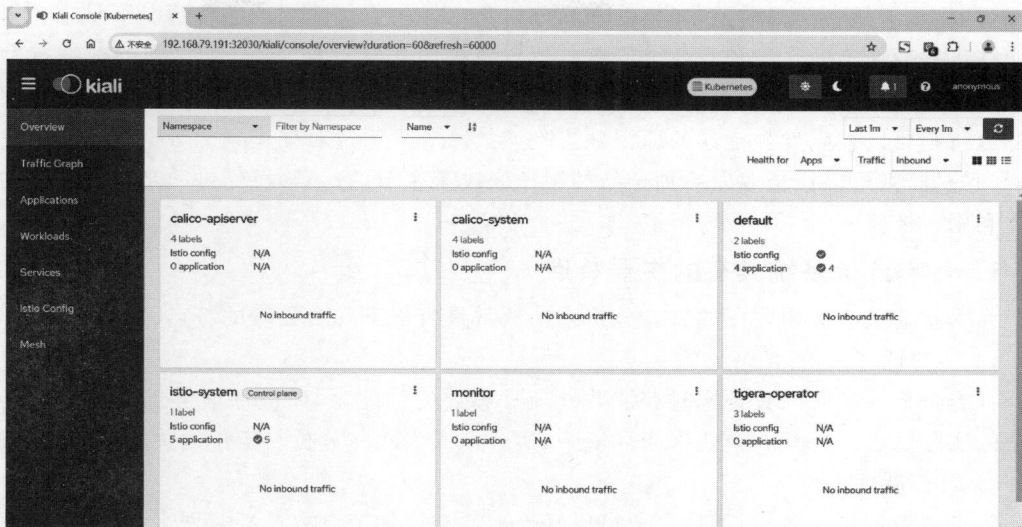

图 4-51　Kiali 正常页面

productpage)后就会显示服务访问的逻辑流程,如图 4-52 所示。

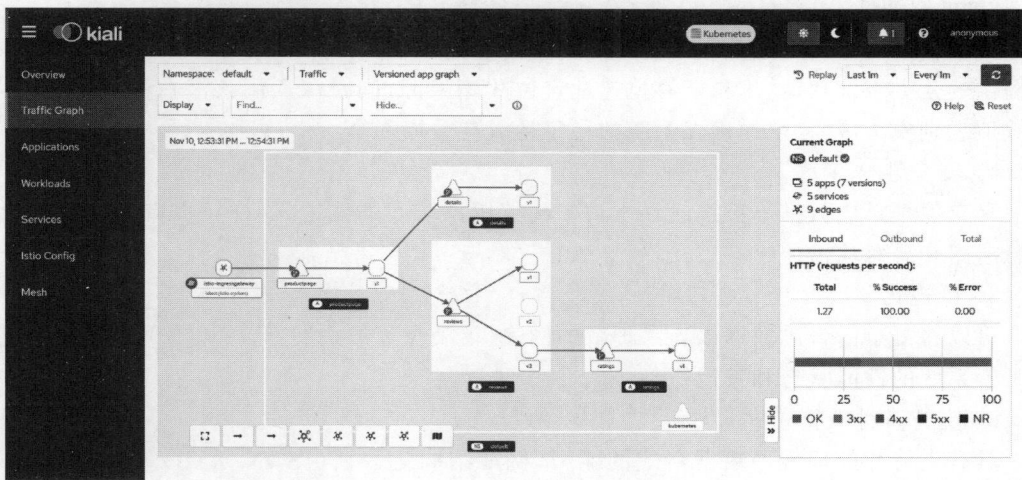

图 4-52　productpage 页面请求响应

至此,通过 Kiali 组件实现了对服务的图形化管理。

4.3　日志分析系统

随着云计算、大数据和微服务架构的不断发展,系统及应用所生成的日志数据呈指数级增长,如何对这些数据进行有效管理和挖掘是每个企业所要面对的课题。由此日志分析系统应运而生,它是一个集数据收集、处理和分析为一体的应用系统。通常情况下日志分析系统能够将分散在不同系统和设备上的日志信息集中收集和存储,并对采集到的数据有针对性地进行分析和挖掘,例如对安全事件的数据分析可以提升系统和应用的安全性、对错误日志的分析则可以找到发生错误的原因并排除该故障等。通过对采集到的数据进一步地进行分析和挖掘,则可以让企业以一种全新的视角来决策企业的运营发展,进一步提升整体的安全性和用户体验。

1. 日志分析系统具有的主要特点

作为企业核心应用之一的日志分析系统通常具有以下几个显著的特点。

1) 实时性

日志分析系统必须具备实时获取并处理日志数据的能力,以确保能够迅速地反映当前系统的实际状态。尤其在企业生产环境中,实时性成为故障分析与定位的关键手段和方法。

2) 可扩展性

当日志数据量显著增长时,企业可以轻松地通过增加节点数量来实现水平扩展,进而提升系统的处理能力。这种方式赋予了企业极大的灵活性,使其能够根据实际业务增长的需求动态地扩充节点,而无须担忧原有架构和系统会被迫重新配置或重置。

3) 可查询性

快速检索与分析日志数据的能力是衡量日志分析系统性能的关键指标之一。凭借系统所提供的强大查询功能,用户能够迅速地定位故障根源,同时深入洞察潜在的性能瓶颈,并有效地识别安全威胁,从而确保系统的稳定运行与数据安全。

4) 安全性

具有保护日志数据不被篡改和不被未授权用户访问的能力,这样可以有效地防止敏感信息泄露和恶意攻击。

5) 可视化

可以将复杂的日志数据以容易理解的图表、仪表盘等形式展示,可以有助于用户更直观地了解系统的性能状态和其运行趋势。

6) 支持多种数据格式

具有支持并处理多种数据格式的能力,例如结构化数据(JSON、XML 等)和非结构化数据(纯文本等)。

7) 智能分析与机器学习

随着人工智能技术的不断发展,日志分析系统中还集成了机器学习算法,通过该技术实现了自动识别异常状态、生成趋势分析等,可以智能地帮助企业提前发现潜在的风险,增强系统的自愈能力。

2. 企业为什么需要日志分析系统

首先在复杂多变的应用及网络环境中,日志分析系统能够通过日志数据精准地定位故障根源,提升故障排查和处理的效率,减少由于系统或应用中断所造成的损失。同时,它还可以记录并分析用户行为和相关的安全事件,助力企业及时发现并应对潜在风险,确保数据安全合规。此外,日志分析系统通过系统和应用实时监控日志,进一步优化系统架构与资源配置,从而提升系统的响应效率和增强用户体验感。

众所周知,随着人工智能技术与大数据分析技术的不断发展,企业的日志数据变得更加宝贵。通过深入分析这些数据可以进一步了解用户的行为特征,例如用户的登录时间、使用频率、操作习惯等。这将有助于企业更好地了解自己的用户群体,制定更加精准的营销策略,提高用户满意度和忠诚度。同时,通过在日志分析系统中引入智能分析和机器学习,可以让系统变得更加智能和高效。企业可以根据系统性能数据、业务流程数据、用户行为数据等进行综合分析,制定更加科学合理的商业决策,例如投资决策、产品研发决策、市场拓展决策等。

3. 典型的日志分析系统

当前企业生产环境中日志分析系统扮演着至关重要的角色,它可以帮助企业监控系统健康状态、优化业务逻辑、提升安全性等。被企业广泛应用的典型日志分析系统及其特点见表 4-12。

表 4-12　日志分析系统及其特点

系 统 名 称	特　　点
ELK	ELK 是 Elasticsearch、Logstash 和 Kibana 这 3 个开源项目首写字母的缩写,其中 Elasticsearch 是一个强大的分布式搜索和分析引擎,支持快速查询和全文搜索。Logstash 是一个数据收集、处理和转发工具,可以处理多种格式的日志,而 Kibana 用于数据可视化,支持仪表盘和图表展示,便于用户分析数据,其特点是开源、社区活跃、易于扩展、适合处理大规模日志数据
Kafka	Kafka 是一个高吞吐量的分布式消息系统,适用于处理实时数据流。它的设计目标是高吞吐量和低延时,能够处理大量数据并支持实时数据处理
Fluentd	Fluentd 是一款基于流式处理的日志收集工具,它能够实时地收集、传输和处理各种类型的数据。Fluentd 的核心功能在于它的灵活性和强大的数据处理能力,它支持多种数据采集方式,包括日志文件、HTTP 请求、TCP/UDP 等,并且提供了丰富的数据处理功能,例如过滤、转换和聚合等操作。Fluentd 的灵活性高,适合多种场景,尤其适合微服务架构
Graylog	一个集中式日志管理系统,可以接收来自不同服务器或端点的数据流,并允许用户快速地浏览或分析该信息,同时 Graylog 的前端界面设计友好,易于使用且功能强大

4.3.1　ELK 介绍

ELK 是 Elasticsearch、Logstash 和 Kibana 这 3 个开源项目首写字母的缩写,由它们共同组成了一个强大的开源日志分析和可视化套件,被众多企业广泛地应用于数据收集、存储、搜索和分析。

1. Elasticsearch 组件

Elasticsearch 是一个基于 Apache Lucene 构建的分布式搜索引擎,它能够实时地处理和分析大规模的数据。Elasticsearch 通过其独特的数据分片和副本机制,确保了数据具有高可用性和容错能力,使系统即使在部分数据节点出现故障的情况下,也能够保持系统稳定运行。

Elasticsearch 不仅支持复杂的全文搜索功能,还能够对文本数据进行高效查询,此外还可以使用自身的专用查询语言 DSL(Domain Specified Language,DSL)进行更复杂、更灵活的查询。同时为了方便与其他应用程序集成,Elasticsearch 还提供了 RESTful API,这种基于 HTTP 协议的 API 设计,可以使开发者使用常见的编程语言(Java、Python 等)轻松地与 Elasticsearch 进行交互,即通过发送 HTTP 请求来执行搜索、更新等操作。此外,Elasticsearch 支持实时数据索引和搜索,用户可以在数据生成后的几秒内进行查询,这种低时延的响应时间对于需要实时处理和分析数据的应用场景来讲至关重要。

2. Logstash 组件

Logstash 是一款开源的数据收集引擎,它具有实时管理处理能力,即 Logstash 是数据源与数据存储分析工具之间的桥梁,它能够从多种数据源收集数据,例如日志文件、数据库、消息队列等。此外 Logstash 还支持多种过滤器,可以对数据进行清洗、转换和增强,以确保数据的质量。

3. Kibana 组件

Kibana 是一款开源的数据可视化工具,它不仅能通过图表、仪表盘等形式直观地展示数据,还支持实时监控数据变化、自定义复杂查询和分析等。首先在数据可视化方面,它能够利用 Elasticsearch 的聚合功能生成各种图表,例如柱状图、线状态、饼图等。通过这些丰富的图表形式,让用户可以更直观地看到数据的趋势、分布与关联,为决策提供依据。其次在实时监控方面,Kibana 允许用户设置告警和通知,以便在数据出现异常时能够及时响应。最后在查询分析和个性化数据展示方面,Kibana 支持通过简单的操作(拖曳和单击)来构建复杂的查询语句,从而实现从海量数据中获取有价值的数据信息,并且可以通过自定义仪表盘的形式对数据进行展示,这种灵活性不仅提高了数据展示的效率,也增强了数据的可解释性和可用性。

4. ELK 的工作原理

ELK 工作原理的核心是收集、解析、存储和可视化数据,其工作流程如图 4-53 所示。

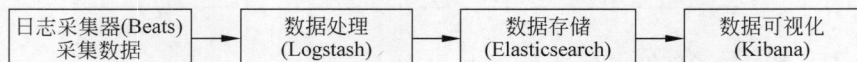

```
日志采集器(Beats)  →  数据处理        →  数据存储            →  数据可视化
采集数据               (Logstash)         (Elasticsearch)        (Kibana)
```

图 4-53 ELK 工作流程

首先在数据采集阶段可以将 Logstash 或 Beats 代理部署在数据源上,例如服务器、数据库等用于收集日志数据。其中 Beats 是一组轻量级的日志传输代理,它包含了众多日志收集器,例如 Filebeat(收集日志文件)、Winlogbeat(收集 Windows 日志)等。其次在数据收集处理阶段 Logstash 接收来自 Beats 的数据,或者直接从数据源中收集数据后,Logstash

使用过滤器对数据进行解析、转换等工作,并将处理后的数据发送到 Elasticsearch 进行索引和存储。接着是数据存储阶段,Elasticsearch 先存储 Logstash 处理的数据,然后这些存储的数据被索引,使快速搜索和分析成为可能。最后是数据可视化阶段,用户可以通过 Kibana 创建仪表盘用于分析、展示 Elasticsearch 中存储的数据。

4.3.2 部署实战

下面将以企业生产环境中 ELK 系统部署为示例,详细地展示在部署过程中所涉及的关键环节,其中数据持久化存储的类型采用 NFS 网络存储。

1. 演示环境信息

在演示环境中 Kubernetes 集群中的容器运行时采用的是 Containerd,集群为单管理节点,节点信息见表 4-13。

表 4-13 集群节点信息

节点名称	IP 地址	说 明
node01	192.168.79.191	(1) 集群管理节点 (2) 运行 NFS Server
node03	192.168.79.193	工作节点
node04	192.168.79.194	工作节点

2. 配置数据持久化存储

在 NFS 服务器端,首先创建专门用于存储监控数据的目录,并将其设置为共享状态,以确保 ELK 系统的数据能够实现持久化存储,相关命令如下:

```
# 创建数据存储目录
sudo mkdir /nfs - elk
# 修改权限
sudo chmod 777 /nfs - elk/
```

数据存储目录创建完成后,在 NFS 服务器的配置文件/etc/exports 内添加该目录,代码如下:

```
/nfs - elk * (rw, sync, no_root_squash, no_subtree_check)
```

配置文件编辑完成后保存并退出,重启 NFS 服务,命令如下:

```
sudo systemctl restart nfs - kernel - server
```

NFS 服务重启后,在集群中的任意节点使用命令查看/nfs-elk/目录是否被共享,命令如下:

```
showmount - e 192.168.79.191
```

如果命令执行后可以看到共享目录,则表明配置成功,如图 4-54 所示。

```
user01@node01:~$ showmount -e 192.168.79.191
Export list for 192.168.79.191:
/nfs-elk *
```

图 4-54 共享 ELK 数据存储目录

注意：如果节点执行 showmount -e 192.168.79.191 时提示 showmount 命令未找到，则只需安装 NFS 客户端，命令为 sudo apt install nfs-common -y

在 Kubernetes 集群内部署 NFS 插件驱动，文件 nfs-server-deployment.yaml 中的代码如下：

```
apiVersion: apps/v1
kind: Deployment
metadata:
  name: nfs - client - provisioner
  labels:
    app: nfs - client - provisioner
  ♯ replace with namespace where provisioner is deployed
  namespace: default
spec:
  replicas: 1
  strategy:
    type: Recreate
  selector:
    matchLabels:
      app: nfs - client - provisioner
  template:
    metadata:
      labels:
        app: nfs - client - provisioner
    spec:
      serviceAccountName: nfs - client - provisioner
      containers:
        - name: nfs - client - provisioner
          image: docker.io/dyrnq/nfs - subdir - external - provisioner:v4.0.2
          volumeMounts:
            - name: nfs - client - root
              mountPath: /persistentvolumes
          ♯定义环境变量
          env:
            - name: PROVISIONER_NAME
              value: k8s - sigs.io/nfs - subdir - external - provisioner
            - name: NFS_SERVER                    ♯定义 NFS 服务器配置
              value: 192.168.79.191               ♯指定 NFS 服务器 IP 地址
            - name: NFS_PATH                       ♯定义共享目录路径
              value: /nfs - elk                    ♯指定共享目录
      volumes:
```

```
        - name: nfs－client－root
          nfs:                        ＃配置 NFS 服务器配置
            server: 192.168.79.191
            path: /nfs－elk
```

文件 nfs-server-deployment. yaml 编辑完成后保存并在集群内部署,命令如下:

```
sudo kubectl apply － f nfs－server－deployment. yaml
```

接着编辑访问权限文件 nfs-server-rbac. yaml,代码如下:

```
apiVersion: v1
kind: ServiceAccount
metadata:
  name: nfs－client－provisioner
  ＃replace with namespace where provisioner is deployed
  namespace: default
－－－
kind: ClusterRole
apiVersion: rbac. authorization. k8s. io/v1
metadata:
  name: nfs－client－provisioner－runner
＃定义规则
rules:
  － apiGroups: [""]
    resources: ["nodes"]                    ＃将允许访问的资源类型定义为节点
    verbs: ["get", "list", "watch"]         ＃定义允许的操作:获取、列表、监控节点
  － apiGroups: [""]
    resources: ["persistentvolumes"]        ＃将允许访问的资源类型定义为 PV
    verbs: ["get", "list", "watch", "create", "delete"]
    ＃定义允许的操作:获取、列表、监控、创建和删除 PV
  － apiGroups: [""]
    resources: ["persistentvolumeclaims"]   ＃将允许访问的资源类型定义为 PVC
    verbs: ["get", "list", "watch", "update"]
    ＃定义允许的操作:获取、列表、监控和更新 PVC
  － apiGroups: ["storage. k8s. io"]
    resources: ["storageclasses"]           ＃将允许访问的资源类型定义为存储类
    verbs: ["get", "list", "watch"]         ＃定义允许的操作:获取、列表和监控存储类
  － apiGroups: [""]
    resources: ["events"]                   ＃将允许访问的资源类型定义为事件
    verbs: ["create", "update", "patch"]    ＃定义允许的操作:创建、更新和补丁事件
－－－
kind: ClusterRoleBinding
apiVersion: rbac. authorization. k8s. io/v1
metadata:
  name: run－nfs－client－provisioner
subjects:
  － kind: ServiceAccount
    name: nfs－client－provisioner
    ＃replace with namespace where provisioner is deployed
```

```
    namespace: default
#引用角色类型
roleRef:
  kind: ClusterRole
  name: nfs-client-provisioner-runner
  apiGroup: rbac.authorization.k8s.io
---
kind: Role
apiVersion: rbac.authorization.k8s.io/v1
metadata:
  name: leader-locking-nfs-client-provisioner
  #replace with namespace where provisioner is deployed
  namespace: default
#定义规则列表
rules:
  - apiGroups: [""]
    resources: ["endpoints"]#将访问的资源类型定义为端点
    verbs: ["get", "list", "watch", "create", "update", "patch"]
---
kind: RoleBinding
apiVersion: rbac.authorization.k8s.io/v1
metadata:
  name: leader-locking-nfs-client-provisioner
  #replace with namespace where provisioner is deployed
  namespace: default
subjects:
  - kind: ServiceAccount
    name: nfs-client-provisioner
    #replace with namespace where provisioner is deployed
    namespace: default
roleRef:
  kind: Role
  name: leader-locking-nfs-client-provisioner
  apiGroup: rbac.authorization.k8s.io
```

授权集群内的应用具有访问权限,命令如下:

```
sudo kubectl apply -f nfs-server-rbac.yaml
```

编辑基于存储类的数据持久化文件 elk-class.yaml,代码如下:

```
apiVersion: storage.k8s.io/v1
kind: StorageClass
metadata:
  name: nfs-client
  annotations:
    storageclass.kubernetes.io/is-default-class: "false"
provisioner: k8s-sigs.io/nfs-subdir-external-provisioner
reclaimPolicy: Retain
allowVolumeExpansion: true
```

在集群内基于 elk-class.yaml 文件部署存储类,命令如下:

```
sudo kubectl apply - f elk - class.yaml
```

至此,ELK 所需的数据持久化存储环境信息部署完成。

3. 部署 ECK(Elastic Cloud on Kubernetes)

ECK 是 Elastic 官方推出的基于 Kubernetes 的插件,专门用于简化在 Kubernetes 集群内部署和管理 Elastic Stack 组件,例如 Elasticsearch、Kibana、Logstash 等组件。部署 ECK 的相关命令如下:

```
sudo kubectl create - f https://download.elastic.co/downloads/eck/2.14.0/crds.yaml

sudo kubectl apply - f https://download.elastic.co/downloads/eck/2.14.0/operator.yaml
```

部署完成后查看其日志信息,如果没有错误信息抛出,则表明 ECK 部署成功,命令如下:

```
sudo kubectl - n elastic - system logs - f statefulset.apps/elastic - operator
```

4. 部署 ELK

编辑部署文件 elasticsearch.yaml,代码如下:

```
apiVersion: elasticsearch.k8s.elastic.co/v1
kind: Elasticsearch                        # 定义资源类型
metadata:
  name: elasticsearch
  namespace: elastic - system
spec:
  version: 8.15.3
  # HTTP 相关配置
  http:
    tls:
      selfSignedCertificate:
        disabled: true                      # 禁用自签名证书
  # 定义 Elasticsearch 集群配置
  nodeSets:
  - name: default
    count: 3                                # 定义节点数量,此处表示要创建 3 个 Elasticsearch 节点
    config:
      node.store.allow_mmap: false          # 禁止使用 mmap
    # 定义 PVC 模板
    volumeClaimTemplates:
    - metadata:
        name: elasticsearch - data
        annotations:
          nfs.io/storage - path: "storage - path"
      spec:
```

```
    accessModes:
    - ReadWriteMany
    resources:
      requests:
        storage: 1Gi
    storageClassName: nfs-client
```

基于 elasticsearch. yaml 文件部署，命令如下：

```
sudo kubectl apply -f elasticsearch.yaml
```

部署命令执行后，查看 Elasticsearch 的状态信息，命令如下：

```
sudo kubectl get elasticsearch -n elastic-system
```

命令执行后，如果 Elasticsearch 服务的健康状态显示为 green，则表示 Elasticsearch 服务运行成功。由于 Elasticsearch 配置了数据持久化，因此还需要进一步确认数据卷的绑定情况，如图 4-55 所示。

```
user01@node01:~$ sudo kubectl get pods -n elastic-system
NAME                        READY   STATUS    RESTARTS       AGE
elastic-operator-0          1/1     Running   2 (35m ago)    8h
elasticsearch-es-default-0  1/1     Running   0              21m
elasticsearch-es-default-1  1/1     Running   0              21m
elasticsearch-es-default-2  1/1     Running   0              21m
user01@node01:~$ sudo kubectl get elasticsearch -n elastic-system
NAME            HEALTH   NODES   VERSION   PHASE   AGE
elasticsearch   green    3       8.15.3    Ready   21m
user01@node01:~$ sudo kubectl get pvc -n elastic-system
NAME                                          STATUS   VOLUME                                     CAPACITY   ACCESS MODES   STORAGECLASS   VOLUMEATTRIBUTES
CLASS   AGE
elasticsearch-data-elasticsearch-es-default-0   Bound    pvc-95c52094-d81c-4b5c-9581-697c947dbb79   1Gi        RWX            nfs-client     <unset>
        28m
elasticsearch-data-elasticsearch-es-default-1   Bound    pvc-58e432f6-f26e-4b11-b28c-c8d622d949c9   1Gi        RWX            nfs-client     <unset>
        28m
elasticsearch-data-elasticsearch-es-default-2   Bound    pvc-e0aacb7e-5224-462e-a023-1b032bd47c40   1Gi        RWX .          nfs-client     <unset>
        28m
user01@node01:~$ sudo kubectl get pv | grep elastic-system
pvc-05301d76-f311-4327-aede-8161c9e5f5ec   1Gi   RWX   Retain   Released   elastic-system/elasticsearch-data-elasticsearch-es-defaul
t-0   nfs-client   <unset>                        8h
pvc-58e432f6-f26e-4b11-b28c-c8d622d949c9   1Gi   RWX   Retain   Bound      elastic-system/elasticsearch-data-elasticsearch-es-defaul
t-1   nfs-client   <unset>                        29m
pvc-95c52094-d81c-4b5c-9581-697c947dbb79   1Gi   RWX   Retain   Bound      elastic-system/elasticsearch-data-elasticsearch-es-defaul
t-0   nfs-client   <unset>                        29m
pvc-b6bc95d7-6916-4005-b026-bdb58a0f14dc   1Gi   RWX   Retain   Released   elastic-system/elasticsearch-data-elasticsearch-es-defaul
t-2   nfs-client   <unset>                        8h
pvc-e0aacb7e-5224-462e-a023-1b032bd47c40   1Gi   RWX   Retain   Bound      elastic-system/elasticsearch-data-elasticsearch-es-defaul
t-2   nfs-client   <unset>                        29m
pvc-e8849b28-8df3-4942-8b6f-241f75c268f2   1Gi   RWX   Retain   Released   elastic-system/elasticsearch-data-elasticsearch-es-defaul
t-1   nfs-client   <unset>                        8h
```

图 4-55　Elasticsearch 部署成功

命令执行后，如果获取的信息与图 4-55 一致，则表示 Elasticsearch 服务完全按照预设方案运行成功。接下来需要验证 Elasticsearch 的可用性。先查看密钥信息，命令如下：

```
sudo kubectl get secrets -n elastic-system
```

命令执行后输出的信息如图 4-56 所示。

通过密钥文件 elasticsearch-es-elastic-user 获取密码，命令如下：

```
#将获取的密码信息输出值变量 PASSWORD
PASSWORD=$(sudo kubectl get secret elasticsearch-es-elastic-user \
-o go-template='{{.data.elastic | base64decode}}' -n elastic-system)
#显示密码信息
echo $PASSWORD
```

```
user01@node01:~$ sudo kubectl get secrets -n elastic-system
NAME                                            TYPE        DATA    AGE
elastic-webhook-server-cert                     Opaque      2       9h
elasticsearch-es-default-es-config              Opaque      1       41m
elasticsearch-es-default-es-transport-certs     Opaque      7       41m
elasticsearch-es-elastic-user                   Opaque      1       41m
elasticsearch-es-file-settings                  Opaque      1       41m
elasticsearch-es-http-ca-internal               Opaque      2       41m
elasticsearch-es-http-certs-internal            Opaque      3       41m
elasticsearch-es-http-certs-public              Opaque      2       41m
elasticsearch-es-internal-users                 Opaque      5       41m
elasticsearch-es-remote-ca                      Opaque      1       41m
elasticsearch-es-transport-ca-internal          Opaque      2       41m
elasticsearch-es-transport-certs-public         Opaque      1       41m
elasticsearch-es-xpack-file-realm               Opaque      4       41m
```

图 4-56　获取 Elasticsearch 相关密钥

命令执行的过程及信息输出如图 4-57 所示。

```
user01@node01:~$ PASSWORD=$(sudo kubectl get secret elasticsearch-es-elastic-user \
-o go-template='{{.data.elastic | base64decode}}' -n elastic-system)
user01@node01:~$ echo $PASSWORD
46UuuGm3F1WtD6D04PB04w7v
```

图 4-57　获取 Elasticsearch 密码信息

获取 Elasticsearch 的服务器端口测试 Elasticsearch 服务的可用性,获取 Elasticsearch 服务器端口的命令如下:

```
sudo kubectl get svc - n elastic - system
```

命令执行后输出的信息如图 4-58 所示。

```
user01@node01:~$ sudo kubectl get svc -n elastic-system
NAME                            TYPE        CLUSTER-IP        EXTERNAL-IP     PORT(S)     AGE
elastic-webhook-server          ClusterIP   10.106.228.137    <none>          443/TCP     9h
elasticsearch-es-default        ClusterIP   None              <none>          9200/TCP    67m
elasticsearch-es-http           ClusterIP   10.100.240.56     <none>          9200/TCP    67m
elasticsearch-es-internal-http  ClusterIP   10.106.90.91      <none>          9200/TCP    67m
elasticsearch-es-transport      ClusterIP   None              <none>          9300/TCP    67m
```

图 4-58　获取 Elasticsearch 服务器端口

在集群内部通过访问 elasticsearch-es-http 的服务器端口验证其服务可用性,命令如下:

```
curl - u "elastic: $ PASSWORD" - k "http://10.100.240.56:9200"
```

命令执行后如果有信息输出,则表明 Elasticsearch 服务运行正常且完全可用,如图 4-59 所示。

5. 部署 Kibana

编写部署文件 kibana.yaml,代码如下:

```
apiVersion: kibana.k8s.elastic.co/v1
kind: Kibana
metadata:
```

```
    name: kibana
    namespace: elastic – system
spec:
  version: 8.15.3
  count: 1
  elasticsearchRef:
    name: elasticsearch
  http:
    service:
      spec:
        type: NodePort
        ports:
        – name: http
          protocol: TCP
          port: 5601
          nodePort: 30601
```

```
user01@node01:~$ curl -u "elastic:$PASSWORD" -k "http://10.100.240.56:9200"
{
  "name" : "elasticsearch-es-default-1",
  "cluster_name" : "elasticsearch",
  "cluster_uuid" : "xirBu78MQqakHeV-UFPLEg",
  "version" : {
    "number" : "8.15.3",
    "build_flavor" : "default",
    "build_type" : "docker",
    "build_hash" : "f97532e680b555c3a05e73a74c28afb666923018",
    "build_date" : "2024-10-09T22:08:00.328917561Z",
    "build_snapshot" : false,
    "lucene_version" : "9.11.1",
    "minimum_wire_compatibility_version" : "7.17.0",
    "minimum_index_compatibility_version" : "7.0.0"
  },
  "tagline" : "You Know, for Search"
}
```

图 4-59 验证 Elasticsearch 服务可用性

文件编辑完成后部署 Kibana 并查看其相关状态,命令如下:

```
# 部署 Kibana
sudo kubectl apply – f kibana.yaml
# 获取 Pods 状态
sudo kubectl get pods – n elastic – system
# 获取 service 状态
sudo kubectl get svc – n elastic – system
# 获取 kibana 运行状态
sudo kubectl get kibana – n elastic – system
```

上述命令执行的过程及信息输出如图 4-60 所示。

然后访问集群任意节点 IP 的 30601/TCP 端口登录 Kibana(例如 https://192.168.79.191:30601/),需要注意的是登录用户名为 elastic,密码可以使用 $PASSWORD 获取,如图 4-61 所示。

```
user01@node01:~$ sudo kubectl apply -f kibana.yaml
kibana.kibana.k8s.elastic.co/kibana created
user01@node01:~$ sudo kubectl get pods -n elastic-system
NAME                             READY   STATUS    RESTARTS       AGE
elastic-operator-0               1/1     Running   2 (112m ago)   10h
elasticsearch-es-default-0       1/1     Running   0              98m
elasticsearch-es-default-1       1/1     Running   0              98m
elasticsearch-es-default-2       1/1     Running   0              98m
kibana-kb-5fbcbc4646-q4tzz       1/1     Running   0              3m41s
user01@node01:~$ sudo kubectl get svc -n elastic-system
NAME                             TYPE       CLUSTER-IP      EXTERNAL-IP   PORT(S)          AGE
elastic-webhook-server           ClusterIP  10.106.228.137  <none>        443/TCP          10h
elasticsearch-es-default         ClusterIP  None            <none>        9200/TCP         98m
elasticsearch-es-http            ClusterIP  10.100.240.56   <none>        9200/TCP         98m
elasticsearch-es-internal-http   ClusterIP  10.106.90.91    <none>        9200/TCP         98m
elasticsearch-es-transport       ClusterIP  None            <none>        9300/TCP         98m
kibana-kb-http                   NodePort   10.98.213.12    <none>        5601:30601/TCP   3m50s
user01@node01:~$ sudo kubectl get kibana -n elastic-system
NAME     HEALTH   NODES   VERSION   AGE
kibana   green    1       8.15.3    4m17s
```

图 4-60　部署并获取 Kibana 的相关状态信息

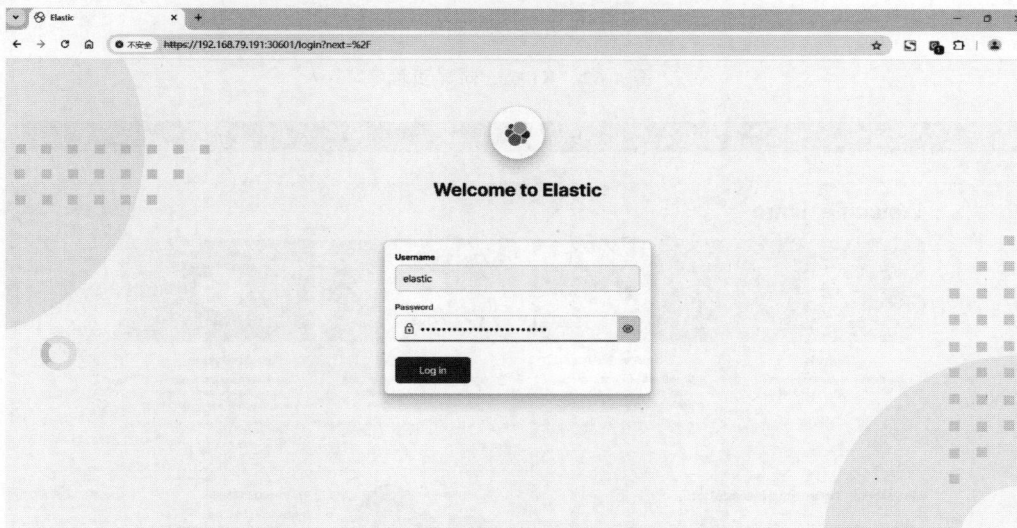

图 4-61　Kibana 登录界面

输入用户名和密码后,单击 Log in 按钮完成登录,登录成功后的页面如图 4-62 所示。在向导页面可以单击 Explore on my own 选项进入主页面,如图 4-63 所示。

此时,Kibana 服务部署完成且已就绪,等待创建视图。

6. 部署 filebeat

在演示环境中部署轻量级的日志采集器 filebeat,它是 Elastic 的组件之一。由于 filebeat 对系统资源的消耗极小,因此特别适合在生产环境中的服务器上部署使用。

登录官方网站下载 filebeat-kubernetes.yaml,命令如下:

```
curl - L - O https://raw.githubusercontent.com/elastic/beats/8.15/deploy/kubernetes/
filebeat-kubernetes.yaml
```

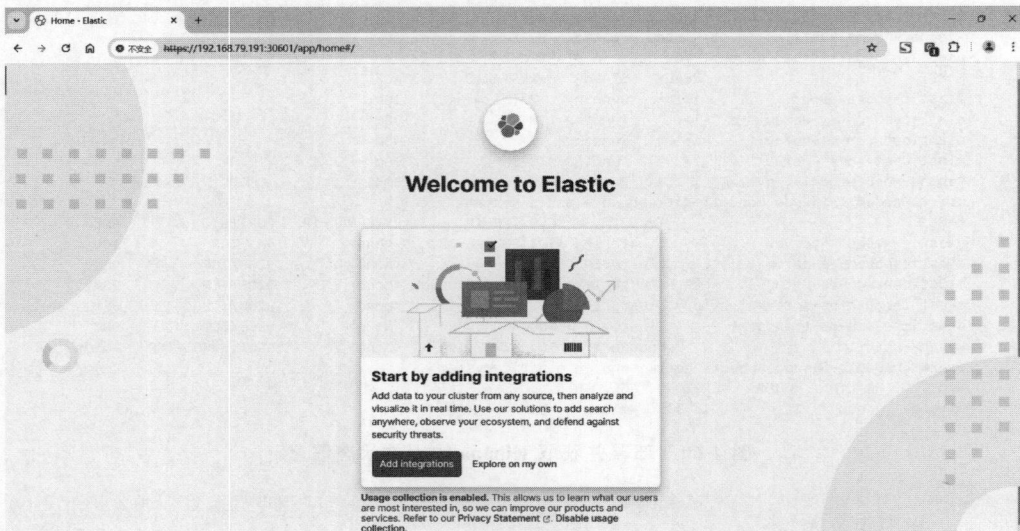

图 4-62 Kibana 向导页面

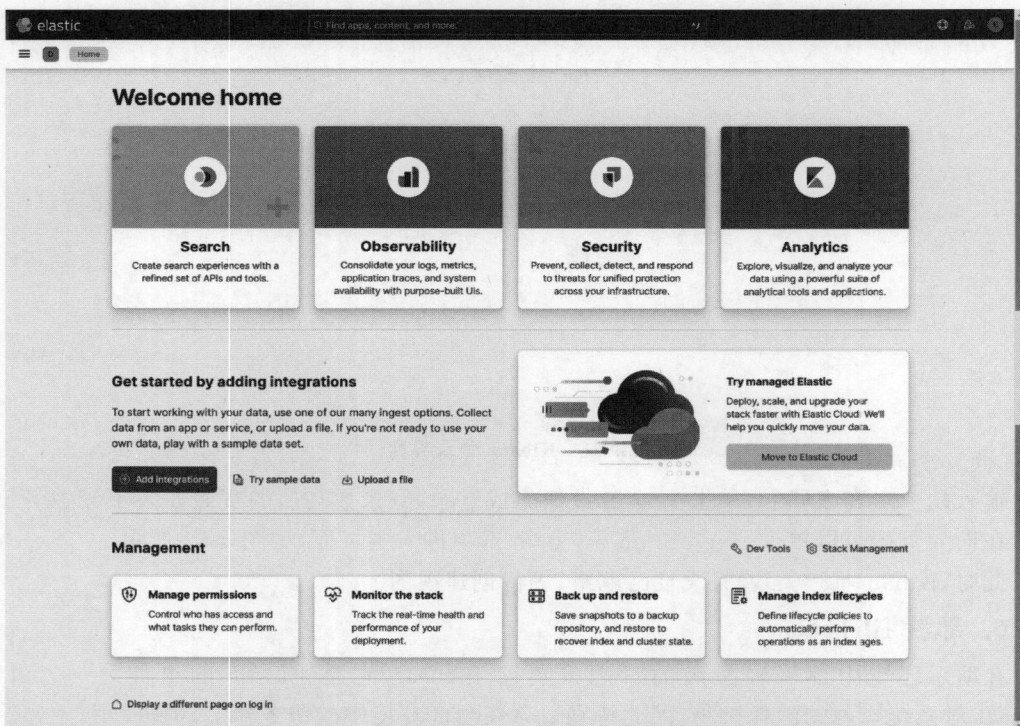

图 4-63 Kibana 主页面

编辑文件 filebeat-kubernetes.yaml,将命名空间字段的值 kube-system 修改为 elastic-system,命令如下:

```
sudo sed -i 's/kube-system/elastic-system/g' filebeat-kubernetes.yaml
```

继续对配置文件 filebeat-kubernetes.yaml 进行编辑,代码如下:

```
# 定义 ServiceAccount,用于 filebeat 运行时的权限管理
apiVersion: v1
kind: ServiceAccount
metadata:
  name: filebeat
  namespace: elastic-system
  labels:
    k8s-app: filebeat
---
# 定义 ClusterRole,用于设置 filebeat 在集群内访问资源的权限
apiVersion: rbac.authorization.k8s.io/v1
kind: ClusterRole
metadata:
  name: filebeat
  labels:
    k8s-app: filebeat
# 定义规则
rules:
- apiGroups: [""] # "" indicates the core API group
  # 定义允许访问的资源
  resources:
    - namespaces
    - pods
    - nodes
  # 定义对资源的操作权限
  verbs:
    - get
    - watch
    - list
- apiGroups: ["apps"]
  # 定义对资源副本的操作权限
  resources:
    - replicasets
  verbs: ["get", "list", "watch"]
- apiGroups: ["batch"]
  # 定义对作业任务的操作权限
  resources:
    - jobs
  verbs: ["get", "list", "watch"]
---
# 定义一个 Role,用于 filebeat 在特定命名空间(elastic-system)内对资源的访问权限
apiVersion: rbac.authorization.k8s.io/v1
kind: Role
```

```
metadata:
  name: filebeat
  # should be the namespace where filebeat is running
  namespace: elastic - system
  labels:
    k8s - app: filebeat
rules:
  - apiGroups:
      - coordination.k8s.io
    resources:
      - leases
    verbs: ["get", "create", "update"]
---
# 定义一个 Role,用于 filebeat 访问特定的 ConfigMap
apiVersion: rbac.authorization.k8s.io/v1
kind: Role
metadata:
  name: filebeat - kubeadm - config
  namespace: elastic - system
  labels:
    k8s - app: filebeat
rules:
  - apiGroups: [""]
    resources:
      - configmaps
    resourceNames:
      - kubeadm - config
    verbs: ["get"]                    # 允许获取名称为 kubeadm - config 的配置信息
---
# 将 ServiceAccount 关联至 ClusterRole,用于授权 filebeat 对资源的访问权限
apiVersion: rbac.authorization.k8s.io/v1
kind: ClusterRoleBinding
metadata:
  name: filebeat
subjects:
  - kind: ServiceAccount
    name: filebeat
    namespace: elastic - system
roleRef:
  kind: ClusterRole
  name: filebeat
  apiGroup: rbac.authorization.k8s.io
---
# 将 ServiceAccount 关联至 Role,用于授权 filebeat 在特定命名空间内对资源的访问权限
apiVersion: rbac.authorization.k8s.io/v1
kind: RoleBinding
metadata:
  name: filebeat
  namespace: elastic - system
```

```yaml
subjects:
  - kind: ServiceAccount
    name: filebeat
    namespace: elastic - system
roleRef:
  kind: Role
  name: filebeat
  apiGroup: rbac.authorization.k8s.io
---
# 将 ServiceAccount 关联至 Role,用于授权访问特定的 ConfigMap
apiVersion: rbac.authorization.k8s.io/v1
kind: RoleBinding
metadata:
  name: filebeat - kubeadm - config
  namespace: elastic - system
subjects:
  - kind: ServiceAccount
    name: filebeat
    namespace: elastic - system
roleRef:
  kind: Role
  name: filebeat - kubeadm - config
  apiGroup: rbac.authorization.k8s.io
---
# 定义 ConfigMap,用于存储 filebeat 的配置信息
apiVersion: v1
kind: ConfigMap
metadata:
  name: filebeat - config
  namespace: elastic - system
  labels:
    k8s - app: filebeat
data:
  # filebeat 配置文件信息
  filebeat.yml: |-
    # filebeat 自动发现相关配置
    filebeat.autodiscover:
      providers:
        - type: kubernetes
          node: ${NODE_NAME}
          hints.enabled: true
          hints.default_config:
            type: filestream
            id: kubernetes - container - logs - ${data.kubernetes.pod.name} - ${data.
kubernetes.container.id}
            paths:
            - /var/log/containers/ * - ${data.kubernetes.container.id}.log # 日志路径
            parsers:
            - container: ~
```

```
            prospector:
             scanner:
                 fingerprint.enabled: true
                 symlinks: true
            file_identity.fingerprint: ~

    processors:
      - add_cloud_metadata:
      - add_host_metadata:

    cloud.id: ${ELASTIC_CLOUD_ID}
    cloud.auth: ${ELASTIC_CLOUD_AUTH}

    #输出到 Elasticsearch 的配置
    output.elasticsearch:
      hosts: ['${ELASTICSEARCH_HOST:elasticsearch-es-http.elastic-system}:
${ELASTICSEARCH_PORT:9200}']
      username: ${ELASTICSEARCH_USERNAME}
      password: ${ELASTICSEARCH_PASSWORD}
---
#采用 DaemonSet 方式,用于确保每个节点都运行一个 filebeat 实例
apiVersion: apps/v1
kind: DaemonSet
metadata:
  name: filebeat
  namespace: elastic-system
  labels:
    k8s-app: filebeat
spec:
  selector:
    matchLabels:
      k8s-app: filebeat
  template:
    metadata:
      labels:
        k8s-app: filebeat
    spec:
      serviceAccountName: filebeat
      terminationGracePeriodSeconds: 30
      hostNetwork: true
      dnsPolicy: ClusterFirstWithHostNet
      containers:
      - name: filebeat
        image: docker.elastic.co/beats/filebeat:8.15.3
        args: [
          "-c", "/etc/filebeat.yml",
          "-e",
        ]
        env:
```

```
          - name: ELASTICSEARCH_HOST
            value: "http://elasticsearch-es-http.elastic-system"  #Elasticsearch 主机地址
          - name: ELASTICSEARCH_PORT
            value: "9200"  #Elasticsearch 主机端口
          - name: ELASTICSEARCH_USERNAME
            value: elastic                          #用户名
          - name: ELASTICSEARCH_PASSWORD
            value: 46UuuGm3F1WtD6D04PB04w7v          #密码
          - name: ELASTIC_CLOUD_ID
            value:
          - name: ELASTIC_CLOUD_AUTH
            value:
          - name: NODE_NAME
            valueFrom:
              fieldRef:
                fieldPath: spec.nodeName
        securityContext:
          runAsUser: 0                              #以 root 用户运行
          # If using Red Hat OpenShift uncomment this:
          #privileged: true
        resources:
          limits:
            memory: 200Mi
          requests:
            cpu: 100m
            memory: 100Mi
        volumeMounts:
        #定义配置文件挂载路径
        - name: config
          mountPath: /etc/filebeat.yml
          readOnly: true
          subPath: filebeat.yml
        #定义数据目录挂载路径
        - name: data
          mountPath: /usr/share/filebeat/data
        - name: varlibdockercontainers
          mountPath: /var/lib/docker/containers
          readOnly: true
        #定义日志挂载路径
        - name: varlog
          mountPath: /var/log
          readOnly: true
      volumes:
      - name: config
        configMap:
          defaultMode: 0640
          name: filebeat-config
      - name: varlibdockercontainers
        hostPath:
```

```
        path: /var/lib/docker/containers          #定义主机路径
    - name: varlog
      hostPath:
        path: /var/log
    #data folder stores a registry of read status for all files, so we don't send everything
again on a Filebeat pod restart
    - name: data
      hostPath:
        #When filebeat runs as non-root user, this directory needs to be writable by group (g+w).
        path: /var/lib/filebeat-data              #定义数据存储路径
        type: DirectoryOrCreate                   #表示如果不存在,则创建
---
```

部署 filebeat 并查看其运行状态,命令如下:

```
#部署 filebeat
sudo kubectl apply -f filebeat-kubernetes.yaml
#查看 filebeat 的运行状态
sudo kubectl get pods -n elastic-system
```

如果集群中的每个节点上都成功地运行了 filebeat,则表示 filebeat 部署成功,如图 4-64
所示。

```
user01@node01:~$ sudo kubectl apply -f filebeat-kubernetes.yaml
serviceaccount/filebeat created
clusterrole.rbac.authorization.k8s.io/filebeat created
role.rbac.authorization.k8s.io/filebeat created
role.rbac.authorization.k8s.io/filebeat-kubeadm-config created
clusterrolebinding.rbac.authorization.k8s.io/filebeat created
rolebinding.rbac.authorization.k8s.io/filebeat created
rolebinding.rbac.authorization.k8s.io/filebeat-kubeadm-config created
configmap/filebeat-config created
daemonset.apps/filebeat created
user01@node01:~$ sudo kubectl get pods -n elastic-system
NAME                          READY   STATUS    RESTARTS        AGE
elastic-operator-0            1/1     Running   5 (3h27m ago)   14h
elasticsearch-es-default-0    1/1     Running   0               6h22m
elasticsearch-es-default-1    1/1     Running   0               6h22m
elasticsearch-es-default-2    1/1     Running   0               6h22m
filebeat-kzt9h                1/1     Running   0               34s
filebeat-lc85b                1/1     Running   0               34s
filebeat-nfbnr                1/1     Running   0               35s
kibana-kb-5fbcbc4646-q4tzz    1/1     Running   0               4h48m
```

图 4-64　部署 filebeat

注意:判断 filebeat 是否与 Elasticsearch 连接成功,可以使用 kubectl logs 命令查看
filebeat 对应的 Pod 日志信息,例如 sudo kubectl logs filebeat-vnjr2 -n elastic-system,如果
没有错误抛出,则表示 filebeat 采集数据正常。

---

7. 添加视图

当 filebeat 运行正常后就可以登录 Kibana 控制面板添加视图,单击 Kibana 菜单栏下的

Analytics→Dashboards→Create data view 选项，创建 filebeat 日志视图，如图 4-65 所示。

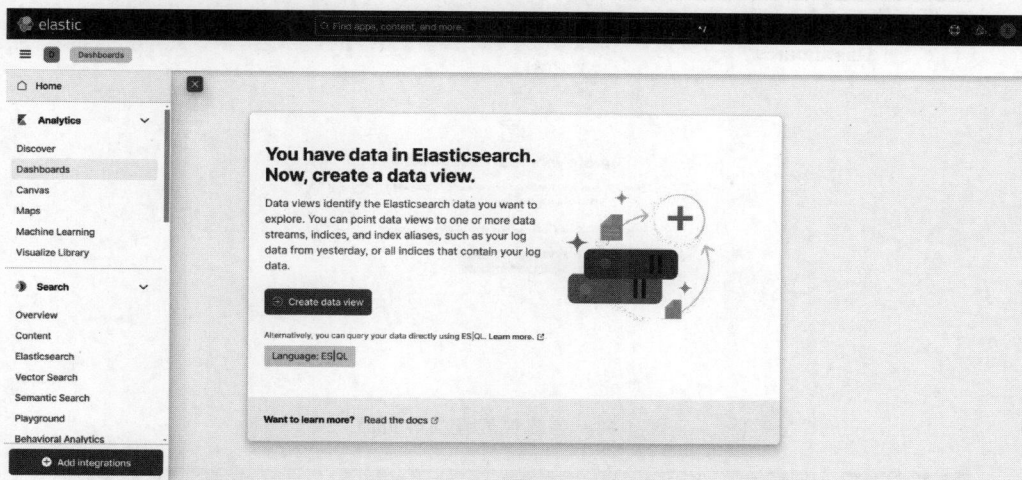

图 4-65 视图向导

在视图向导页面单击 Create data view 后会进入创建视图页面。在该页面输入需要创建的视图名称、索引资源等，如图 4-66 所示。

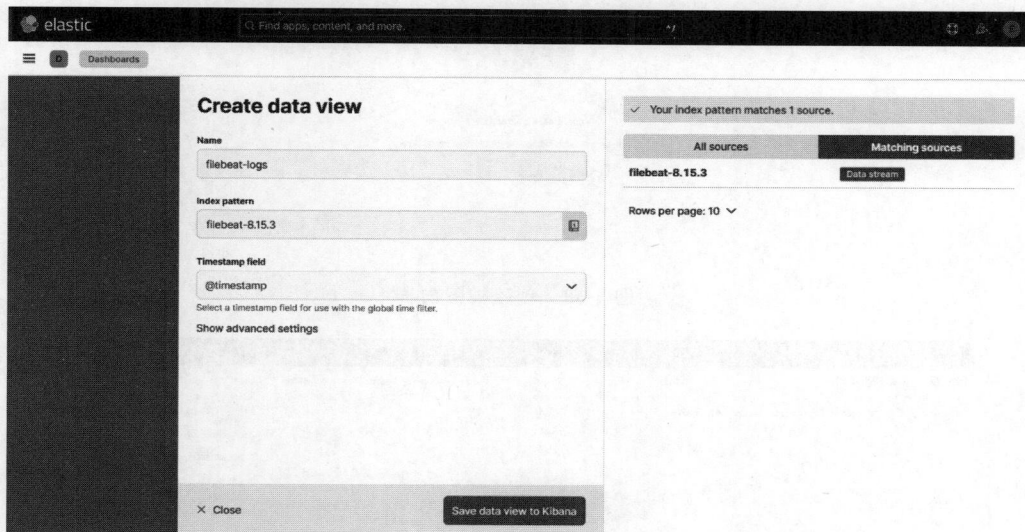

图 4-66 创建视图

在输入相关名称、索引参数后单击 Save data view to Kibana 按钮，页面会跳转至创建仪表盘向导页面，如图 4-67 所示。

在该页面单击 Create a dashboard 按钮，在跳转页面内单击 Create visualization 选项，如图 4-68 所示。

单击 Create visualization 后会进入视图创建页面，如图 4-69 所示。

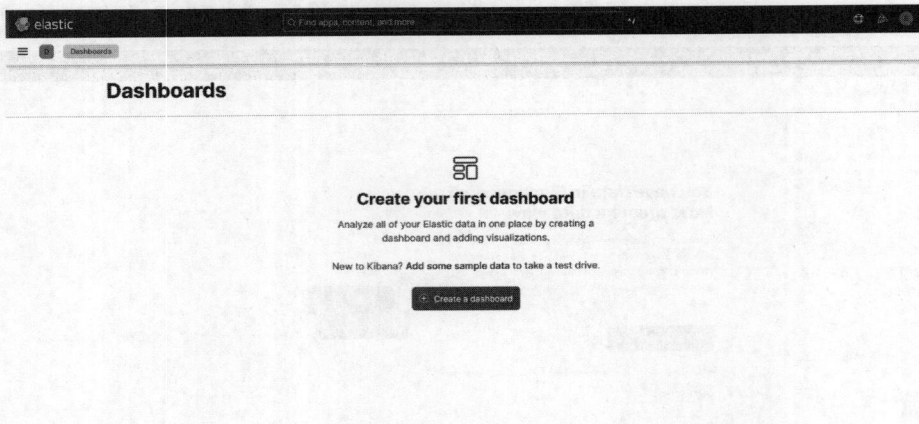

图 4-67 创建仪表盘向导页面

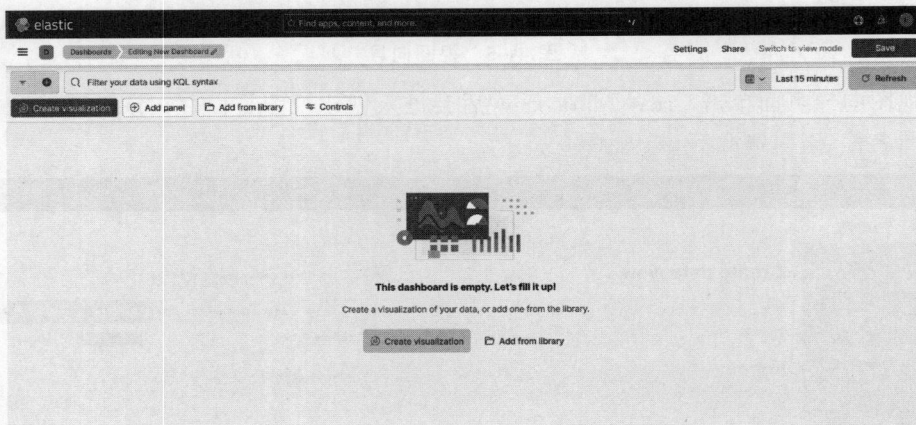

图 4-68 创建视图向导

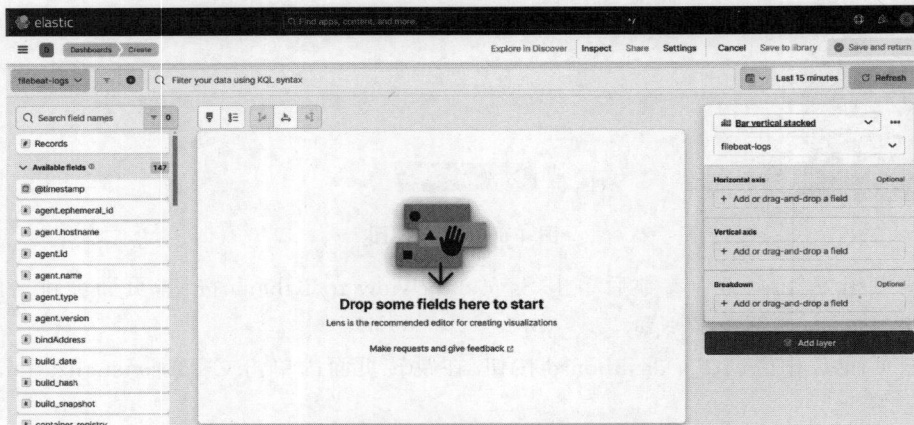

图 4-69 视图创建页面

用户可以根据自身需求选择需要展示的数据项,在 Horizontal axis 和 Vertical axis 选项内选择所需要展示的数据项即可,例如在演示环境中 Selected fields 选择 @timestamp,Vertical axis 选项选择 Count of records,当选择需要查看的数据内容后,系统就会以图形的形式展示相关采样到的数据,如图 4-70 所示。

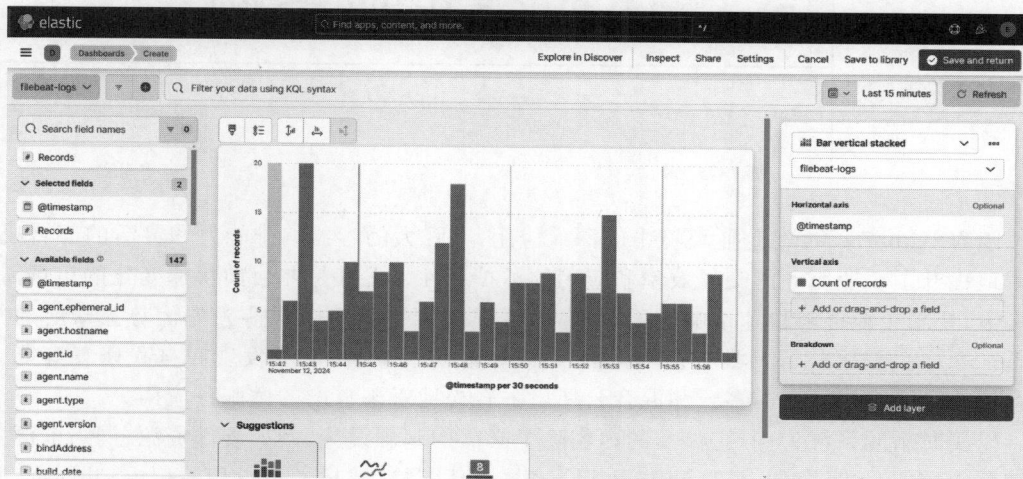

图 4-70　Count of records 数据视图

至此,ELK 系统部署完成,用户可以对采集到的数据进行可视化展示。

4.4　本章小结

本章从企业实际应用的角度出发并结合具体案例,全面而深入地探讨了在 Kubernetes 集群中运维管理的核心知识点。内容涵盖了当前最新的运维理念、Kubernetes 集群监控系统、集群中的负载均衡技术及对企业最重要的日志管理和分析系统等,其中不仅讲解了运维过程所涉及的基础知识,还进一步地讲解了其工作原理、工作流程等,通过这些知识的学习可以帮助读者更好地掌握 Kubernetes 的运维技术。

尤其是通过对一系列相关实际案例的学习,读者可以更直观地理解 Kubernetes 的运维方式和理念,进一步地加深对相关知识的学习与掌握。这些案例不仅提升了理论知识的实用性,也为读者在实际工作中应用 Kubernetes 提供了宝贵的参考和借鉴。

## 第 5 章

典型企业案例

随着 Kubernetes 在企业环境中的深入应用,其强大的容器编排能力和灵活的部署机制有效地提升了企业服务的交付效率和应用的可扩展性。尤其是在目前快速变化的市场需求情况下,要求企业能够快速地响应用户需求,这样才能在竞争中保持领先优势。众所周知,Kubernetes 的最大优势是具有自动化的容器管理、负载均衡、服务发现和自我修复等能力,这就使企业能够在复杂的多云和混合云环境下轻松地管理自己的微服务应用。

以实时新闻系统为例,它涉及的内容除了必需的基础设施,例如硬件资源、网络资源等,还涉及内容的采集、存储、处理和展示等众多技术环节,这些技术手段相辅相成,共同推动整个实时新闻系统高效运行,其中最典型的技术手段应用如下:

首先是持续集成与持续交付工具的应用,其中最典型的应用工具是 Jenkins,它在实时新闻系统的生命周期中扮演着至关重要的角色。在企业的 Kubernetes 集群环境中,Jenkins 通过与 Kubernetes 的深度集成可以轻松地实现自动化构建、测试和部署流程,极大地提升了开发和部署效率。

其次是 Kubernetes 集群对虚拟机的管理。在企业的实际生产环境中,往往传统虚拟化技术与容器虚拟化技术并存,例如在实时新闻系统中用于存储实时业务数据的数据库系统就有可能运行在传统虚拟化环境中。在这种场景下使用 KubeVirt 插件就可以轻松地管理在同一管理框架下同时运行的虚拟机,避免资源浪费和管理上的复杂性,还可以为相关应用平滑地过渡到云原生架构提供必要条件。

此外,在实时新闻系统中为了应对在重大新闻事件发生时用户访问量激增的情况,还会用到水平自动扩展(Horizontal Pod Autoscaler, HPA)功能,它通过自动监测 CPU 利用率或其他性能指标,在资源使用超过预设的阈值时自动增加 Pod 的副本数,从而分担负载和维持系统的响应速度和稳定性。相反,在资源使用率低于预设的阈值时会自动缩减 Pod 的副本数,以达到优化资源使用率和降低成本的目的。

最后在实时新闻系统中还会集成 ELK 等日志收集与分析系统,用于监测系统及应用的健康状态,以便及时发现并处理潜在的问题。当然安全防护也是必不可少的,例如 Kubernetes 的网络策略可以确保只有经过授权的 Pod 才能访问敏感数据和 API 等。

5.1　Jenkins 在 Kubernetes 集群中的应用案例

Jenkins 在企业环境中主要用于持续集成（Continuous Integration，CI）和持续部署（Continuous Deployment，CD）或持续交付（Continuous Delivery，CD），它是将传统开发过程中的代码构建、测试和部署等一系列流程由人工干预转变为自动化完成。具体到 Kubernetes 集群环境中，则是通过集成的 Kubernetes 插件、配置流水线、集成代码仓库等实现企业应用的自动化构建、测试及部署。

5.1.1　Jenkins 介绍

Jenkins 作为一款功能强大且广受欢迎的开源自动化服务器，其在持续集成和持续交付或持续部署方面发挥着重要作用。它极大地优化了开发者在构建、测试和部署应用过程的烦琐操作，实现了整个应用开发周期的自动化，有助于企业高效、快速地推出高质量的应用。

Jenkins 的核心优势之一在于其强大的生态系统，使其几乎可以与目前所有的开发工具、云服务和应用程序框架实现无缝集成。无论是流行的版本控制系统（例如 Git、SVN 等），还是各类编程语言的编辑器和构建工具（例如 Maven、Ant 等），Jenkins 都可以轻松地集成。此外，Jenkins 通过与各类测试框架（例如 Junit 等）的集成，可以自动化地执行单元测试、功能测试等多种测试类型。尤其是 Jenkins 直观的图形化界面使配置和管理构建、测试和部署各种构建任务、触发器等变得简单易行。

此外，Jenkins 还能够实时监控代码库的变化，并根据预设的触发条件自动地启动构建任务。一旦构建成功，Jenkins 就会自动运行测试脚本，并对应用的预定内容进行测试。当测试通过后，Jenkins 还可以将构建好的应用自动部署至目标环境中，通过这种自动化的流程可以极大地提升应用开发的效率和质量。

Jenkins 在执行自动化部署任务时涉及以下关键环节，其工作流程如图 5-1 所示。

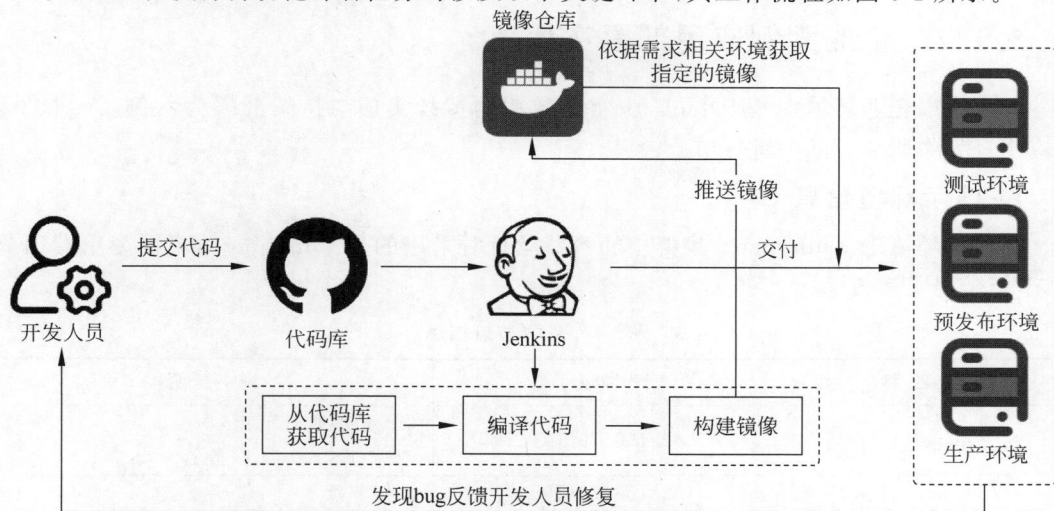

图 5-1　Jenkins 工作流程图

代码提交阶段,开发者将代码提交至代码库(例如 GitHub),需要注意是这些代码库往往允许开发者进行分支管理、合并代码等操作,确保代码的可追溯性。

代码监听阶段,为了能够及时响应代码变更,Jenkins 需要能够实时或定期获得源码仓库中的最新代码。实现的方法通常有两种,其一是让 Jenkins 定期查询代码仓库中是否有新的代码;其二是通过设置钩子(Webhook)来监听代码仓库的变更事件,一旦有新代码提交,Webhook 就会立即向 Jenkins 发送通知,触发后续的构建过程。

触发构建阶段,每当 Jenkins 接收到新的代码变更通知,它都会触发一个新的构建过程。该环节是自动化部署中的关键环节,它标志着新代码从代码库部署至目标环境的第 1 步。

执行构建脚本阶段,在该阶段 Jenkins 会执行预定义的构建脚本(例如 Maven 等),这些脚本通常情况下会包含代码编译、单元测试、应用打包等相关操作,其中代码编译是将源码转换为可执行文件或库文件,单元测试主要用于验证代码的正确性和代码的基本功能,而应用打包则是根据实际需求将应用打包成可部署的格式(例如 WAR 包等),这个阶段可以确保新代码在部署前已经被充分验证。

自动化测试阶段,构建完成后 Jenkins 会运行自动化测试,以此来进一步验证新代码的质量和稳定性。这些测试可能包含集成测试(例如模块之间的通信交互)、性能测试(例如评估响应应用时间和资源消耗)等,该阶段主要通过自动化测试降低人为错误发生的概率。

结果反馈阶段,当构建和测试完成后系统会通过邮件、Jenkins 界面等方式及时将结果通知开发者。这种即时的反馈机制使开发者能够迅速了解构建和测试的状态,并依据反馈结果作出响应决策。

自动部署阶段,当构建和测试都成功后,Jenkins 会自动地将应用程序部署至目标环境(例如开发环境、测试环境或生产环境)。这一环节是自动化部署流程的最终目标,通过自动化部署可以加快产品迭代的速度和提高产品的竞争力,同时可以减少手动部署过程中可能出现的错误风险。

5.1.2 企业案例应用部署实战

下面将以企业环境中基于 Jenkins 实现应用的持续集成与持续部署为示例,详细展示其应用过程中所涉及的关键环节。

1. 演示环境信息

在演示环境中 Kubernetes 集群中的容器运行时采用的是 Containerd,集群为单管理节点,节点信息见表 5-1。

表 5-1 集群节点信息

节 点 名 称	IP 地 址	说 明
node01	192.168.79.191	(1) 集群管理节点 (2) NFS Server 服务器
node03	192.168.79.193	工作节点

续表

节点名称	IP 地址	说　明
node04	192.168.79.194	工作节点
node05	192.168.79.195	（1）本地 Gitea 服务器（代码托管平台） （2）本地镜像仓库 （3）Jenkins 服务器

2. 部署 Gitea 代码托管平台

Gitea 是一个轻量级、开源的代码托管平台，它集成了 Git 代码托管、项目管理与协作功能。同时 Gitea 由社区力量驱动，并且具有高度的可定制性，完美适配个人开发者、小型团队乃至企业使用。它的目标是致力于打造一个直观易用的管理平台，让用户能够轻松自如地管理 Git 仓库及相关项目。

Gitea 之所以广受青睐，归功于其独特的功能特性和优势。首要的是，它基于麻省理工学院（MIT）开放源代码软件授权协议，赋予任何人自由使用、修改及分发的权利，这为企业提供了广阔的定制化空间。其次，Gitea 展现出轻量级、资源消耗低及易于部署的特质，显著地降低了企业的运营成本和管理复杂性。此外，Gitea 在代码管理方面表现卓越，提供了高度定制化的丰富功能。用户可以在仓库中轻松浏览提交历史、查看代码文件、审核并合并代码提交、管理协作者及分支等。同时，它还兼容众多 Git 核心功能，例如标签管理、Cherry-pick 操作、Hook 机制及协作工具的集成等。最后 Gitea 在持续集成/持续部署（CI/CD）和项目管理方面同样强大。通过 Gitea Actions 用户可以运用熟悉的 YAML 格式编写工作流，快速构建个性化的 CI/CD 流程，从而大幅提升开发和部署的效率。

1）部署基础环境

登录 node05 节点服务器部署 Docker 环境，命令如下：

```
#下载部署脚本
curl -fsSL https://get.docker.com -o get-docker.sh
```

运行已下载的 get-docker.sh 脚本部署 Docker 环境，命令如下：

```
#执行脚本部署 Docker 环境
sudo DOWNLOAD_URL=https://mirrors.ustc.edu.cn/docker-ce sh get-docker.sh
```

命令执行后，如果可以显示 Docker 版本信息，则表示部署成功，如图 5-2 所示。

部署完成后，启动 Docker 服务、设置服务自启动及查看当前 Docker 运行状态，命令如下：

```
#启动 Docker 服务并设置服务自启动
sudo systemctl enable --now docker
#查看 Docker 服务状态
sudo systemctl status docker
```

命令执行成功的状态如图 5-3 所示。

一旦 Docker 环境部署并运行成功，接着就可以部署 Docker Compose 环境，命令如下：

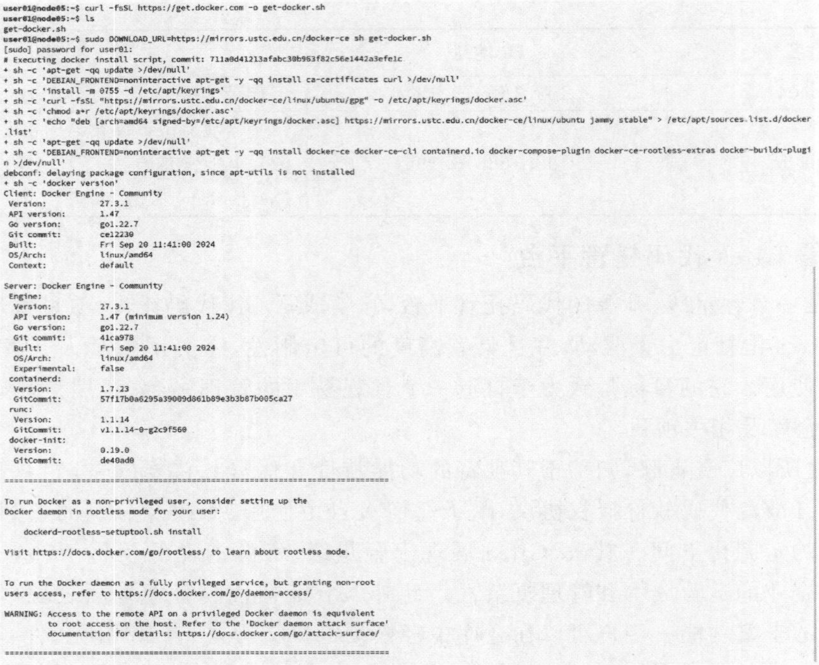

图 5-2　自动化部署 Docker 环境

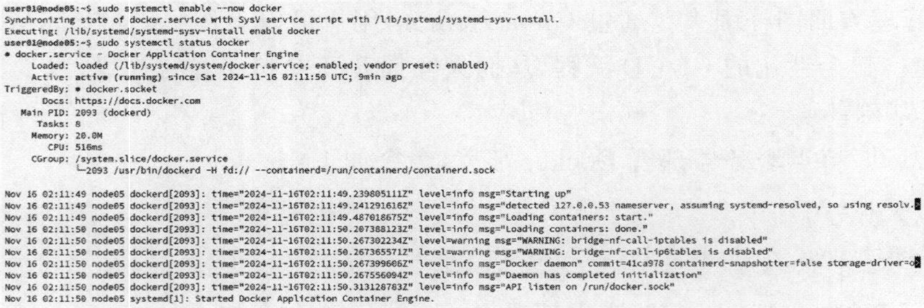

图 5-3　Docker 运行成功

```
#下载最新稳定版本
curl - SL https://github.com/docker/compose/releases/download/v2.30.3/docker - compose -
linux - x86_64 - o /usr/local/bin/docker - compose
#设置权限
sudo chmod 755 /usr/local/bin/docker - compose
sudo ln - s /usr/local/bin/docker - compose /usr/bin/docker - compose
```

设置完成后在全局模式下执行 docker-compose version 命令,如果可以正常显示其版本信息,则表明 Docker Compose 部署配置成功,如图 5-4 所示。

2) 部署本地镜像仓库

本地镜像仓库用于存储本地自动构建的镜像,镜像仓库采用 Docker 官方提供的

```
user01@node05:~$ sudo chmod 755 /usr/local/bin/docker-compose
user01@node05:~$ sudo ln -s /usr/local/bin/docker-compose /usr/bin/docker-compose
user01@node05:~$ sudo docker-compose version
Docker Compose version v2.30.3
```

图 5-4　Docker Compose 部署成功

Docker Registry 构建,命令如下:

```
sudo docker run - it - d -- name myregistry \
- p 5000:5000 \
- v myregistry:/var/lib/registry \
-- restart = always \
registry:2
```

命令执行后查看容器 myregistry 的运行状态,命令如下:

```
♯查看当前节点所有容器的运行状态
sudo docker ps - a
♯查看当前节点容器 myregistry 的运行状态
sudo docker ps - af name = myregistry
```

命令执行后输出的信息如图 5-5 所示。

```
user01@node05:~$ sudo docker ps -a
CONTAINER ID   IMAGE        COMMAND             CREATED        STATUS        PORTS                                              NAMES
71a4a01f4484   registry:2   "/entrypoint.sh /etc…"   5 minutes ago   Up 5 minutes   0.0.0.0:5000->5000/tcp, :::5000->5000/tcp   myregistry
user01@node05:~$
user01@node05:~$ sudo docker ps -af name=myregistry
CONTAINER ID   IMAGE        COMMAND             CREATED        STATUS        PORTS                                              NAMES
71a4a01f4484   registry:2   "/entrypoint.sh /etc…"   6 minutes ago   Up 6 minutes   0.0.0.0:5000->5000/tcp, :::5000->5000/tcp   myregistry
```

图 5-5　镜像仓库 myregistry 部署成功

可以看到镜像仓库 myregistry 处于运行状态,对外提供的服务器端口为 5000/TCP。由于在演示环境中需要将本机构建的镜像上传至该镜像仓库,因此需要在/etc/docker/daemon.json 配置文件内添加镜像仓库地址,代码如下:

```
"insecure - registries": ["http://192.168.79.195:5000"]
```

配置文件编辑完成后保存并退出编辑器,然后重启 Docker 服务使配置生效,命令如下:

```
sudo systemctl daemon - reload
sudo systemctl restart docker
```

Docker 服务重启后,可以执行 docker info 命令查看配置是否生效,如图 5-6 所示。

命令执行后,如果在输出的信息中 Insecure Registries 字段为已定义的镜像仓库地址,则表示配置生效。

3) 部署 Gitea

编写 Gitea 应用部署文件 docker-compose-gitea.yaml,其数据持久化存储路径为/home/user01/gitea,代码如下:

```
♯定义网络配置
networks:
  ♯将网络名称定义为 gitea 的网络
  gitea:
```

```
user01@node05:~$ sudo docker info
Client: Docker Engine - Community
 Version:    27.3.1
 Context:    default
 Debug Mode: false
 Plugins:
  buildx: Docker Buildx (Docker Inc.)
    Version:  v0.17.1
    Path:     /usr/libexec/docker/cli-plugins/docker-buildx
  compose: Docker Compose (Docker Inc.)
    Version:  v2.29.7
    Path:     /usr/libexec/docker/cli-plugins/docker-compose

Server:
 Containers: 1
  Running: 1
  Paused: 0
  Stopped: 0
 Images: 2
 Server Version: 27.3.1
 Storage Driver: overlay2
  Backing Filesystem: xfs
  Supports d_type: true
  Using metacopy: false
  Native Overlay Diff: true
  userxattr: false
 Logging Driver: json-file
 Cgroup Driver: systemd
 Cgroup Version: 2
 Plugins:
  Volume: local
  Network: bridge host ipvlan macvlan null overlay
  Log: awslogs fluentd gcplogs gelf journald json-file local splunk syslog
 Swarm: inactive
 Runtimes: io.containerd.runc.v2 runc
 Default Runtime: runc
 Init Binary: docker-init
 containerd version: 57f17b8a6295a39009d861b89e3b3b87b005ca27
 runc version: v1.1.14-0-g2c9f560
 init version: de40ad0
 Security Options:
  apparmor
  seccomp
   Profile: builtin
  cgroupns
 Kernel Version: 5.15.0-122-generic
 Operating System: Ubuntu 22.04.5 LTS
 OSType: linux
 Architecture: x86_64
 CPUs: 2
 Total Memory: 3.785GiB
 Name: node05
 ID: 956cb33e-94b4-426c-819d-dc47cf9a5ba9
 Docker Root Dir: /var/lib/docker
 Debug Mode: false
 Experimental: false
 Insecure Registries:
  192.168.79.195:5008
  127.0.0.0/8
 Registry Mirrors:
  https://hub.xdark.top/
  https://dockerpull.org/
  https://docker.1panel.live/
  https://dockerhub.icu/
 Live Restore Enabled: false

user01@node05:~$ ▯
```

图 5-6　Docker 服务配置信息

```
    external: false                          ＃表示内部网络

＃定义服务配置
services:
  server:
    image: gitea/gitea:1.22.3                ＃指定镜像
    container_name: gitea                    ＃定义容器名称
    ＃设置环境变量
    environment:
      - USER_UID = 1000                      ＃设置用户 UID
      - USER_GID = 1000                      ＃设置用户 GID
      - GITEA__database__DB_TYPE = mysql     ＃指定数据库类型
      - GITEA__database__HOST = db:3306      ＃指定数据库端口
      - GITEA__database__NAME = gitea        ＃定义数据库名称
      - GITEA__database__USER = gitea        ＃定义访问数据库的用户名
      - GITEA__database__PASSWD = gitea      ＃定义访问数据库的密码
    restart: always                          ＃将容器重启策略设置为始终重启
    networks:
      - gitea                                ＃连接到已定义的 Gitea 网络
    ＃配置卷,用于数据持久化存储
```

```
    volumes:
      - ./gitea:/data                           #将本地 Gitea 目录挂载至容器的/data 目录
      - /etc/timezone:/etc/timezone:ro          #以只读模式挂载时区文件
      - /etc/localtime:/etc/localtime:ro        #以只读模式挂载本地时间文件
    #设置端口映射
    ports:
      - "3000:3000"
      - "222:22"
    #设置服务依赖关系
    depends_on:
      - db                                      #表示 server 服务依赖于 db 服务

  #定义 db 服务
  db:
    image: mysql:8                              #指定 MySQL 服务所需的镜像
    restart: always                             #将容器重启策略设置为始终重启
    #设置环境变量
    environment:
      - MYSQL_ROOT_PASSWORD=gitea               #设置 MySQL 的 root 密码
      - MYSQL_USER=gitea                        #设置用户名
      - MYSQL_PASSWORD=gitea                    #设置密码
      - MYSQL_DATABASE=gitea                    #设置 MySQL 的数据库名称
    #设置容器连接的网络
    networks:
      - gitea                                   #连接到已定义的 Gitea 网络
    volumes:
      - ./mysql:/var/lib/mysql #将当前目录下的 mysql 目录挂载至容器的/var/lib/mysql 目录
```

部署文件编辑完成后保存并退出编辑器部署 Gitea 应用，命令如下：

```
#部署 Gitea 应用
sudo docker-compose -f docker-compose-gitea.yaml up -d
#查看 Gitea 应用状态
sudo docker ps -a
```

当命令执行后 Gitea 服务相关组件运行成功的标识如图 5-7 所示。

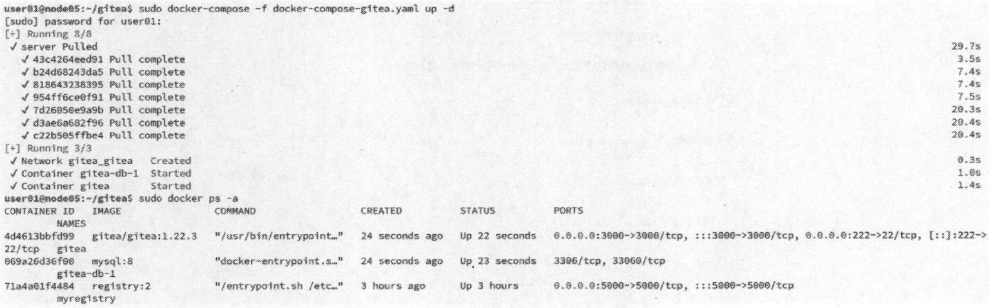

```
user01@node05:~/gitea$ sudo docker-compose -f docker-compose-gitea.yaml up -d
[sudo] password for user01:
[+] Running 8/8
 ✓ server Pulled                                                    29.7s
   ✓ 43c4264eed91 Pull complete                                      3.5s
   ✓ b24d68243da5 Pull complete                                      7.4s
   ✓ 818643238395 Pull complete                                      7.4s
   ✓ 954ff6ce0f91 Pull complete                                      7.5s
   ✓ 7d26050e9a9b Pull complete                                     20.3s
   ✓ d3ae6a682f96 Pull complete                                     20.4s
   ✓ c22b505ffbe4 Pull complete                                     20.4s
[+] Running 3/3
 ✓ Network gitea_gitea    Created                                    0.3s
 ✓ Container gitea-db-1   Started                                    1.0s
 ✓ Container gitea        Started                                    1.4s
user01@node05:~/gitea$ sudo docker ps -a
CONTAINER ID   IMAGE               COMMAND                  CREATED          STATUS          PORTS
         NAMES
4d4613bbfd99   gitea/gitea:1.22.3  "/usr/bin/entrypoint…"   24 seconds ago   Up 22 seconds   0.0.0.0:3000->3000/tcp, :::3000->3000/tcp, 0.0.0.0:222->22/tcp, [::]:222->
22/tcp   gitea
069a26d36f00   mysql:8             "docker-entrypoint.s…"   24 seconds ago   Up 23 seconds   3306/tcp, 33060/tcp
         gitea-db-1
71a4a01f4484   registry:2          "/entrypoint.sh /etc…"   3 hours ago      Up 3 hours      0.0.0.0:5000->5000/tcp, :::5000->5000/tcp
         myregistry
```

图 5-7　部署 Gitea 应用

4）初始化配置 Gitea

Gitea 应用部署完成后，使用浏览器访问宿主机 3000/TCP 端口（http://192.168.79.195:3000/）按照向导提示初始化配置 Gitea，如图 5-8 所示。

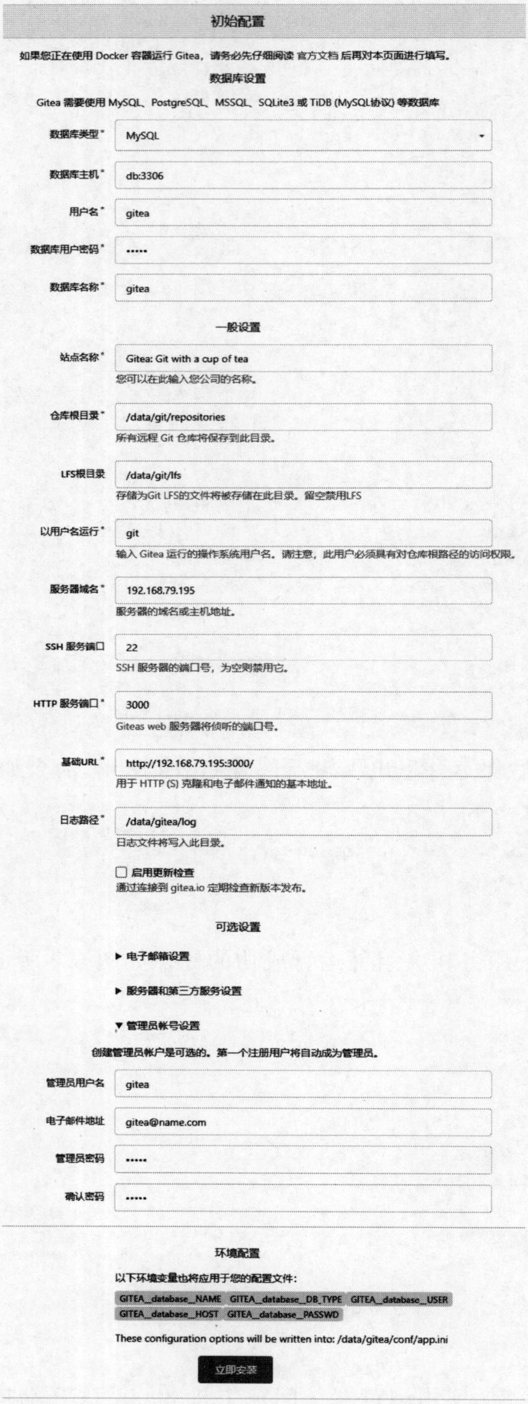

初始配置

如果您正在使用 Docker 容器运行 Gitea，请务必先仔细阅读 官方文档 后再对本页面进行填写。

数据库设置

Gitea 需要使用 MySQL、PostgreSQL、MSSQL、SQLite3 或 TiDB (MySQL 协议) 等数据库

数据库类型 *	MySQL ▾
数据库主机 *	db:3306
用户名 *	gitea
数据库用户密码 *	•••••
数据库名称 *	gitea

一般设置

站点名称 * Gitea: Git with a cup of tea
您可以在此输入您公司的名称。

仓库根目录 * /data/git/repositories
所有远程 Git 仓库将保存到此目录。

LFS根目录 /data/git/lfs
存储为 Git LFS 的文件将被存储在此目录。留空禁用 LFS

以用户名运行 * git
输入 Gitea 运行的操作系统用户名。请注意，此用户必须具有对仓库根路径的访问权限。

服务器域名 * 192.168.79.195
服务器的域名或主机地址。

SSH 服务端口 * 22
SSH 服务器的端口号，为空则禁用它。

HTTP 服务端口 * 3000
Giteas web 服务器将侦听的端口号。

基础URL * http://192.168.79.195:3000/
用于 HTTP (S) 克隆和电子邮件通知的基本地址。

日志路径 /data/gitea/log
日志文件将写入此目录。

☐ 启用更新检查
通过连接到 gitea.io 定期检查新版本发布。

可选设置

▶ 电子邮箱设置

▶ 服务器和第三方服务设置

▼ 管理员帐号设置

创建管理员帐户是可选的。第一个注册用户将自动成为管理员。

管理员用户名	gitea
电子邮件地址	gitea@name.com
管理员密码	•••••
确认密码	•••••

环境配置

以下环境变量也将应用于您的配置文件：

GITEA__database__NAME GITEA__database__DB_TYPE GITEA__database__USER
GITEA__database__HOST GITEA__database__PASSWD

These configuration options will be written into: /data/gitea/conf/app.ini

立即安装

图 5-8 Gitea 初始化配置

　　注意：在初始化配置页面需要检查数据库设置等选项内容，同时需要创建管理员账号。如果在初始化配置时未创建管理员账号，则第 1 个注册用户将会自动成为管理员。

　　配置编辑完成后，单击"立即安装"按钮，系统会自动完成相关的配置工作，安装完成后会自动登录 Gitea 管理平台，如图 5-9 所示。

图 5-9　初始化成功

　　初始化成功后，在 Gitea 管理平台单击"仓库"选项下的"仓库列表"状态栏内的加号（＋），创建测试代码仓库 devk8s，如图 5-10 所示。

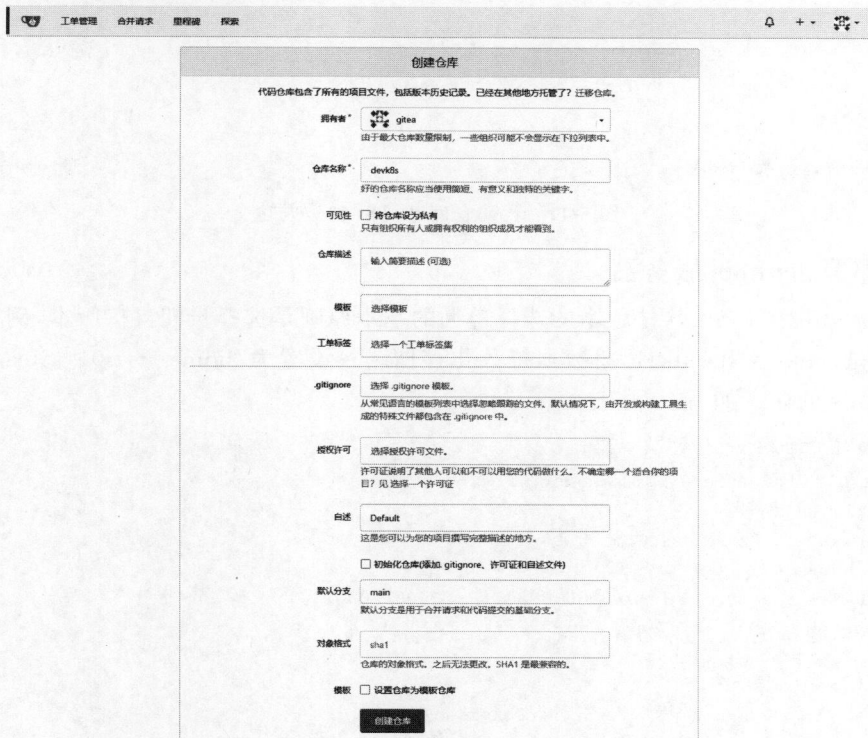

图 5-10　创建代码仓库 devk8s

首先输入仓库名称 devk8s,其他选项可以保持默认值,然后单击"创建仓库"按钮,完成 devk8s 仓库的创建,如图 5-11 所示。

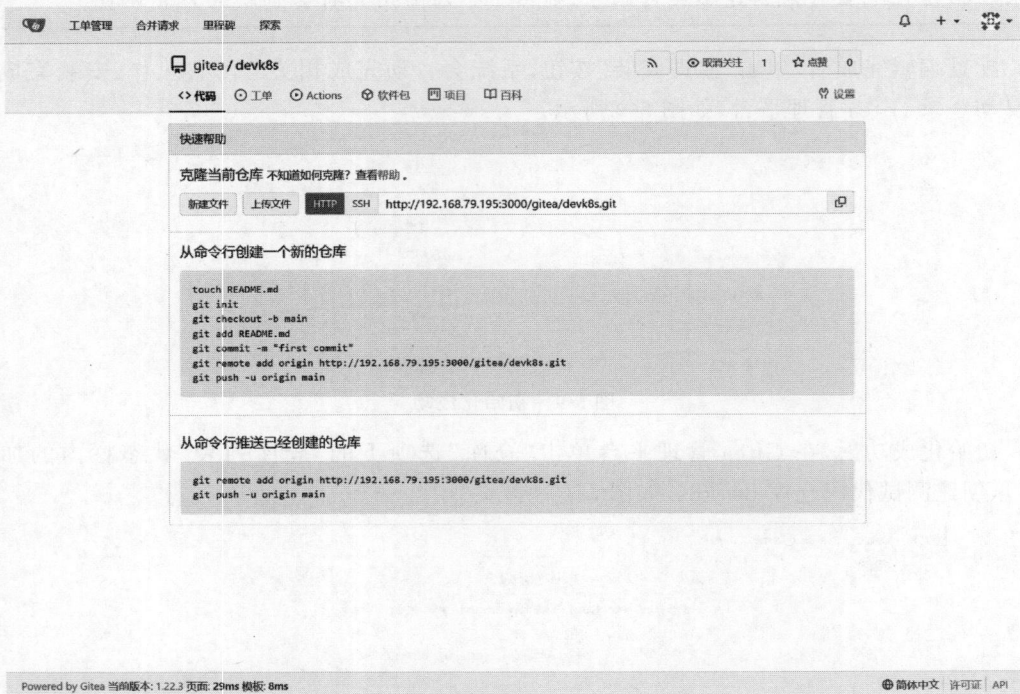

图 5-11 代码仓库 devk8s 创建成功

3. 部署 Jenkins 服务器

在企业环境中,应用软件版本的选择遵循的基本原则是选择长期支持版本,例如演示环境采用的是 jenkins:lts-jdk17,将数据持久化存储路径设置为/home/user01/gitea/jenkins,部署 Jenkins 的命令如下:

```
# 创建数据持久化目录
sudo mkdir /home/user01/gitea/jenkins
# Jenkins 目录授权
sudo chmod 777 /home/user01/gitea/jenkins/
# 部署 Jenkins
sudo docker run - it - d - p 8080:8080 - p 50000:50000 \
-- name jenkins \
-- restart = on - failure \
-- network gitea_gitea \
- v /var/run/docker.sock:/var/run/docker.sock \
- v /usr/bin/docker:/usr/bin/docker \
- v /home/user01/gitea/jenkins:/var/jenkins_home \
jenkins/jenkins:lts - jdk17
```

部署命令执行后,查看 Jenkins 容器的运行状态,命令如下:

```
sudo docker ps － af name＝jenkins
```

Jenkins 容器运行成功的标识如图 5-12 所示。

```
user01@node05:~/gitea$ sudo docker ps -af name=jenkins
CONTAINER ID   IMAGE                        COMMAND              CREATED          STATUS          PORTS
                             NAMES
8fd9df8f4513   jenkins/jenkins:lts-jdk17    "/usr/bin/tini -- /u…"  About a minute ago  Up About a minute  0.0.0.0:8080->8080/tcp, :::8080->8080/tcp, 0.0.0.0:50000->5
0000/tcp, :::50000->50000/tcp   jenkins
```

图 5-12　Jenkins 容器的运行状态

接着使用浏览器访问节点的 8080/TCP 端口开始安装及配置 Jenkins,如图 5-13 所示。

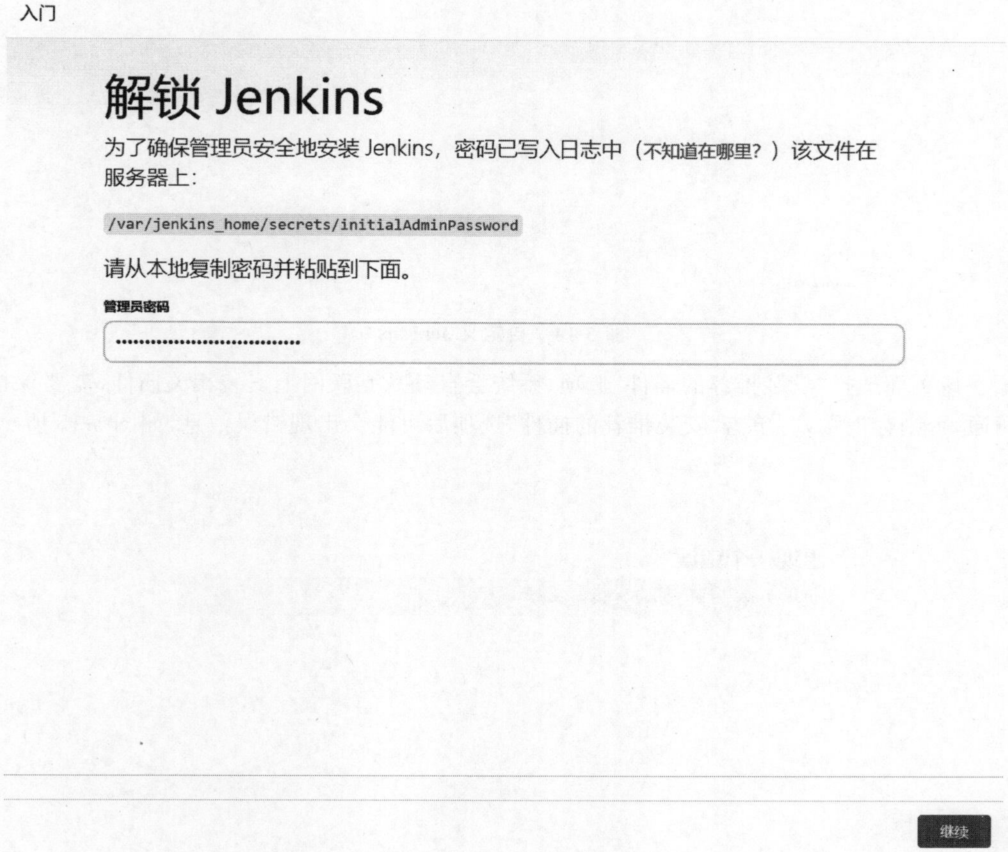

入门

解锁 Jenkins

为了确保管理员安全地安装 Jenkins, 密码已写入日志中（不知道在哪里?）该文件在
服务器上:

`/var/jenkins_home/secrets/initialAdminPassword`

请从本地复制密码并粘贴到下面。

管理员密码

    ••••••••••••••••••••••••••

继续

图 5-13　解锁 Jenkins

注意:在演示示例中密码写入的日志文件路径是/home/user01/gitea/jenkins/secrets/
initialAdminPassword。

输入密码后单击"继续"按钮,开始自定义 Jenkins,如图 5-14 所示。

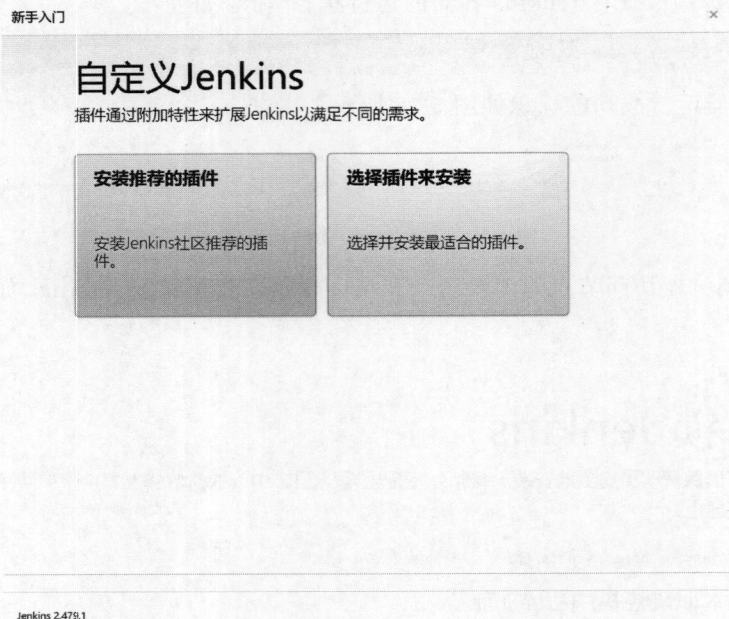

图 5-14　自定义 Jenkins

　　在该页面选择"安装推荐的插件"选项,系统会自动从互联网上安装相关插件(需要保持网络畅通,否则会失败)。单击"安装推荐的插件"选项后可能会出现错误信息,如图 5-15 所示。

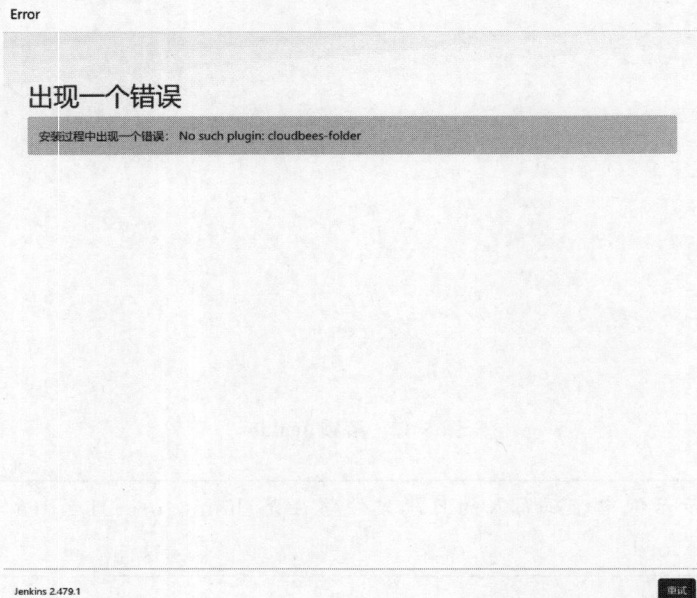

图 5-15　缺少 cloudbees-folder 插件

出现该错误信息是由于缺少 cloudbees-folder 插件，需要访问 https：//updates. jenkins-ci. org/download/plugins/cloudbees-folder 下载插件，如图 5-16 所示。

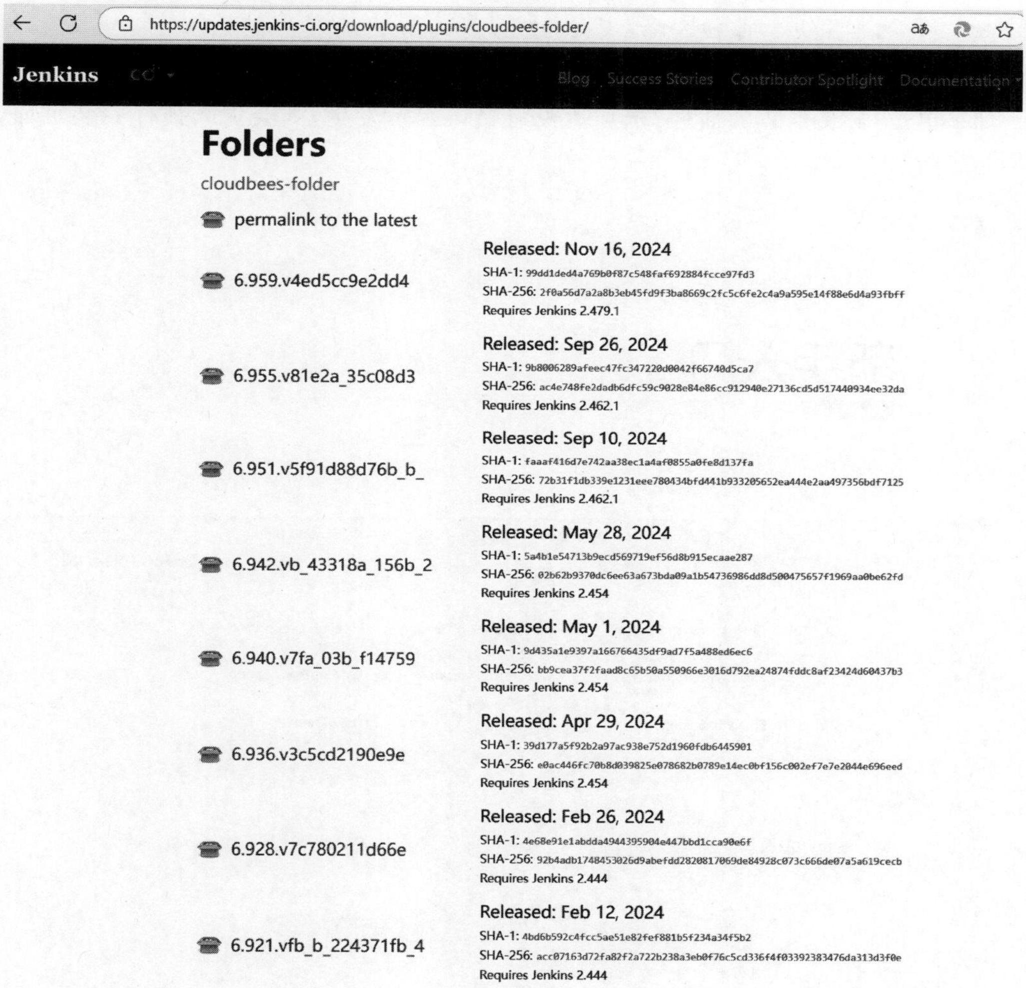

图 5-16　下载插件 cloudbees-folder

注意：在下载插件 cloudbees-folder 时，一定要与安装的 Jenkins 版本匹配，例如演示所需的 Jenkins 版本号为 Jenkins 2.479.1，该版本号在初始安装页面的页脚处有提示。

在节点服务上下载 cloudbees-folder，命令如下：

```
wget https://updates. jenkins - ci. org/download/plugins/cloudbees - folder/6. 959. v4ed5cc9e2dd4/
cloudbees - folder. hpi \
 - O /home/user01/gitea/jenkins/war/WEB - INF/detached - plugins/cloudbees - folder. hpi
```

将文件下载至目录/home/user01/gitea/jenkins/war/WEB-INF/detached-plugins 后，需要重启 Jenkins 容器，以便使其配置生效，命令如下：

```
sudo docker restart jenkins
```

然后重新访问 Jenkins 安装向导页面即可。

如果单击"安装推荐的插件"选项后没有错误提示发生，则会进入插件安装页面，如图 5-17 所示。

新手入门

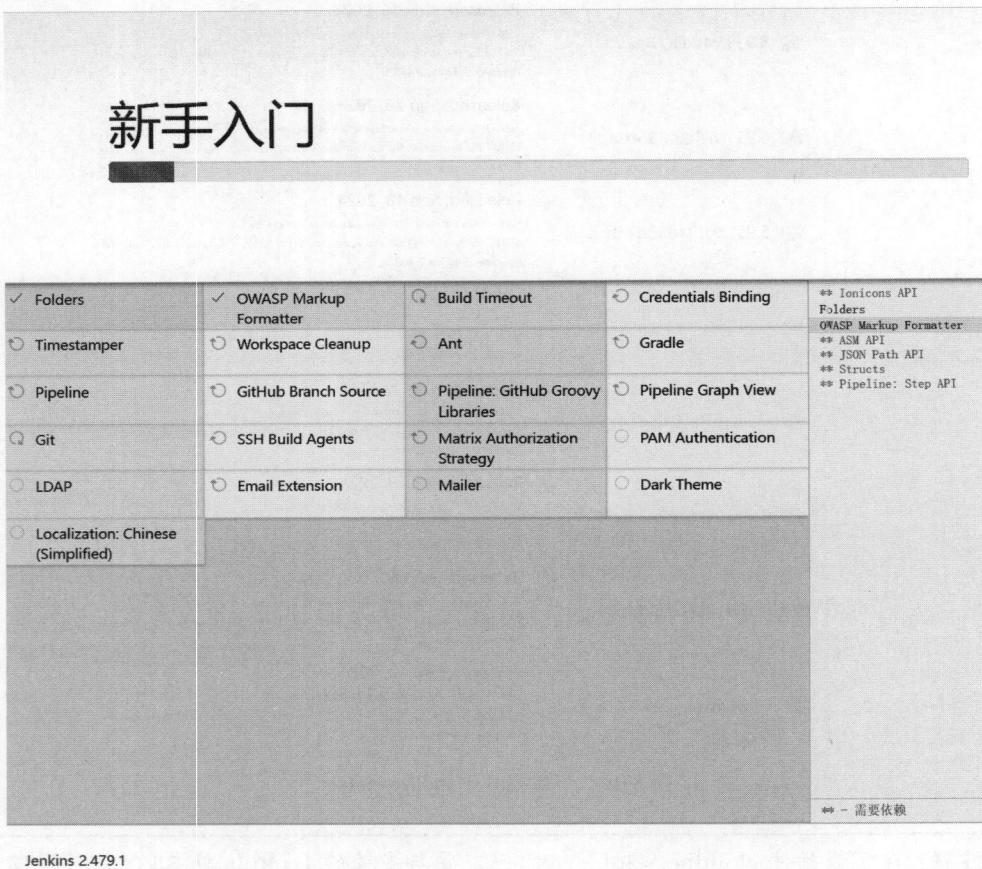

图 5-17　安装推荐的插件

推荐插件一旦安装成功，就会弹出创建管理员的设置页面，在该页面内输入自定义的管理员用户名、密码、电子邮件地址等信息，如图 5-18 所示。

管理员信息输入后，单击"保存并完成"按钮，完成管理员用户的设置。页面会跳转到实例配置页面，如图 5-19 所示。

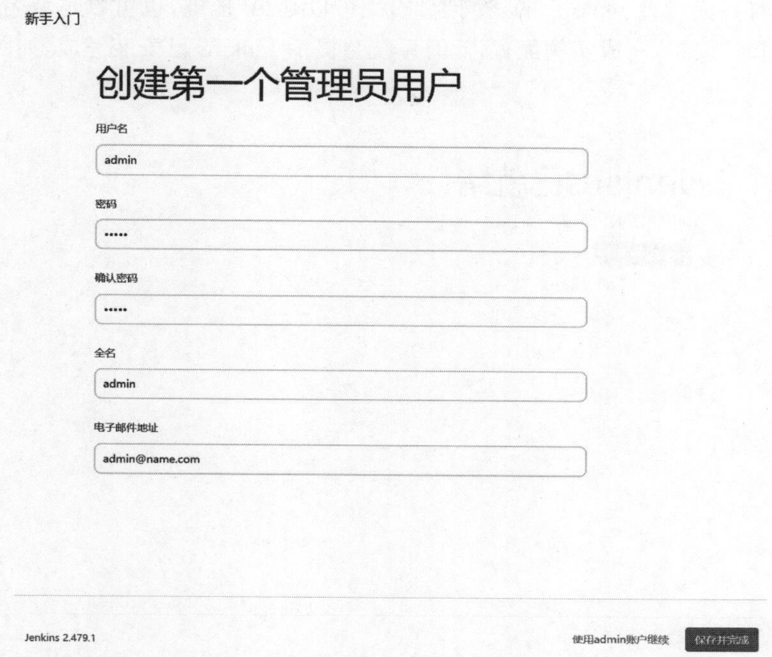
新手入门
创建第一个管理员用户
用户名
admin
密码
•••••
确认密码
•••••
全名
admin
电子邮件地址
admin@name.com
Jenkins 2.479.1
使用admin账户继续
保存并完成

图 5-18　创建管理员

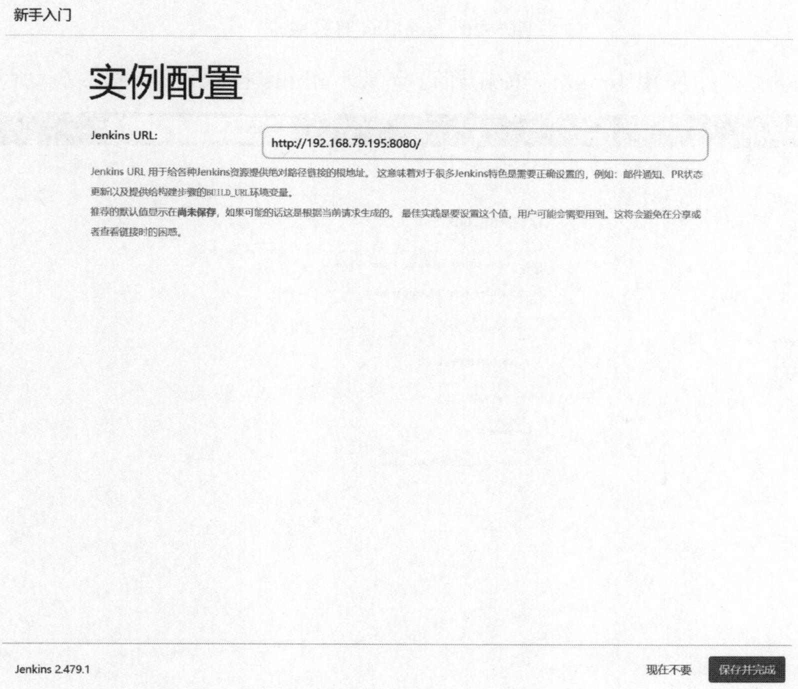
新手入门
实例配置
Jenkins URL:
http://192.168.79.195:8080/
Jenkins URL 用于给各种Jenkins资源提供绝对路径链接的根地址。这意味着对于很多Jenkins特色是需要正确设置的，例如：邮件通知、PR状态更新以及提供给构建步骤的BUILD_URL环境变量。
推荐的默认值显示在尚未保存，如果可能的话这是根据当前请求生成的。最佳实践是要设置这个值，用户可能会需要用到。这将会避免在分享或者查看链接时的困惑。
Jenkins 2.479.1
现在不要
保存并完成

图 5-19　实例配置

在实例配置页面设置 Jenkins 的访问地址,既可以是 IP 地址,也可以是域名,配置完成后单击"保存并完成"按钮,完成实例配置,此时系统会提示 Jenkins 已安装完成,如图 5-20 所示。

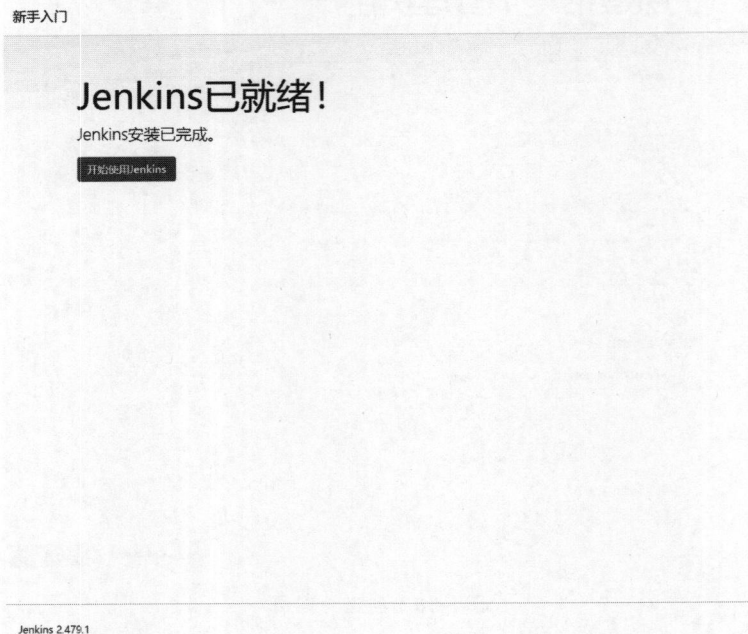

新手入门

Jenkins已就绪!

Jenkins安装已完成。

开始使用Jenkins

Jenkins 2.479.1

图 5-20 Jenkins 部署完成

此时,单击"开始使用 Jenkins"按钮即可登录 Jenkins 控制台,如图 5-21 所示。

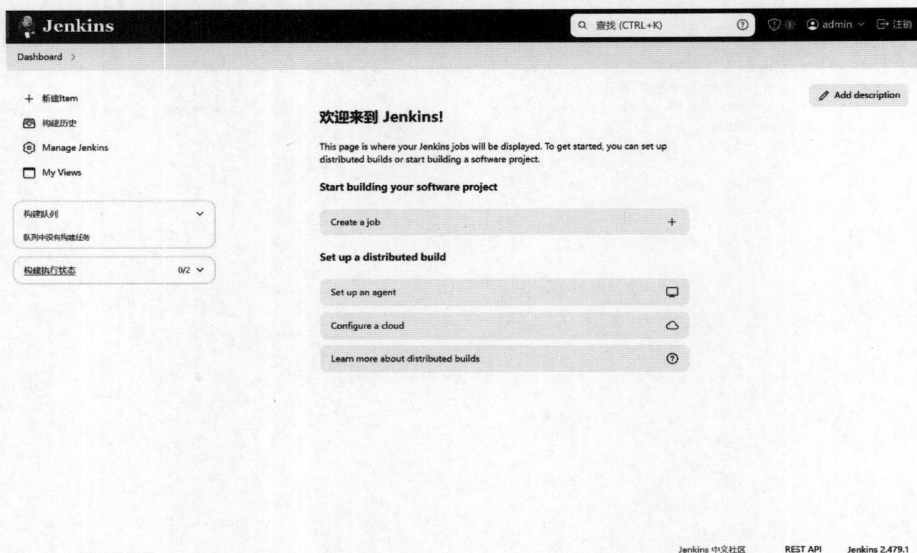

Jenkins 中文社区   REST API   Jenkins 2.479.1

图 5-21 Jenkins 控制台

4. 基于 Jenkins 自动化部署应用

1）创建相关测试文件

创建测试文件 index.html，代码如下：

```html
<!DOCTYPE html>
<html>
    <head>
                <meta charset = "utf - 8">
                <title>
                                测试代码第 1 版
                </title>
    </head>
    <body>
                <center>
                                <h1>第 1 版代码测试页面!</h1>
                </center>
    </body>
</html>
```

创建 Dockerfile 文件，代码如下：

```
FROM httpd:alpine
ADD * /usr/local/apache2/htdocs/
```

创建 Jenkinsfile 文件，代码如下：

```
//定义 Jenkins Pipeline
pipeline {
        //使用任意可用代理节点执行 pipeline
        agent any
        //定义环境变量
        environment {
                //Docker 镜像仓库地址
                DOCKER_IMAGE = '192.168.79.195:5000/httpd'
                //Git 仓库的凭证 ID
                GIT_CREDENTIALS_ID = 'gitea'
                //Git 仓库的 URL
                GIT_REPO_URL = 'http://192.168.79.195:3000/gitea/devk8s.git'
                //要克隆的 Git 分支
                GIT_BRANCH = 'main'
                //Git 用户邮箱
                GIT_USER_EMAIL = 'gitea@name.com'
                //Git 用户名
                GIT_USER_NAME = 'gitea'
        }
        stages {
                //准备阶段：设置 Git 全局配置
                stage('preparation') {
                        steps {
                                script {
```

```
                                        sh 'git config -- global user.email
${GIT_USER_EMAIL}'
                                        sh 'git config -- global user.name
${GIT_USER_NAME}'
                                }
                        }
                }
                //克隆阶段: 从 Git 仓库克隆代码
                stage('clone') {
                        steps {
                                git credentialsId: "${GIT_CREDENTIALS_ID}", url:
"${GIT_REPO_URL}", branch: "${GIT_BRANCH}"
                        }
                }
                //打标签阶段: 获取当前 Git 提交的短哈希值作为构建标签
                stage('tag') {
                        steps {
                                script {
                                        BUILD_TAG = sh(returnStdout: true, script:
'git rev-parse -- short HEAD').trim()
                                }
                        }
                }
                //构建阶段: 使用 Docker 构建镜像
                stage('build') {
                        steps {
                                sh "docker build -t ${DOCKER_IMAGE}:${BUILD_TAG} ."
                        }
                }
                //镜像推送阶段: 将构建的 Docker 镜像推送到镜像仓库
                stage('push') {
                        steps {
                                sh "docker push ${DOCKER_IMAGE}:${BUILD_TAG}"
                        }
                }
                //变更阶段: 更新部署文件中的镜像标签
                stage('change') {
                        steps {
                                script {
                                        sh "sed -i \'s/TAG/${BUILD_TAG}/g\' deployment-http.yaml"
                                }
                        }
                }
                //部署阶段: 通过 SSH 将更新后的部署文件传输至 Kubernetes 管理节点并执行
                stage('deployment') {
                        steps {
                                sshPublisher(publishers:
[sshPublisherDesc(configName: 'k8s-master', transfers: [sshTransfer(cleanRemote: false,
Exceludes: '', execCommand: '', execTimeout: 120000, flatten: false, makeEmptyDirs: false,
```

```
noDefaultExceludes: false, patternSeparator: '[, ] + ', remoteDirectory: '', remoteDirectorySDF:
false, removePrefix: '', sourceFiles: 'deployment - http. yaml ')], usePromotionTimestamp:
false, useWorkspaceInPromotion: false, verbose: false)])
                }
            }
        }
        //后期处理阶段：无论 Pipeline 执行成功与否都清理工作空间
        post {
            always {
                cleanWs()
            }
        }
}
```

创建在 Kubernetes 集群中需要发布的测试应用文件 deployment-http. yaml，代码如下：

```
apiVersion: apps/v1
kind: Deployment
metadata:
  labels:
    app: http
  name: http
spec:
  replicas: 2
  selector:
    matchLabels:
      app: http
  template:
    metadata:
      labels:
        app: http
    spec:
      containers:
      - image: 192.168.79.195:5000/httpd:TAG
        name: http
        ports:
        - containerPort: 80
---
apiVersion: v1
kind: Service
metadata:
  labels:
    app: http
  name: http
spec:
  ports:
  - nodePort: 30001
    port: 80
```

```
      protocol: TCP
      targetPort: 80
  selector:
    app: http
  type: NodePort
```

上述测试代码文件创建完成后,将其上传至 Gitea 代码托管平台中已经创建的 devk8s 仓库内。

2)将测试代码上传至 devk8s 仓库

登录 Gitea 代码托管平台(http://192.168.79.195:3000/),单击"仓库"选项并在"仓库列表"内单击已经创建的 devk8s 仓库选项,如图 5-22 所示。

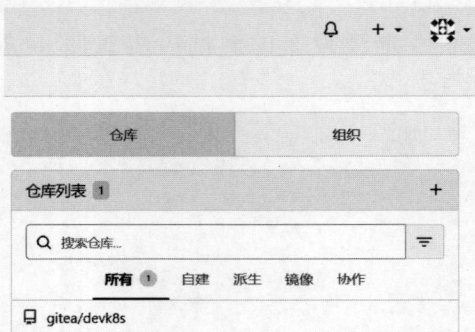

图 5-22 仓库列表

当单击仓库 devk8s 后,页面会跳转至仓库详情,如图 5-23 所示。

图 5-23 仓库 devk8s

在该页面单击"上传文件"选项后,页面会跳转至文件上传页面,如图 5-24 所示。

图 5-24　代码上传页面

单击"拖动文件或者单击此处上传"选项,将已经创建完成的测试文件上传至 devk8s 代码仓库,如图 5-25 所示。

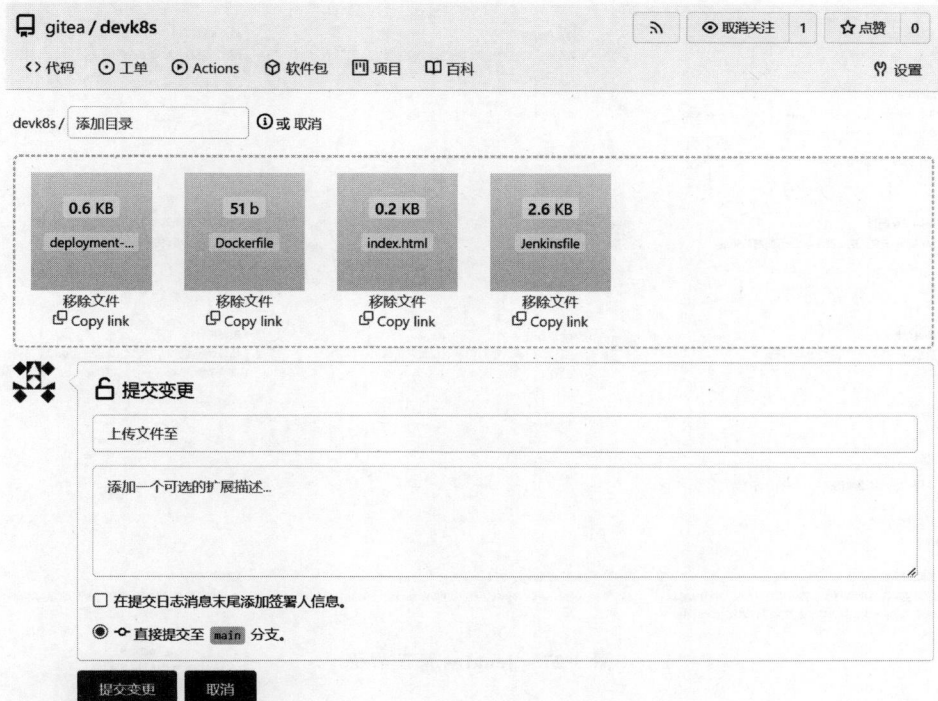

图 5-25　上传代码

文件上传后单击"提交变更"按钮即可完成代码提交,如图 5-26 所示。

图 5-26　代码提交

3) 安装所需插件

Jenkins 在实现自动化部署过程中需要众多插件的支持,例如 Gitea、Publish Over SSH、SSH2 Easy、Docker 等。下面以安装 Gitea 插件为例,展示插件的安装过程。

登录 Jenkins 管理系统,单击"系统管理"会出现 Jenkins 的管理界面,如图 5-27 所示。

图 5-27　Jenkins 管理界面

在该页面内单击"插件管理",然后在跳转的页面内再单击"可用插件(Available plugins)"
选项,如图 5-28 所示。

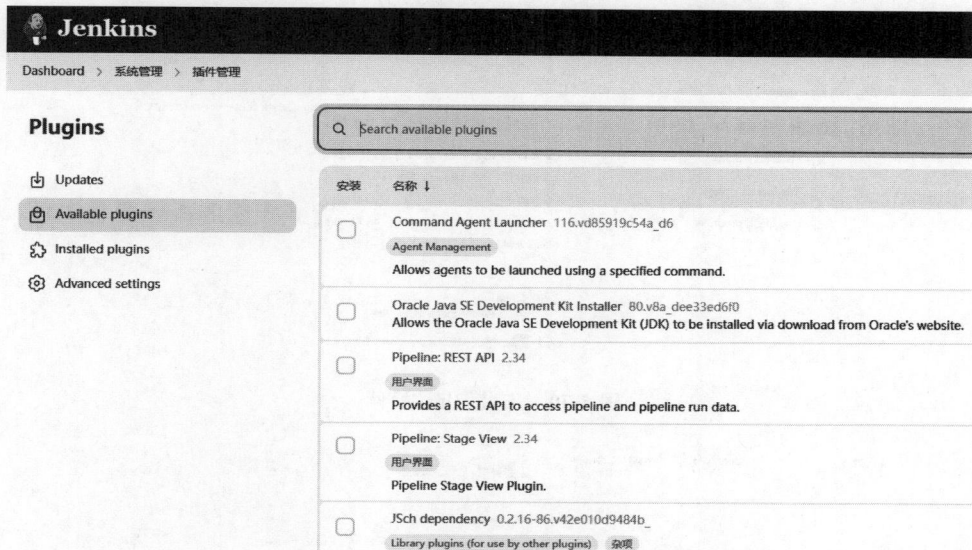

图 5-28 Jenkins 可用插件列表

在搜索栏内输入关键字 Gitea,如图 5-29 所示。

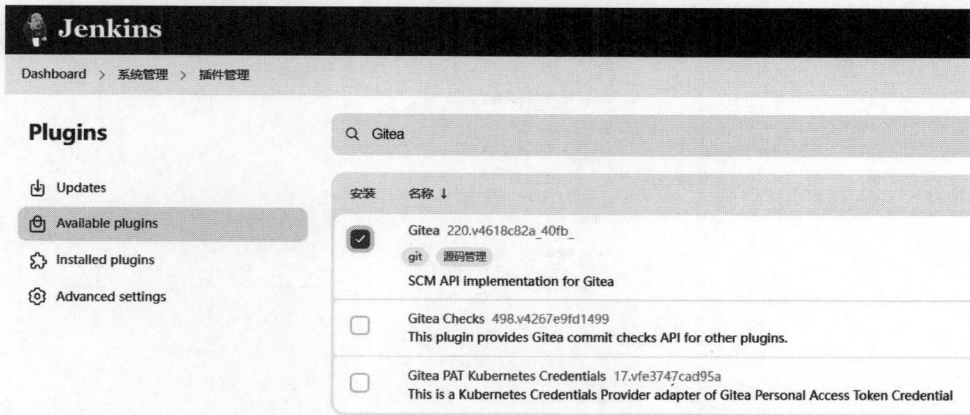

图 5-29 搜索 Gitea 插件

在搜索结果内单击 Gitea 并单击"安装"选项,建议选择"安装完成后重启 Jenkins(空闲
时)",其目的是让安装的 Gitea 插件生效,如图 5-30 所示。

4)配置 Gitea 插件

在 Jenkins 系统管理页面内,单击"系统配置"选项,在弹出的系统配置页面内找到 Gitea
Servers 选项,单击"新增"Gitea Server,如图 5-31 所示。

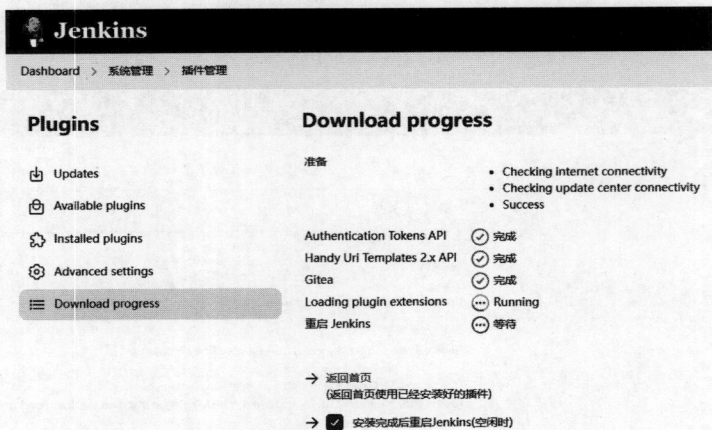

图 5-30　安装 Gitea 插件

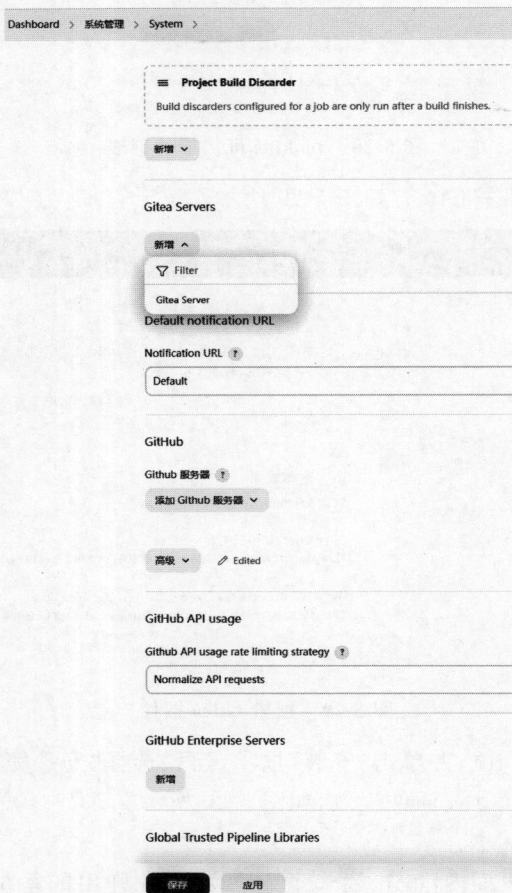

图 5-31　配置 Gitea 插件

在单击新增 Gitea Servers 后,需要在弹出的选项内输入 Gitea Server 相关信息,例如名称、访问地址等信息,如图 5-32 所示。

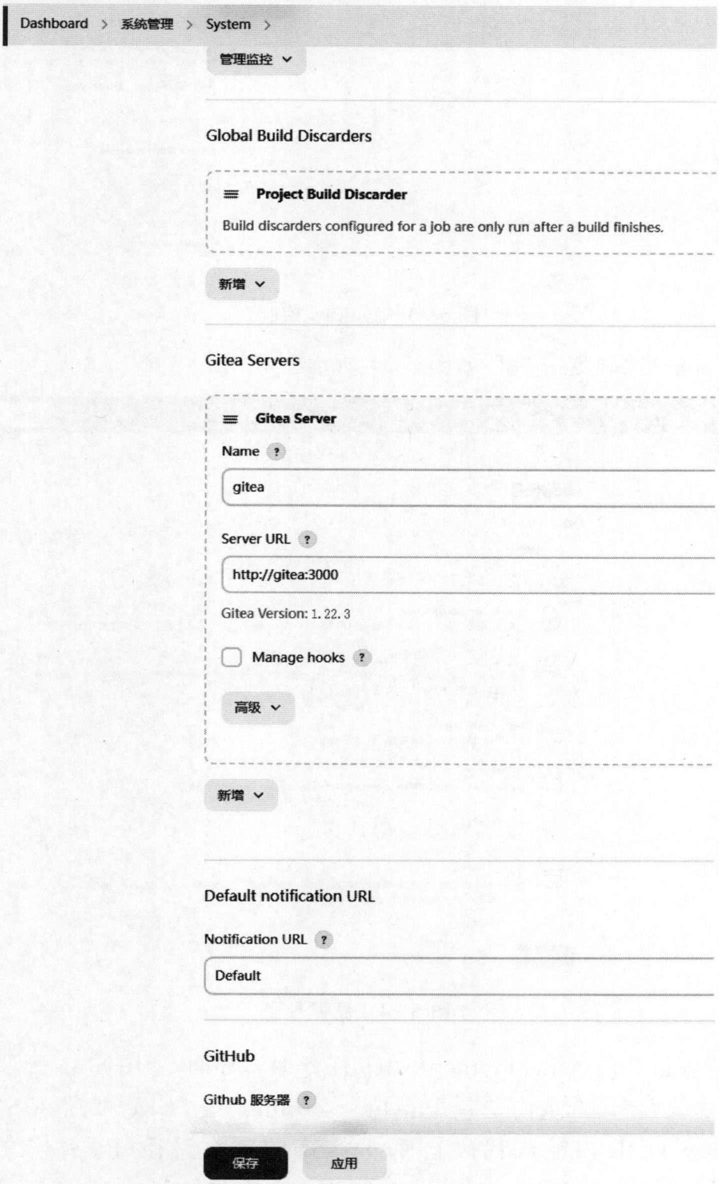

Dashboard > 系统管理 > System >

管理监控 ∨

Global Build Discarders

≡ **Project Build Discarder**
Build discarders configured for a job are only run after a build finishes.

新增 ∨

Gitea Servers

≡ **Gitea Server**
Name ?

gitea

Server URL ?

http://gitea:3000

Gitea Version: 1. 22. 3

☐ Manage hooks ?

高级 ∨

新增 ∨

Default notification URL

Notification URL ?

Default

GitHub

Github 服务器 ?

保存   应用

图 5-32 添加 Gitea 服务器信息

确认输入正确后单击"保存"按钮,系统会跳转至 Jenkins 控制台,如图 5-33 所示。

5)创建 Jenkins 任务

在 Jenkins 控制台内单击"新建任务",输入的任务名称为 deployment-http,目标类型选

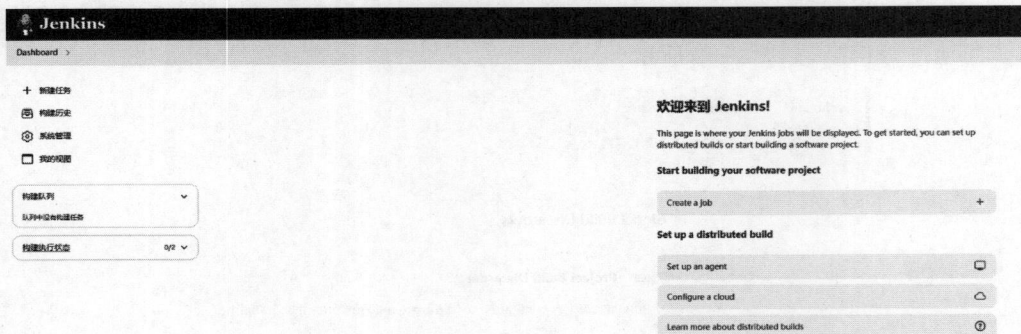

图 5-33　Jenkins 控制台

择"流水线",然后单击"确定"按钮,如图 5-34 所示。

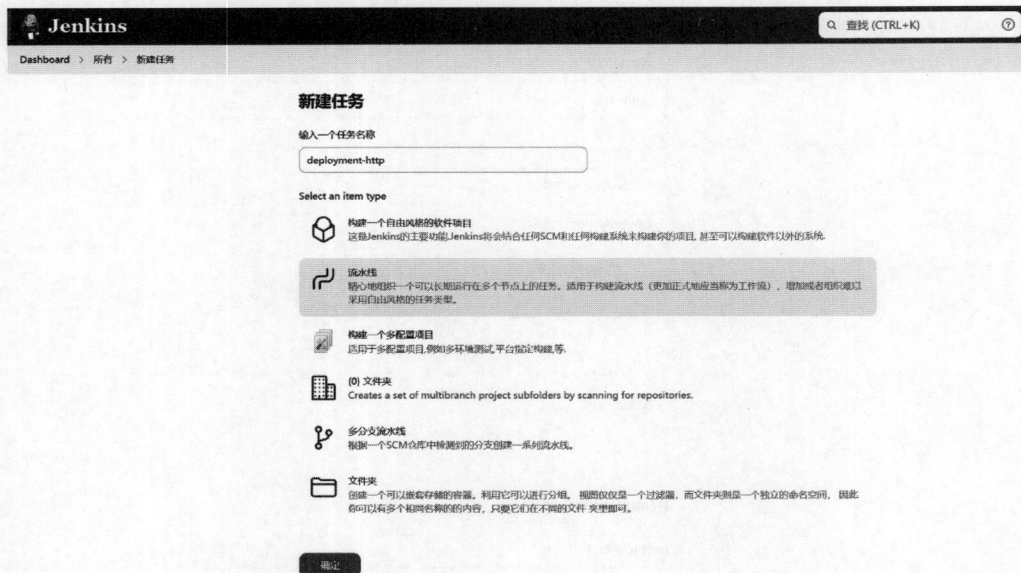

图 5-34　新建任务

单击"确定"按钮后进入 deployment-http 任务编辑界面,如图 5-35 所示。

首先在"流水线"定义选项内选择 Pipeline script from SCM,然后在 SCM 选项内选择 Git,在 Repository URL 内输入代码仓库 devk8s 的完整路径(http://192.168.79.195: 3000/gitea/devk8s.git),接着在 Credentials 选项中单击添加 Jenkins 凭证,按照向导添加用户凭证,如图 5-36 所示。

选择 Jenkins 用户选项后,系统会跳转至用户凭证添加页面,如图 5-37 所示。

在该页面添加访问 Gitea 代码库的用户名和密码后单击"添加"按钮,系统会回到流水线定义页面,然后在 Credentials 选项内选择已添加的用户凭证,如图 5-38 所示。

Dashboard > deployment-http > Configuration

Configure

⚙ General

🔧 高级项目选项

🔀 流水线

☐ 轮询 SCM ?

☐ 静默期 ?

☐ 触发远程构建 (例如,使用脚本) ?

高级项目选项

高级 ∨

流水线

定义

Pipeline script from SCM ▼

SCM ?

无 ▼

无

Git

Jenkinsfile

☑ 轻量级检出 ?

流水线语法

保存 应用

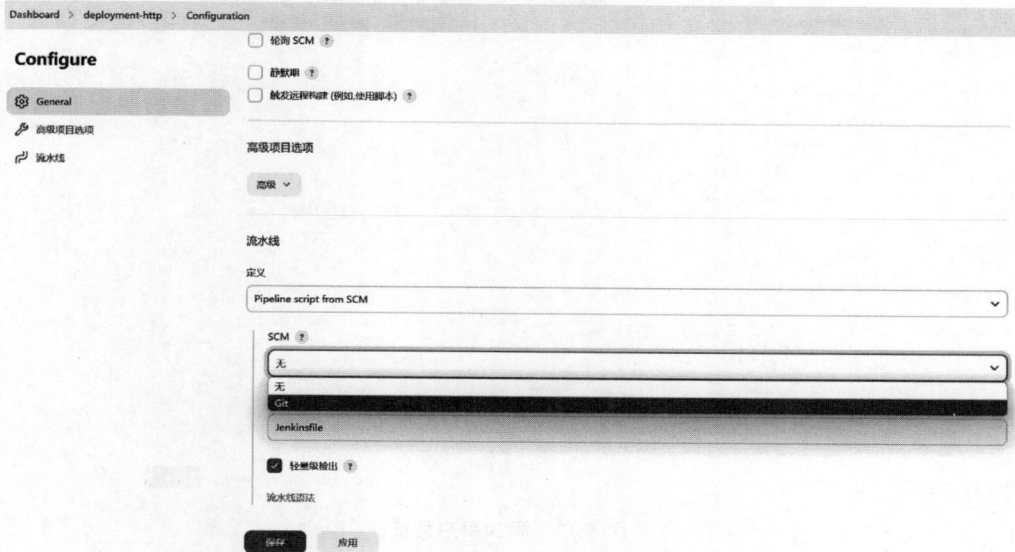

图 5-35 定义流水线

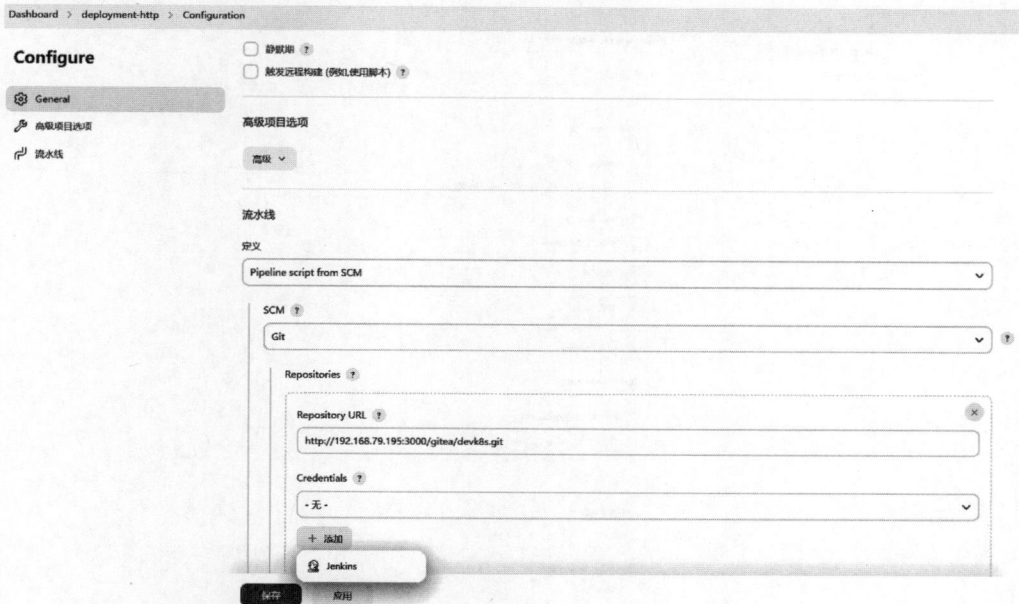

Dashboard > deployment-http > Configuration

Configure

⚙ General

🔧 高级项目选项

🔀 流水线

☐ 静默期 ?

☐ 触发远程构建 (例如,使用脚本) ?

高级项目选项

高级 ∨

流水线

定义

Pipeline script from SCM ▼

SCM ?

Git ▼ ?

Repositories ?

Repository URL ?

http://192.168.79.195:3000/gitea/devk8s.git

Credentials ?

- 无 - ▼

+ 添加

👤 Jenkins

保存 应用

图 5-36 添加用户

　　然后单击"保存"按钮,完成 deployment-http 任务设置。由于需要将自动构建生成的文件远程传输至 Kubernetes 集群中的管理节点(node01 节点),因此需要在 Publish over SSH 插件选项内配置新增 SSH Server 地址信息等,如图 5-39 所示。

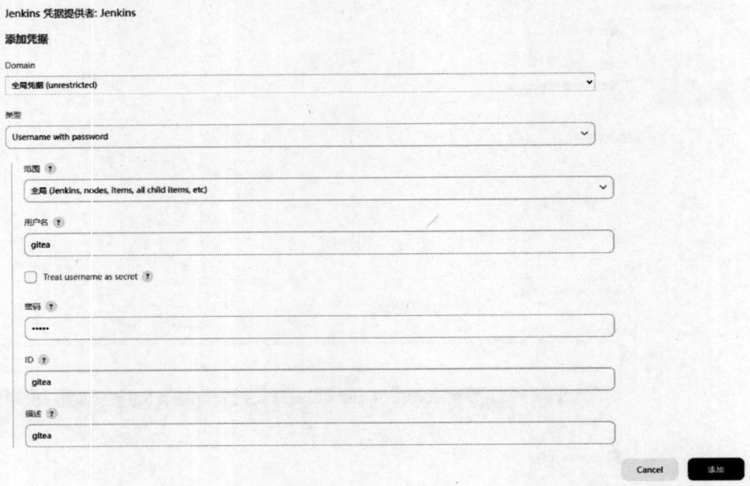

Jenkins 凭据提供者: Jenkins

添加凭据

Domain

全局凭据 (unrestricted)

类型

Username with password

范围 ?

全局 (Jenkins, nodes, items, all child items, etc)

用户名 ?

gitea

☐ Treat username as secret ?

密码 ?

•••••

ID ?

gitea

描述 ?

gitea

Cancel 添加

图 5-37 添加用户凭证

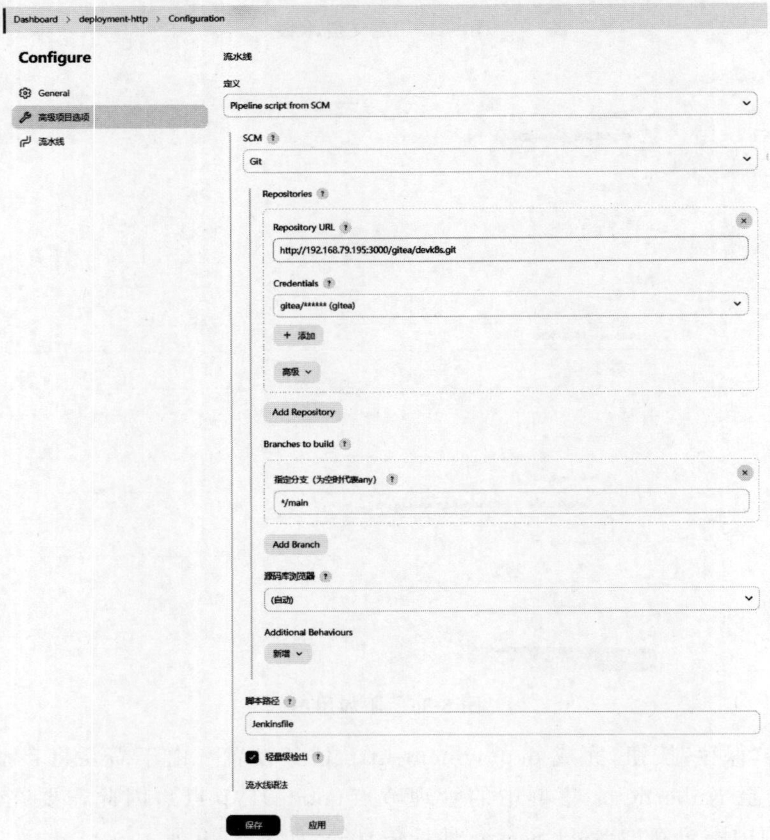

Dashboard › deployment-http › Configuration

Configure

⚙ General

🔧 高级项目选项

🔀 流水线

流水线

定义

Pipeline script from SCM

SCM ?

Git

Repositories ?

Repository URL ?   ✕

http://192.168.79.195:3000/gitea/devk8s.git

Credentials ?

gitea/****** (gitea)

+ 添加

高级 ∨

Add Repository

Branches to build ?

指定分支 (为空时代表any) ?   ✕

*/main

Add Branch

源码浏览器 ?

(自动)

Additional Behaviours

新增 ∨

脚本路径 ?

Jenkinsfile

☑ 轻量级检出 ?

流水线语法

保存   应用

图 5-38 选择访问 Gitea 平台的用户

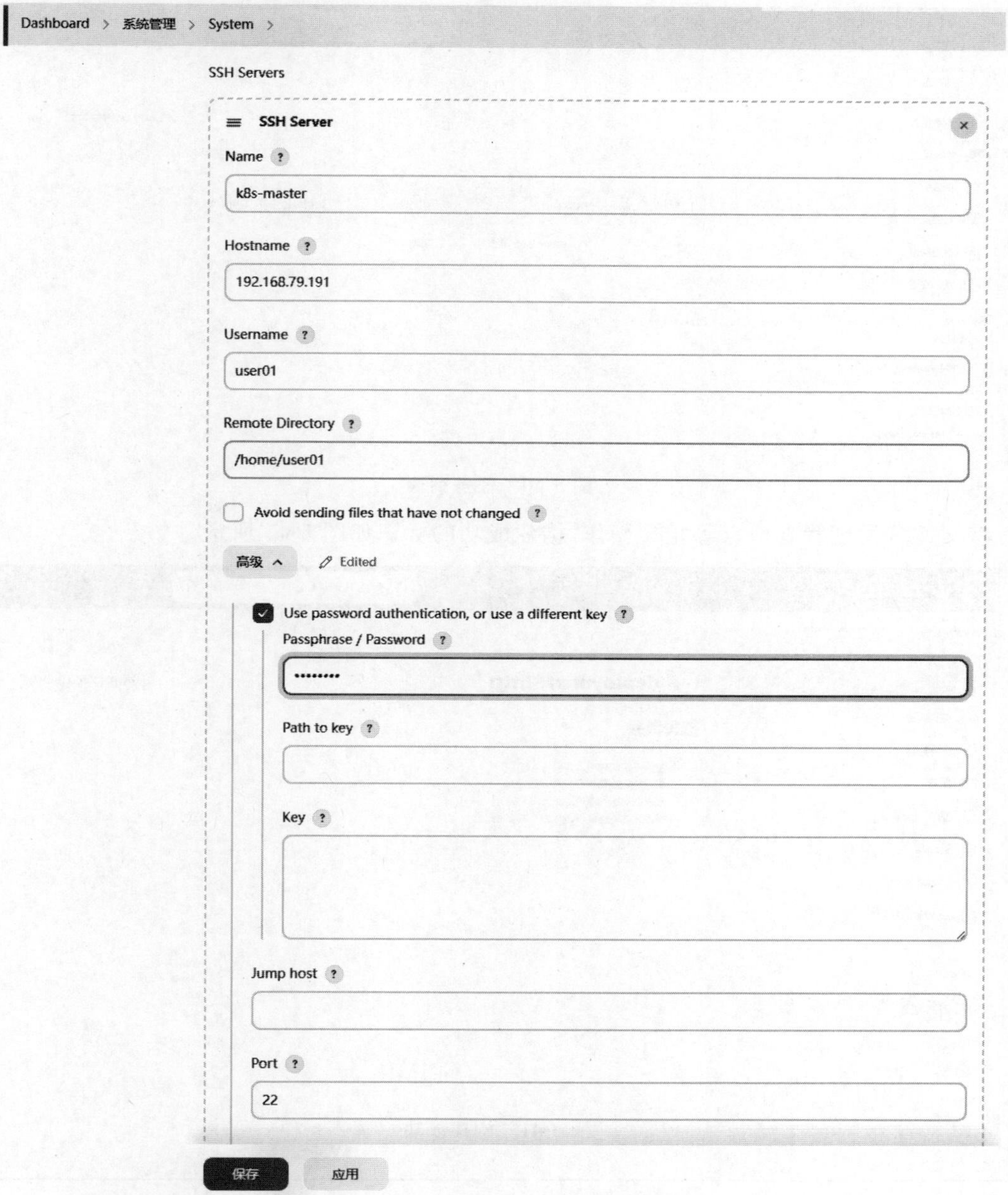

Dashboard > 系统管理 > System >

SSH Servers

图 5-39　配置 SSH Server

　　输入服务器名称、Kubernetes 集群管理节点 IP 地址、登录集群管理节点的用户名、密码及文件传输的远程目录等信息后,单击"保存"按钮。系统会返回 Jenkins 控制台,在控制台页面任务列表内单击任务 deployment-http 开始构建,如图 5-40 所示。

　　单击"立即构建"按钮,系统就会按照预设的方案开始自动执行构建镜像、上传镜像仓

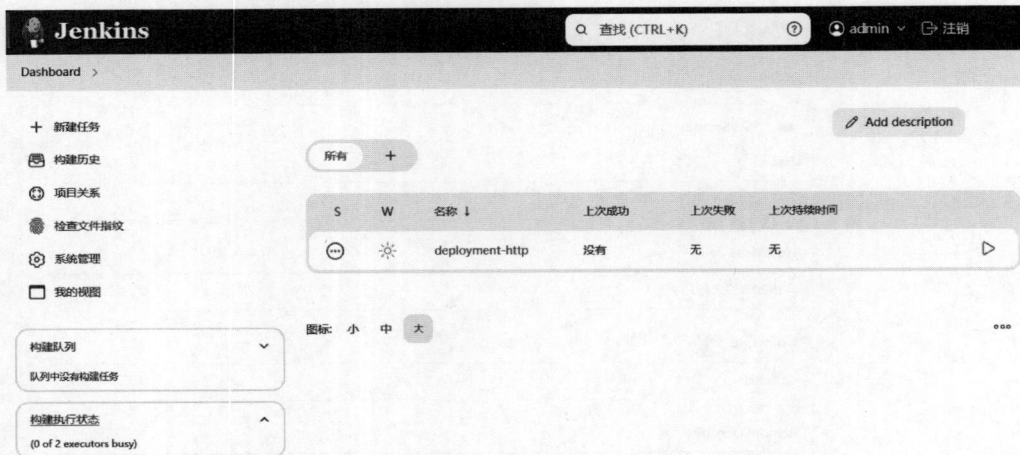

图 5-40　任务列表

库、将文件分发至管理节点等相关操作,构建成功的标识如图 5-41 所示。

图 5-41　构建成功

注意:当单击"立即构建"按钮后系统有时会提示构建失败,如果日志中有"permission denied while trying to connect to the Docker daemon socket at unix://var/run/docker. sock:Post"错误信息,则需要在 Docker 服务器上执行 chmod 666 /var/run/docker. sock 修改权限。

6）验证任务构建过程中的相关环节

查看基于 httpd:alpine 镜像所构建的新镜像是否成功且上传至镜像仓库,命令如下:

```
# 查看本地镜像
sudo docker images | grep httpd
# 查看镜像仓库内的镜像信息
sudo curl - X GET http://192.168.79.195:5000/v2/_catalog
# 获取 httpd 镜像的标签
sudo curl - X GET http://192.168.79.195:5000/v2/httpd/tags/list
```

命令执行的过程如图 5-42 所示。

```
user01@node05:~$ sudo docker images | grep httpd
192.168.79.195:5000/httpd    af3b2cc    9990d6b891c8    23 minutes ago    68.7MB
httpd                        alpine     56eff30edc02    4 months ago      68.6MB
user01@node05:~$ sudo curl -X GET http://192.168.79.195:5000/v2/_catalog
{"repositories":["httpd"]}
user01@node05:~$ sudo curl -X GET http://192.168.79.195:5000/v2/httpd/tags/list
{"name":"httpd","tags":["af3b2cc"]}
```

图 5-42　查看镜像

通过命令执行后的信息可以验证,任务构建过程中镜像的构建是成功的。

登录 Kubernetes 集群的管理节点 node01(192.168.79.191)查看应用部署的文件 deployment-http. yaml 是否被成功分发,命令如下:

```
# 查看 deployment - http. yaml 文件
ls /home/user01
# 查看 deployment - http. yaml 文件内容,尤其需要关注代码中镜像的标签
cat deployment - http. yaml
```

命令执行的过程如图 5-43 所示。

通过命令执行后的信息可以验证,部署文件 deployment-http. yaml 被成功分发,并且镜像的标签为 af3b2cc,这个标签与镜像仓库内的镜像标签一致。

接着就可以执行部署命令,以便进一步验证新构建的镜像是否可用,命令如下:

```
# 部署
sudo kubectl apply - f deployment - http. yaml
# 查看 pods、svc
sudo kubectl get pods
sudo kubectl get svc
```

命令执行的过程如图 5-44 所示。

当测试服务运行成功后,使用浏览器访问集群内任意节点的 30001/TCP 端口,查看测试页面,如图 5-45 所示。

```
user01@node01:~$ ls /home/user01/
custom-resources.yaml  deployment-http.yaml  kubeadm-init.yml  myapp.yaml  tigera-operator.yaml
user01@node01:~$ cat deployment-http.yaml
apiVersion: apps/v1
kind: Deployment
metadata:
  labels:
    app: http
  name: http
spec:
  replicas: 2
  selector:
    matchLabels:
      app: http
  template:
    metadata:
      labels:
        app: http
    spec:
      containers:
      - image: 192.168.79.195:5000/httpd:af3b2cc
        name: http
        ports:
        - containerPort: 80
---
apiVersion: v1
kind: Service
metadata:
  labels:
    app: http
  name: http
spec:
  ports:
  - nodePort: 30001
    port: 80
    protocol: TCP
    targetPort: 80
  selector:
    app: http
  type: NodePort
```

图 5-43　部署文件 deployment-http. yaml

```
user01@node01:~$ sudo kubectl apply -f deployment-http.yaml
deployment.apps/http created
service/http created
user01@node01:~$ sudo kubectl get pods
NAME                    READY   STATUS    RESTARTS   AGE
http-76446cf8b4-lxhvp   1/1     Running   0          77s
http-76446cf8b4-plcv2   1/1     Running   0          77s
user01@node01:~$ sudo kubectl get svc
NAME          TYPE        CLUSTER-IP     EXTERNAL-IP   PORT(S)        AGE
http          NodePort    10.109.95.5    <none>        80:30001/TCP   81s
kubernetes    ClusterIP   10.96.0.1      <none>        443/TCP        37d
```

图 5-44　部署测试应用

第1版代码测试页面!

图 5-45　测试页面

此时修改 index.html 代码,新代码如下:

```html
<!DOCTYPE html>
<html>
    <head>
                <meta charset="utf-8">
                <title>
                        测试代码第2版
                </title>
    </head>
    <body>
                <center>
                        <h1>第2版代码测试页面!</h1>
                </center>
    </body>
</html>
```

代码编辑完成后提交至代码库,然后在 Jenkins 控制台重新构建任务 deployment-http,当任务构建完成后登录 Kubernetes 集群内的管理节点并重新执行部署命令,此时刷新浏览器就会看第2版测试页面,如图5-46所示。

图5-46 第2版测试页面

由此可以验证在整个构建过程中代码的读取是成功的,当然也可以通过创建触发器实现当代码库中的代码更新后构建任务自动执行等操作,更多的自动化部署功能需要不断探索和尝试。

注意:将私有镜像网址添加至集群内的所有节点的/etc/containerd/config.toml 配置文件内,添加完成后需要重启 Containerd 服务,具体的代码如下。

```toml
[plugins."io.containerd.grpc.v1.cri".registry]
config_path = ""

[plugins."io.containerd.grpc.v1.cri".registry.auths]

[plugins."io.containerd.grpc.v1.cri".registry.configs."192.168.79.195:5000".tls]

[plugins."io.containerd.grpc.v1.cri".registry.configs]
```

```
[plugins."io.containerd.grpc.v1.cri".registry.headers]

[plugins."io.containerd.grpc.v1.cri".registry.mirrors]

[plugins."io.containerd.grpc.v1.cri".registry.mirrors."192.168.79.195:5000"]
    endpoint = ["http://192.168.79.195:5000"]
```

5.2   KubeVirt 在 Kubernetes 集群中的应用案例

在当前企业的实际环境中,往往存在传统虚拟化技术与容器虚拟化技术并存的现象,两者之间非但没有形成对立,反而是相辅相成的,共同支撑着企业的业务发展。这是由于传统的虚拟机能够提供良好的隔离性和资源管理能力,适合运行需要完全自定义操作系统环境、自定义软件环境的传统应用。这种技术确保了应用可以稳定、可靠地运行,即使在复杂的应用架构中,也能保持其独立性和安全性,而容器以其快速启动、高效资源利用及易于管理和扩展的特性,迅速成为构建现代、敏捷应用的首选。在这种实际需求场景下 KubeVirt 应运而生,它巧妙地融合了传统虚拟化与容器虚拟化技术的优势,实现了在同一框架下对两者的统一管理。

5.2.1   KubeVirt 介绍

KubeVirt 是一个开源项目,旨在将容器化思维融入传统虚拟化技术领域,使虚拟机能够像容器一样灵活地在 Kubernetes 集群环境中被部署和被高效管理。KubeVirt 通过 Kubernetes 的自定义资源定义(Custom Resource Definition,CRD)这一强大的机制,将自身融入 Kubernetes API 体系中,成为一个全新的资源对象。这样的设计理念不仅让 KubeVirt 的部署过程变得与创建 Pod 等资源清单一样直观和便捷,还能够让 KubeVirt 充分利用 Kubernetes 的资源管理和调度能力,为用户带来前所未有的操作体验。

从更深层来看,KubeVirt 的出现打破了 Kubernetes 在虚拟化领域的传统局限,为 Kubernetes 提供了一个可以与容器共享基础架构的前提下,对基于内核的虚拟机(Kernel-based Virtual Machine,KVM)管理方案。这也就意味着 Kubernetes 不再仅仅局限于调度底层的容器资源,而是能够直接参与虚拟机的调度和管理,从而极大地扩展了 Kubernetes 的应用场景。在 KubeVirt 的帮助下,用户可以轻松地在 Kubernetes 集群内创建、启动、停止和删除虚拟机,甚至还可以根据实际需求在集群中灵活地调度虚拟机资源,KubeVirt 架构如图 5-47 所示。

在 KubeVirt 架构中关键组件功能见表 5-2。

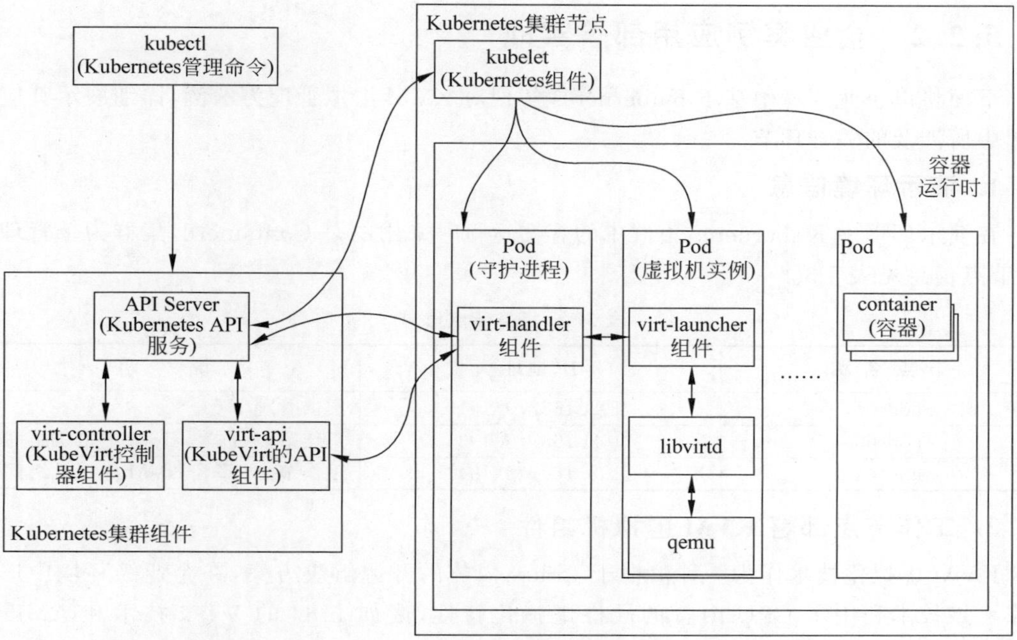

图 5-47 KubeVirt 架构

表 5-2 KubeVirt 关键组件

组 件	功 能 说 明
virt-api	它提供了一个 Kubernetes RESTful API 服务，用于处理外部的 KubeVirt 资源请求
virt-controller	该组件是一个控制器组件，监视 KubeVirt 的资源。例如虚拟机、虚拟机实例状态，并执行必要的调度任务来管理虚拟机的生命周期
virt-handler	它是运行在每个 Kubernetes 节点上的守护进程，负责虚拟机的创建、运行、监控和管理。该守护进程与节点上的底层虚拟化组件交互，例如 libvirt
virt-launcher	它是一个特殊的容器，用于实际运行虚拟机，它包含一个 libvirt 实例，该实例负责启动和运行虚拟机
libvirt	它是开源的虚拟化 API，virt-launcher 通过 libvirt 管理 QEMU/KVM 实例

这些组件的有机组合实现了基于 Kubernetes 对虚拟机及相关资源的统一调度，其工作流程包含以下关键阶段。

首先用户通过 Kubernetes API 定义一个虚拟机资源，例如指定虚拟机的内存、CPU、存储、网络等相关配置。当 virt-controller 组件监听到虚拟机创建请求时会创建与之对应的虚拟机实例对象。这时 Kubernetes 调度器会将刚创建的虚拟机实例调度到合适的节点上，并在该节点上启动 virt-launcher pod，然后 virt-launcher pod 使用 libvirt 库来启动和管理真实的虚拟机实例。同时 virt-handler 组件会在节点上监控虚拟机状态，并将其信息更新至 Kubernetes API 服务器。最后 virt-controller 组件负责虚拟机生命周期的全过程管理，包括启动、停止、重启、迁移等相关内容。

5.2.2 企业案例应用部署实战

下面将以企业环境中基于 Kubernetes 实现对 KVM 虚拟管理为示例,详细展示其应用过程中所涉及的关键环节。

1. 演示环境信息

在演示环境中 Kubernetes 集群中的容器运行时采用的是 Containerd,集群为单管理节点,节点信息见表 5-3。

表 5-3 集群节点信息

节 点 名 称	IP 地址	说 明
node01	192.168.79.191	集群管理节点
node03	192.168.79.193	工作节点(部署 KVM 虚拟机组件)
node04	192.168.79.194	工作节点(部署 KVM 虚拟机组件)

2. 工作节点部署 KVM 虚拟机组件

KVM 虚拟化技术作为一种植根于 Linux 内核的开源解决方案,在企业级环境中广受推崇。该技术利用了 CPU 内置的硬件虚拟化特性,诸如 Intel 的 VT-x 技术和 AMD 的 AMD-V 技术,借助 KVM 模块与 QEMU 组件的协同工作,确保了虚拟机运行的高效流畅。KVM 的一大亮点,在于其将虚拟化核心功能直接集成至 Linux 内核之中,这一设计使 KVM 能够深度利用内核的调度算法与资源管理机制,从而实现对资源分配的精细优化,赋予虚拟机卓越的性能表现。此外,KVM 还以其开源免费、性能强劲、安全稳固、社区支持活跃及广泛的硬件兼容性等多重优势,赢得了企业的广泛信赖与大规模应用。

检查集群工作节点是否支持虚拟化,命令如下:

```
sudo egrep - c '(vmx|svm)' /proc/cpuinfo
```

命令执行后,如果显示信息为"0",则表示 CPU 不支持虚拟化技术,如果数值大于或等于 1,则表示 CPU 支持虚拟化技术,如图 5-48 所示。

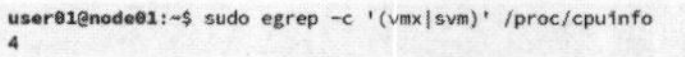

```
user01@node01:~$ sudo egrep -c '(vmx|svm)' /proc/cpuinfo
4
```

图 5-48 CPU 支持虚拟机技术

安装 KVM 组件,命令如下:

```
# 更新索引
sudo apt update
# 安装 KVM 相关组件
sudo apt install - y qemu - kvm virt - manager libvirt - daemon - system \
virtinst libvirt - clients bridge - utils
```

组件安装完成后启动虚拟化守护进程(libvirtd),命令如下:

```
# 设置自启动并立即启动服务
sudo systemctl enable -- now libvirtd
```

3. 部署 KubeVirt

登录 Kubernetes 集群管理节点(node01)获取 KubeVirt 最新的版本信息,命令如下:

```
# 获取 KubeVirt 最新的版本信息,并赋值给变量 RELEASE
export RELEASE = $ (curl https://storage.googleapis.com/kubevirt - prow/release/kubevirt/
kubevirt/stable.txt)
# 查看变量 RELEASE
echo $ RELEASE
```

命令执行的过程如图 5-49 所示。

```
user01@node01:~$ export RELEASE=$(curl https://storage.googleapis.com/kubevirt-prow/release/kubevirt/kubevirt/stable.txt)
  % Total    % Received % Xferd  Average Speed   Time    Time     Time  Current
                                 Dload  Upload   Total   Spent    Left  Speed
100     7  100     7    0     0      6      0  0:00:01  0:00:01 --:--:--     6
user01@node01:~$ echo $RELEASE
v1.4.0
```

图 5-49 获取 KubeVirt 的最新版本号

部署 kubevirt 组件,命令如下:

```
# 部署 kube - virt operator
sudo kubectl apply - f https://github.com/kubevirt/kubevirt/releases/download/ $ {RELEASE}/
kubevirt - operator.yaml
# 部署 kubevirt - cr
sudo kubectl apply - f https://github.com/kubevirt/kubevirt/releases/download/ $ {RELEASE}/
kubevirt - cr.yaml
# 查看 kubevirt 的状态
sudo kubectl get pods - n kubevirt
```

命令执行过程及成功的标识如图 5-50 所示。

```
user01@node01:~$ sudo kubectl apply -f https://github.com/kubevirt/kubevirt/releases/download/${RELEASE}/kubevirt-operator.yaml
[sudo] password for user01:
namespace/kubevirt created
customresourcedefinition.apiextensions.k8s.io/kubevirts.kubevirt.io created
priorityclass.scheduling.k8s.io/kubevirt-cluster-critical created
clusterrole.rbac.authorization.k8s.io/kubevirt.io:operator created
serviceaccount/kubevirt-operator created
role.rbac.authorization.k8s.io/kubevirt-operator created
rolebinding.rbac.authorization.k8s.io/kubevirt-operator-rolebinding created
clusterrole.rbac.authorization.k8s.io/kubevirt-operator created
clusterrolebinding.rbac.authorization.k8s.io/kubevirt-operator created
deployment.apps/virt-operator created
user01@node01:~$ sudo kubectl apply -f https://github.com/kubevirt/kubevirt/releases/download/${RELEASE}/kubevirt-cr.yaml
kubevirt.kubevirt.io/kubevirt created
user01@node01:~$ sudo kubectl get pods -n kubevirt
NAME                            READY   STATUS    RESTARTS   AGE
virt-api-5f9f64fd4d-6rnz9       1/1     Running   0          9m56s
virt-api-5f9f64fd4d-8sz6d       1/1     Running   0          9m56s
virt-controller-7c8d6577b6-l5n59 1/1    Running   0          9m10s
virt-controller-7c8d6577b6-v7p6n 1/1    Running   0          9m10s
virt-handler-p2kg4              1/1     Running   0          9m10s
virt-handler-wcmnk              1/1     Running   0          9m10s
virt-operator-79456d8689-5mfzt  1/1     Running   0          11m
virt-operator-79456d8689-z6x6n  1/1     Running   0          11m
```

图 5-50 部署 KubeVirt 组件

KubeVirt 组件部署成功后,下载并配置管理命令 virtctl,命令如下:

```
# 下载 virtctl - v1.4.0 - linux - amd64
wget https://github.com/kubevirt/kubevirt/releases/download/v1.4.0/virtctl - v1.4.0 - linux - amd64
# 配置 virtctl
sudo cp virtctl - v1.4.0 - linux - amd64 /usr/local/bin/virtctl
sudo chmod + x /usr/local/bin/virtctl
```

virtctl 命令下载及配置完成后,运行 virtctl --help 命令验证其可用性,配置成功的标志是可以看到 virtctl 命令帮助信息,如图 5-51 所示。

```
user01@node01:~$ sudo virtctl --help
virtctl controls virtual machine related operations on your kubernetes cluster.

Available Commands:
  addvolume         add a volume to a running VM
  adm               Administrate KubeVirt configuration.
  completion        Generate the autocompletion script for the specified shell
  console           Connect to a console of a virtual machine instance.
  create            Create a manifest for the specified Kind.
  credentials       Manipulate credentials on a virtual machine.
  expand            Return the VirtualMachine object with expanded instancetype and preference.
  expose            Expose a virtual machine instance, virtual machine, or virtual machine instance replica set as a new service.
  fslist            Return full list of filesystems available on the guest machine.
  guestfs           Start a shell into the libguestfs pod
  guestosinfo       Return guest agent info about operating system.
  help              Help about any command
  image-upload      Upload a VM image to a DataVolume/PersistentVolumeClaim.
  memory-dump       Dump the memory of a running VM to a pvc
  migrate           Migrate a virtual machine.
  migrate-cancel    Cancel migration of a virtual machine.
  pause             Pause a virtual machine
  permitted-devices List the permitted devices for vmis.
  port-forward      Forward local ports to a virtualmachine or virtualmachineinstance.
  removevolume      remove a volume from a running VM
  restart           Restart a virtual machine.
  scp               SCP files from/to a virtual machine instance.
  soft-reboot       Soft reboot a virtual machine instance
  ssh               Open a SSH connection to a virtual machine instance.
  start             Start a virtual machine.
  stop              Stop a virtual machine.
  unpause           Unpause a virtual machine
  usbredir          Redirect an USB device to a virtual machine instance.
  userlist          Return full list of logged in users on the guest machine.
  version           Print the client and server version information.
  vmexport          Export a VM volume.
  vnc               Open a vnc connection to a virtual machine instance.

Use "virtctl <command> --help" for more information about a given command.
Use "virtctl options" for a list of global command-line options (applies to all commands).
```

图 5-51　virtctl 命令帮助信息

注意:virtctl 管理命令的版本要与 KubeVirt 组件的版本保持一致。

在 Kubernetes 集群中管理虚拟机的典型命令见表 5-4。

表 5-4　管理虚拟机的典型命令

命　　令	功　　能
virtctl restart	重启虚拟机实例
virtctl scp	在虚拟机实例之间复制文件
virtctl ssh	使用 SSH 连接虚拟机实例
virtctl start	启动虚拟机实例
virtctl stop	停止虚拟机实例
kubectl get vms	列出所有虚拟机
kubectl get vmis	列出运行中的虚拟机实例
sudo kubectl describe vm [虚拟机名称]	显示虚拟机详细信息

4. 验证 KubeVirt 组件功能

基于 Kubernetes 集群创建 fedora 虚拟机,首先编写虚拟机配置文件 vm-fedora.yaml,代码如下:

```
apiVersion: kubevirt.io/v1
kind: VirtualMachine
metadata:
  #定义虚拟机名称
  name: fedora
```

```
spec:
  # 指定虚拟机运行的策略
  runStrategy: Manual
  # 定义虚拟机实例模板
  template:
    metadata:
      labels:
        vm.cnv.io/name: fedora
    # 定义虚拟机的相关资源
    spec:
      domain:
        devices:
          disks:
          - disk:
              bus: virtio
            name: containerdisk
          - disk:
              bus: virtio
            name: cloudinitdisk
        resources:
          requests:
            memory: 512M
      volumes:
      - containerDisk:
          image: quay.io/kubevirt/fedora-cloud-container-disk-demo
        name: containerdisk
      - cloudInitNoCloud:
          userData: |-
            # cloud-config
            # 指定初始密码
            password: fedora
            chpasswd: { expire: False }
        name: cloudinitdisk
```

虚拟机文件编写完成后保存并退出编辑器,基于 Kubernetes 集群部署虚拟机,命令如下:

```
sudo kubectl apply -f vm-fedora.yaml
```

命令执行后查看当前虚拟机 fedora 的状态,命令如下:

```
sudo kubectl get vms
```

由于在 fedora 虚拟机创建的代码中指定了启动策略(手动),因此此时虚拟机会处于停止状态,如图 5-52 所示。

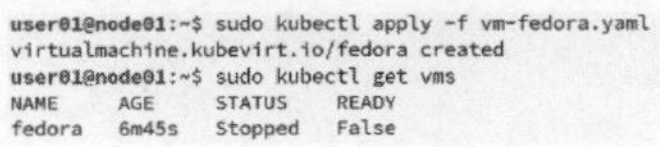

```
user01@node01:~$ sudo kubectl apply -f vm-fedora.yaml
virtualmachine.kubevirt.io/fedora created
user01@node01:~$ sudo kubectl get vms
NAME     AGE     STATUS    READY
fedora   6m45s   Stopped   False
```

图 5-52　获取虚拟机状态

在 Kubernetes 集群管理节点通过 virtctl 命令启动 fedora 虚拟机,命令如下:

```
sudo virtctl start fedora
```

当虚拟机 fedora 启动后,可以使用 kubectl get 命令获取虚拟机 fedora 的相关信息,例如运行时长、运行状态、虚拟机 IP 地址信息等,命令如下:

```
sudo kubectl get vmi
```

命令执行后获取的虚拟机状态信息,如图 5-53 所示。

```
user01@node01:~$ sudo kubectl get vmi
NAME     AGE    PHASE     IP              NODENAME   READY
fedora   4m1s   Running   10.244.248.209  node04     True
```

图 5-53　虚拟机状态信息

使用 SSH 方式连接并登录 fedora 虚拟机,用于验证该虚拟机是否可用,命令如下:

```
#登录虚拟机 fedora(用户名为 fedora,密码为 fedora)
sudo virtctl ssh fedora@fedora
```

登录成功后就可以对其进行管理,如查看 IP、安装软件等相关操作,如图 5-54 所示。

```
user01@node01:~$ sudo virtctl ssh fedora@fedora
The authenticity of host 'vmi/fedora.default:22 (192.168.79.191:6443)' can't be established.
ECDSA key fingerprint is SHA256:nJNqdu09VMK4SygYBpUEoMf3akS81ECO2GhFnL6i/qQ.
Are you sure you want to continue connecting (yes/no)? yes
fedora@vmi/fedora.default's password:
[fedora@fedora ~]$ ip addr
1: lo: <LOOPBACK,UP,LOWER_UP> mtu 65536 qdisc noqueue state UNKNOWN group default qlen 1000
    link/loopback 00:00:00:00:00:00 brd 00:00:00:00:00:00
    inet 127.0.0.1/8 scope host lo
       valid_lft forever preferred_lft forever
    inet6 ::1/128 scope host
       valid_lft forever preferred_lft forever
2: eth0: <BROADCAST,MULTICAST,UP,LOWER_UP> mtu 1450 qdisc fq_codel state UP group default qlen 1000
    link/ether 8a:51:01:01:d0:15 brd ff:ff:ff:ff:ff:ff
    altname enp1s0
    inet 10.244.248.209/32 scope global dynamic noprefixroute eth0
       valid_lft 86312773sec preferred_lft 86312773sec
    inet6 fe80::8851:1ff:fe01:d015/64 scope link
       valid_lft forever preferred_lft forever
```

图 5-54　登录 fedora 虚拟机

可以通过以下命令对 fedora 进行相关管理,命令如下:

```
#获取虚拟机 fedora 的详细信息
sudo kubectl describe vm fedora
#删除 fedora 实例
sudo kubectl delete vmi fedora
#删除 fedora 虚拟机
sudo kubectl delete vm fedora
```

注意:当执行 sudo kubectl delete vm fedora 命令时,系统会首先删除 fedora 实例,然后删除 fedora 虚拟机。

至此,在 Kubernetes 集群中通过 KubeVirt 组件实现了在同一框架下管理虚拟机的功能,更多的使用技巧等等待着你去探索。

5.3　HPA 功能在 Kubernetes 集群中的应用案例

在当今企业的 Kubernetes 集群环境中,随着应用程序变得日益复杂及用户需求的不断多样化,如何高效地管理和优化集群资源已成为企业亟须解决的一项核心挑战。特别是在诸如电商平台这样的高并发场景下这一挑战尤为突出,例如,在每年的大型促销活动期间,电商平台所面临的用户请求量往往会出现激增,远远超出日常水平。若不能对这种突发性的流量高峰科学合理地进行资源调配,就极有可能会导致在访问高峰时段应用响应速度变慢甚至崩溃,严重影响用户体验和业务连续性。相反,在流量低峰时段,如果资源没有得到合理回收和再利用,又会造成资源的闲置和浪费,进一步增加了企业的运营成本。

为了应对这一难题,Horizontal Pod Autoscaler(HPA)应运而生,为企业的 Kubernetes 集群资源管理带来了革命性改变。HPA 能够根据预设的指标,例如 CPU 利用率自动地调整 Pod 的数量,实现资源的动态增缩。这意味着在流量高峰时段 HPA 能够自动增加 Pod 的数量,以满足不断增长的用户请求,确保应用的稳定性和响应速度。而在流量低峰时段,它又能自动减少 Pod 的数量,避免资源的无谓浪费。

HPA 的引入不仅极大地提升了资源管理的灵活性和效率,还降低了人工干预的频率和难度,使企业能够更专注于业务本身的发展和创新。此外,通过精细化的资源管理和优化,企业还能有效地降低运营成本,提升整体的经济效益。

5.3.1　HPA 介绍

HPA 是 Kubernetes 中的自动扩容机制,它通过自动监测 CPU 使用率、内存使用率等指标,实现自动扩缩 Pod 副本数。下面是一个简单的 HPA 配置示例,用于调整 myapp 的 Pod 数量,代码如下:

```yaml
apiVersion: autoscaling/v2
kind: HorizontalPodAutoscaler
metadata:
  name: myapp
spec:
  scaleTargetRef:
    apiVersion: apps/v1
    kind: Deployment
    name: myapp
  minReplicas: 2
  maxReplicas: 8
  metrics:
  - type: Resource
    resource:
      name: cpu
      target:
```

```
type: Utilization
averageUtilization: 70
```

其中,scaleTargetRef 字段用于指定需要进行扩容操作的目标 Deployment；minReplicas 字段则将 Pod 的最小副本数量定义为 2；maxReplicas 字段则明确了 Pod 的最大副本数量为 8,而 metrics 字段则用于详细指定监控的指标类型及其目标值。在示例中,当 Pod 的 CPU 使用率超出 70% 的阈值时,系统会自动地将 Pod 的副本数量扩展至 8 个,以应对访问量的高峰；相反,当 CPU 使用率下降至 70% 以下时,Pod 的数量则会相应地缩减至 2 个,从而有效地避免资源的无谓浪费。

基于上述代码不难分析出 HPA 在 Kubernetes 集群中的主要工作流程,首先创建 HPA 资源用于设定相关指标,例如 CPU 使用率、Pod 副本数的最大值和最小值。其次是 HPA 获取资源指标,即 HPA 控制器会定期从指标服务器获取集群中 Pod 的指标信息。接着,HPA 会在每个评估周期内,依据监控到的指标数值与用户预设值做对比,从而计算出 Pod 的数量,然后 HPA 会根据计算出的 Pod 数量向 Kubernetes 发出资源更新请求,从而实现 Pod 副本的动态扩展或缩减。

5.3.2 企业案例应用部署实战

下面将以企业 Kubernetes 环境中 HPA 功能配置为示例,详细展示其应用过程中所涉及的关键环节。

1. 演示环境信息

在演示环境中 Kubernetes 集群中的容器运行时采用的是 Containerd,集群为单管理节点,节点信息见表 5-5。

表 5-5 集群节点信息

节 点 名 称	IP 地址	说　　明
node01	192.168.79.191	集群管理节点
node03	192.168.79.193	工作节点(部署 KVM 虚拟机组件)
node04	192.168.79.194	工作节点(部署 KVM 虚拟机组件)

2. 部署 metrics-server

metrics-server 是 Kubernetes 集群中用于监控集群资源使用情况的组件,它的主要功能是聚合集群中各个节点的资源使用情况,例如 CPU 资源、内存资源等,为 HPA 决策提供数据指标。首先 metrics-server 作为集群资源监控数据的聚合器,它会定期地从 Kubernetes API Server 中获取节点和 Pods 的资源使用情况数据,然后对收集到的数据进行聚合,并将聚合的数据存储在内存中,而不是长期保存。HPA 控制器会定期地向 metrics-server 查询所需的资源使用数据(例如特定 Pod 的 CPU 或内存使用率),HPA 会根据这些数据决策是否需要增加或减少 Pod 的数量,以实现设定的目标利用率。一旦 HPA 做出需要调整 Pod

数量的决策,它就会更新相关的 Deployment 或 ReplicaSet 的副本数,这就会触发 Kubernetes 的调度器创建或删除 Pod。

注意:由于 metrics-server 获取的是实时数据,因此能够确保 HPA 根据最新的资源使用情况进行自动扩缩容。

在部署 metrics-server 组件之前,需要下载最新稳定版的 metrics-server 部署文件,命令如下:

```
wget https://github.com/kubernetes-sigs/metrics-server/releases/download/v0.7.2/components.yaml \
-O metrics-server-components.yaml
```

编辑 metrics-server-components.yaml 文件,最终的代码如下:

```
# 创建一个 ServiceAccount,用于 metrics-server 的认证和授权
apiVersion: v1
kind: ServiceAccount
metadata:
  labels:
    k8s-app: metrics-server
  name: metrics-server
  namespace: kube-system
---
# 创建一个 ClusterRole,用于聚合 metrics 的读取权限
apiVersion: rbac.authorization.k8s.io/v1
kind: ClusterRole
metadata:
  labels:
    k8s-app: metrics-server
    rbac.authorization.k8s.io/aggregate-to-admin: "true"    # 聚合到 admin 角色
    rbac.authorization.k8s.io/aggregate-to-edit: "true"     # 聚合到 edit 角色
    rbac.authorization.k8s.io/aggregate-to-view: "true"     # 聚合到 view 角色
  name: system:aggregated-metrics-reader
rules:
- apiGroups:
  - metrics.k8s.io
  # 定义资源类型
  resources:
  - pods
  - nodes
  # 定义允许的操作
  verbs:
  - get
  - list
  - watch
---
# 创建一个 ClusterRole,用于 metrics-server 的读取权限
```

```
apiVersion: rbac.authorization.k8s.io/v1
kind: ClusterRole
metadata:
  labels:
    k8s - app: metrics - server
  name: system:metrics - server
rules:
- apiGroups:
  - ""
  resources:
  - nodes/metrics
  verbs:
  - get
- apiGroups:
  - ""
  resources:
  - pods
  - nodes
  verbs:
  - get
  - list
  - watch
---
# 创建一个 RoleBinding,用于 metrics - server 的认证读取权限
apiVersion: rbac.authorization.k8s.io/v1
kind: RoleBinding
metadata:
  labels:
    k8s - app: metrics - server
  name: metrics - server - auth - reader
  namespace: kube - system
roleRef:
  apiGroup: rbac.authorization.k8s.io
  kind: Role
  name: extension - apiserver - authentication - reader
subjects:
- kind: ServiceAccount
  name: metrics - server
  namespace: kube - system
---
# 创建一个 ClusterRoleBinding,授权 metrics - server 进行认证委托
apiVersion: rbac.authorization.k8s.io/v1
kind: ClusterRoleBinding
metadata:
  labels:
    k8s - app: metrics - server
  name: metrics - server:system:auth - delegator
roleRef:
  apiGroup: rbac.authorization.k8s.io
```

```yaml
  kind: ClusterRole
    name: system:auth－delegator
subjects:
 － kind: ServiceAccount
    name: metrics－server
    namespace: kube－system
－－－
# 创建一个 ClusterRoleBinding,将 metrics－server 的 ClusterRole 绑定到 ServiceAccount
apiVersion: rbac.authorization.k8s.io/v1
kind: ClusterRoleBinding
metadata:
    labels:
      k8s－app: metrics－server
    name: system:metrics－server
roleRef:
    apiGroup: rbac.authorization.k8s.io
    kind: ClusterRole
    name: system:metrics－server
subjects:
 － kind: ServiceAccount
    name: metrics－server
    namespace: kube－system
－－－
# 创建一个 Service,用于暴露 metrics－server 的 HTTPS 端口
apiVersion: v1
kind: Service
metadata:
    labels:
      k8s－app: metrics－server
    name: metrics－server
    namespace: kube－system
spec:
    ports:
     － name: https
        port: 443
        protocol: TCP
        targetPort: https
    selector:
      k8s－app: metrics－server
－－－
# 创建一个 Deployment,用于部署 metrics－server
apiVersion: apps/v1
kind: Deployment
metadata:
    labels:
      k8s－app: metrics－server
    name: metrics－server
    namespace: kube－system
spec:
```

```
    selector:
      matchLabels:
        k8s - app: metrics - server
    strategy:
      # 定义滚动更新策略
      rollingUpdate:
        maxUnavailable: 0
    template:
      metadata:
        labels:
          k8s - app: metrics - server
      spec:
        containers:
        # 配置启动参数
        - args:
          - -- cert - dir = /tmp
          - -- secure - port = 10250
          - -- kubelet - preferred - address - types = InternalIP, ExternalIP, Hostname
          - -- kubelet - use - node - status - port
          - -- metric - resolution = 15s
          - -- kubelet - insecure - tls
          image: registry. cn - hangzhou. aliyuncs. com/google_containers/metrics - server:v0.7.2
          imagePullPolicy: IfNotPresent
          # 存活探针
          livenessProbe:
            failureThreshold: 3
            httpGet:
              path: /livez
              port: https
              scheme: HTTPS
            periodSeconds: 10
          name: metrics - server
          ports:
          - containerPort: 10250
            name: https
            protocol: TCP
          # 就绪探针
          readinessProbe:
            failureThreshold: 3
            httpGet:
              path: /readyz
              port: https
              scheme: HTTPS
            initialDelaySeconds: 20
            periodSeconds: 10
          resources:
            # 设置资源请求额度
            requests:
              cpu: 100m
```

```
                    memory: 200Mi
            securityContext:
              allowPrivilegeEscalation: false
              capabilities:
                drop:
                  - ALL
              readOnlyRootFilesystem: true
              runAsNonRoot: true
              runAsUser: 1000
              seccompProfile:
                type: RuntimeDefault
          # 设置挂载卷
          volumeMounts:
          - mountPath: /tmp
            name: tmp - dir
        nodeSelector:
          kubernetes.io/os: linux
        priorityClassName: system - cluster - critical
        serviceAccountName: metrics - server
        volumes:
        - emptyDir: {}
          name: tmp - dir
---
# 创建一个 APIService,用于注册 API 版本
apiVersion: apiregistration.k8s.io/v1
kind: APIService
metadata:
  labels:
    k8s - app: metrics - server
  name: v1beta1.metrics.k8s.io
spec:
  group: metrics.k8s.io
  groupPriorityMinimum: 100                        # 定义组优先级
  insecureSkipTLSVerify: true
  service:
    name: metrics - server
    namespace: kube - system
  version: v1beta1
  versionPriority: 100                             # 定义版本优先级
```

配置文件修改完成后保存并退出编辑器,在 Kubernetes 集群内基于修改后的 metrics-server-components. yaml 文件部署,命令如下:

```
# 部署 metrics - server
sudo kubectl apply - f metrics - server - components.yaml
# 查看状态
sudo kubectl get pods - n kube - system | grep metrics
```

命令执行后 metrics-server 运行成功的标识如图 5-55 所示。

```
user01@node01:~$ sudo kubectl apply -f metrics-server-components.yaml
serviceaccount/metrics-server created
clusterrole.rbac.authorization.k8s.io/system:aggregated-metrics-reader created
clusterrole.rbac.authorization.k8s.io/system:metrics-server created
rolebinding.rbac.authorization.k8s.io/metrics-server-auth-reader created
clusterrolebinding.rbac.authorization.k8s.io/metrics-server:system:auth-delegator created
clusterrolebinding.rbac.authorization.k8s.io/system:metrics-server created
service/metrics-server created
deployment.apps/metrics-server created
apiservice.apiregistration.k8s.io/v1beta1.metrics.k8s.io created
user01@node01:~$ sudo kubectl get pods -n kube-system | grep metrics
metrics-server-76467c74d9-pb2v6   1/1     Running   0          4m52s
```

图 5-55　部署 metrics-server

3. 部署测试服务

创建用于验证 HPA 功能的应用部署文件 mytest-http. yaml,代码如下:

```
apiVersion: apps/v1
kind: Deployment
metadata:
  name: mytest
  labels:
    app: mytest
spec:
  replicas: 1
  selector:
    matchLabels:
      app: mytest
  template:
    metadata:
      labels:
        app: mytest
    spec:
      containers:
        - name: mytest
          image: httpd:alpine
          ports:
            - containerPort: 80
          resources:
            limits:
              cpu: 300m
            requests:
              cpu: 200m
---
apiVersion: v1
kind: Service
metadata:
  name: mytest
  labels:
    app: mytest
spec:
  ports:
    - port: 80
      targetPort: 80
      nodePort: 32000
```

```
    selector:
      app: mytest
  type: NodePort
```

文件创建完成后在 Kubernetes 集群内发布应用,命令如下:

```
# 发布应用
sudo kubectl apply - f mytest - http.yaml
# 查看 pod 状态
sudo kubectl get pods
# 查看服务状态
sudo kubectl get svc | grep mytest
```

测试应用运行成功的标识是通过浏览器访问集群内任意节点的 32000/TCP 端口,可以访问应用的测试页面,如图 5-56 所示。

It works!

图 5-56　测试页面

4. 创建并验证 HPA 功能

当测试应用运行成功后,通过自定义自动扩缩策略让其依据 CPU 定义的阈值实现 Pod 的自动增减,命令如下:

```
# 定义 HPA
sudo kubectl autoscale deployment mytest -- cpu - percent = 50 -- min = 1 -- max = 3
# 查看 HPA
sudo kubectl get hpa | grep mytest
```

命令中的--cpu-percent 参数用于设置阈值,例如设置为 50,表示 CPU 使用率的阈值设定为 50%。--min 用于定义 Pod 的最小副本数,--max 用于定义 Pod 的最大副本数。上述命令执行成功的标识如图 5-57 所示。

```
user01@node01:~$ sudo kubectl get deployment
NAME      READY   UP-TO-DATE   AVAILABLE    AGE
mytest    1/1     1            1            18m
user01@node01:~$ sudo kubectl autoscale deployment mytest --cpu-percent=50 --min=1 --max=3
horizontalpodautoscaler.autoscaling/mytest autoscaled
user01@node01:~$ sudo kubectl get hpa | grep mytest
mytest    Deployment/mytest   cpu: 0%/50%        1        3         1          19s
```

图 5-57　配置 HPA

当定义的 HPA 生效后,可以通过压力测试的方式来验证在访问负载超出设置的参数时,Pod 的副本数是否会发生变化。

首先基于 busybox 镜像临时启动一个容器,用于运行压力测试脚本,命令如下:

```
sudo kubectl run -- rm - it -- restart = Never test -- image = busybox /bin/sh
```

命令执行后会自动登录至 test 容器,接着在容器内执行压力测试脚本,命令如下:

```
while true; do wget -q http://mytest -O /dev/null; done
```

此时可以通过其他终端连接至 Kubernetes 集群管理节点执行以下命令,用于验证 HPA 功能,命令如下:

```
#查看 HPA 状态信息
sudo kubectl get hpa
#查看应用 mytest 的 Pod 副本数
sudo kubectl get pods | grep mytest
```

随之访问量的不断增加 Pod 的 CPU 资源使用率也随之增加,当超过预设的 50% 时 Pod 副本数随之增加。反之,当停掉测试脚本后随着 CPU 资源使用率的下降,Pod 副本数随之会减少,如图 5-58 所示。

```
user01@node01:~$ sudo kubectl get hpa
NAME     REFERENCE             TARGETS       MINPODS  MAXPODS  REPLICAS  AGE
mytest   Deployment/mytest     cpu: 67%/50%  1        3        2         3m27s
user01@node01:~$ sudo kubectl get pods | grep mytest
mytest-7bbbfc757c-d6zdw   1/1   Running  0   4m6s
mytest-7bbbfc757c-llzbb   1/1   Running  0   50s
user01@node01:~$ sudo kubectl top pods | grep mytest
mytest-7bbbfc757c-d6zdw   81m   6Mi
mytest-7bbbfc757c-llzbb   66m   6Mi
```

图 5-58 验证 HPA 功能

由此可见,HPA 可以轻松地实现 Pod 副本数的动态扩缩。

5.4 本章小结

本章从企业实际应用案例出发,全面而深入地讨论了 Kubernetes 在企业中的典型应用场景。内容涵盖了持续集成与持续交付、容器虚拟化技术与传统虚拟化技术在同一框架下的管理及 Kubernetes 中应用的动态扩缩等核心应用场景。其中不仅讲解了运维部署过程所涉及的基础知识,还进一步地讲解了其工作原理、工作流程等,通过对这些知识的学习可以帮助读者更好地掌握 Kubernetes 的运维技术。

尤其是通过对一系列实际案例的学习,读者可以更直观地理解 Kubernetes 在企业典型应用场景中所涉及的相关知识。这些案例不仅提升了理论知识的实用性,也为读者在实际工作中应用 Kubernetes 提供了宝贵的参考和借鉴。

辅助编程技术篇

## 第 6 章

辅助编程技术

6.1 辅助编程技术带来的变革

随着人工智能(Artificial Intelligence,AI)技术的飞速发展,编程领域正在经历一场深刻的变革。人工智能辅助编程技术的出现,不仅极大地提高了编程效率,还重塑了编程技能的价值体系,特别是结合生成式人工智能(Artificial Intelligence Generated Content,AIGC)、大语言模型(例如 GPT-4 等)等新技术后这一变革尤为显著,主要表现在以下几个方面。

1. 编程效率方面的变革

在传统的编程方式中,编写一段实现复杂功能的代码可能需要花费开发者大量的时间进行逻辑构建、语法编写等工作。例如,开发一个具有用户认证、数据加密传输的 Web 应用后端,在没有辅助编程技术时,开发者可能需要几天时间来构建基本框架,而现在大语言模型可以根据程序员输入的简单需求描述,在短时间内生成一个初步的代码框架,涵盖了基本的功能模块和逻辑流程。这是因为这些新技术具有强大的自然语言处理能力,能够理解人类的需求描述并转换为相应的代码逻辑。

以典型的 ChatGPT 为例,它可以根据用户对一个小型电商平台的功能需求描述,例如用户注册登录、商品展示、购物车功能、订单处理相关关键信息等,快速生成由 Python 或 Java 等语言编写的代码框架,其中包含了数据库连接、用户信息管理、商品数据查询等功能模块的基础代码。这大大地缩短了开发初始阶段所需的时间,让开发者可以更快地进入后续的功能细化和优化阶段。

同时在编程过程中,人工智能辅助编程技术能够提供实时的智能提示和代码补全功能。当开发者输入部分代码时,系统可以根据代码上下文、编程语言规范及常见的编程模式,智能地预测接下来可能需要输入的代码内容,并会根据代码的整体功能需求给出一些最佳实践,从而极大地提升了编程效率。

2. 编程质量方面的变革

辅助编程技术能够按照编程规范严格地对代码进行审查,并且借助人工智能和大语言模型对大量错误代码的学习,辅助编程技术能够在代码编写过程中提前检测出潜在错误,例如语法错误、逻辑错误及常见的运行时错误等。通过这种方式不仅提升了代码编写的效率,更重要的是还提升了代码的交付质量。

3. 对于编程学习方面的变革

首先通过辅助编程技术让编程学习变得更加容易和有趣,尤其是借助 ChatGPT 等大语言模型,可以让初学者针对遇到的难点、易错点让大模型像导师一样给出解释和相关示例代码。同时辅助编程技术能够根据使用者的学习进度、知识掌握情况及编程习惯等因素,给出个性化的学习路径。

4. 对软件开发行业的变革

在软件开发项目中,辅助编程技术的应用大大地提升了开发效率和代码交付质量,从而缩短了项目交付周期。例如在敏捷开发模式下,每个迭代周期都需要快速实现新功能更新、测试及部署。开发团队可以借助人工智能辅助工具快速地生成代码框架,减少基础代码的编写时间。同时也改变了开发团队成员之间的知识共享和协作方式,例如初级开发者可以在人工智能辅助工具的帮助下先生成基础代码,然后交由高级开发者进行审核和优化,进而提升了整个开发团队的工作效率和代码质量。

6.1.1 辅助编程技术的发展

辅助编程技术的发展可以追溯到最早的简单代码编辑器和集成开发环境(IDE)的辅助功能,例如开发人员非常熟悉的语法高亮、代码补全等功能。随着时间的推移和新技术的不断出现,更高级的特性,例如代码片段建议、重构工具和静态代码分析工具也被不断地集成到 IDE 中。尤其是随着深度学习、卷积神经网络、自然语言、大模型的高速发展,AIGC 作为人工智能领域的一个重要分支,被广泛地应用于代码辅助生成、内容生成、图像生成等众多领域。尤其是在代码辅助编程领域被众多科技公司广泛地应用于实际生产活动中,并且其提升代码编程效率和代码质量的效果已经被验证。

6.1.2 辅助编程工具介绍

目前辅助编程工具众多,它们又有各自的特点和适用场景,被行业内广泛应用的工具见表 6-1。

表 6-1　应用工具

名　称	特　点	优　点
GitHub Copilot	基于 Codex 大语言模型,能够理解代码上下文并自动补全代码,可以提供高质量的代码片段,同时由于和 GitHub 生态紧密集成,因此可以支持多种 IDE	生成的代码质量高,融入了业界最佳实践和编码规范
ChatGPT	使用者通过自然语言与之对话,获得编程相关问题。同时可以提供代码示例、解释和调试帮助。具备多语言支持,并且涵盖众多编程语言	基于灵活的对话式交互,非常易于使用

续表

名　　称	特　　点	优　　点
Cursor	由人工智能驱动的代码编辑器,兼容现有的 VS Code 扩展,同时还支持自定义人工智能模型,通过学习开发者编程风格,可以提供个性化的代码补全功能	与 VS Code 无缝集成,并能为开发者提供个性化的代码补全建议
阿里云通义灵码	使用自然语言生成代码,并且还可以根据当前代码文件及跨文件的上下文,为使用者生成行级或函数级代码、单元测试、代码注释等	兼容 Visual Studio Code、Visual Studio、JetBrains IDEs 等主流编程工具
文心快码-Baidu Comate	自主理解编码需求并精准拆解任务,突破单文件局限,实现跨模块、跨目录的系统级代码生成,为开发者带来前所未有的智能协作体验。让复杂开发化繁为简,让编程效率倍速提升	针对实际编程场景优化,提升代码效率

6.1.3　辅助编程技术应用实战

在实际应用过程中,有众多基于人工智能的辅助编程开发工具、插件等,这些工具的应用在很大程度上改变了原有的编程模式,并且随着技术的不断进步,未来会有更多、更智能的工具或插件出现。下面将通过典型工具的应用,详细地展示辅助编程技术的魅力。

1. 演示环境信息

在演示环境中 Kubernetes 集群中的容器运行时采用的是 Containerd,集群为单管理节点,节点信息见表 6-2。

表 6-2　集群节点信息

节点名称	IP 地址	说　　明
node01	192.168.79.191	集群管理节点
node03	192.168.79.193	工作节点
node04	192.168.79.194	工作节点

2. 基于 ChatGPT 实现的辅助编程

目前 ChatGPT 的插件有很多种,本次演示使用的是 Microsoft Edge 浏览器中的 Sider 插件。在使用 ChatGPT 进行辅助编程时,需要尽可能地把需求描述得更清晰,只有这样才能获取最佳的信息反馈,接下来以编写可以在 Kubernetes 集群中发布的 Apache HTTP 服务为例进行展示。

单击 Microsoft Edge 浏览器上的 Sider 插件开启新对话,输入代码的描述信息。需要注意的是对代码的描述越详细,那么生成的代码与预期就越接近,例如,对代码的描述信息如下:

```
在 Kubernetes 集群中发布 HTTP 服务,提供 HTTP 服务部署的 YAML 文件,要求如下:
1.镜像使用 httpd:alpine
2.容器副本数为 2
```

3.服务对外暴露的方式为 NodePort,端口为 30080/TCP
4.不配置数据持久化存储

如图 6-1 所示。

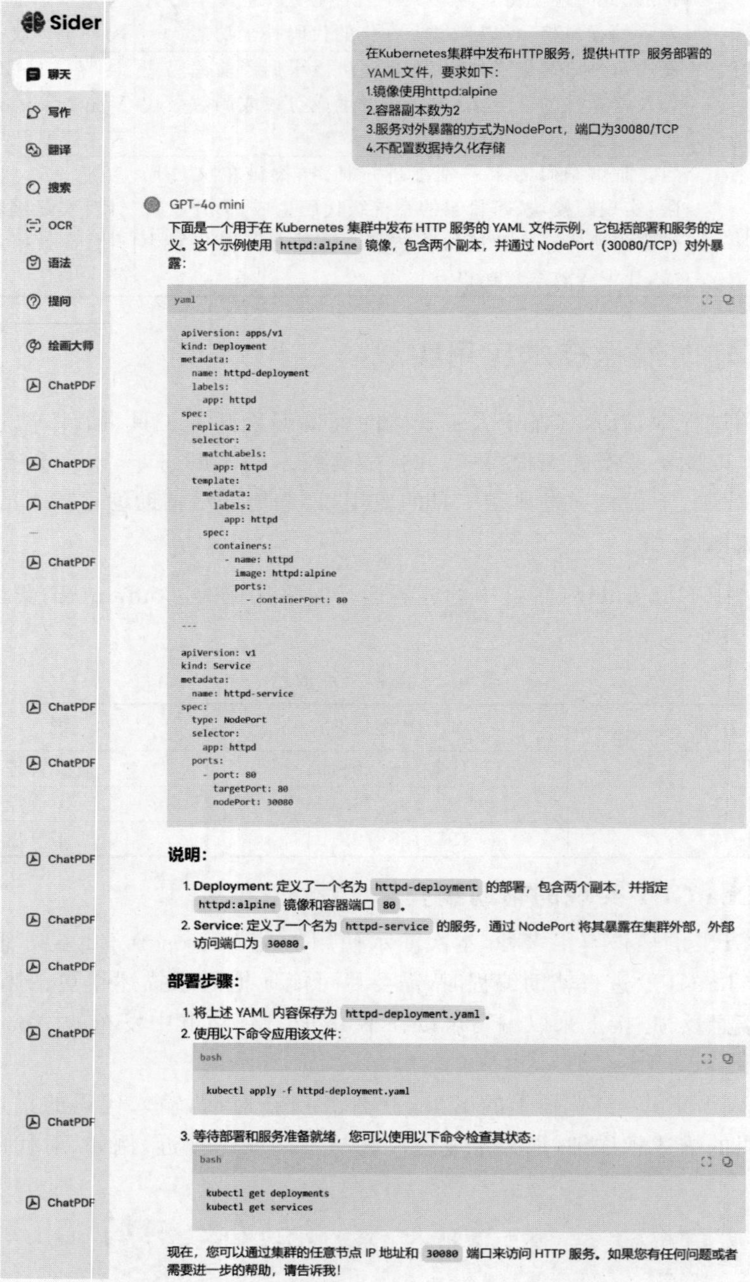

图 6-1　基于 GPT-4o mini 生成代码

查看输出会发现，基于 GPT-4o mini 给出的信息反馈中不仅包含了代码，还包含了代码的说明，同时还给出了部署步骤，非常有利于开发者理解这段代码。

将代码复制至 deployment-apache-http.yaml 文件，生成的代码如下：

```yaml
apiVersion: apps/v1
kind: Deployment
metadata:
  name: httpd - deployment
  labels:
    app: httpd
spec:
  replicas: 2
  selector:
    matchLabels:
      app: httpd
  template:
    metadata:
      labels:
        app: httpd
    spec:
      containers:
        - name: httpd
          image: httpd:alpine
          ports:
            - containerPort: 80

---

apiVersion: v1
kind: Service
metadata:
  name: httpd - service
spec:
  type: NodePort
  selector:
    app: httpd
  ports:
    - port: 80
      targetPort: 80
      nodePort: 30080
```

然后在 Kubernetes 集群中部署，以便验证代码的可用性，命令如下：

```
# 部署应用
sudo kubectl apply - f deployment - apache - http.yaml
# 查看 Pod、服务状态
sudo kubectl get pods
sudo kubectl get svc
```

命令执行后输出的信息如图 6-2 所示。

从图 6-2 中不难发现，代码可以被正常执行，从而验证了生成的代码具有可用性。

如果在上述测试应用中有添加数据持久化（例如网络存储 NFS）的需求，则只需继续通

```
user01@node01:~$ sudo kubectl apply -f deployment-apache-http.yaml
deployment.apps/httpd-deployment created
service/httpd-service created
user01@node01:~$ sudo kubectl get pods
NAME                                 READY   STATUS    RESTARTS   AGE
httpd-deployment-6dc75f9f57-dlxnm    1/1     Running   0          2m37s
httpd-deployment-6dc75f9f57-sj678    1/1     Running   0          2m37s
user01@node01:~$ sudo kubectl get svc
NAME           TYPE        CLUSTER-IP       EXTERNAL-IP   PORT(S)         AGE
httpd-service  NodePort    10.109.52.223    <none>        80:30080/TCP    2m43s
kubernetes     ClusterIP   10.96.0.1        <none>        443/TCP         40d
```

图 6-2　部署并验证测试服务

过自然语言发送需求信息,可以采用如下的描述方式:

> 如果 httpd 服务的数据持久化采用网络存储 NFS,其中 nfs server 的 IP 地址为 192.168.79.191,共享目录为 shares,请提供更新后的代码。

输入描述信息后提交,系统会自动通过上下文信息提供新的反馈信息,如图 6-3 所示。

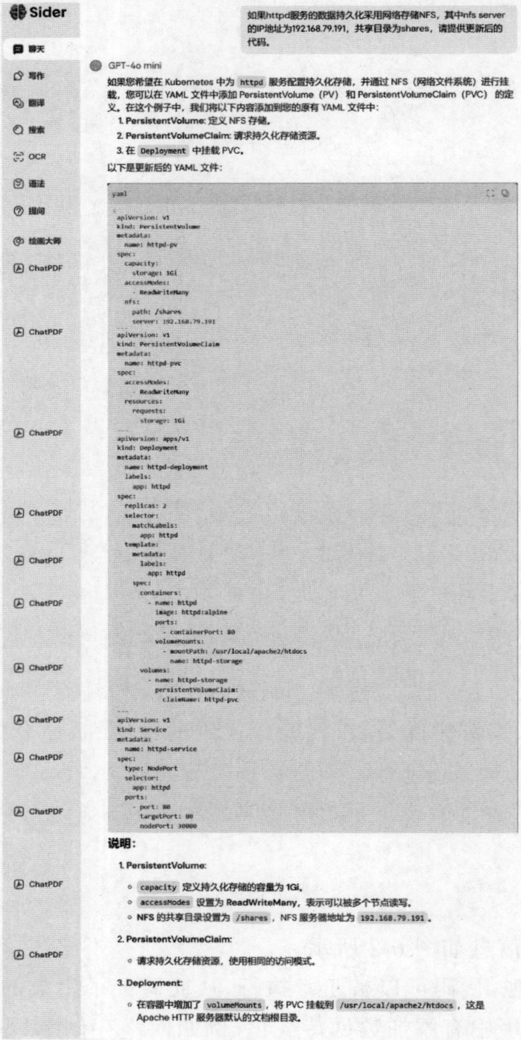

图 6-3　增加数据持久化需求

注意：在验证代码前，需要提前部署 NFS Server，并配置共享目录 shares。如果忘记如何部署和配置 NFS Server，则可以继续提问如何部署 NFS Serve、配置其共享目录等问题，直至部署成功。

3. 基于 Visual Studio Code 插件实现的辅助编程

Visual Studio Code 有非常多的插件可以实现辅助编程功能，下面将以阿里云的通义灵码插件为例展示如何实现辅助编程。

在 Visual Studio Code 的侧边导航栏内单击"扩展"选项，然后搜索通义灵码（TONGYI Lingma），如图 6-4 所示。

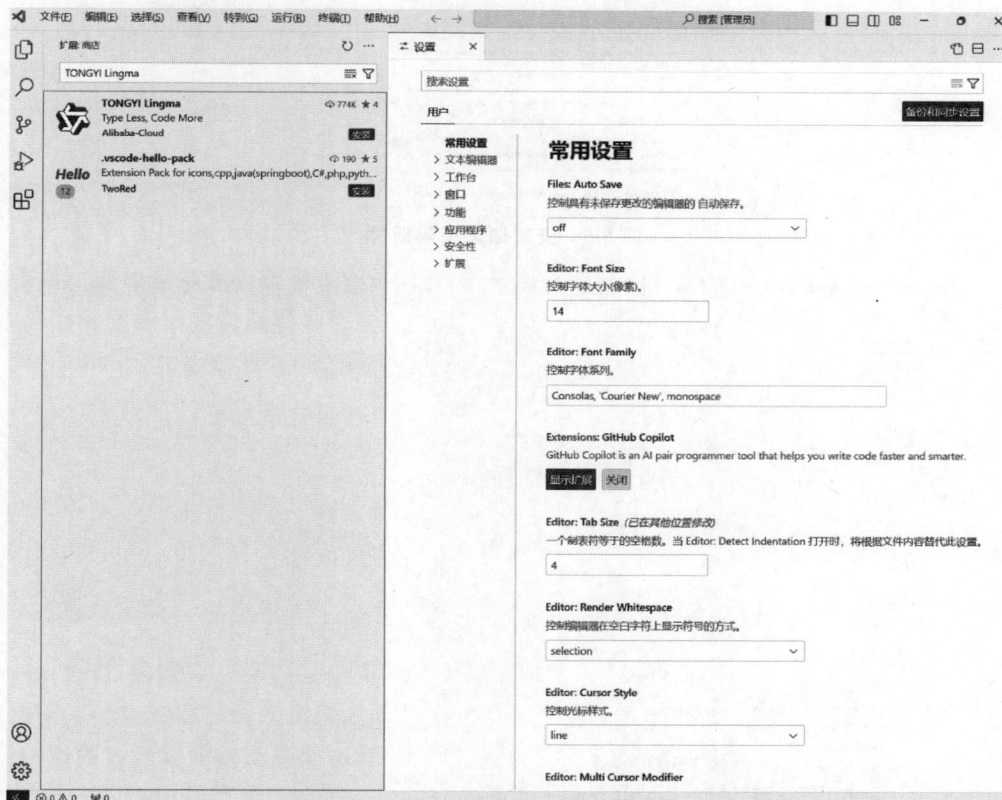

图 6-4　搜索通义灵码插件

然后单击"安装"按钮，系统会自动下载并安装通义灵码插件，如图 6-5 所示。

通义灵码安装完成后需要重启 Visual Studio Code 应用，当 Visual Studio Code 重启成功后先在侧边导航栏内单击"通义灵码"图标，然后登录方式选择"个人版"，如图 6-6 所示。

当单击"个人版"后，系统会自动跳转至阿里云登录页面，只需按照系统提示完成登录即可，登录成功后就可以使用该插件了，如图 6-7 所示。

图 6-5　安装通义灵码插件

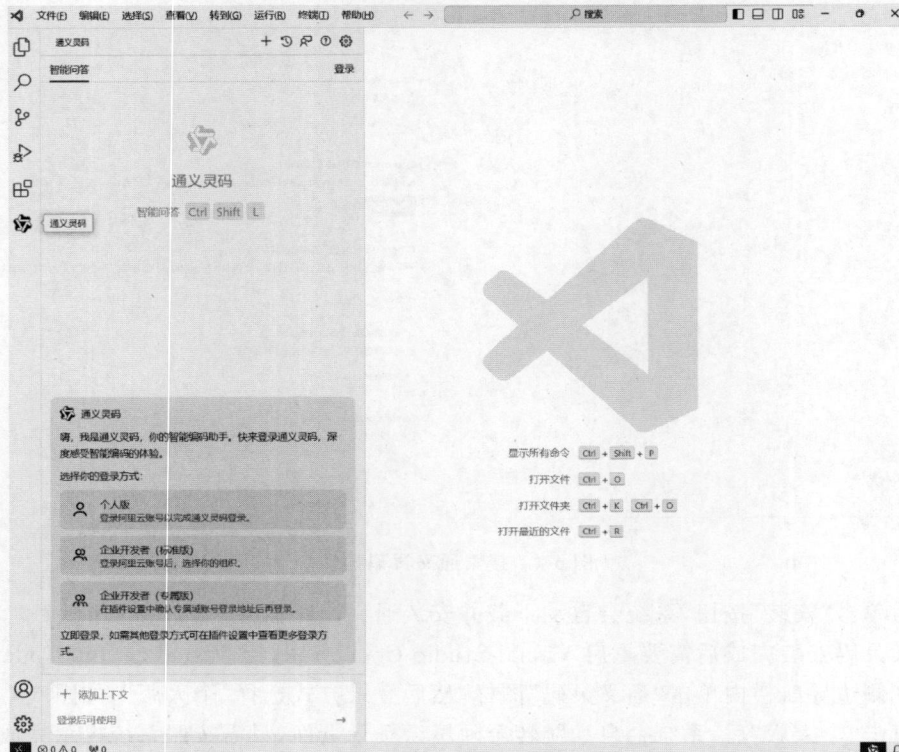

图 6-6　选择通义灵码插件的登录方式

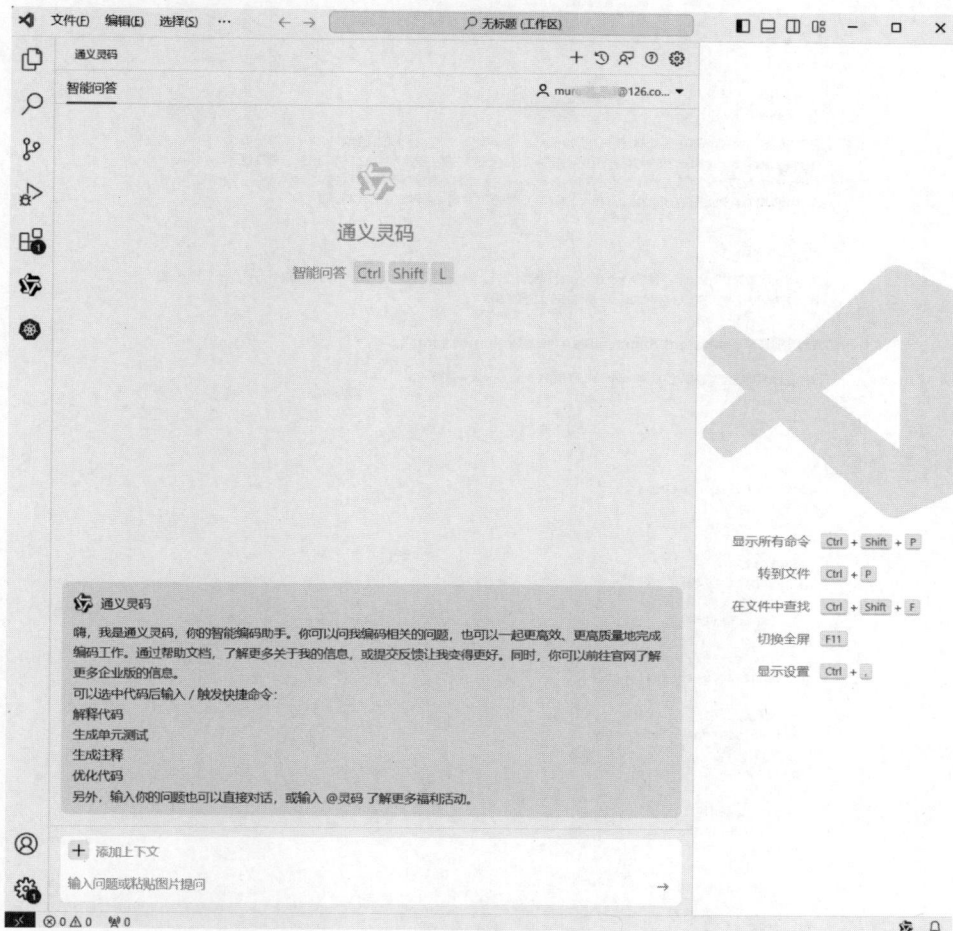

图 6-7 通义灵码插件可用

由于通义灵码插件支持自然语言输入，因此可以在对话框内直接输入需求。接下来以企业典型的 CMS 应用 Joomla 部署为示例，展示使用通义灵码来实现代码生成的相关过程。

首先采用最简单的自然语言输入方式，在对话框内输入的需求信息如下：

基于 Kubernetes 集群部署企业典型 CMS 应用 Joomla，需求如下：
1. Joomla 的镜像为 docker.io/joomla；
2. MySQL 的镜像为 docker.io/mysql:8.0；
3. 数据持久化采用网络存储 NFS，NFS 服务器 IP 为 192.168.79.191，共享目录为/nfs-shares；
4. Joomla 需要持久化存储的数据路径为/var/www/html；
5. MySQL 需要持久化存储的数据路径为/var/lib/mysql；
6. Joomla 服务对外暴露的方式为 NodePort，端口为 30880/TCP
请提供详细部署代码。

当需求信息提交后，通义灵码插件会依据需求信息提供详细的部署代码及部署步骤，如图 6-8 所示。

通义灵码

智能问答   + ᐁ ⸮ ⑦ ⚙

                                              ○ mu▒▒▒@126.co... ▾

○ murenbuluo@126.com

基于Kubernetes集群部署企业典型CMS应用Joomla，需求如下： 1.Joomla的镜像为docker.io/joomla； 2.MySQL的镜像为docker.io/mysql:8.0； 3.数据持久化采用网络存储NFS，NFS服务器IP为192.168.79.191，共享目录为/nfs-shares；4.Joomla需要持久化存储的数据路径为/var/www/html； 5.MySQL需要需要持久化存储的数据路径为/var/lib/mysql；6.Joomla服务对外暴露的方式为NodePort，端口为30880/TCP 请提供详细部署代码。

灵 通义灵码

为了满足您的需求，我们将创建一个Kubernetes部署文件，其中包括Joomla和MySQL的Deployment以及Service资源，并配置NFS作为持久化存储。以下是详细的部署代码：

1. 创建NFS PersistentVolume和PersistentVolumeClaim

首先，我们需要定义NFS的PersistentVolume和PersistentVolumeClaim。

yaml   ›吕 🗋 ⊞

```yaml
# nfs-pv.yaml
apiVersion: v1
kind: PersistentVolume
metadata:
  name: nfs-pv-joomla
spec:
  capacity:
    storage: 10Gi
  accessModes:
    - ReadWriteMany
  nfs:
    server: 192.168.79.191
    path: /nfs-shares/joomla
---
apiVersion: v1
kind: PersistentVolumeClaim
metadata:
  name: nfs-pvc-joomla
spec:
  accessModes:
    - ReadWriteMany
  resources:
    requests:
      storage: 10Gi
---
apiVersion: v1
kind: PersistentVolume
metadata:
  name: nfs-pv-mysql
spec:
  capacity:
    storage: 10Gi
  accessModes:
    - ReadWriteMany
  nfs:
    server: 192.168.79.191
    path: /nfs-shares/mysql
---
apiVersion: v1
kind: PersistentVolumeClaim
metadata:
  name: nfs-pvc-mysql
spec:
  accessModes:
    - ReadWriteMany
  resources:
    requests:
      storage: 10Gi
```

(a) 部署代码及部署步骤(1)

图 6-8   通义灵码插件提供的部署代码及部署步骤

2. 创建MySQL Deployment和Service

接下来，我们定义MySQL的Deployment和Service。

```yaml
# mysql-deployment.yaml
apiVersion: apps/v1
kind: Deployment
metadata:
  name: mysql
spec:
  replicas: 1
  selector:
    matchLabels:
      app: mysql
  template:
    metadata:
      labels:
        app: mysql
    spec:
      containers:
      - name: mysql
        image: docker.io/mysql:8.0
        env:
        - name: MYSQL_ROOT_PASSWORD
          value: "your-root-password"
        ports:
        - containerPort: 3306
        volumeMounts:
        - mountPath: /var/lib/mysql
          name: mysql-storage
      volumes:
      - name: mysql-storage
        persistentVolumeClaim:
          claimName: nfs-pvc-mysql
---
apiVersion: v1
kind: Service
metadata:
  name: mysql
spec:
  ports:
  - port: 3306
  selector:
    app: mysql
```

(b) 部署代码及部署步骤(2)

图 6-8 （续）

3. 创建Joomla Deployment和Service

最后，我们定义Joomla的Deployment和Service。

```yaml
# joomla-deployment.yaml
apiVersion: apps/v1
kind: Deployment
metadata:
  name: joomla
spec:
  replicas: 1
  selector:
    matchLabels:
      app: joomla
  template:
    metadata:
      labels:
        app: joomla
    spec:
      containers:
      - name: joomla
        image: docker.io/joomla
        env:
        - name: JOOMLA_DB_HOST
          value: mysql
        - name: JOOMLA_DB_USER
          value: root
        - name: JOOMLA_DB_PASSWORD
          value: "your-root-password"
        - name: JOOMLA_DB_NAME
          value: joomla
        ports:
        - containerPort: 80
        volumeMounts:
        - mountPath: /var/www/html
          name: joomla-storage
      volumes:
      - name: joomla-storage
        persistentVolumeClaim:
          claimName: nfs-pvc-joomla
---
apiVersion: v1
kind: Service
metadata:
  name: joomla
spec:
  type: NodePort
  ports:
  - port: 80
    targetPort: 80
    nodePort: 30880
  selector:
    app: joomla
```

4. 应用配置

将上述YAML文件保存为 `nfs-pv.yaml`，`mysql-deployment.yaml` 和 `joomla-deployment.yaml`，然后使用 kubectl命令应用这些配置：

```bash
kubectl apply -f nfs-pv.yaml
kubectl apply -f mysql-deployment.yaml
kubectl apply -f joomla-deployment.yaml
```

这样，您就可以在Kubernetes集群上成功部署Joomla和MySQL，并且使用NFS进行数据持久化。请确保NFS服务器上的共享目录已正确配置并可访问。

重新生成

(c) 部署代码及部署步骤(3)

图 6-8 （续）

接下来根据实际需求修改代码中部分关键字段的值,例如存储空间、MySQL 密码、Joomla 的管理密码、PVC 名称等,代码修改完成后即可在 Kubernetes 集群中进行代码测试。

注意:由辅助编程工具或插件生成的代码,均需要在测试环境中进行严格测试。

测试的过程如下。

1) 创建 Joomla 持久卷

创建 Joomla 持久卷部署文件 joomla-pv.yaml,代码如下:

```
apiVersion: v1
kind: PersistentVolume
metadata:
  name: joomla - pv
spec:
  capacity:
    storage: 1Gi
  accessModes:
    - ReadWriteMany
  nfs:
    path: /nfs - shares/joomla
    server: 192.168.79.191
```

2) 创建 MySQL 持久卷

创建 MySQL 持久卷部署文件 mysql-pv.yaml,代码如下:

```
apiVersion: v1
kind: PersistentVolume
metadata:
  name: mysql - pv
spec:
  capacity:
    storage: 1Gi
  accessModes:
    - ReadWriteMany
  nfs:
    path: /nfs - shares/mysql
    server: 192.168.79.191
```

3) 创建 Joomla 持久卷声明

创建 Joomla 持久卷声明文件 joomla-pvc.yaml,代码如下:

```
apiVersion: v1
kind: PersistentVolumeClaim
metadata:
  name: joomla - pvc
spec:
  accessModes:
```

```
    - ReadWriteMany
  resources:
    requests:
      storage: 1Gi
  volumeName: joomla - pv
```

4) 创建 MySQL 持久卷声明

创建 MySQL 持久卷声明文件 mysql-pvc.yaml,代码如下:

```
apiVersion: v1
kind: PersistentVolumeClaim
metadata:
  name: mysql - pvc
spec:
  accessModes:
    - ReadWriteMany
  resources:
    requests:
      storage: 1Gi
  volumeName: mysql - pv
```

5) 创建 MySQL 应用部署文件

创建 MySQL 应用部署文件 mysql-deployment.yaml,代码如下:

```
---
apiVersion: apps/v1
kind: Deployment
metadata:
  name: mysql - deployment
spec:
  replicas: 1
  selector:
    matchLabels:
      app: mysql
  template:
    metadata:
      labels:
        app: mysql
    spec:
      containers:
      - name: mysql
        image: docker.io/mysql:8.0
        env:
        - name: MYSQL_ROOT_PASSWORD
          value: "PassWord@8"
        - name: MYSQL_DATABASE
          value: "joomla"
        - name: MYSQL_USER
          value: "joomlauser"
```

```
           - name: MYSQL_PASSWORD
             value: "PassWord@8"
        ports:
        - containerPort: 3306
        volumeMounts:
        - mountPath: /var/lib/mysql
          name: mysql-storage
      volumes:
      - name: mysql-storage
        persistentVolumeClaim:
          claimName: mysql-pvc
---
apiVersion: v1
kind: Service
metadata:
  name: mysql-service
spec:
  ports:
  - port: 3306
    targetPort: 3306
  selector:
    app: mysql
```

6）创建 Joomla 服务发布文件

创建 Joomla 服务发布文件 joomla-deployment.yaml，代码如下：

```
---
apiVersion: apps/v1
kind: Deployment
metadata:
  name: joomla-deployment
spec:
  replicas: 1
  selector:
    matchLabels:
      app: joomla
  template:
    metadata:
      labels:
        app: joomla
    spec:
      containers:
      - name: joomla
        image: docker.io/joomla
        env:
        - name: JOOMLA_DB_HOST
          value: mysql-service
        - name: JOOMLA_DB_PORT
          value: "3306"
        - name: JOOMLA_DB_NAME
          value: "joomla"
```

```
          - name: JOOMLA_DB_USER
            value: "joomlauser"
          - name: JOOMLA_DB_PASSWORD
            value: "PassWord@8"
          - name: JOOMLA_SITE_NAME
            value: "Joomla"
          ports:
          - containerPort: 80
          volumeMounts:
          - mountPath: /var/www/html
            name: joomla - storage
        volumes:
        - name: joomla - storage
          persistentVolumeClaim:
            claimName: joomla - pvc
---
apiVersion: v1
kind: Service
metadata:
  name: joomla - service
spec:
  type: NodePort
  ports:
  - port: 80
    targetPort: 80
    nodePort: 30880
  selector:
    app: joomla
```

注意:在基于通义灵码生成的 Joomla 部署代码中,环境变量的字段名称是有问题的,需要查看 Joomla 最新的镜像使用说明,官方提供的环境变量模板如下。

environment:

       JOOMLA_DB_HOST:db

       JOOMLA_DB_USER:joomla

       JOOMLA_DB_PASSWORD:examplepass

       JOOMLA_DB_NAME:joomla_db

       JOOMLA_SITE_NAME:Joomla

       JOOMLA_ADMIN_USER:Joomla Hero

       JOOMLA_ADMIN_USERNAME:joomla

       JOOMLA_ADMIN_PASSWORD:joomla@secured

       JOOMLA_ADMIN_EMAIL:joomla@example.com

7) 部署

当相关部署文件准备完成后就可以开始部署 Joomla 应用了,命令如下:

```
#部署 PV、PVC
sudo kubectl apply -f joomla-pv.yaml
sudo kubectl apply -f joomla-pvc.yaml
sudo kubectl apply -f mysql-pv.yaml
sudo kubectl apply -f mysql-pvc.yaml
#查看绑定状态
sudo kubectl get pv
sudo kubectl get pvc
#部署 MySQL、Joomla
sudo kubectl apply -f mysql-deployment.yaml
sudo kubectl apply -f joomla-deployment.yml
#查看服务状态
sudo kubectl get svc
```

命令执行后 PV、PVC 及 MySQL、Joomla 运行成功的状态如图 6-9 所示。

```
user01@node01:~$ sudo kubectl get pv
NAME        CAPACITY   ACCESS MODES   RECLAIM POLICY   STATUS   CLAIM                  STORAGECLASS   VOLUMEATTRIBUTESCLASS   REASON   AGE
joomla-pv   1Gi        RWX            Retain           Bound    default/joomla-pvc                    <unset>                          89m
mysql-pv    1Gi        RWX            Retain           Bound    default/mysql-pvc                     <unset>                          89m
user01@node01:~$ sudo kubectl get pvc
NAME         STATUS   VOLUME      CAPACITY   ACCESS MODES   STORAGECLASS   VOLUMEATTRIBUTESCLASS   AGE
joomla-pvc   Bound    joomla-pv   1Gi        RWX                           <unset>                 88m
mysql-pvc    Bound    mysql-pv    1Gi        RWX                           <unset>                 88m
user01@node01:~$ sudo kubectl get svc
NAME             TYPE        CLUSTER-IP       EXTERNAL-IP   PORT(S)        AGE
joomla-service   NodePort    10.108.103.155   <none>        80:30880/TCP   20m
kubernetes       ClusterIP   10.96.0.1        <none>        443/TCP        41d
mysql-service    ClusterIP   10.109.119.46    <none>        3306/TCP       51m
```

图 6-9 Joomla 所需环境状态

使用浏览器访问集群任意节点的 30880/TCP 端口，进入 Joomla 系统配置页面，设置语言类型与网站名称，如图 6-10 所示。

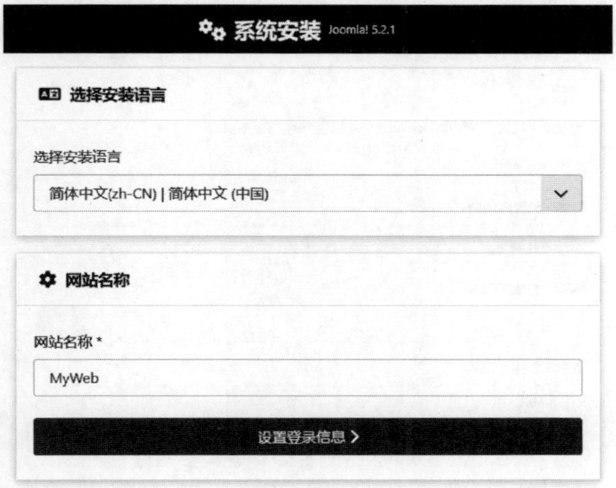

图 6-10 设置网站名称

在该页面输入网站名称，例如 MyWeb，然后单击“设置登录信息”按钮，进入登录设置页面，如图 6-11 所示。

设置完成登录信息后单击“设置数据库连接”按钮，进入数据库配置页面，如图 6-12 所示。

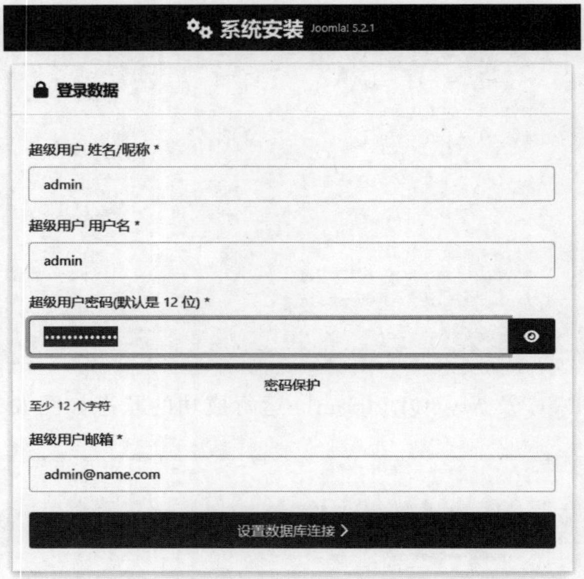

图 6-11 登录设置页面

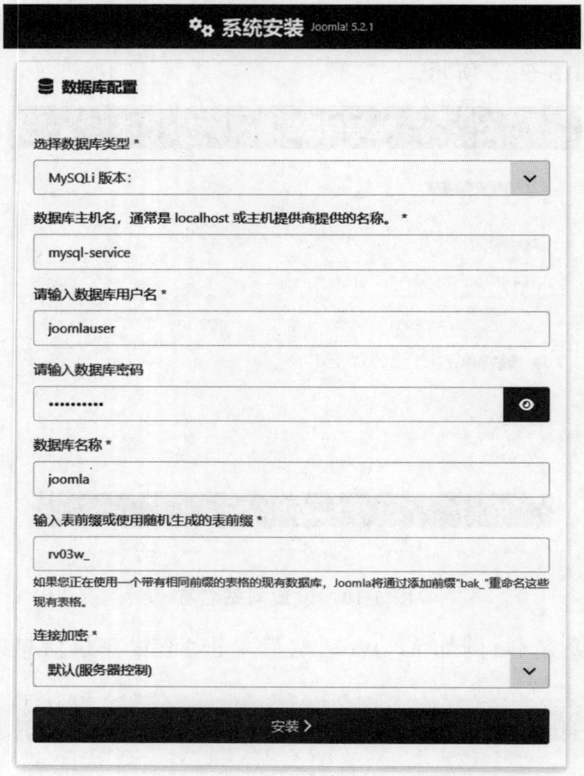

图 6-12 数据库配置页面

输入数据库相关连接信息后(需要与 joomla-deployment. yaml 文件内的配置信息相匹配),单击"安装"按钮,开始 Joomla 应用系统的安装,如图 6-13 所示。

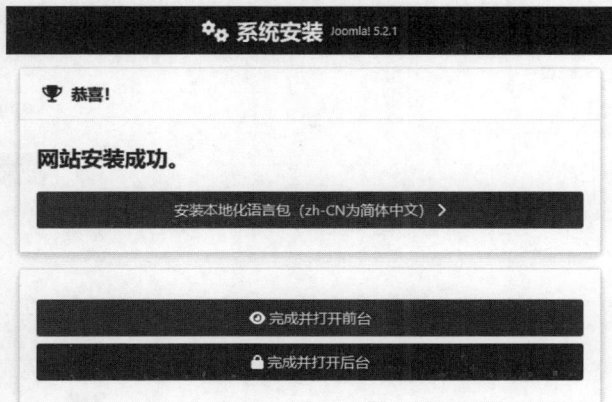

图 6-13 Joomla 部署成功

此时如果单击"完成并打开前台"选项,页面就会跳转至 Joomla 网站默认首页,如图 6-14 所示。

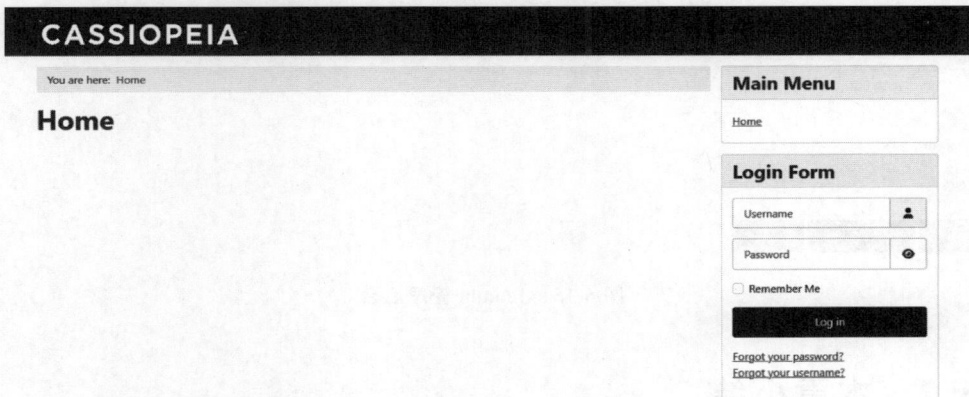

图 6-14 Joomla 网站默认首页

在该页面的 Login Form 内输入用户名 admin 及其密码即可登录 Joomla 管理后台,如图 6-15 所示。

登录成功后就可以对 Joomla 的整个系统进行管理,规划设计专属的 CMS 系统,由此可见,使用辅助编程技术对工作效率有很大的提升。相信随着人工智能技术的不断发展与进步会有更多更智能的辅助编程软件或插件出现,将来有可能会从根本上颠覆和重塑代码编写的方式。面对这一不可逆转的技术浪潮,应该积极拥抱人工智能,主动适应这一深刻的技术变革。唯有如此,才能在未来的技术变革中把握先机,不仅可以提升个人的专业技能,还可以为推动整个行业的创新贡献自己的力量。

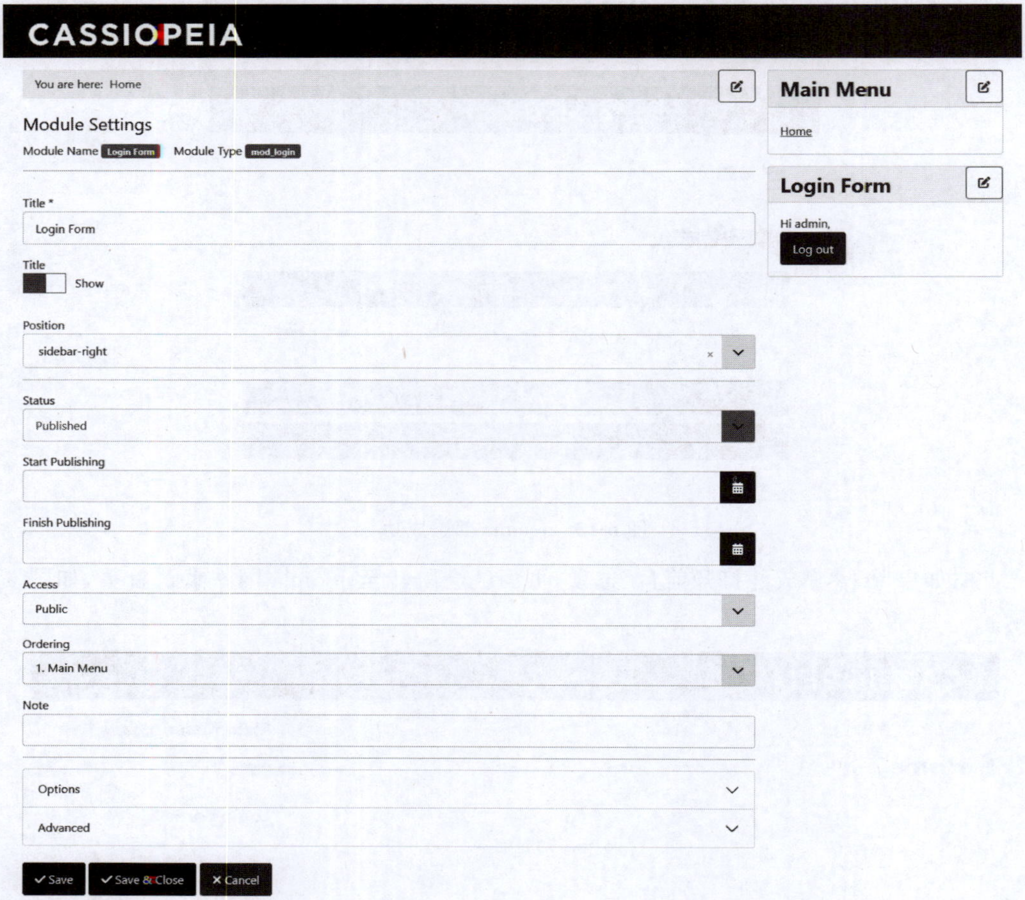

图 6-15　Joomla 管理后台

6.2　本章小结

本章从企业案例出发,全面而深入地讨论了辅助编程技术在企业中的应用。内容涵盖了基于 ChatGPT 的对话式编程、Visual Studio Code 辅助编程插件的应用,通过对这些知识的学习可以帮助读者更好地掌握目前主流的辅助编程技术与手段。

尤其是通过对一系列案例的学习,读者可以更直观地理解辅助编程技术在以后工作中的应用场景,这些案例不仅提升了理论知识的实用性,也为读者在实际工作中应用 Kubernetes 提供了宝贵的参考和借鉴。

图 书 推 荐

书 名	作 者
HarmonyOS 移动应用开发（ArkTS 版）	刘安战、余雨萍、陈争艳 等
Vue＋Spring Boot 前后端分离开发实战（第 2 版·微课视频版）	贾志杰
仓颉语言网络编程	张磊
仓颉语言实战（微课视频版）	张磊
仓颉语言核心编程——入门、进阶与实战	徐礼文
仓颉语言程序设计	董昱
仓颉程序设计语言	刘安战
仓颉语言元编程	张磊
仓颉语言极速入门——UI 全场景实战	张云波
仓颉语言网络编程	张磊
公有云安全实践（AWS 版·微课视频版）	陈涛、陈庭暄
虚拟化 KVM 极速入门	陈涛
移动 GIS 开发与应用——基于 ArcGIS Maps SDK for Kotlin	董昱
Node.js 全栈开发项目实践——Egg.js＋Vue.js＋uni-app＋MongoDB（微课视频版）	葛天胜
前端工程化——体系架构与基础建设（微课视频版）	李恒谦
TypeScript 框架开发实践（微课视频版）	曾振中
Chrome 浏览器插件开发（微课视频版）	乔凯
精讲 MySQL 复杂查询	张方兴
精讲数据结构（Java 语言实现）	塔拉
Kubernetes API Server 源码分析与扩展开发（微课视频版）	张海龙
Spring Cloud Alibaba 微服务开发	李西明、陈立为
解密 SSM——从架构到实践	鲍源野、江宇奇、饶欢欢
编译器之旅——打造自己的编程语言（微课视频版）	于东亮
全栈接口自动化测试实践	胡胜强、单镜石、李睿
Spring Boot＋Vue.js＋uni-app 全栈开发	夏运虎、姚晓峰
Selenium 3 自动化测试——从 Python 基础到框架封装实战（微课视频版）	栗任龙
NDK 开发与实践（入门篇·微课视频版）	蒋超
跟我一起学 uni-app——从零基础到项目上线（微课视频版）	陈斯佳
Python Streamlit 从入门到实战——快速构建机器学习和数据科学 Web 应用（微课视频版）	王鑫
C++元编程与通用设计模式实现	宋炜
Java 项目实战——深入理解大型互联网企业通用技术（基础篇）	廖志伟
Java 项目实战——深入理解大型互联网企业通用技术（进阶篇）	廖志伟
恶意代码逆向分析基础详解	刘晓阳
网络攻防中的匿名链路设计与实现	杨昌家
零基础入门 CyberChef 分析恶意样本文件	黄雪丹、任嘉妍
Spring Boot 3.0 开发实战	李西明、陈立为
Go 语言零基础入门（微课视频版）	郭志勇
零基础入门 Rust-Rocket 框架	盛逸飞
SageMath 程序设计	于红博
NIO 高并发 WebSocket 框架开发（微课视频版）	刘宁萌
数据星河:构建现代化数据仓库之路	程志远、左岩、翟文麟

书　　名	作　　者
全解深度学习——九大核心算法	于浩文
跟我一起学深度学习	王成、黄晓辉
大模型时代——智能体的崛起与应用实践(微课视频版)	王瑞平、张美航、王瑞芳 等
强化学习——从原理到实践	李福林
HuggingFace 自然语言处理详解——基于 BERT 中文模型的任务实战	李福林
动手学推荐系统——基于 PyTorch 的算法实现(微课视频版)	於方仁
深度学习——从零基础快速入门到项目实践	文青山
LangChain 与新时代生产力——AI 应用开发之路	陆梦阳、朱剑、孙罗庚、韩中俊
玩转 OpenCV——基于 Python 的原理详解与项目实践	刘爽
Transformer 模型开发从 0 到 1——原理深入与项目实践	李瑞涛
语音与音乐信号处理轻松入门(基于 Python 与 PyTorch)	姚利民
图像识别——深度学习模型理论与实战	于浩文
GPT 多模态大模型与 AI Agent 智能体	陈敬雷
非线性最优化算法与实践(微课视频版)	龙强、赵克全
Python 量化交易实战——使用 vn.py 构建交易系统	欧阳鹏程
基金量化之道——系统搭建与实践精要	欧阳鹏程
编程改变生活——用 Qt 6 创建 GUI 程序(基础篇·微课视频版)	邢世通
编程改变生活——用 Qt 6 创建 GUI 程序(进阶篇·微课视频版)	邢世通
编程改变生活——用 PySide6/PyQt6 创建 GUI 程序(基础篇·微课视频版)	邢世通
编程改变生活——用 PySide6/PyQt6 创建 GUI 程序(进阶篇·微课视频版)	邢世通
编程改变生活——用 Python 提升你的能力(基础篇·微课视频版)	邢世通
编程改变生活——用 Python 提升你的能力(进阶篇·微课视频版)	邢世通
Python 区块链量化交易	陈林仙
Unity 编辑器开发与拓展	张寿昆
Unity 游戏单位驱动设计	张寿昆
Unity3D 插件开发之路	陈星睿
Python 全栈开发——数据分析	夏正东
Python 全栈开发——Web 编程	夏正东
Linux x86 汇编语言视角下的 shellcode 开发与分析	刘晓阳
从数据科学看懂数字化转型——数据如何改变世界	刘通
FFmpeg 入门详解——音视频原理及应用	梅会东
FFmpeg 入门详解——流媒体直播原理及应用	梅会东
FFmpeg 入门详解——命令行与音视频特效原理及应用	梅会东
FFmpeg 入门详解——音视频流媒体播放器原理及应用	梅会东
FFmpeg 入门详解——视频监控与 ONVIF＋GB28181 原理及应用	梅会东
深入浅出 Power Query M 语言	黄福星
深入浅出 DAX——Excel Power Pivot 和 Power BI 高效数据分析	黄福星
从 Excel 到 Python 数据分析：Pandas、xlwings、openpyxl、Matplotlib 的交互与应用	黄福星
云计算管理配置与实战	杨昌家
AI 芯片开发核心技术详解	吴建明、吴一昊
MLIR 编译器原理与实践	吴建明、吴一昊